化学品风险与环境健康安全(EHS)管理丛书
化学法律法规系列

化学产品应用安全法规与风险评估

雷子蕙　石云波　主编

華東理工大學出版社
EAST CHINA UNIVERSITY OF SCIENCE AND TECHNOLOGY PRESS
·上海·

图书在版编目(CIP)数据

化学产品应用安全法规与风险评估／雷子蕙，石云波主编. —上海：华东理工大学出版社，2018.1

(化学品风险与环境健康安全(EHS)管理丛书)

ISBN 978-7-5628-5242-1

Ⅰ.①化… Ⅱ.①雷… ②石… Ⅲ.①化工产品-安全法规-汇编-世界 ②化工产品-安全管理-风险评价-世界 Ⅳ.①D912.140.9 ②TQ072

中国版本图书馆 CIP 数据核字(2017)第 266803 号

内容提要

本书重点介绍了化学物质在不同类型的产品或行业实际应用中需要符合的安全法规。全书共 17 章，第一章为绪论，第二章介绍食品添加剂，第三章介绍食品接触材料，第四章介绍化妆品和化妆品原料，第五章介绍农药，第六章介绍涂料，第七章介绍药用辅料，第八章介绍饲料与饲料添加剂，第九章介绍生物杀灭剂，第十章介绍涉水产品，第十一章介绍阻燃剂，第十二章介绍电器电子产品，第十三章介绍汽车材料，第十四章介绍玩具、家具和服装类产品，第十五章介绍产品应用环境标志，第十六章介绍跨国企业禁限用物质清单及有害物质管控要求，第十七章是产品安全风险评估。

本书适合企业从事产品研发及上市许可、产品安全监管、质量控制及供应链管理等相关工作的专业人士作为参考，也适合给对产品安全法规有兴趣的学生、学者或管理部门人员提供基础知识。

策划编辑／周　颖

责任编辑／李芳冰

装帧设计／吴佳斐

出版发行／华东理工大学出版社有限公司

地　址：上海市梅陇路 130 号，200237

电　话：021-64250306

网　址：www.ecustpress.cn

邮　箱：zongbianban@ecustpress.cn

印　刷／上海中华商务联合印刷有限公司

开　本／710 mm×1000 mm　1/16

印　张／25.5

字　数／451 千字

版　次／2018 年 1 月第 1 版

印　次／2018 年 1 月第 1 次

定　价／98.00 元

化学法律法规系列编委会

序　言

化学品作为工业、农业和日用消费品行业的重要原材料，在国民经济、社会发展和技术变革中扮演着重要的角色。产品安全是工业发展中体现以人为本的永恒主题，贯穿了化学品的整个生命周期，从生产到应用，从直接接触的健康效应到进入环境的生态风险。在应用中，人们受益于化学品的优越性能，同时也受制于其潜在的安全风险，这两者的矛盾冲突是工程师面临的伦理选择之一，毫无疑问，法律法规的约束是抉择时行业自律和道德的基本保证。

对消费者而言，消费品的质量、功能和安全都至关重要。随着新材料的不断发展，庞大消费品不断走进人们日常生活。在人们享受科技发展带来的福利同时，也越来越关注其安全问题。报刊媒体的评论、街头巷尾的热议，都是对生产企业和安全岗位从业人员的鞭策。作为从事化学研究多年的工作者，我们在研发时，也要高度关注产品的安全问题，比如我们设计绿色农药，就必须了解植物保护和生态环境保护的有关法规；我们开发食品添加剂时，也应关注到国际上不断更新的健康和卫生方面的法律法规。掌握产品安全的法律法规，一方面可为产品的合规性打下基础，另一方面也可为研发安全有效的产品提供可持续的设计指引。

随着公众安全和环境意识的提高，生态友好、环境安全的产品设计成为很多化工巨头推行可持续发展和提高市场竞争力的重要抓手。随着经济的全球化，我国更多的产品走向市场，但如缺乏对化学法律法规的认识，将会大大影响国际竞争力。同时，各国法律法规也不尽相同，缺乏系统的参考教材。华东理工大学几位校友，会同行业有志青年，敏锐地注意到这个关键问题，集体编写了《化学品风险与环境健康安全(EHS)管理丛书·化学法律法规系列》。

丛书的化学法律法规系列包括四册。第一册介绍了危险化学品和危险货物的分类和标签体系，以及化学品分类和危害信息沟通(GHS)规范等，该部分内容为读者初步了解化学品安全基本信息打下基础。第二册介绍了化学物质管理体系，包括新化学物质和现有化学物质、易制毒化学品、高毒物品、消耗臭氧层等物质的管理体系和申报注册系统等，并简要综述了风险评估的基本思路和方法。第四册则站在化学品安全法规的政策和法律维度上，综述了化学品国际公约和贸易合规基础知识，并从民事责任、行政责任和刑事责任的角度阐述了化学品安全管理法规。本书作为第三册，是在化学品安全知识和法规的基础上，以国际公约和贸易合规为背景，向读者进一步介绍了化学品相关的下游应用领域的产品安全性法规和风险评估。

编委会邀请我为该丛书写序，并把部分书稿寄过来。我赞赏该丛书的内容和结构设计，特别是本册就化学产品的应用安全法规和风险评估，着眼于产品，聚焦于风险，系统地介绍了国内外相关法规，具有很好的参考价值。因此我荣幸为此书写序，向大家重点推荐此书。

首先，本书从化学品应用领域角度着手，综合性地总结了食品添加剂等 15 个消费品行业的产品安全法律法规。其涉及领域范围广，并覆盖了欧美亚等多个主要国家和经济体，涉及到各个法律法规之间的逻辑关系和层级。本书思路清晰、有条理、内容丰富详实、集聚综合性和参考性，填补了市面上此类书籍的空白。

其次，本书另辟章节介绍了一些行业内部和下游知名企业对化学品原料和成品在产品安全方面的管控措施。以此作为行业标杆，管控措施内容详尽，可操作性强，既囊括了法律法规的基本要求，也融合了企业自身产品需求及企业在产品安全管理中的实际状况，更满足了消费者对产品安全的期待。

最后，本书综述了产品层面风险评估的基本方法，立意新颖、角度独特，读者可以轻松了解这些领域对于产品安全风险评估的共性和差异性。除了对行业自身风险评估的基本思路、方法、结果等具有重要参考价值，也给出了跨行业、跨领域的横向比较与分享的必要性，具有很好的参考价值。

2016 年，我国颁布了《健康中国 2030 规划纲要》，将城市公共安全和环境健康纳入到“国家安全观”的范畴，指出解决空气、水、土壤污染以及农产品、食品药品等安全突出问题是美丽中国的重要保障。令人欣喜的是，本书出版正是体现了国家的发展方向，以及社会和人民的需要。希望通过本书的出版能帮助企业了解并熟悉掌握相关法律法规，做到知法守法。本书的出版也能帮助研究机构或企事业的研发人员明确研发方向，从产品设计开始，体现环境友好性，生产出安全健康的产品。

在此，我由衷地祝贺并感谢丛书的化学法律法规系列的编委会主任华东理工大学校友丁晓阳先生以及华东理工大学资源与环境工程学院院长修光利教授、武汉大学环境法研究所所长与法学院副院长秦天宝教授、本册主编雷子蕙女士和石云波先生以及全体参与编写的专家们付出的劳动；诚挚地祝愿本书能够促进各个行业专业人士的学术交流和经验分享，愿更多有志之士加入到产品安全监管岗位中来，为更广泛地推动化学品全生命周期的安全、健康、环保性而奠定基础。本套丛书也是环境工程领域全日制工程硕士培养基地的建设成果，可以作为环境工程、化学工程、安全工程等领域的专业学位教育的参考教材。

中国工程院院士：钱旭红

2017 年 11 月

前　言

环境健康安全(EHS)工作是随着工业化进程而发展起来的专业领域,在化工行业体现为"责任关怀①"运动,致力于以满足环境健康安全法律法规强制性规定为最低要求、自发持续改善、并与社区及各利益相关方保持透明和充分的沟通,促进化学产业的可持续发展。"产品监管"作为"责任关怀"的六项行为准则之一,占有重要地位。在化工业和下游应用行业,产品合规性管理是"产品监管"的基石。从职责分工上看,化学品应用行业中"产品法规事务"通常独立于公司 EHS 部门之外,与品质保障部门共享部分产品信息,掌握产品配方组分、理化参数和毒理学资料,是研发、市场等部门的重要支持,以满足监管部门关于测试、注册、登记、标签、危害沟通等要求,是公司整体合规性管理的重要组成部分。

丁晓阳、雷子蕙、梅庆慧、柏忠林等从华东理工大学毕业后多年从事化学品安全管理和产品安全合规工作,基于相关工作经验和知识积累,有志于一起学习、理解和把握该领域相关知识,回顾思考,将化学品及化学品相关产业的产品安全法规知识进行整理、总结,一起编写"化学法律法规系列丛书",旨在促进化学品管理领域法律法规知识理性化和专业群体的形成,为化学品风险控制和政府有效规制,以及化学产业的健康发展尽绵薄之力。

发起者一方面汲取了曾经在华东理工大学资源与环境学院、药学院、化学与分子工程学院、化工学院等为研究生和高年级本科生开设"产品安全监管"选修课的经验与反馈,另一方面力求超越起点、拓展视野、为行业与专业集聚智慧,邀请了业内石云波、高仁君、戴冕、袁家齐、张蓓、李志雄、李丽华等同仁加入编写工作。这些专家在产品安全监管、化学品法规事务和环境法领域颇有建树,大家有着共同的专业兴趣和严谨的学术态度,一起编写了本册《化学品应用安全法规与风险评估》,2017 年得以付梓,求教于大方之家。

与化学品相关的产品安全问题是目前消费者和专业人士的热门话题。报纸杂志、网络及新兴社交媒体中每天都有海量文章在报道、探讨。目前,市面上

---

① 责任关怀是 20 世纪 80 年代国际化工业开始推行的一种企业理念,起初六项准则为污染防治、职业安全健康、过程安全(工艺安全)、产品监管、运输分销安全、社区认知和应急反应,现拓展至产品安全、安保等领域。

产品安全法规书籍多是针对具体某一类型应用产品，如食品安全、农药安全、化妆品安全等，鲜有涉及诸多不同应用领域、覆盖欧美亚各国、并意图整理其中共性的综合性书籍。感谢华东理工大学资源与环境学院和武汉大学环境法研究所的指导与鼓励，编写者不揣浅陋，然立志奋发有为，希望本系列丛书的出版筚路蓝缕，以启山林，能填补这一空白。本书编写组成员主要来自跨国化工公司，在农药、化妆品、基础化学品、精细化学品等领域有着多年合规工作经验，同时也有高校环境法学者提供学术支持。编写者主要从化学品全生命周期的角度，去看待各个"应用"领域的产品安全问题，从产品安全性视角阐释并综述相关法律法规。从一定意义上讲，本书更多站在消费者和企业的角度看待安全与法规问题，并融入了企业在实际操作层面的理解，以及对上游原材料企业的管控要求。本书论述以中国现行法律法规为立足点，同时对世界上主要国家、地区和经济体在化学品应用领域的产品安全法律法规管控要求进行归纳，给从事化学产品安全管理的企业人员提供产品合规和市场准入等法律法规信息参考，也为对产品安全法规研究有兴趣的人士提供分门别类的基础知识。

本书为《化学法律法规系列》之一，内容涉及化学品在食品添加剂、食品接触材料、化妆品、农药、涂料、药用辅料、饲料与饲料添加剂、生物杀灭剂、涉水产品、阻燃剂、电器电子产品、汽车材料、玩具、家具和服装类产品等应用领域的产品安全法律法规。各领域独立成章，在各章节内部，以国家和地区作为主线，介绍了中国、美国、欧盟等国家在该领域对化学品原料和下游产品成品的管理方法。本书还另辟章节，介绍了一些行业内部和下游知名企业的对化学品原料和成品安全方面的管控措施。最后，本书综述了产品层面风险评估的基本方法，重点介绍了农药、食品添加剂、食品接触材料、化妆品等产品的风险评估。

本书的第一、五、十二、十六章由石云波编写；第二、三、十七章由高仁君编写；第四、十三章由雷子蕙编写；第六章由张蓓编写；第七章由柏忠林和袁家齐共同编写；第八章由柏忠林编写；第九、十章由戴冕编写；第十一章由李志雄编写；第十四章由梅庆慧编写；第十五章由李丽华和丁晓阳共同编写。希望本书能帮助化学、化工、环境、毒理学、法学等相关专业在校大学生和相关产业界工作者梳理化学品风险管理在应用领域的法律法规与知识，为学界及监管部门提供结构化的资料与思路，促进化学产业与供应链、消费链的良好沟通，发挥化学品对人类社会的良性作用。

本书编者都是所在企业和高校的专业骨干，分散各地，在繁忙的日常工作之余克服诸多不便，多次举办专业研讨会，讨论内容从全书的框架、深度、广度，到具体章节、文字格式、写作风格、资料和法规出处等细节。编写者尽力做到文字简洁、浅显易懂，并求流畅、优美，更努力做到内容专业准确、论述有理有据、结构合理、章节连贯。从发起时自立项目，弹指三年许，一路走来，有过困难和踟蹰，更有携手砥砺和今天初步告成的喜悦。参加者们不仅收获了知识拓展和学术水平的提高，还有诚挚的友谊。编者家人的理解和支持弥足珍贵，在此表示衷心感谢。

感谢同业专家谭业操、李钟瑞、隋海霞和陶传江对部分章节的审阅，也感谢朱蕾和王华丽鼎力支持提供部分写作素材。他们的贡献使本书知识内容更趋完整、专业水平显著提高。

本书内容仅代表作者个人观点，与其工作单位无关。由于编写者们知识掌握和学术能力有限，加之编写期间相关法律法规不断更新，故本书内容难免有不足之处，恳请专家及读者指正。

编者

2017 年 8 月

目　　录

第一章
绪　　论

化学品在日常生活中有着各种各样的应用，早已成为了与我们的衣、食、住、行息息相关的生活必需品。从我们穿的衣服、喝的饮料，到家具、汽车，我们每天都需要和各种化学物质打交道。化学品的使用极大地丰富了我们的生活，为人类文明和社会经济发展做出了重要的贡献。然而如果产品中的化学物质使用不当，尤其当产品中含有某些有毒有害化学物质或危害特性未明的化学物质时，会给人体健康和环境造成很大威胁。例如，邻苯二甲酸酯可改善塑料的性能，但其在玩具中使用时可对儿童健康造成严重危害。人类历史上曾广泛使用的化学农药，如滴滴涕消灭了大量害虫，阻止了疾病的传播，但因为其可通过食物链在人体和动物体的脂肪中蓄积也造成了严重的环境污染。

为了保护人体健康与环境，很多国家或地区政府对化学物质在产品中的应用出台了各种法规，来确保产品的使用安全。这些法规针对不同类型的产品往往有着不同的管理要求。有的法规要求产品上市前许可，有的要求开展新成分安全性评价，有的直接禁止或限制特定有害物质在产品中的使用，还有的规定了标签标识要求和供应链信息传递要求。通常情况下，不仅产品的制造商或销售商需要应对这些法规，提供生产产品所需的化学品或原材料的供应商也需要了解相关产品应用法规。随着我国大力推广生产者责任延伸制度①，将生产者对其产品承担的资源环境责任从生产环节延伸到产品设计、原料选用、流通消费、回收利用、废物处置等各生命周期阶段，上游原材料的供应商就更有必要了解相关的法规政策，提供安全环保的原材料，才能帮助下游产品制造商更好履行其应承担的资源环境责任，开发出更加安全环保的产品。

本书重点介绍了化学物质在不同类型产品应用中需要符合的安全法规。由于各个国家和地区的产品安全管理法规庞杂，本书以介绍我国法规为主，以介绍其他主要经济体如欧盟、美国、日本和韩国的法规为辅。同时由于化学物质的应用种类繁多，我们重点选择了十几种常见下游产品或行业应用。第二章和第三章分别介绍了食品添加剂和食品接触材料的管理法规。第四章和第五

---

① 国务院2016年12月发布的《生产者责任延伸制度推行方案》要求优先对电器电子、汽车、铅酸蓄电池和包装物等4类产品实施生产者责任延伸制度。

章分别介绍了化妆品和农药的管理法规、产品上市许可及对原料的管理要求。第六章总结了涂料的相关产品标准和有害物质限量。第七到十一章分别介绍了药用辅料、饲料与饲料添加剂、生物杀灭剂、涉水产品和阻燃剂的具体管理法规。第十二到十四章介绍了化学物质在物品中的应用管理法规,如电器电子行业的 RoHS 和 WEEE 指令、汽车行业的 ELV 指令以及玩具、家具、皮革和纺织品等行业的安全环保法规和有害物质限量。第十五到十七章还分别介绍了产品应用的环境标志、知名跨国企业与知名协会有害物质管控要求以及各种产品应用中的风险评估工具等内容,以帮助企业和读者能够更好地开发出更加环保安全的产品或原料。

如读者想了解化学品分类和危害沟通法规、危险货物法规、测试鉴定规则与实验室资质、常用合规软件等内容,请关注本系列丛书中的《化学品危害性分类与信息传递和危险货物安全法规》。关于上游工业化学品(如新化学物质、危险化学品、高毒物品、易制毒、易制爆、监控化学品、消耗臭氧层物质等)管理法规的相关内容,请关注本系列丛书中的《化学物质管理法规》。本系列丛书中的《化学品风险管理法律制度》从国际法和国际政策角度阐述化学品条约和管理战略,包括化学品进出口贸易合规、商业信息保护、化学品相关民事侵权诉讼和刑事诉讼等内容。

第二章
食品添加剂

第一节 食品添加剂及中国法规概述

关键词：
食品添加剂 Food Addictive

食品添加剂：是指为改善食品品质和色、香、味，以及为防腐、保鲜和加工工艺的需要而加入食品中的化学合成或天然物质。

食品添加剂的概念源自于《食品安全法》，2009 版与 2015 版的《食品安全法》以及 2011 版与 2014 版的《食品安全国家标准食品添加剂使用标准》(GB 2760)都规定了食品添加剂的概念，即"为改善食品品质和色、香、味，以及为防腐、保鲜和加工工艺的需要而加入食品中的化学合成或天然物质"。其范围包括传统意义上的食品添加剂、食品用香料、食品工业用加工助剂、胶基物质。

食品添加剂在食品加工中的作用包括：提高并保持食品的营养价值；有利于食品加工操作；提高和改善食品色、香、味等感官指标；有利于食品的保鲜和运输；增加花色品种和方便性；提高社会效益和经济效益等。

我国食品添加剂的管理采用允许名单制管理，是一种动态管理方式。在我国允许使用的食品添加剂品种有 2300 多种，分为 22 个功能类别，除去食品用香料、食品工业用加工助剂、胶基物质外，传统意义上的食品添加剂的数量与欧盟等规定的数量是相当的。

我国对食品添加剂管理的制度主要有：政府审批(品种许可和生产许可)、制定标准(规范食品添加剂的使用)、企业按照规定使用食品添加剂、食品添加剂上市后的再评估、食品添加剂的标签和标识。

一、食品添加剂的新品种行政许可

食品添加剂新品种的行政许可，其对象是未列入食品安全国家标准的食品添加剂品种、未列入国家卫生计生委公告允许使用的食品添加剂品种、扩大使用范围或者用量的食品添加剂品种。申请人向国务院卫生行政部门提交安全性评估资料，国务院卫生行政部门组织对提交资料进行审查(60 个工作日)，依法予以许可或者不予许可。《食品添加剂新品种管理办法》由原卫生部于 2010 年 3 月 30 日发布实施，主要内容包括：食品添加剂新品种的范畴；食品添加剂的基本要求，即技术上确有必要和经过风险评估证明安全可靠；食品添加剂的使用原则；申报食品添加剂新品种的资料要求；食品添加剂新品种行政许可的程序；食品添加剂的再评估。

原国家卫生部《食品添加剂新品种申报与受理规定》，规定了申请食品添加剂新品种应提交的材料，包括添加剂的通用名称、功能分类、用量和使用范围；证明技术上确有必要和使用效果的资料或者文件；食品添加剂的质量规格要求、生产工艺和检验方法，食品中该添加剂的检验方法或者相关情况说明；安全性评估材料，包括生产原料或者来源、化学结构和物理特性、生产工艺、毒理学安全性评价资料或者检验报告、质量规格检验报告；标签、说明书和食品添加剂产品样品；其他国家(地区)、国际组织允许生产和使用等有助于安全性评估的资料；申请食品添加剂品种扩大使用范围或者用量的，可以免于提交前款安全性评估材料，但是技术评审中要求补充提供的除外。申请首次进口食品添加剂新品种的，还应当提交出口国(地区)相关部门或者机构出具的允许该添加剂在本国(地区)生产或者销售的证明材料；生产企业所在国(地区)有关机构或者组织出具的对生产企业审查或者认证的证明材料；受委托申报单位应提交委托申报的委托书。

国务院卫生行政部门在接到申请后，依据《行政许可法》与《卫生行政许可管理办法》进行受理、公开征求意见、技术审查与发布结果。

在审查中如何保证食品添加剂的工艺必要性？一般是工艺必要性的支持资料(在食品加工工程中的功能及作用机理、生产过程中添加与不添加的区别、与其他相同功能的食品添加剂使用效果比较)、试验性使用效果报告、公开征求意见、国际及其他国家是否已经允许使用等。

二、食品添加剂的生产许可

新《食品安全法》第三十九条规定：国家对食品添加剂的生产实行许可制度，生产者必须按照法定程序取得许可证后方可从事食品添加剂生产活动。无生产许可证的企业生产食品添加剂的属于非法行为。随着我国食品安全监管体制的调整，食品添加剂作为食品安全管理的一个重要环节，由食品药品监督管理部门统一监管。国家食药监管总局发布的《食品生产许可管理办法》的第十五条规定：从事食品添加剂生产活动，应当依法取得食品添加剂生产许可。

《食品生产许可审查通则和细则》正在制定中。

新《食品安全法》第三十九条规定：申请食品添加剂生产许可，从事食品添加剂生产，应当具有与所生产食品添加剂品种相适应的场所、生产设备或者设施、专业技术人员和管理制度。“与所生产食品添加剂品种相适应”，由食品药品监管部门根据具体情况具体认定。认定的标准就是要能够保证所生产出来的食品添加剂符合食品安全国家标准。

国家食药监管总局发布的《食品生产许可管理办法》的第十六条规定：申请食品添加剂生产许可，应当向申请人所在地县级以上地方食品药品监督管理部门提交食品添加剂生产许可申请书；营业执照复印件；食品添加剂生产加工场所及其周围环境平面图和生产加工各功能区间布局平面图；食品添加剂生产主要设备、设施清单及布局图；食品添加剂安全自查、进货查验记录、出厂检验记录等保证食品添加剂安全的规章制度。

国家食药监管总局发布的《食品生产许可管理办法》的第二十条规定：县级以上地方食品药品监督管理部门应当对申请人提交的申请材料进行审查。需要对申请材料的实质内容进行核实的，应当进行现场核查。食品药品监督管理部门在食品添加剂生产许可现场核查时，可以根据食品添加剂品种特点，核查试制食品添加剂检验合格报告、复配食品添加剂组成等。

国家食药监管总局发布的《食品生产许可管理办法》的第二十三条规定：食品添加剂生产许可申请符合条件的，由申请人所在地县级以上地方食品药品监督管理部门依法颁发食品生产许可证，并标注食品添加剂。

三、食品安全标准

2009 年颁布实施的《食品安全法》首次提出了食品安全标准的概念。该法规定，食品安全标准是强制执行的国家标准，不得制定其他强制性食品标准，该法还对制定食品安全标准的宗旨、内容、主管部门、制定程序和要求等做出了明确的规定。食品添加剂食品安全国家标准体系主要由食品添加剂使用标准、食品添加剂质量规格标准、食品添加剂标签标识标准和食品添加剂检验方法标准构成。

在我国，食品添加剂是指为了改善食品品质和色、香、味，以及防腐、保鲜和加工工艺的需要而加入食品中的人工合成或者天然物质。该定义是广义上的食品添加剂，包括了狭义的食品添加剂，即 GB 2760—2014《食品添加剂使用标准》附录 A 中的食品添加剂品种、食品用香料、食品工业用加工助剂、食品营养强化剂和胶基糖果中基础剂物质。对上述食品添加剂的使用规定由三个标准构成，包括 GB 2760—2014《食品添加剂使用标准》、GB14880—2012《食品营养强化剂使用标准》和 GB29987—2014《食品添加剂胶基及其配料》。

食品添加剂的质量规格标准，也称为食品添加剂的产品标准，主要是对已经批准使用的食品添加剂品种提出的质量和安全要求。食品添加剂的质量规格标准也是保证食品安全的重要标准，因为即使严格按照批准的使用范围和用量使用食品添加剂，但如果使用的食品添加剂本身存在食品安全问题，也不能生产出符合食品安全要求的食品产品。目前，食品添加剂的质量规格标准主要分为两种情况，一种情况是针对单一品种的食品添加剂制定的质量规格标准，如 GB 1886.62—2015《食品添加剂硅酸镁》；另一种情况是适用于多种食品添加剂产品的通用安全要求，如 GB 26687—2011《复配食品添加剂通则》、GB 29938—2013《食品用香料通则》、GB 25594—2010《食品工业用酶制剂》、GB 29987—2014《食品添加剂胶基及其配料》、GB 30616—2014《食品用香精》等食品安全国家标准。

食品添加剂的标签标识标准是 GB 29924—2013《食品添加剂标识通则》，规定了食品添加剂标识相关的术语和定义，食品添加剂标识的基本要求；按照提供给食品生产经营者的食品添加剂和提供给消费者直接使用的食品添加剂的分类规定了如何标识食品添加剂的名称，成分或配料表，使用范围、用量和使用方法，日期标识，贮存条件，净含量和规格，制造者或经销者的名称和地址，产品标准代号，生产许可证编号，警示标识，辐照食品添加剂的标识等强制性标识内容。

第二节　其他国际组织、国家和地区食品添加剂的法规

一、食品法典委员会（CAC）

食品法典是国际公认的、由委员会采纳并以统一形式提出的国际食品标准汇集。食品法典涵盖了所有预期出售给消费者的主要食品的标准，无论该食品是加工的、半加工的还是未加工的或需要进一步加工的。食品法典标准目前制订的范围有：

（1）关于食品中的农药残留、添加剂、污染物（包括微生物污染物）最高限量的食品安全标准；

（2）关于过程及程序以守则形式出现的标准（如各类业务守则）；

（3）可能与健康有关的标识标准（如营养标签）及用以保护消费者免受欺诈或供消费者参考（如清真标识）的标识标准；

（4）明确阐述了商品的定义及其特征属性，或对其加工工艺进行了准确描述的商品/产品标准；

（5）指导政府立法或实验室操作以指南形式出现的标准（如饲料风险评估实施指南）。

总而言之,CAC的标准体系呈横向的通用原则标准和纵向特定商品标准相结合的网格状结构,其标准体系内容结构如图2-1所示。

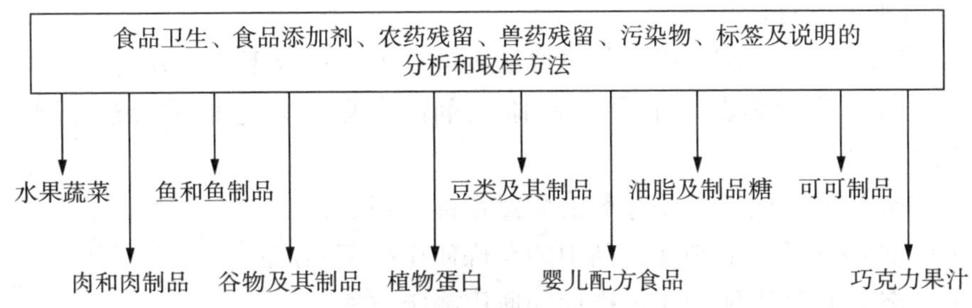

图2-1 CAC的标准体系内容结构

1956年,联合国粮农组织(FAO)和世界卫生组织(WHO)专门成立了食品添加剂联合专家委员会(JECFA),由世界各国权威专家组织以个人身份参加,以纯科学的立场对世界各国所用的食品添加剂进行评议,并将评议结果中的毒理学评价部分(ADI值)向WHO、食品与营养研究(FNP)报告公布,由FAO出版发行。1962年,FAO和WHO联合成立了"食品法典委员会(CAC)",下设"食品添加剂法典委员会(CCFA)",对JECFA提出的各种食品添加剂的标准、试验方法、安全性评价等进行审议和认可,再提交CAC复审后公布,以期在国际贸易中制定统一的规格和标准,确定统一的试验方法和评价等。

JECFA对食品添加剂安全性评价的一般原则包括:再评估原则、个案处理原则。分两个阶段评价,第一阶段为收集相关评价资料;第二阶段为对资料进行评价。评价的内容包括化学资料评价(如与申报的添加剂相关的化学资料、对食品成分的影响、质量规格),以及毒理学安全性评价。不同添加剂需要的毒性资料取决于其人群暴露水平、化学结构预测毒性和是否有食用历史等因素。安全性评价程序包括:毒理学评价的终点、代谢及动力学研究、研究设计考虑的因素、人体试验、制定人群ADI值。

JECFA根据安全性评价的结果,将食品添加剂分成4类。

(1) 第一类,一般认为是安全的物质(GRAS),可按正常需要使用。

(2) 第二类为A类,又细分为A1和A2类,

A1类:经JECFA评价,认为毒理学资料清楚,制定出正式的ADI值;

A2类:经JECFA评价认为毒理学资料不够完善,制定暂时ADI值。

(3) 第三类为B类,JECFA曾进行过安全性评价,但毒理学资料不足,未能制定ADI值。

(4) 第四类为C类,经JECFA评价,认为在食品中使用不安全,或仅可在特定用途范围内严格控制使用。

JECFA对食品添加剂安全性评估具有很大的权威性。评价结果是CCFA

制定食品添加剂的使用标准、规格标准以及检验方法的重要依据，同时，其评价结果也被世界上许多国家、工业企业和研究中心广泛接受和使用，是各国政府对食品添加剂管理的依据。

目前，CAC为各国所提供的主要法规或标准包括以下几个方面：

(1) 允许用于食品的各种食品添加剂的名单以及它们的毒理学评价值(ADI值)；

(2) 允许使用的食品添加剂的质量指标等规定；

(3) 各种食品添加剂在食品中的允许使用范围和用量；

(4) 各种食品添加剂质量指标的通用测定方法。

但是，联合国是一种松散型的组织，因此其所属机构所通过的决议只能作为向各国推荐的建议，不具备直接对各国起到指令性法规的作用，各国仍自行制订各自的相应法规标准以规范其国内的食品添加剂的使用。

二、欧盟

欧盟食品安全法律历经了《食品安全绿皮书》《食品安全白皮书》《Regulation(EC)No. 178/2002》(也称为《基本食品法》)这样一个不断完善的法律制定过程。欧盟对食品安全监管的立法是一个典型的"伞状"结构，《基本食品法》具有坚实的支撑作用，其他法律在此基础上以横向、纵向的方式不断完善，以实现从"农场到餐桌"的全程监管。横向式的立法就是指覆盖所有食品或是一组食品的某一方面的立法，如标签、食品添加剂、食品接触材料、食品卫生等；而纵向式立法则是针对某项产品或是适用于某一食品的所有相关的具体标准。

早在1988年，欧盟就通过了《Directive 89/107/EEC"关于批准在人类食物中使用的食品添加剂的成员国类似法"》，该框架指令是食品添加剂使用的纲领性文件，在该文件之后，欧盟制订了一系列食品添加剂的法规。2008年《Regulation(EC)No 1333/2008"关于食品添加剂"》的通过标志着欧盟食品添加剂法规的现代化改革取得了阶段性的成果。该法规对多个与食品添加剂相关的法规进行了整合，对食品添加剂的定义、食品添加剂在食品中的使用原则、使用要求、食品添加剂的标识等进行了规定。在此基础上，《Regulation(EC)No 1129/2011"Regulation(EC)No 1333/2008的附录Ⅱ关于食品添加剂的综合列表"》以及《Regulation(EC)No 1130/2011"Regulation(EC)No 1333/2008的附录Ⅲ关于食品添加剂、食品用酶、食品用香精和营养素中允许使用的食品添加剂的综合列表"》分别对食品中允许使用的食品添加剂和食品添加剂、食品用酶、食品用香精和营养素中允许使用的食品添加剂的使用范围和使用量进行了详细的规定。同时，Regulation(EC)No 1331/2008对食品添加剂新品种的审批要求及程序进行了规定。

与食品添加剂的使用规定相配套,《Regulation(EC)No 231/2012"Regulation(EC)No 1333/2008 附录Ⅱ和附录Ⅲ中食品添加剂的规格"》对欧盟批准使用的每种食品添加剂的质量规格进行了规定。

此外,食品添加剂的生产经营和进出口分别遵照食品的相关法规要求执行。

三、美国

依据美国宪法规定,美国的食品法规管理体系由立法、行政和司法部门共同负责。立法部门(美国国会、各州议会)负责制定相关法律,行政部门包括农业部(United States Department of Agriculture,USDA)、食品药品管理局(Food and Drug Administration,FDA)、联邦环境保护署(Environmental Protection Agency,EPA)、州和地方政府食品安全机构等负责执行并贯彻实施上述法律,司法部门负责对强制执法行政、监管工作或一些政策法规产生的争端做出裁决。

在法律法规方面,《食品、药品和化妆品法》(Federal Food,Drug and Cosmetic Act,FD&C)、《食品安全现代化法案》(Food Safety Modernization Act,FSMA)、《肉类产品检验法》(Federal Meat Inspection Act,FMIA)、《禽类产品检验法》(Poultry products Inspection Act,PPIA)、《蛋类产品检验法》(Eggs Product Inspection Act,EPIA)、《公平包装和标签法》(Fair Packaging and Labeling Act)、《营养标签和教育法》(Nutrition Labeling and Education Act)、《食品过敏原标签和消费者保护法》(Food Allergen Labeling and Consumer Protection Act)等以及按照这些法律制定出的联邦法规(Code of Federal Regulations,CFR)是食品监管部门的重要执法依据。

美国的《食品、药物和化妆品法案》(Food,Drug and Cosmetic Act,FDCA)是美国生产和经营食品等的基本法。美国食品药品管理局对食品的立法刊登在每日出版的《联邦记事报》上。这些立法对于食品的标签、包装、添加剂以及加工规范等方面有许多细致入微的法规要求。《联邦记事报》按年度汇编成《联邦法规典集》(Code of Federal Regulations,CFR),其中第 21 篇为"食品和药物",这就是食品行业所熟知的 21 CFR,对食品添加剂的各种管理规定分别刊登在 21 CFR 的不同章节中。此外,有关肉制品中食品添加剂的使用安全在第 9 篇"动物和动物制品"(9CFR)的相关章节进行了规定。除此之外,2011 年 1 月 4 日由总统签署通过的《FDA 食品安全现代化法案》(Food Safety Modernization Act,FSMA)是美国 FDA 食品安全监管体系 70 多年来最彻底的一次改革,意在致力于食品安全问题的预防而非发生食品安全事件后的应对。FSMA 赋予 FDA 更多的权利,如在必要情况下召回产品,将受污染食品迅速撤离市场，以及对食品加工企业进行风险监测的权利。同时，FSMA 法案还加强了 FDA 对进口食品的监管能力。

此外，FDA 根据美国食品用香料制造协会建议属于 GRAS 者，亦已认可。至于对各种食品添加剂的质量标准和各种指标的分析方法，由 FDA 所委任的“食品化学品法典委员会”负责编写《食品化学品法典（FCC）》定期出版，由 FDA 认可，美国国家科学院出版社出版。

美国有关食品添加剂立法的基础工作往往由相应的协会承担。如食品香精立法的基础工作由美国食品香料和萃取物制造者协会（FEMA）担任，其安全评价结果得到 FDA 认可后，以肯定的形式公布，并冠以 FEMA-GRAS 号。美国食品和药品管理法第 402 款规定，只有经过评价和公布的食品添加剂才能生产和应用，否则会被认定为不安全。含有不安全食品添加剂的食品则“不宜食用”，不宜食用的食品禁止销售。

鉴于一项法规不能解决行业内的所有问题，FDA 还颁布了一些针对性指南。指南通常涉及产品的设计、生产、标签、促销、制造、测试、工艺、成分、提交申请的评估或审批以及检测和实施政策等。指南没有法律约束力，只表示 FDA 当前对某些问题的监管思路，企业的做法可以不完全与指南相同，只要没有违背相关法规即可。

四、加拿大

加拿大对于食品（包括食品添加剂）的管理主要在由司法部发布的《食品和药品法》和《食品和药品条例》中进行详细阐述和规定，《食品和药品法》最后一次正式修订并生效是在 2014 年 11 月 6 日，至 2015 年 7 月 21 日已进行了数次修订，但修订内容还未正式生效。《食品和药品条例》的最新修订并生效日期为 2015 年 6 月 13 日。《食品和药品法》从法源的角度确定了食品安全监管措施、管理部门职能划分、分析检测、立法执法程序、进出口管理等所应当遵循的基本法条。有关食品添加剂的法律规定主要在《食品和药品条例》中统一详尽地进行阐述，包括食品添加剂的定义、使用规定、质量规格、标签标示、检验、生产经营、进出口管理等方面。

与食品相关的法律还有其他各相关部门颁布的《鱼类检验法》《动物卫生检疫法》《肉类检验法》《植物育种者权利法》《植物保护法》《化肥法》《饲料法》《种子法》《农业和农业食品管理货币处罚法》《加拿大农产品法》《加拿大食品检验局法》和《消费品包装和标签法》及其条例等。

五、澳大利亚和新西兰

澳新食品标准法典包括五章内容，如图 2-2 所示。

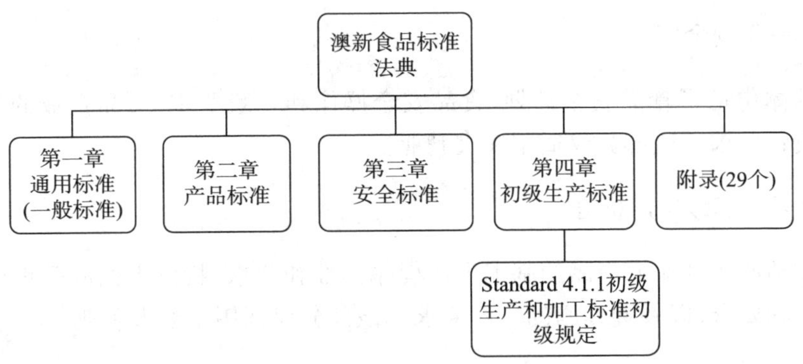

图 2-2　澳新食品标准法典架构

(一)通用标准

适用于所有涉及的食品,包括食品的基本标准、食品标签及其他信息的具体要求、食品添加剂的规定、污染物及残留量的具体要求,以及需要在上市前进行申报的食品。同时,由于新西兰有自己的食物最大残留量标准(MRL),所以 1.4.2 节中规定的最大残留量仅适用于澳大利亚。

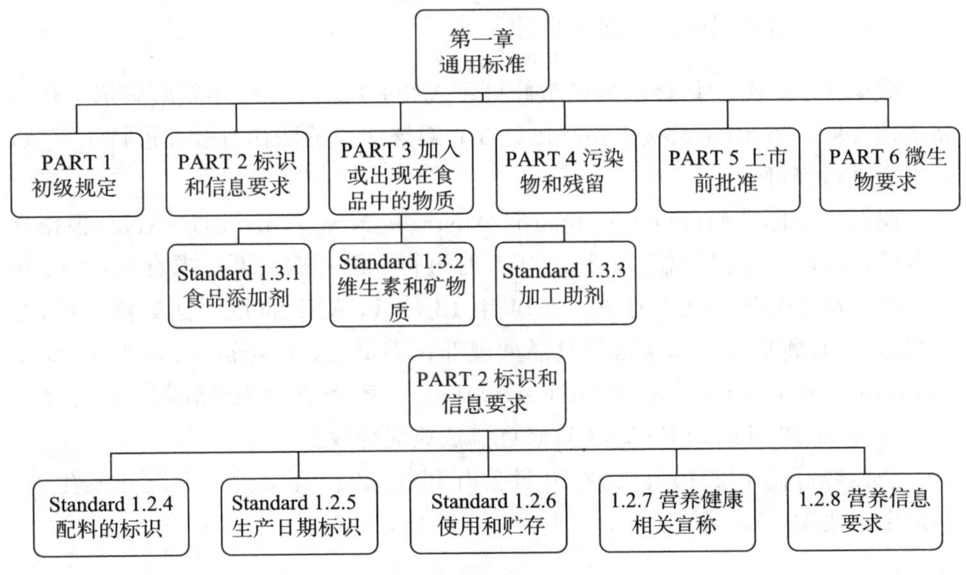

图 2-3　通用标准架构

(二)产品标准

包括了特定食物类别标准,涉及谷物、肉、蛋、鱼、水果、蔬菜、油、乳制品、非酒精饮料、酒精饮料、糖、蜂蜜、特殊膳食食品及其他。

（三）安全标准

具体包括了食品安全计划、食品安全操作和一般要求、食品企业的生产设施及设备要求。该部分仅适用澳大利亚。

（四）初级生产标准

包括澳大利亚海产品的基本生产程序标准和要求，特殊乳酪的基本生产程序标准和要求，以及葡萄酒的生产要求。该部分仅适用于澳大利亚。

（五）附录

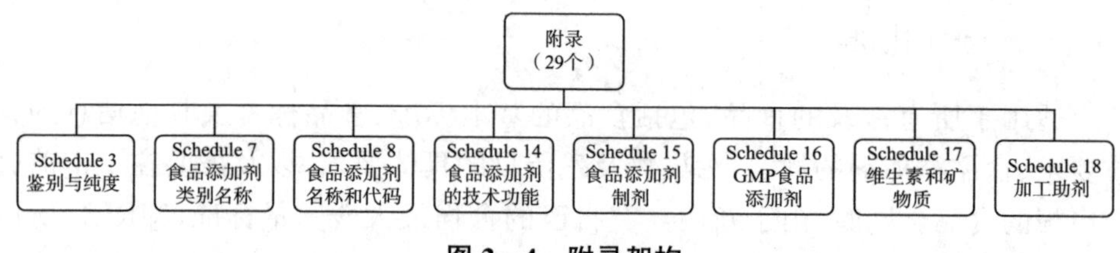

图 2-4　附录架构

（六）澳新食品标准法典的修订

截至 2015 年 3 月，该法典已被修订了大约 80 次。2009 年新南威尔士州最高法院（New South Wales Supreme Court）对该法典的法律有效性进行了审核，并决定进行修订。

澳新食品标准局（Food Standards Australia New Zealand，FSANZ）根据立法者的建议起草了修订稿，于 2013 年 5 月进行了第一次公开征求意见，2014 年 7 月进行第二次公开征求意见。2014 年 12 月，FSANZ 批准了法典修订稿，并于当月 15 日将决定通知了澳新食品法规部长委员会（Australia and New Zealand Ministerial Forum on Food Regulation）。澳新食品法规部长委员会于 2015 年 2 月 12 日通知 FSANZ 对修订稿法典无异议。

法典修订稿于 2015 年 4 月 10 日公开刊载，2016 年 3 月 1 日起正式生效，不设定过渡期。

六、日本

日本食品添加剂法规主要是列表制，主要组成部分是 4 个列表，外加 2 个标准。

4 个列表为："指定的食品添加剂列表""现有的食品添加剂列表""天然调味剂列表""通常作为食品也可作为食品添加剂的物质（简称：一般添加剂）"。

(1) 指定食品添加剂(List of Designated Additives)是指对人体无害的、被指定为安全的添加剂。目前列表中已包含有 448 种。除日本厚生劳动省指定的食品添加剂外,日本《食品卫生法》禁止任何有关食品添加剂以及含有此类食品添加剂的食品的销售、生产、进口和使用等行为,但不包括天然调味剂和一般食品添加剂(当作食品添加剂使用的普通食品)。使用标准被分为"已用使用标准"和"未建立使用标准"。

(2) 现有食品添加剂(List of Existing Food Additives)也称作"既存食品添加剂",指在食品加工中使用历史长被认为是安全的天然添加剂。目前列表中已包含有 365 种。"既存食品添加剂"不包括应用化学反应原理获得的物质或用化学手段合成的化合物,大多为天然植物提取物。

(3) 天然调味剂(List of Plant or Animal Sources of Natural Flavorings)指在那些从动物或植物,或动植物混合物中提取的用于调味食品的物质。目前列表中已包含约 615 种。

(4) 一般添加剂(List of Substance which are generally provided for Eating or Drinking as Foods and which are used as Food Additives)在目前列表中已包含有 104 种。天然香精和一般添加剂一般受《食品卫生法》限制,但在使用管理中要求标示其基本原料名称。

日本食品添加剂的 2 个使用标准为:《使用食品添加剂的标准》及《食品添加剂公定书》。

(1) 使用食品添加剂的标准包括《使用食品添加剂的通用标准》(General standards for Use of Food Additives)及《各种食品添加剂的使用标准》(Standards for use,according to Use Categories)。标准中对各个食品添加剂的使用范围和使用限量进行了明确规定,其中包括对制剂食品添加剂产品的要求。

(2) 食品添加剂公定书(Japan's Specification and Standards for Food Additives)的当前版本是第 8 版,内容包括:食品添加剂的一般检测方法、仲裁检测方法、检测使用的试剂和溶液、检测使用的仪器设施、检测结果判定、添加剂的质量规格和保存方法,以及添加剂的生产规范。

此外,在日本涉及食品添加剂生产、进口、检验、标签标示等都依据《食品卫生法》。

(1) 1948 年颁布的《食品卫生法》(Food Sanitation Act)是日本保障食品卫生的根本法律。经过历年修订,在 2009 年第 49 号公告后,该法目前包括总则、食品及食品添加剂、食品用容器和包装材料、食品标签和广告、食品添加剂公定书、监测指导计划、检测、认证检查机构、食品销售、其他条款、处罚条款和附录共 12 个部分。

(2)《食品卫生法》作为日本第一部食品安全和食品卫生的综合性法律,对食品中化学品有了认定制度，并根据此法而建立食品添加剂“肯定列表制度”。根据“肯定列表制度”的规定，只有被厚生劳动省指定为安全的食品添加剂才可用于食品。

(3)《食品卫生法》明确由厚生劳动省负责制定食品及食品添加剂的生产、加工、使用、烹饪存储的标准，以及食品添加剂的质量规格标准。《食品卫生法实施条例》列出指定食品添加剂名单，并对食品添加剂的标签要求、审批过程、进口申报、产品检验等做出了详细规定，规定对其认可的出口国官方实验室的检验结果，虽然视其与日本检疫站出具的结果等同，但对进口食品添加剂成分规格的检验必须按《食品卫生法》指定的检验方法进行。

因此，《食品卫生法》也是日本制定管理食品添加剂的法规政策的最重要的法律渊源。厚生劳动省依据《食品卫生法》制定有关食品添加剂管理的法规和政策。

除了《食品卫生法》，《食品安全基本法》也是日本食品添加剂的参考依据。

(1)《食品安全基本法》以保护消费者为目的，以科学评估为基础，协调食品安全政策，加强风险交流，对高风险点采取重点管理和预防措施。在管理方面，采用“从农田到餐桌”的食品链控制食品安全，促进地方政府和消费者参与食品安全管理。

(2) 2010 年 5 月，日本食品安全委员会(Food Safety Commission of Japan，FSCJ)就依据《食品安全基本法》制定和颁布了《食品中食品添加剂健康风险评估指南》，其目的是使食品添加剂健康风险评估的程序成文化、规范化。

经过 2011 年 6 月第 74 号法令的修订，现在的《食品安全基本法》有总则、施政方针、食品安全委员会和附录共 4 个部分。总则部分阐述了食品安全基本法制定的目的、食品的定义、食品安全政策的重要性及食品安全各环节中每个参与者的责任。施政方针确定了实施食品健康影响评价的目的、策略、结果的使用、信息交流、研究机构、突发事件处理等相关条款，为促进各方参与食品安全管理提供了途径。基本法还确定了食品安全委员会的成立及其职能，明确委员会风险评估和科学建议、食品安全调研等职能，规定了委员会委员任期、义务等，保证食品安全委员会的正常运转。

关于复配食品添加剂，日本《食品卫生法》仅在第二章第十款 3 中提到，复配食品添加剂(preparation)在被证明对人体没有危害前不得进行以上市为目的的销售、生产、进口、展示等活动。而第八版《食品添加剂公定书》第 E 部分对食品添加剂制剂的生产有一个原则性的规定，即其组成中的食品添加剂和食品原料均应是按照法律规定允许使用的品种。同时对某些制剂(香精、着色剂等)中使用的溶剂和限量也做了明确规定。

七、韩国

韩国主要的食品安全管理相关法律法规有《食品卫生法》《食品安全基本法》《保健食品相关法》《畜产品卫生管理法》《农水产品品质管理法》等。其中，《食品卫生法》和《食品安全基本法》是韩国所有食品相关法律的基本法。

《食品安全基本法》于 2008 年 6 月颁布，由 30 个条款组成。该法规定了国家食品安全政策和体系的基本原则和依据，以及中央和地方政府对食品安全应该承担的相关责任。

《食品卫生法》于 1962 年 1 月颁布，2009 年 2 月进行了全面修订。该法包括 102 个条款，旨在防范源自食品的卫生风险，提高膳食营养质量，提供食品的正确信息，有助于保障国民的身体健康。因此，《食品卫生法》涵盖了所有的食品安全必要条款，包括关于食品安全卫生的监管措施、食品行业应当遵守的法律法规以及责任相关方应该采取的行为规范。为了便于实施，同时还有《食品卫生法施行令》《食品卫生法施行规则》并行。施行令是为《食品卫生法》所委任的事项及其施行所需的事项而制定的，施行规则是为规定《食品卫生法》及同法施行令委任的诸般事项及其施行所需的事项而制定的。

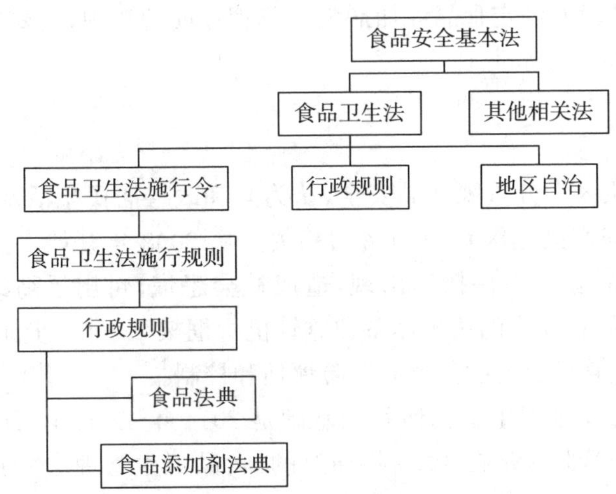

图 2-5　韩国食品法规体系图示

根据韩国《食品添加剂法典》，食品添加剂是指在食品生产、加工、制备过程中，以达到技术为目的而有意加入到食品中或和食品混合在一起的可以提高食品的口感、风味等特性的物质。一般情况下，食品添加剂的使用限量应该以达到其技术目的的最低使用量为限。

韩国对食品添加剂的管理由《食品添加剂法典》进行规范。食品添加剂的使用应符合食品添加剂法典规定的规格和使用标准。《食品添加剂法典》包括了食品添加剂和食品接触表面清洁溶液两大类。具体将食品添加剂分为 3 类：

天然添加剂、合成添加剂以及混合添加剂。《食品添加剂法典》中包括了 207 种天然食品添加剂、433 种合成食品添加剂、7 种混合食品添加剂；食品接触表面清洁溶液包括乙醇、次氯酸水、过氧化氢、过氧乙酸等 12 种制剂。《食品添加剂法典》还规定了食品添加剂的质量规格要求和检验方法。

八、香港地区

目前香港地区食品安全监管的法律依据主要基于《公共卫生及市政条例》第 132 章第Ⅴ部、《食物安全条例》第 612 章及其附属规例。香港没有专门规定添加剂使用的法规，仅有几项针对特殊添加剂类别的规例，包括《食物内染色料规例》(第 132H 章)、《食物内甜味剂规例》(第 132U 章)以及《食物内防腐剂规例》(第 132BD 章)3 项规例。其他类别的食品添加剂参考国际食品法典委员会(CAC)的标准。与食品添加剂相关的规例还有《食物及药物(成分组合及标签)规例》(第 132W 章)。为便于遵守，食物安全中心另制定了业界指引供业内人士参考，相关指引有《含铝食物添加剂使用指引》《防腐剂及抗氧化剂使用指引》《有关食物致敏物、食物添加剂及日期格式的标签指引》等。公众可于食物安全中心网站查阅食物及食品添加剂相关的条例、规例和指引。

香港地区暂没有制定食品添加剂生产监管方面的法规，主要参考国际食品法典委员会(CAC)的标准。

九、台湾地区

我国台湾地区十分重视食品安全，认为其和改善居民生活水平、促进台湾地区相关产业和产品国际竞争力密切相关。从 2008 年开始，三聚氰胺、塑化剂、毒淀粉等食品安全事件接连出现，造成社会恐慌，付出了高昂的代价。为此，台湾地区当局在原来的法规体系和监管机构框架下，进一步加强管控，最主要的原则是自主管理、全程可追溯、风险评估和控制。

台湾的食品安全卫生管控体系的基础是 2014 年 12 月 10 日通过的《食品安全卫生管理法》，此法是在 1975 年通过的《食品卫生管理法》的基础上，历经十次修订。最近一次的修订是 2013 年 12 月。时隔一年，此法以《食品安全卫生管理法》的新名称三读通过。这充分反映了在应对不断出现的食品安全事件中，台湾当局也适应国际上对于食品安全风险管控新趋势，积极应变。

新《食品安全卫生管理法》分十章，共 60 条。分为总则、食品安全风险管理、食品业者卫生管理、食品卫生管理、食品标示及广告管理、食品输入管理、食品检验、食品查核及管制、罚则和附则。对于食品安全风险管理、进出口、检验、查核、生产、法律责任及公众监督均有专门规定。对于食品添加剂而言，由于是整个食品安全体系中的关键因素，新的食安法对其生产、输入、使用及标签均有明确规定，包括相应的实施细则。新法在明确生产者的自主管理、监管者的责任、产品所用原料及最终成品流向的可追溯、标示管理等方面均有新的要求。同时大大加强了监管者的检查监督的权力，对违法行为的处罚也加重了。

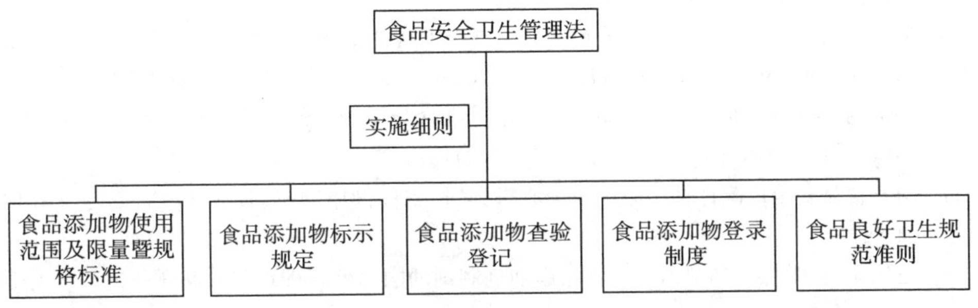

图 2－6　台湾地区食品添加剂的法规体系

参考文献：

[1] 全国人民代表大会常务委员会．中华人民共和国食品安全法[A]. 2015-10-01.

[2] 中华人民共和国卫生部．食品安全地方标准管理办法（卫监督发[2011]17 号）[A]. 2011-03-02.

[3] 中华人民共和国卫生部．卫生部关于食品安全企业标准备案范围的批复（卫监督函[2010]18 号）[EB/OL]. 2011-01-25[2016-04-05]. http://www.foodmate.net/law/shipin/164351.html.

[4] 中华人民共和国国家卫生和计划生育委员会．GB 2760—2014 食品安全国家标准食品添加剂使用标准[S]. 北京：中国标准出版社，2014.

[5] 中华人民共和国卫生部．GB 14880—2012 食品安全国家标准食品营养强化剂使用标准[S]. 北京：中国标准出版社，2012.

[6] 中华人民共和国国家卫生和计划生育委员会．GB 29987—2014 食品安全国家标准食品添加剂胶基及其配料[S]. 北京：中国标准出版社，2014.

[7] 中华人民共和国国家卫生和计划生育委员会．GB 1886.62—2015 食品安全国家标准食品添加剂硅酸镁[S]. 北京：中国标准出版社，2015.

[8] 中华人民共和国卫生部．GB 26687—2011 食品安全国家标准复配食品添加剂通则[S]. 北京：中国标准出版社，2011.

[9] 中华人民共和国国家卫生和计划生育委员会．GB 29938—2013 食品安全国家标准食品用香料通则[S]. 北京：中国标准出版社，2013.

[10] 中华人民共和国卫生部．GB 25594—2010 食品安全国家标准食品工业用酶制剂[S]. 北京：中国标准出版社，2010.

[11] 中华人民共和国国家卫生和计划生育委员会．GB 30616—2014 食品安全国家标准食品用香精[S]. 北京：中国标准出版社，2014.

[12] 中华人民共和国国家卫生和计划生育委员会．GB 29924—2013 食品安全国家标准食品添加剂标识通则[S]. 北京：中国标准出版社，2013.

[13] Codex Alimentarius Commission. Codex Stan 192—1995(adopted in 1995, revision 2015) General standard for food additives[S]. Codex Alimentarius Commission, 1995.
[14] 食品安全国家标准审评委员会秘书处．食品安全国家标准工作程序手册[M]. 北京：中国标准出版社，2013：30-31.
[15] 国家食品安全风险评估专家委员会．中国居民膳食铝暴露量风险评估[EB]. 2016. http://www.nhfpc.gov.cn/ewebeditor/uploadfile/2014/06/20140624170258600.pdf.
[16] 王华丽，张霁月，张俭波．食品安全国家标准食品添加剂使用标准(GB 2760—2011)标准修订[J]. 中国食品卫生杂志，2011，23(6)：571-575.
[17] 国家食品安全风险评估中心．我中心举办"控铝促健康"开放日活动[EB/OL]. [2016-04-05]
[18] 王华丽，骆鹏杰，张霁月，等．食品添加剂制剂的国内外管理现状及问题研究[J]. 中国食品添加剂，2014(1)：68-72.
[19] 王华丽，张霁月，骆鹏杰，等．食品添加剂和食品营养强化剂中次级添加剂和食品原料使用情况调查研究[J]. 中国食品添加剂，2014(4)：41-46.
[20] 王华丽．食品添加剂的评估和管理[J]. 饮料工业，2015，18(6)：45-47.
[21] 信春鹰．《中华人民共和国食品安全法》解读[M]. 北京：中国法制出版社，2015.
[22] 国家食品药品监督管理总局令第 16 号．食品生产许可管理办法．2015.
[23] 钱和，韩婵，刘利兵．食品中化学添加剂的功能与风险控制[J]. 化学进展．2009(11)：2424-2434.
[24] 张俭波，王华丽．食品添加剂食品安全国家标准体系的构成及特点分析[J]. 中国食品卫生杂志，2016，28(3)：279-286.

第三章
食品接触材料

第一节　食品接触材料及管理概述

关键词：

食品接触材料 Food Contact Material

食品接触材料：是指在正常使用条件下，各种已经或预期可能与食品接触，或其成分可能转移到食物中的材料和制品。它包括包装、盛放食品和食品添加剂用的食品包装材料、容器、餐厨具和可能直接或间接接触食品的涂料和涂层、油墨、黏合剂等，以及食品生产、加工、包装、运输、贮存和使用过程中直接接触食品的机械、管道、传送带、容器、用具、餐厨具等，不包括洗涤剂、消毒剂和公共输水设施。

"民以食为天，食以安为先"，食品安全一直以来都与人们的生活息息相关。随着民众生活水平的不断提高，消费者对于食品安全的关注度也逐渐提升。

影响食品安全有四大重要因素：食品及原料本身的安全，食品中添加物质的安全，食品包装容器等接触材料的安全，以及食品标签和说明书的严格监管。

其中，食品的接触材料对人体健康的影响虽然不像食品中的有害微生物、毒素一样立竿见影，但由于这些产品需要被人们长期反复使用，其中的有毒有害物质如果不加控制，析出到食物中，长期被人体吸收，就会对人体产生十分严重的影响，甚至会致畸、致癌和通过生殖影响下一代的身体健康。很多食品包装材料、容器和餐厨具等食品接触材料中存在对人体有毒有害的物质，这些有毒有害物质在食品生产加工过程中的高温、高压环境下或接触油脂等有机物质的情况下，会不会析出和迁移到食品中，是食品安全监管必须高度重视的问题。

作为现代企业加工食品的最后一道工序，食品包装是采用适当的包装材料、容器和包装技术把食品包裹起来，以保证食品的质量与安全。食品包装可以在食品离开工厂到消费者手中的流通过程中，防止其受到生物、化学、物理等外来因素的损害，以保持原有的成分与营养。食品包装主要包括两个方面，一方面是食品包装材料的选择，另一方面是包装技术的使用，而食品包装材料的选择对食品的安全尤为重要。

伴随着当今科学技术的不断进步与发展，食品包装材料的种类也日益丰富多样。与此同时，由于包装材料引发的食品安全事故也层出不穷，迫使人们开始关注食品包装材料的安全性问题。包装材料中化学残留物的迁移会威胁消费者的健康，为了排除这种可能性，对其进行一定的管理是必要的。

第二节　中国食品接触材料的法规

一、法规概述

目前，我国已初步建成了食品接触材料法规管理体系，但由于构建时间短，该体系还存在一些问题，与欧美发达国家相比还存在一定差距。我国对食品接触材料的法规管理可以追溯到20世纪90年代，《食品卫生法》颁布实施，卫生部成立了食品卫生标准技术化委员会，系统组织开展食品包装材料等食品卫生标准研制工作，并建立了食品包装材料卫生标准协作组，承担新型包装材料及加工助剂的评价和标准制订工作。20世纪80年代至90年代，颁布了一批食品容器、包装材料及加工助剂的国家卫生标准，并出台了一系列产品的卫生管理办法。2009年颁布实施的《食品安全法》将食品相关产品安全标准(包括食品接触材料标准)列为食品安全标准的范畴，进一步明确了食品接触材料安全标准属于整个食品安全标准体系中不可或缺的一部分。《食品安全法》明确了食品接触材料风险评估制度、安全标准的管理、新材料行政许可制度等相关问题，从法律层面规范了我国食品接触材料的安全性管理。

我国目前已形成了由国家法律法规、国家标准、部门规章和行业标准四个层次构成的食品接触材料的法规架构。但我国现行国家法律中尚未对“食品接触材料”明确定义，我国新修订并自2015年10月1日起施行的《中华人民共和国食品安全法》(以下简称《食品安全法》)，将“用于食品的包装材料、容器、洗涤剂、消毒剂和用于食品生产经营的工具、设备”归类为“食品相关产品”。我国《食品安全法》中对食品相关产品的规定主要是食品生产和经营中的附属性卫生安全要求，并未如欧美国家一样，专门设立针对性的章节进行规范或专门的立法，提出对各类食品接触材料的纲领和框架性的通用要求。

我国对食品接触材料管理的部门职责分工与食品相同，即采取分段管理的模式。卫计委负责食品接触材料的安全性评价和制订食品安全国家标准，质检部门负责食品接触材料生产和食品包装材料生产企业监管，工商部门和食药局负责流通环节和餐饮环节食品接触材料质量监管，工信部门负责食品接触材料行业管理、制定产业政策和指导生产企业诚信体系建设。

二、标准体系

我国食品接触材料标准主要由基础标准、产品标准、检验方法标准及规范标准四部分构成。基础标准为 GB 4806.1《食品接触材料及制品通用安全要求》和 GB 9685《食品接触材料及制品用添加剂使用标准》;产品标准分为产品安全标准和产品质量标准;检验方法标准主要包括两项基础检验方法标准和具体指标的检测方法标准;规范标准主要包括 GB 31603—2015 食品接触材料及制品生产通用卫生规范以及部分食品接触材料生产规范的行业标准等。这些标准涵盖了塑料、橡胶、纸、玻璃、陶瓷、搪瓷、涂料、金属以及复合材料等食品接触材料。按照《食品安全法》[1]的要求,国务院卫生行政部门积极开展现行食品接触材料标准的清理工作,解决原有标准中交叉、重复的内容,形成一套统一的食品接触材料国家安全标准。构建适合我国标准现状的食品接触材料标准框架体系是开展食品接触材料标准清理工作的关键环节之一,能够有效地指导具体标准清理工作的开展。

目前,经过卫生和计划生育委员会(卫计委)过去 2～3 年的标准整合,我国将形成一套较为完整和完善的食品接触材料国家安全标准。标准体系的具体内容包括以下两方面。

(一)基础标准

基础标准是适用于所有类型食品接触材料及制品的横向标准,是标准体系的基础,在整个标准体系中起统领性作用。我国食品接触材料基础标准主要有 GB 4806.1—2016《食品接触材料及制品通用安全要求》和 GB 9685—2016《食品接触材料及制品用添加剂使用标准》。

GB 4806.1—2016 规定了食品接触材料及制品的基本要求、限量要求、产品标准和检验方法标准符合性原则、可追溯性和产品信息。此标准是食品接触材料及制品类食品安全国家标准体系中重要的基础标准,是我国继 2010 年一系列食品接触材料卫生管理办法废止后出台的首个规定食品接触材料相关通用安全要求的强制性食品安全国家标准,填补了我国食品接触材料通用安全要求标准的空白,是其他食品接触材料产品标准、检验方法和规范标准的基础,为现行相关食品接触材料安全标准在实际安全管理过程中亟待解决的通用问题提供了出处。

GB9685—2016 适用于各类食品接触材料及制品,其规定了食品接触材料及制品用添加剂的使用原则、允许使用的添加剂品种、使用范围、最大使用量、特定迁移限量或最大残留量、特定迁移总量限量及其他限制性要求。GB 9685

的2016版与2008版标准相比，直接收录食品接触材料添加剂的品种由958种扩充到近1300种，在2016版中也允许部分直接食品添加剂和已有酸、醇、酚物质的钾、钠、钙盐类物质可用作食品接触材料添加剂，进一步满足了市场的需要，且标准中对食品接触材料用添加剂的使用原则、使用规定等内容进行了修订，使其更为科学，对于有效控制此类物质的使用安全、促进行业健康有序发展和监管部门有效监管起到了推动作用。

（二）产品标准

目前我国食品接触材料产品安全标准分为产品安全标准和产品质量标准两类，产品安全标准主要规定了产品的食品安全相关要求，如理化指标、微生物等卫生指标，产品质量标准主要规定了产品的相关质量要求，如物理机械性能等指标。

1. 产品安全标准

我国原先的食品接触材料产品安全(卫生)标准主要依据产品类别进行设置，覆盖塑料成型品、塑料树脂、橡胶、不锈钢、铝制食具、涂料、纸、陶瓷、搪瓷、植物纤维类容器、复合食品包装袋等十五大类产品，共计45项。大部分原标准时间都达到了20～30年，长期未更新，且部分标准按照产品小类进行设置(如塑料标准和涂料标准)，过于分散，不利于使用。此外，部分常用食品接触材料产品缺乏相应标准。因此，原先的标准不论从科学性还是实用性角度讲已不能有效控制产品安全和满足行业需求。卫生和计划生育委员会组织开展的食品标准清理整合和立项工作旨在解决这些问题。

此次标准整合工作共涵盖45项产品安全(卫生)标准，将他们整合为10项产品安全标准，包括《奶嘴》《洗涤剂》《陶瓷制品》《玻璃制品》《食品接触用橡胶材料及制品》《食品接触用纸和纸板材料及制品》《食品接触用金属材料及制品》《食品接触用塑料树脂》《食品接触用塑料材料及制品》和《食品接触用涂料及涂层》。其中《陶瓷制品》《食品接触用纸和纸板材料及制品》《食品接触用金属材料及制品》《食品接触用塑料树脂》《食品接触用塑料材料及制品》和《食品接触用涂料及涂层》6项标准为多项标准整合修订成一项标准，《奶嘴》《洗涤剂》《玻璃制品》《食品接触用橡胶材料及制品》4项标准为从原来的一项标准修订而成。这些产品安全标准主要规定了蒸发残渣、高锰酸钾消耗量、重金属、脱色试验等通用食品安全(卫生)指标与针对各类产品的特异性食品安全指标，以及产品的特殊迁移试验条件、使用要求和标签标识要求，塑料、涂料、橡胶等部分产品标准还列出了允许使用的聚合物名单。

2. 产品质量标准

目前我国现行的产品质量标准种类繁多，占所有食品接触材料标准的比例达 80%，涉及各种食品接触材料，包括塑料制品、纸制品、玻璃、陶瓷、搪瓷制品、金属制品、复合膜袋等各种日常使用的食品容器、包装材料，主要指标包括机械强度、热封性能、阻隔性等质量指标。这些产品质量标准由多个部门负责制定，部分标准规定了食品安全相关要求。

3. 生产规范标准

目前，我国食品安全国家标准体系中的食品接触材料生产规范类标准是 GB 31603—2015《食品接触材料及制品生产通用卫生规范》。该标准由国家卫计委于 2015 年 9 月 21 日发布，2016 年 9 月 21 日正式实施。该标准规定了食品接触材料及制品的生产，从原料采购、加工到运输、贮存等各个环节的场所、设施、人员的基本卫生要求和管理准则。该标准是我国首次制定的强制性食品相关产品生产规范。该标准适用于各类食品接触材料及制品的生产，如确有必要制定某类食品接触材料及制品的专项卫生规范，应当以该标准作为基础。除 GB 31603—2015 之外，其他一些推荐性国标和行业标准对于食品接触材料生产过程的管理进行了规定，主要包括 SN/T 1880 系列进出口食品包装卫生规范和 GB/T 23887—2009《食品包装容器及材料生产企业通用良好操作规范》。SN/T 1880 系列规定了进出口食品包装材料中聚对苯二甲酸乙二醇酯包装、软包装和一次性包装的分类和卫生要求。GB/T 23887—2009 规定了食品容器、包装材料生产企业的厂区环境、设备、人员、生产过程、卫生管理和质量管理等方面的基本要求。

4. 检验方法标准

我国食品接触材料检验方法主要包括检验方法基础标准和具体指标的检验方法标准。

(1) 检验方法基础标准

我国检验方法基础标准不断完善，包括 GB 31604.1—2015《食品接触材料及制品迁移试验通则》和 GB 5009.156—2016《食品接触材料及制品迁移试验预处理方法通则》。食品接触材料及制品进行迁移试验时，应首先符合这两项标准的规定，依据 GB 31604.1 选择模拟物和迁移试验条件，依据 GB 5009.156 进行迁移试验的预处理。当一些产品对于迁移试验模拟物和条件、预处理方法有特殊要求时，相应产品标准将予以规定，实际检测时应依据产品标准的规定执行。

(2) 具体指标的检验方法标准

具体指标的检验方法标准主要是相关食品接触材料安全(卫生)标准中，理化指标的配套检验方法标准。

食品标准清理整合中也对具体指标的检验方法标准进行了清理与整合，主要将原来按照产品类别设置的检验方法标准重新整合为按照指标设置。同时，部分缺失的和需要修订的检验方法标准也在制、修订过程中。通过标准清理整合与制、修订，食品接触材料具体指标的检验方法标准共计46项，基本满足了相关标准中指标的检测需求。

第三节　其他国家和地区食品接触材料的法规

目前，世界各国，如美国、欧盟及其成员国、日本等，也制定有相应的食品接触材料管理体系[23-25]。

一、美国

美国是全球对食品接触材料管理历史最为悠久的国家之一，相关法律法规的建立可以追溯到20世纪初。美国将食品接触材料纳入食品添加剂管理范畴，将食品添加剂分为直接食品添加剂、次直接食品添加剂和间接食品添加剂。1997年的《食品和药品管理现代化条例》[2]中描述食品接触物质的定义为"在食品生产、包装、运输或贮存中使用的材料中所用的、不会对食品产生功能作用的物质"。此定义所涵盖的食品接触物质的范围包括间接食品添加剂(如聚合物、单体、食品加工用工具设备等)以及部分次直接食品添加剂(如沸水添加剂、离子交换树脂、食品加工过程中使用的抗微生物剂)。

(一)历史发展

在当时没有上市前审批机构的情况下，1938年出台的《联邦食品药品和化妆品法》[3]赋予美国食品药品监督管理局(Food and Drug Administration，FDA)管理食品添加剂使用的权利。1958年，《食品添加剂修正案》[4]建立了直接和间接食品添加剂上市前审批程序，即食品添加剂申报系统(Food Additive Petition，FAP)。1997年，食品和药品管理现代化条例建立了食品接触物通报系统(Food Contact Notification，FCN)，对食品接触物质的管理由FAP转变为FCN。目前美国对食品接触材料的管理以上述法律规章为依据。

(二)管理机构

美国FDA负责食品接触材料的法规建立和新材料许可，由FDA的食品安全和营养中心(Center for Food Safety and Applied Nutrition，CFSAN)所属的食品添加剂安全办公室(Office of Food Additive Safety，OFAS)负责具体工作。

(三)管理体系

食品添加剂修正案规定，所有食品添加剂必须符合德莱尼抗癌条款(Delaney Anti-cancer Clause)的规定，即“任何被证明经口摄入可对人体或动物致癌的物质均不允许用作食品添加剂”。因此，根据以上规定，所有食品接触物质也应符合德莱尼抗癌条款的规定。在符合德莱尼抗癌条款的前提下，所有食品接触物质应符合相应法规的要求。美国食品接触物质的法规管理体系主要分为三种，食品添加剂申报系统(FAP)、食品接触物通报系统(FCN)和法规阈值(Threshold of Regulation，TOR)，食品接触物质和材料的法规符合性主要通过这三种管理模式所对应的法规进行查询。除此之外，和食品接触材料相关的还有一般认为是安全物质(GRAS)和业已批准的(prior-sanctioned)物质管理两种方式。但需要注意的是，GRAS 物质、业已批准的物质、着色剂、农药和新动物药品不属于食品添加剂的范畴[4]。以上不同管理方式的具体法规构成和主要内容详细介绍如下。

1. 食品添加剂申报(FAP)

1958 年出台的食品添加剂修正案建立了直接和间接食品添加剂上市前审批程序，即食品添加剂申报系统。所有上市的食品添加剂(包括食品接触物质)必须通过 FAP 申报系统提交相应的申请资料进行申请，美国 FDA 负责对申请资料进行审查，审查合格者由 FDA 纳入联邦法规第 21 部分的第 175～179 部分(即 21CFR 175-179)[5]。通过 FAP 系统申请的食品接触物质，必须纳入法规中才能合法使用。21CFR 具有普遍适用性，根据食品接触材料类别分不同章节，以肯定列表的形式列出食品接触材料中允许使用的物质，通常包括添加剂特性、化学和物理质量规格、预期使用条件以及使用限量等内容。

2. 食品接触物通报(FCN)

1997 年，美国国会批准发布了《食品和药品管理现代化条例》，条例建立了食品接触物通报，标志着美国对食品接触物质的管理由 FAP 转化为 FCN。严格来说，FCN 申请的对象为属于食品添加剂范畴的新食品接触物质，但部分生产商为了证明部分用于食品接触的 GRAS 或业已批准的物质的法规符合性，也通过 FCN 申报这些不属于食品添加剂范畴的物质[6]。

食品接触物通报由 OFAS 下属的食品接触物通报部(DFCN)负责具体工作。申请者将申请资料提交给 DFCN 后，首先由资料审查部门对资料进行审查，该部门由消费者安全官员、化学家、毒理学家和环境学家组成。其中，消费者安全官员专门负责解答申请者的疑问。DFCN 将在接收资料的三周内召开审查会议，旨在对资料完整性进行审查，决定是否接受资料，会议将出具接受函或退回函，此为“一阶段审查”。“二阶段审查”是 DFCN 在 120 天内评估所申请物质的安全性，如未对申请资料提出反对意见，则申请材料在 FDA 受理后 120 天自动生效，消费者安全官员将告知申请者具体的有效日期。

FCN 程序分为两种：单一新成分的 FCN 程序和 FDA 已批准成分的配方

FCN 程序。新成分的 FCN 申请资料需包括管理、化学、毒理和环境四方面资料，资料具体要求可在 FDA 网站查询，其中需要提交的化学信息包括物质特性、生产工艺流程、质量规格、预期技术用途、稳定性、迁移量和暴露评估资料等。配方 FCN 程序不需要申请者再提交配方中各组分的安全文件。

通过 FCN 审核的物质以肯定列表的形式列在 FDA 网站“有效的食品接触物质上市前通报列表”中[7]。该列表主要列出了物质名称、通报者、生产商、预期用途、在预期使用条件下的限制条件、质量规格、有效期以及该物质的环境影响声明。

3. 法规阈值(TOR)

FDA 从 1991 年开始实行一种相对于 FAP 更为快速的 TOR 豁免程序。符合以下要求的食品接触物质，FDA 规定可以免除通过 FAP 申请，而通过 TOR 程序进行申请：①估计每日膳食摄入量不超过 5×10^{-4} μg/g；②无证据表明其对人或动物有致癌性；③不得有可能致癌有潜在毒性的结构[8]。

TOR 申请者需向 FDA 提交申请，需要提交的资料包括特性和成分信息、使用条件、评估暴露量所需的化学信息、毒理学信息以及环境影响信息。FDA 负责对申请资料进行审查，经审查符合 TOR 豁免条件的物质，将列在 21CFR 170.39 中[9]。

FAP、FCN 和 TOR 是目前美国对食品接触材料的主要管理方式。FAP 和 FCN 是美国 FDA 在不同历史阶段对食品接触材料的不同管理方式，1997 年发布的《食品和药品管理现代化条例》是 FAP 向 FCN 转化的标志，目前 FAP 和 FCN 同时执行，但方式有所区别。如通过 FCN 申请获得审批的时间要低于 FAP 和 TOR 程序，大大节省了审批所需时间。另外，FCN 是“私有的”，其审批结果仅适用于产品的申请者和消费者，而 FAP 和 TOR 适用于所有企业，这就要求生产同样产品的其他企业还需要通过 FCN 进行重新申请，才能合法生产。FAP 审批结果需通过法规公布才能证明申请物质可以合法使用，而通过 FCN 申请的申请者在 120 天之内如未收到反对意见，则申请物质自动生效，这样的管理方式使得 FCN 的管理压力要低于 FAP。对 FAP、FCN 和 TOR 的具体比较见表 3-1。

表 3-1 FAP、FCN 和 TOR 三种管理方式的比较

	FAP	FCN	TOR
具体要求	21CFR171.1	21CFR170.101	21CFR170.39
审查时限	大于 180 天	120 天以内	不确定
批准方式	批准名单列在 21CFR175～179 部分	通报信，批准名单列在 FCN 列表中	信函，批准名单列在 TOR 列表中

续表

	FAP	FCN	TOR
可合法使用的时间	法规公布后	如未收到反对意见，120 天后自动生效	申请资料接收后
适用范围	通用	仅申请者及其消费者可以合法使用	通用

GRAS 和业已批准的物质虽然不是目前美国 FDA 特别针对食品接触物质的管理方式，但在证明食品接触物质的法规符合性时，除以上三种管理方式之外，还应将这两种方式所列出的物质名单考虑在内。GRAS 和业已批准的物质均不属于美国食品添加剂的范畴。

4. 一般认为是安全物质(GRAS)

联邦食品、药品和化妆品法的 201(s)和 409 部分规定，以下两种情况可被认定为 GRAS 物质：一类是通过科学程序可证明其安全性的物质，称作 GRAS 申报程序；另外一类是 1958 年之前用于食品的，长期使用经验证明安全性没有问题的物质。GRAS 申报程序于 1997 年建立，FDA 从 1998 年开始启动该申报程序。申请者应按照申报程序的要求向 OFAS 提交申报资料，由 OFAS 对申报资料进行审核，OFAS 会将所有申报信息列在 GRAS 列表中。需要注意的是，与 FCN 列表不同，GRAS 列表列出的是 OFAS 收到的进行 GRAS 通报的所有物质信息，不论最终该物质是被认定为 GRAS 或是其申报资料不足以证明其安全性[10]。GRAS 物质列在 21CFR182、184 和 186 部分，其中 21CFR182 部分列出的是用作食品成分的 GRAS，21CFR184 部分列出的是用作直接食品添加剂的 GRAS，21CFR186 部分列出的是用作间接食品添加剂的 GRAS。

选择 GRAS 申报程序或 FAP 或 FCN 程序的区别在于，评价该物质的资料是否已经被充分地公开，是否已经经过各界充分的评价和认可。如果该物质的相关安全性评价资料已经在相关文献上公开六个月以上，并经过了同行的评议和认可，这些资料可以作为 GRAS 评价的资料来源。否则，该物质需要经过 FAP 程序或 FCN 程序申请。另外，GRAS 物质的概念不仅指单独的物质，还需要同时考虑该物质的用途、使用条件与质量规格三个因素，因此没有单纯的 GRAS 物质的说法，只有该物质在特定的用途和规格及使用条件下是否被认可为 GRAS 的说法。

5. 业已批准物质(prior-sanctioned substances)

业已批准物质指的是一类 1958 年 9 月 6 日前经美国 FDA 或美国农业部批准的物质，均为用于食品包装的物质，硝酸盐和亚硝酸盐除外，该类物质统称为业已批准的物质，列在 21CFR 181 的 B 部分。

二、欧盟及其成员国

欧盟对食品接触材料的管理以欧盟法规管理为主，对于未建立欧盟法规的食品接触材料类别采取成员国、欧洲理事会或行业管理的模式。欧盟食品接触材料相关法规分为框架法规、一般材料法规和个别物质法规三个层面，成员国、欧洲理事会或行业食品接触材料相关法规基本按照材料分类进行法规设置。欧盟食品接触材料法规管理体系具体介绍如下。

（一）历史发展

欧盟无差别的针对食品接触材料的相关法律文件，而是在食品安全相关法律文件中一起管理。2000 年 1 月 12 日，欧盟委员会（EU Commission，EC）发布了欧盟《食品安全白皮书》[11]。《食品安全白皮书》阐述了欧盟食品安全原则、食品安全政策的要素、建立欧盟食品安全法规体系的计划，以及建立欧盟食品安全局的计划和目标。在《食品安全白皮书》的指导下，2002 年 1 月 28 日，欧盟委员会发布了（EC）No. 178/2002[12]，该法规规定了食品法律的一般原则和要求，在这样的原则和要求下，该法规规划了食品安全法规的框架体系，食品接触材料的管理就包括在内。

（二）管理机构

可以从风险分析的过程来看欧盟各部门对食品接触材料管理的职责分工。EC、欧洲议会（European Parliament）、欧洲理事会（European Council）或成员国遇到食品接触材料相关安全问题时，向欧洲食品安全局（European Food Safety Authority，EFSA）提出问题或需求。EFSA 负责对关注的食品接触物质进行风险评估。此外，EFSA 还负责新食品接触物质的评估。申请者如需申报新食品接触物质，应将申请资料提交给所在成员国，由成员国将申报资料提交至 EFSA，EFSA 负责对资料进行安全性评价，并根据安全性评价结果在网站上公布针对所评估物质的结论。EFSA 下的 CEF 小组负责食品接触材料的具体评估工作。EC、欧洲理事会等机构根据 EFSA 的评估结果进行相关法规的制、修订工作，即为风险管理措施。各个部门以及利益相关方就风险评估结果和风险管理措施进行必要的风险交流。欧盟负责食品安全管理的执行机构为欧盟健康与消费者保护委员会（the Health & Consumer Protection Directorate-General，DG SANCO），隶属欧盟委员会。

（三）管理体系

欧洲食品接触材料以欧盟法规管理为主，在缺乏欧盟法规的情况下，一些类别的食品接触材料由欧洲理事会、成员国或行业食品接触材料法规进行管理。

1. 欧盟法规体系[24]

欧盟食品接触材料法规包括框架法规、特定材料法规和特定物质法规三类。

(1) 框架法规

欧盟食品接触材料框架法规主要包括 Regulation(EC) No. 1935/2004《食品接触材料的通用规定》[13]和 Regulation(EC) No. 2023/2006《食品接触材料良好生产规范》[14]。Regulation(EC) No. 1935/2004 对食品接触材料的通用安全要求进行了规定,与之相配套的 Regulation(EC) No. 2023/2006 规定了食品接触材料良好生产规范的相关要求和原则。在以上框架法规的基础上,欧盟设立了适用于各类材料和制品的特定材料法规或指令以及适用于特异性物质的特定物质指令。Regulation(EC) No. 1935/2004 食品接触材料通用法规规定了食品接触材料使用原则、食品接触材料法规适用范围、标签要求、可追溯性、活性和智能材料、EFSA 评估机构的作用、新物质审批通用要求以及检验和控制措施等。Regulation(EC) No. 2023/2006 食品接触材料良好生产规范对法规适用范围、相关定义、质量保证体系、质量控制体系、文件记录要求进行了规定,并在附录中具体规定了食品接触材料中非食品接触面中印刷油墨的使用要求。框架法规是欧盟对食品接触材料的管理性要求,符合框架法规是符合其他特定材料和特定物质法规的前提条件。

(2) 特定材料法规

特定材料法规对各类别材料的安全性进行规定,目前该类法规覆盖的材料包括塑料、活性和智能材料、回收塑料、再生纤维素膜、陶瓷五类。除塑料外,其他四类材料法规主要对材料的具体范围、可能存在的安全性问题等进行了规定。现行塑料法规 Commission Regulation(EU) No. 10/2011[15]将原塑料指令 2002/72/EC 及其修订版、迁移试验条件指令、食品模拟物指令和氯乙烯特定措施合并为一项法规。该法规具体规定了法规适用范围、相关术语定义、塑料食品接触材料使用原则、产品上市要求、材料和物质的特殊规定等,并以肯定列表的形式列出了可用在塑料食品接触材料中的物质名单和限量要求。新塑料法规使对塑料的相关安全规定从指令上升到法规层面,并按照最新风险评估结果修改和细化了相关安全要求,使欧盟对塑料食品接触材料的安全性管理更为科学。

(3) 特定物质法规

目前,欧盟现行的特定物质法规共两项,包括食品接触材料中环氧衍生物的使用限制法规以及橡胶奶嘴和安慰奶嘴中释放出的 *N*-亚硝胺[16]和 *N*-亚硝胺前体物质法规[17]。这两项法规分别规定了环氧衍生物在食品接触材料中的特定迁移量，以及橡胶奶嘴和安慰奶嘴中迁移出的 N-亚硝胺和 N-亚硝胺前体物质限量和检测原则。

2. 成员国法规

欧盟成员国普遍遵循欧盟食品接触材料法规，对于一些缺乏欧盟法规的食品接触材料，欧盟成员国制定相应成员国法规。成员国法规虽然只是各个国家制定的适用于本国的食品接触材料法规，但一些法规经过长期验证兼具科学性和合理性，为各成员国普遍参考，如瑞士食品接触用油墨法规、法国着色剂批准清单以及德国联邦风险评估所（Federal Institute for Risk Assessment，BfR）制定的一系列食品接触材料法规标准。

3. 欧洲理事会决议

欧洲理事会决议为适用于欧洲理事会成员国的技术标准，有一定法律效力。在无欧盟和各成员国法规的情况下，可以参考欧洲理事会决议。欧洲理事会决议涵盖的食品接触材料种类远远大于欧盟食品接触材料法规，包括金属和合金、着色剂、涂层、有机硅、离子交换树脂、软木塞、橡胶、油墨等。由于欧盟食品接触材料法规涵盖的产品种类有限，某种程度上，欧洲理事会决议对于我国食品接触材料安全标准具有更好的参考价值。

4. 行业协会标准

欧洲部分行业协会还制定了一些针对食品接触材料的行业标准，如欧洲印刷油墨协会制定的食品用印刷油墨良好生产规范以及食品用印刷油墨标准，为欧洲油墨行业所用。

三、日本

日本对食品接触材料的管理以行业管理为主，政府管理部门仅针对食品接触材料制定管理性法规，相关行业协会制定协会自主标准，行业普遍遵守。日本食品接触材料法规管理体系具体介绍如下。

（一）历史发展和管理机构

日本的食品安全管理主要依据 1947 年实施的《食品卫生法》，该法律的第 16 条规定了食品接触材料的通用安全要求，第 18 条规定由厚生劳动省制定食品接触材料的规格标准以及检测方法标准。根据《食品卫生法》的要求，2003 年日本政府颁布了《食品安全基本法》。该法指定厚生劳动省负责提出标准制、修订需求，且基于此法，日本政府建立了食品安全委员会（Food Safety Commission，FSC），负责独立开展食品相关标准制定所需的风险评估工作。厚生劳动省根据 FSC 提交的风险评估结果，同时考虑日本国民膳食消费及经济情况等因素制定相应标准。厚生劳动省医药食品局下设的食品安全部中的基准审查课具体负责食品安全标准的制、修订工作,部分工作如检验方法标准,多由国立医药食品卫生研究所承担,由厚生省统一发布。

(二)管理体系

1. 第370号公告

根据日本《食品卫生法》的要求,健康和福利部于1959年颁布了第370号公告。目前370号公告最新修订版本为2010年颁布的336号公告。该公告中与食品接触材料相关的标准或规格包括一般要求、检测方法、迁移实验方法及模拟物、按照材料分类的规格以及按照用途分类的规格。另外,根据《食品卫生法》第18条,公告中还建立了食品接触材料生产过程管理标准。

公告中按照材料分类的规格包括四类材料:玻璃、陶瓷和搪瓷;合成树脂;橡胶;金属。以合成树脂为例,公告规定,所有种类合成树脂应符合通用要求,一些类别的合成树脂除符合通用要求外,还应符合特定要求。不论是通用要求还是特定要求一般都包括两方面,一是对材料本身的要求,如树脂中铅、镉的含量要求;二是树脂浸泡液中物质的限量要求,即迁移量要求,如重金属、高锰酸钾消耗量等。以聚氯乙烯(PVC)为例,公告规定,PVC应符合通用要求和特定要求,特定要求中对材料本身的要求规定了PVC中的二丁基烯物质、磷酸三甲苯酯的含量要求;树脂浸泡液的限量要求规定了几种溶剂浸泡液中蒸发残渣的限量要求。公告中按照用途分类的规格主要是对高压、真空以及高热处理条件下食品包装的质量要求。

2. 行业标准

1970年,日本厚生省制定了13种材料的规格,并委托协会制定公布了第一版食品容器、包装材料中允许使用物质的肯定列表,但随后肯定列表就由相关协会自主制定。目前,日本食品接触材料协会主要包括三家塑料类食品接触材料协会,聚氯乙烯协会(JHPA)、聚烯烃协会(JHOSPA)和聚偏二氯乙烯协会(JHAVDC),三家协会制定了适合于本行业的肯定列表。三家协会评价的物质可能会有交叉,但没有统一协调的管理方式,各自按照自己的方式进行管理。非协会会员的企业,按照日本政府的标准组织生产。但由于三个协会的肯定列表有很大的公信力,其他企业也多半遵守。只有会员才能申请将物质列入肯定列表中。橡胶、纸张、金属等都有相应的工业协会,但没有建立相应的肯定列表。部分协会制定了禁止使用物质列表,如特定婴幼儿用品禁用物质等,进行不同程度的自主管理。

这些自主制定的肯定列表没有法律约束力,目前日本市场也有未在肯定列表中的物质使用但无法处罚的管理漏洞。日本厚生省也曾考虑建立本国官方的肯定列表，但由于食品接触材料的安全风险与食品本身相比要小得多，且几十年来日本协会的管理也一直非常有序，未出现比较大的食品安全事件，限于人力和资源有限，未计划在近期内开展此项工作。

3. JHPA 肯定列表

JHPA 于 1967 年成立，为日本同行业内最早建立的协会。会员涉及 PVC 行业的原料、产品、中间品和贸易商，共约 180 家。协会下设企划委员会、技术及肯定列表(PL)委员会、文献委员会、分析委员会、业务公共事务管理委员会。其中技术及 PL 委员会有 19 名委员，负责肯定列表的审查制定工作。

1970 年，JHPA 协助厚生省制定了第一版 PVC 食品容器、包装材料中允许使用的物质肯定列表。1973 年，厚生省发布通告，将 JHPA 制定的肯定列表作为行业指导性文件。

企业如申请新产品列入肯定列表，需将申请资料提交给 JHPA 秘书处。秘书处负责收集整理，密封涉及企业秘密的内容，向 JHPA 委员会提交供审查的资料。委员会审查资料后做出结论，两周后即可提供批准证书。

JHPA 制定的纳入肯定列表的条件包括：①物质已经被美国、德国、法国、意大利、英国、荷兰或欧盟批准使用，则直接纳入；②在上述国家和日本批准的食品添加剂直接纳入；③不符合上述条件的新物质，由技术及 PL 委员会审查申请资料后决定是否纳入。

目前 JHPA 已经批准了 8 个类别、共 800 余种可用于食品接触用 PVC 材料的物质。JHPA 肯定列表主要内容包括：物质名称、CAS 号码、规格要求等。

4. JHOSPA 列表

JHOSPA 于 1973 年成立，共 800 余家会员，包括添加剂、树脂、成型品生产商、经销商、食品商等。其管理对象包括 30 种聚烯烃类材料，如聚对苯二甲酸乙二醇酯(PET)、聚乙烯(PE)、聚丙烯(PP)和聚碳酸酯(PC)等。JHOSPA 与 JHPA 类似，设置专门的委员会负责审查企业申请资料、制定肯定列表。

JHOSPA 除制定了聚烯烃食品容器、包装材料中可用的物质肯定列表之外，还制定了食品包装用树脂标准，以肯定列表的方式列出了 50 大类树脂，主要内容包括基础聚合物的范围、基础聚合物的质量规格、部分聚合物的可用的加工助剂的名单及其限量。

5. JHAVDC 肯定列表

JHAVDC 于 1977 年成立，共有 11 家会员。JHAVDC 于 1976 年制定了第一版 PVDC 食品容器、包装材料中允许使用的物质肯定列表。与 JHPA 类似，设置专门的委员会审查肯定列表。2009 年发行了最新版(第八版)肯定列表。由于很多物质已经不再使用，第八版中可用于食品包装用 PVDC 的物质由第七版的 700 多种减少到 341 种。

四、加拿大

（一）历史发展

《食品和药品法》是指导加拿大政府进行食品安全管理的根本法律，其中第4(a)节规定“任何人不得销售含有或带有任何有毒有害物质的食品”。该法的第23章是对食品接触材料的规定，其中第B.23.001节规定“如食品接触材料迁移到食品中的物质可能会对消费者健康造成损害，则任何人不得销售此类食品接触材料包装的食品”。另外，该法还明确食品销售商（包括生产商、包装商和经销商）是食品安全第一责任人，有责任确保食品接触材料是安全的，并符合第B.23.001节的规定。

（二）管理机构

加拿大卫生部是制定食品安全标准的部门，加拿大食品检验局（CFIA）是加拿大负责食品设备检验及实施食品和药品相关法规的部门。隶属于加拿大卫生部的健康产品和食品局（HPFB）负责协助CFIA进行食品接触材料的安全性管理。当CFIA向HPFB提出评估需求时，HPFB将根据需求对相应食品接触材料进行安全性评估。

（三）管理体系

当企业需要申请新食品接触材料时，需向HPFB提交申请资料，由HPFB对资料进行审查，对审查通过的材料，HPFB会向申请者发送“不反对信”（Letter of No-Objection，LONO）。LONO并不表示HPFB同意生产或销售该产品，而仅是HPFB接受此产品的依据。LONO无有效期，只要该产品化学成分和预期用途与申请时的状态相同，LONO则一直有效。申请产品可以是成型品（如薄膜、容器）、中间产品（如树脂）或添加剂（如抗氧剂、着色剂）。

HPFB将允许使用的食品包装用聚合物列在“聚合物列表”中，分13大类，将属于这13大类的已发布了LONO的聚合物分别列在13个表中。表中列出了聚合物商品名、简称、等级、生产商、限制条件以及发布日期等内容。

五、澳大利亚和新西兰

澳大利亚和新西兰食品法规部长理事会所属的食品法规常务委员会负责制定食品相关政策，澳新食品标准局（Food Standards Australia New Zealand，FSANZ）负责制定、修订、审查食品相关法规以及其他监督、召回、研究相关工作，执行分委会负责相关政策和法规的监督执行。

澳新食品法规为FSANZ制定的澳新食品标准准则（The Australia New

Zealand Food Standards Code)(以下简称准则)。准则分为横向标准、商品标准、食品安全标准和初级生产和加工标准四部分。其中第一部分横向标准中规定食品接触材料属于准则涵盖的产品范围,并对食品接触材料进行了通用安全要求的规定。

澳新对食品接触材料通过 AS 2070—1999 澳大利亚食品接触用塑料材料标准进行具体管理。由于澳大利亚与新西兰的标准局是联席的,所以该标准也适用于新西兰。该标准较为简单,但通过引用美国和欧洲(欧盟及欧洲议会)的法规,其内容反而是最全面的,例如,其树脂部分直接引用美国 FDA 法规与欧盟的法规;着色剂直接引用了欧洲议会的决议;再生材料也引用了相应的成熟规定。所以,从实际的层面来看,只要是符合美国 FDA 或者欧盟有关规定的材料或物质,也就完全符合澳大利亚、新西兰的法规要求。

六、韩国

韩国基本沿用了日本的模式,用建立产品标准的方式对成型品(其"食品卫生法"中的所谓"器具、容器及包装物")进行管理,不对食品接触物质用原料进行法规管理和新物质许可。韩国食品法典第六章对食品接触材料进行了具体规定,第一部分为通用要求;第二部分为各类材料规格,主要对各类食品接触材料中可能迁移的重金属、单体和添加剂进行了限量设置;第三部分为针对第一部分通用要求和第二部分限量指标的试验方法。据称,韩国 FDA 目前正在研究将来采取某种"正清单"制度的可能性。

参考文献:

[1] 国务院．中华人民共和国食品安全法[Z]. 2015.

[2] U. S. Congress. Food and Drug Administration Modernization Act[Z]. 1997.

[3] U. S. Congress. The Federal Food Drug and Cosmetic Act[Z]. 1938.

[4] US Food & Drug Administration. Food Additive Amendment[Z]. 1958.

[5] US Food & Drug Administration title 21,Code of Federal Regulation[EB/OL]. http://www. fda. gov/Food/FoodIngredientsPackaging/ucm082463. htm.

[6] US Food & Drug Administration. Regulatory Report:FDA's Food Contact Substance Notification Program [EB/OL]. http://www. fda. gov/Food/FoodIngredientsPackaging/FoodContactSubstancesFCS/ucm064161. htm.

[7] US Food & Drug Administration inventory of Effective Premarket Notifications for Food Contact Substances [EB/OL]. http://www. accessdata. fda. gov/scripts/fcn/fcnNavigation. cfm? filter=&sortColumn=&rpt=fcsListing.

[8] US Food & Drug Administration. 21CFR 170. 39. Threshold of regulation for substances used in food-contact articles[EB/OL]. http://ecfr. gpoaccess. gov/cgi/t/text/text-idx? c=ecfr&sid=d2955827dc9358cf604595f2657708dd&rgn=div8&view=text&node=21:

3. 0. 1. 1. 1. 2. 1. 6&idno=21.

[9] US Food & Drug Administration guidance for Industry: Submitting Requests under 21 CFR 170. 39 Threshold of Regulation for Substances Used in Food-Contact Articles[EB/OL]. http://www. fda. gov/Food/GuidanceComplianceRegulatoryInformation/Guidance Documents/FoodIngredientsandPackaging/ucm081833. htm. 2005-04.

[10] US Food & Drug Administration about the GRAS Notification Program[EB/OL]. http://www. fda. gov/Food/FoodIngredientsPackaging/GenerallyRecognizedasSafeGRAS/GRASNotificationProgram/default. htm. 2009-03.

[11] Commission of the European Communities. White Paper on Food Safety[EB/OL]. 2000-1-12[2012-10-15]. http://ec. europa. eu/dgs/health_consumer/library/pub/pub06_en. pdf.

[12] European Communities. Regulation(EC) No 178/2002 of the European Parliament and of the Council[EB/OL]. 2002-1-28[2012-10-15]. http://eur-lex. europa. eu/LexUriServ/LexUriServ. do? uri=OJ:L:2002:031:0001:0024:EN:PDF.

[13] European Union. Regulation(EC) No 1935/2004 on materials and articles intended to come into contact with food and repealing Directive 80/590/EEC and 89/109/EEC[EB/OL]. 2004-10-27[2012-10-15]. http://eur-lex. europa. eu/LexUriServ/LexUriServ. do? uri=CONSLEG:2004R1935:20090807:EN:PDF.

[14] European Union. Commission Regulation(EC) No 2023/2006 on Good Manufacturing Practice for Materials and Articles intended to come into contact with food. [EB/OL]. 2006-12-22[2012-10-15]. http://eur-lex. europa. eu/LexUriServ/LexUriServ. do? uri=OJ:L:2006:384:0075:0078:EN:PDF.

[15] European Union. Commission Regulation(EU) No 10/2011 on plastic materials and articles intended to come into contact with food[S]. 2011.

[16] European Union. Commission Regulation(EU) No 1895/2005 on the restriction of use of certain epoxy derivatives in materials and articles intended to come into contact with food[S]. 2002.

[17] European Union. Commission Directive 93/11/EEC concerning the release of the N-nitrosamines and N-nitrosatable substances from elastomer or rubber teats and sootners [S]. 1993.

[18] 日本厚生劳动省．食品卫生法[Z]. 1972.

[19] 日本厚生劳动省．食品、容器和包装材料、消毒剂规格、标准和检测方法[S]. 1959.

[20] Standards Australia. Australian Standard: Plastic materials for food contact use[S]. 1999-3-5.

[21] 中国疾病预防控制中心营养与食品安全所．GB9685—2016 食品容器、包装材料用添加剂使用卫生标准[S]. 北京：中国标准出版社，2016.

[22] 中国标准化研究院．GB/T23887—2009 食品包装容器及材料生产企业通用良好操作规范[S]. 北京：中国标准出版社，2009.

[23] 商贵芹，陈少鸿，刘君峰．国内外食品接触材料法规比较及于我国的借鉴[J]. 食品安全质量检测学报．2016，7(3)：1197-1202.

[24] 朱蕾,樊永祥,张俭波,等．欧盟塑料食品接触材料新法规浅析[J]．中国食品卫生杂志．2013,25(01):80-86.

[25] 朱蕾,徐海滨,张俭波,等．各国食品接触材料法规体系研究与比较分析[J]．中国食品添加剂．2013(02):149-157.

第四章

化妆品和化妆品原料

第一节　化妆品产品及法规概述

关键词：

化妆品 Cosmetics

化妆品原料 Cosmetics Ingredients

化妆品[①]，是指以涂擦、喷洒或者其他类似的方法，散布于人体表面任何部位（皮肤、毛发、指甲、口唇等），以达到清洁、消除不良气味、护肤、美容和修饰目的的产品。

化妆品新原料[②]，是指首次使用于化妆品生产的天然或人工原料。

一、化妆品概述

化妆品是日常生活用品，它可以起到清洁、护肤、美化人体、修饰容貌和增加魅力等作用。化妆品已有上千年的历史，早在4 000多年前，古埃及人就在宗教仪式上和皇朝贵族中使用动植物油脂、矿物油和植物花朵，起到美容效果。在我国古代的典籍《汉书》中有画眉、点唇的记载。宋代药学专著《证类本草》《政和本草》有“椰子皮涂头益发令黑”“甘露藤令人肥健好颜色”的记载。明代李时珍的《本草纲目》记载了200余种美容药物[1]。

---

① 依据《化妆品卫生监督条例》(1989年11月13日卫生部令第3号发布)。2015年发布的《化妆品监督管理条例》(征求意见稿)中对化妆品的定义为“是指以涂擦、喷洒或者其他类似方法，散布于人体表面(皮肤、毛发、指甲、口唇等)、牙齿以及口腔黏膜，以清洁、保护、美化、修饰以及保持其处于良好状态为目的的产品”。

② 依据《化妆品卫生监督条例》(1989年11月13日卫生部令第3号发布)。2015年发布的《化妆品监督管理条例》(征求意见稿)中对化妆品新原料的定义为“是指未列入化妆品已使用原料名称目录的天然或人工原料”。

化妆品按照剂型可分为水剂类、油剂类、乳剂类、粉状、块状、悬浮状、凝胶状产品等[2]。按照产品功能可分为清洁类、护理类、美容修饰类[3]。按照使用部位可分为皮肤用化妆品、毛发用化妆品、口唇用化妆品、指甲用化妆品等。

化妆品由对人体作用缓和的物质组成，包括多种源于植物、动物和矿物质的原料。现代技术下，增加了大量源于化学合成和半合成的原料。

二、化妆品行业及法规概述

随着科学技术的不断发展，化妆品逐步从医药系统中分离出来，形成了单独的行业，市场不断扩大。各个国家开始拥有了自己的品牌和相关产业，产品也陆续进入了寻常百姓的生活。化妆品产品种类日新月异，新型原料层出不穷，加工工艺也不断地更新换代。据统计，我国 2015 年化妆品行业的企业销售额已经增至 2650 亿元。进口金额 37.42 亿美元，出口金额 27.79 亿美元[4]。面对化妆品工业的飞速发展，各个国家相继出台了相关法律法规，对化妆品的安全性、稳定性、使用性和功效性加以规范。目的是维护公众的健康，并向消费者提供正确的信息。

目前，世界上主要出台化妆品法律法规的国家和地区有中国、欧盟、美国、日本、韩国、东盟等。管理的重点集中在化妆品产品的适用范围，成分，准用、禁用和限用物质，产品功效，试验分析，产品标签，市场宣称，事后监管和不良反应监控等方面。

第二节　中国化妆品和化妆品原料的法规

一、中国化妆品管理制度

（一）化妆品卫生监督制度

1989 年，卫生部颁布了《化妆品卫生监督条例》（以下简称《条例》），于 1990 年 1 月 1 日正式实施。1991 年 3 月发布了《化妆品卫生监督条例实施细则》。自此，我国的化妆品管理走上了法制化管理的轨道。根据《条例》，我国施行化妆品卫生监督制度，包括对产品进行许可或备案，对生产进行许可，以及对上市后产品实行市场监督管理。

对于国产非特殊用途化妆品，实行上市后备案制度[5]。国产特殊用途化妆品和进口特殊用途化妆品，实行上市前行政许可制度；进口非特殊化妆品实行上市前备案凭证制度。但此备案凭证制度与行政许可制度类似，仍然需要通过国家食品药品监督管理总局的审评审批。化妆品行政许可批件（备案凭证）有效期为 4 年。行政许可实行受理、审评、审批三分离的制度。2017 年 1 月，国家食品药品监督管理总局发布公告，在上海市浦东新区试点实施进口非特殊用途化妆品备案管理制度。自2017年3月1日起至2018年12月21日，凡从上海市浦东新区口岸进口，且境内责任人注册地在上海浦东新区的首次进口非特殊用途化妆品，由现行审批管理调整为备案管理。上海市食品药品监管部门在备案后3个月内，会对备案资料进行监督检查，对不符合要求的资料进行补充或修正。

（二）化妆品监管部门

化妆品的卫生监管在2008年以前由卫生部门负责，2008年之后该职责划入国家食品药品监督管理总局。目前，国家食品药品监督管理总局主要负责我国化妆品的研制、生产、销售、使用的全过程监督和管理[6]，包括参与化妆品监管相关文件和法规的起草和制定，贯彻实施国家化妆品监管法案和规定，审查化妆品生产企业证件，负责化妆品安全和质量检验，以及应对化妆品安全突发事件等。

国家食品药品监督管理总局下设的保健食品化妆品监管司（简称“保化司”），主要承担化妆品卫生许可管理、化妆品安全性评审、卫生监督等工作。保健食品审评中心主要负责化妆品技术审评工作。中国食品药品检定研究院主要负责化妆品技术规范、技术要求及检测方法的制订和修订、风险评估等工作。经国家食品药品监督管理总局许可的检验机构负责在化妆品实施行政许可前，开展卫生安全性和人体安全性检验。

国家食品药品监督管理总局下还建立了安全专家委员会[7]，承担化妆品新原料行政许可的技术审评工作，并对化妆品监管工作提供技术咨询、政策建议，对化妆品风险监测和风险评估工作有关问题提出建议等，为化妆品安全监管提供技术支撑。

2013年以前，化妆品的质量监管由地方质量技术监督、食品药品管理局和工商行政管理部门负责。后来三个执法部门合并形成了市场监督管理局，负责市/区一级化妆品的市场监管工作。部分县级以上食品药品监管部门下设化妆品不良反应监测和报告机构，对化妆品不良反应进行监测。

国家出入境检验检疫部门[8]则主要负责全国进出口化妆品检验检疫监督管理工作。

二、中国化妆品的定义和分类

根据《化妆品卫生监督条例》（1989年）（以下简称《条例》），化妆品是指以涂擦、喷洒或者其他类似的方法，散布于人体表面任何部位（皮肤、毛发、指甲、口唇等），以达到清洁、消除不良气味、护肤、美容和修饰目的的日用化学工业产品。暂时不包括牙膏、漱口水等口腔用品和只具有清洁作用的香皂。国家工商行政管理局1993年颁布的《化妆品广告管理办法》，卫生部2007年颁布的《化妆品卫生规范》中都沿用了该定义。2007年国家质检总局颁布的《化妆品标识管理规定》中，将牙膏划归为化妆品。

根据《条例》及其实施细则，我国的化妆品分为非特殊用途化妆品（即普通化妆品）和特殊用途化妆品，特殊用途化妆品有育发、染发、烫发、脱毛、美乳、健美、除臭、祛斑、防晒九大类。我国化妆品的分类中目前没有“药妆”的概念。

2013年12月16日，国家食品药品监督管理总局发布了《关于调整化妆品注册备案管理有关事宜的通告》[9]，考虑到市场上大部分宣称有助于皮肤美白增白的化妆品与宣称用于减轻皮肤表皮色素沉着的化妆品作用机理一致，将美白产品纳入祛斑类化妆品管理。但是仅具有清洁、去角质等作用的产品，不得宣称具有美白增白功能。

三、中国化妆品的行政许可和备案

（一）化妆品国内生产企业许可

根据《条例》，化妆品的生产企业需要同时获得《化妆品生产许可证》和《化妆品生产企业卫生许可证》（以下简称《化妆品卫生许可证》）。《化妆品生产许可证》由质量监督部门核发，有效期为5年。《化妆品卫生许可证》由省级食品药品监督管理部门核发，有效期4年。根据《国家食品药品监督管理总局关于化妆品生产许可有关事项的公告（2015年　第265号）》，从2016年1月1日起，化妆品生产企业只需要取得《化妆品生产许可证》即可（即“两证合一”），有效期为5年，由国家食品药品监督管理总局颁发。

根据《国产非特殊用途化妆品备案管理办法》（以下简称《管理办法》），以及《关于调整化妆品注册备案管理有关事宜的通告》[9]，自2014年6月30日起，国产非特殊用途化妆品由原先省级食品药品监管部门发放国产非特殊用途化妆品备案凭证，改为对产品信息进行网上备案。生产企业需要在产品上市前，网上提交资料进行备案。省级食品药品监管部门在备案后3个月内组织开展对备案产品的检查。备案的产品信息经省级食品药品监管部门确认后在食品药品监督管理总局政务网站统一公布，供公众查询。《管理办法》还明确了备案时需要提交的资料以及具体要求，内容包括对检验机构样品和检验的要求、备案登记凭证样式等。

（二）国产和进口产品许可和备案

2009年国家食品药品监督管理总局颁布的《化妆品行政许可申报受理规定》[10]，明确了国产和进口化妆品申报人的定义，并明确要求进口化妆品、进口新原料行政许可申请人应该是由进口化妆品生产企业或进口新原料生产企业委托的在中国境内依法登记注册、具有独立法人资格的唯一行政许可申报在华责任单位。

《化妆品产品技术要求编制指南》对化妆品产品技术要求的编制工作做了具体的规定，包括产品名称、配方成分、生产工艺、感官指标、卫生化学指标、微生物指标、检验方法、使用方法、注意事项、储存条件、保质期等信息。

《化妆品技术审评要点》针对特殊用途化妆品技术审评工作，对申报化妆品的命名、配方、产品质量安全控制要求、功效成分使用依据、产品设计包装以及卫生安全性检验报告等作出了规定。

《化妆品技术审评指南》对产品中文名称、送审样品、产品配方、质量安全控制要求、产品包装（含产品标签、说明书）、卫生化学和微生物检验、毒理学安全性评价、人体安全性评价、化妆品中可能存在的安全性风险物质风险评估资料等给出了具体指导。

为了确保审评工作的质量和审评专家的管理，国家食品药品监督管理总局组织制定了《化妆品审评专家管理办法》，明确了化妆品技术审评专家的聘用和管理、审评专家库日常管理及人员组成、审评专家任职资格、审评会议等有关要求。

（三）行政许可检验

从1989年起，卫生部相继颁布了一系列与化妆品行政许可检验有关的规范性文件，《健康相关产品检验机构工作制度》（1999年）、《健康相关产品检验机构认定与管理规范》（2000年）、《化妆品卫生安全性检验机构认定与管理规范》（2000年）、《化妆品人体安全性与功效检验机构认定与管理规范》（2002年）、《化妆品卫生规范》（2007年）、《化妆品卫生行政许可检验规范》（2007年）等。后来为了整合并统一这些规范，制定了《化妆品行政许可检验管理办法》，对许可检验和许可检验的定义，以及许可检验的申请、受理、检验、报告、质量控制、样品管理、档案管理等环节进行了规定。

四、中国化妆品原料和产品管理

（一）化妆品的原料管理

1. 化妆品原料标准中文名称

2008年，我国香精香料化妆品协会与卫生部合作，制定了我国的《国际化妆品原料标准中文名称目录》[11]，该目录是在《国际化妆品原料字典》的基础上制定的，对其中11713种化妆品原料的名称进行了翻译。后来国家食品药品监督管理总局对上述目录进行了更新和补充，于2010年发布了新版《国际化妆品原料标准中文名称目录》[12]。同时规定，生产企业在化妆品标签说明书上进行化妆品成分标识时，应当使用目录中规定的标准中文名称。

2. 化妆品已使用原料目录

从2011年年底开始，国家食品药品监督管理总局分批印发了《已使用化妆品原料名称目录》，经过多轮意见征求，于2014年6月30日，发布了《已使用化妆品原料名称目录》，共计8783种化妆品原料。约三分之一为植物原料。它是对我国境内生产、销售的化妆品所使用的原料的客观收录。2015年12月23日，再次发布了新版《已使用化妆品原料名称目录》(2015版)[13]，主要是对部分原料名称进行了规范，删除了部分禁用物质并新增了部分已使用原料。2015版目录中化妆品原料的数量为8783种。

3. 化妆品原料管理

1999年，卫生部制定发布了《化妆品卫生规范》，该规范分别于2002年和2007年进行了两次修订，2007年版《化妆品卫生规范》一直沿用至2015年。在2015年，国家食品药品监督管理总局颁布了新版规范，名称修改为《化妆品安全技术规范》[14]。新版规范列出了1388项禁用组分、47项限用组分，以及限用的条件。列出了准用的51项防腐剂、27项防晒剂、157项着色剂和75项染发剂清单，收载了77个理化检验方法、5个微生物学检验方法、17个毒理学试验方法①、2个人体安全性检验方法和3个人体功效评价检验方法。

4. 化妆品新原料

化妆品新原料是指在国内首次适用于化妆品生产的天然或人工原料。《化妆品卫生规范》《化妆品行政许可申报受理规定》等相关法规、技术规章等均对化妆品新原料行政许可提出资料要求和行政许可程序，为了加强化妆品原料的管理，规范和细化化妆品新原料安全性评价资料要求，指导化妆品新原料的安全性评价，明确化妆品新原料行政许可审评要求，提高化妆品新原料行政许可操作性，保证化妆品产品卫生质量安全，国家局组织制定了《化妆品新原料安全性评价指南》。该指南给出了化妆品新原料的定义，化妆品新原料的安全性要求，申请化妆品新原料行政许可资料的要求，特别是针对毒理学安全性评价资料进行了明确。目前，行业实践是，没有列入《已使用化妆品原料名称目录》(2015版)中的原料即为新原料，在应用于化妆品成品之前，均需进行申报。

2015年11月10日，食品药品监督管理总局对调整植物类化妆品新原料行政许可申报资料要求公开征求意见[15]。对植物类化妆品原料给出了定义；提出了植物类新原料申报资料的一般要求，并减免部分类别毒理学试验项目资料；提出了安全食用历史的判定原则。

---

① 国家食品药品监督管理总局组织起草了《化妆品用化学原料体外3T3中性红摄取光毒性试验方法》，2016年11月正式发布。该试验方法作为第18项毒理学试验方法纳入《化妆品安全技术规范》(2015年版)第六章。

5. 疯牛病原料监管

牛海绵状脑病(BSE)又称疯牛病,是牛的一种神经性、渐进性、致死性疾病。2007 年,国家质检总局和卫生部发布了《关于调整从疯牛病疫区进口化妆品管理措施的公告》[16],禁止含有来自疯牛病疫区的高风险物质的化妆品及化妆品原料进口我国。公告附有禁用的和限用的牛羊源性物质清单。

（二）化妆品产品管理

1. 化妆品中文名称

根据 2010 年国家食品药品监督管理总局颁布的《化妆品命名规定》和《化妆品命名指南》,化妆品的中文名称一般包括商标名、通用名和属性名。其他需要标注的内容可以在属性名后加以注明,包括颜色和色号、防晒指数、气味、适用发质、肤质或特定人群等内容。对于约定俗成、习惯使用的名称可以省略通用名和属性名。规定中还指出了化妆品命名时禁止使用的内容,设定了禁用语和可宣称用语。

2. 化妆品安全要求

2015 版《化妆品安全技术规范》对化妆品安全提出了通用要求,对微生物指标进行了详细的规定,包含菌落总数、霉菌和酵母菌总数、耐热大肠菌群、金黄色葡萄球菌和铜绿假单胞菌的检测限值。对汞、铅、砷、镉重金属规定了限值,对有害物质甲醇、二噁烷规定了限值,同时还规定不得检出石棉。

表 4-1　化妆品中微生物指标限值

微生物指标	限值	备注
菌落总数/(CFU/g 或 CFU/mL)	≤500	眼部化妆品、口唇化妆品和儿童化妆品
	≤1 000	其他化妆品
霉菌和酵母菌总数/(CFU/g 或 CFU/mL)	≤100	
耐热大肠菌群/g(或 mL)	不得检出	
金黄色葡萄球菌/g(或 mL)	不得检出	
铜绿假单胞菌/g(或 mL)	不得检出	

表 4-2　化妆品中有害物质限值

有害物质	限值/(mg/kg)	备注
汞	1	含有机汞防腐剂的眼部化妆品除外
铅	10	
砷	2	

续表

有害物质	限值/(mg/kg)	备注
镉	5	
甲醇	2 000	
二噁烷	30	
石棉	不得检出	

3. 化妆品的标签标识

根据2007年国家质检总局颁布的《化妆品标识管理规定》(100号令),化妆品标识是指用以表示化妆品名称、品质、功效、使用方法、生产和销售者信息等有关文字、符号、数字、图案以及其他说明的总称。化妆品中文标签应当至少标注化妆品产品的名称、生产企业的名称和地址、净含量、全成分表、生产日期、有效期或生产批号、限期使用日期、储存条件、许可编号及必须标注的警示用语。强制性国标《消费品使用说明 化妆品通用标签》(GB5296.3—2008)对化妆品的标签标识进行了详细的说明。除此以外,化妆品标签标识还要遵从《化妆品广告管理办法》①《产品质量法》《反不正当竞争法》《消费者权益保护法》等一系列法律法规的要求。

2016年之前,防晒类化妆品SPF值的标注需要参照《化妆品技术审评指南》的规定,并且最高只能标注SPF30+。根据国家食品药品监督管理总局《防晒化妆品防晒效果标识管理要求》[17],自2016年12月1日起,防晒指数(SPF)的标识应当以产品实际测定的SPF值为依据。当产品的实测SPF值大于50时,应当标识为SPF50+。宣称具有防水效果的防晒化妆品,可同时标注洗浴前及洗浴后的SPF值,或只标注洗浴后的SPF值。PA值最高可以标注PA++++。

4. 不良反应

根据《化妆品卫生监督条例》的规定,医疗机构有对化妆品不良反应的报告义务。根据《化妆品卫生监督实施细则》的规定,特殊用途化妆品生产企业在重新审查批准文号时须提交不良反应调查报告。

五、中国化妆品的风险评估

尽管2015版《已使用化妆品原料名称目录》中列出了截至目前已经使用的原料,但并非全部为允许使用原料。在实际生产销售过程中,除了要考虑2015版《化妆品安全技术规范》中规定的禁限用物质和允许使用物质外,还需要根据《化妆品中可能存在的安全性风险物质风险评估指南》[18]评估由化妆品原料带

① 根据2017年10月27日国家工商行政管理总局令第92号《国家工商行政管理总局关于废止和修改部分规章的决定》,《化妆品广告管理方法》被正式废止。

入、生产过程中产生或带入的，可能对人体健康造成潜在危害的物质，如苯酚、二噁烷、甲醇、二甘醇等。

风险评估的基本程序包括危害识别、危害特征描述、暴露评估和风险特征描述。进行行政许可的申请人可以通过危害识别，判断产品中是否含有可能存在的安全性风险物质。一旦认为产品中含有可能存在的安全性风险物质，可以提交相应的风险评估资料。风险评估资料包括物质来源、物质描述、含量和检测方法、国内外相关文献、毒理学资料、风险评估结论等。

2015 年 11 月 10 日，国家食品药品监督管理总局药品化妆品注册管理司组织起草了《化妆品安全风险评估指南》(征求意见稿)[19]，对风险评估程序、毒理学研究、化妆品原料风险评估、化妆品产品安全性评价、安全风险评估报告、安全风险评估人员的要求进行了明确。

在化妆品安全性评价中，国际上通常已经验证和认可的一些动物替代试验方法在我国大多未被认可。2016 年 11 月 7 日，国家食品药品监督管理总局组织起草的《化妆品用化学原料体外 3T3 中性红摄取光毒性试验方法》[20]经化妆品标准专家委员会全体会议审议通过，并作为第 18 项毒理学试验方法纳入《化妆品安全技术规范》(2015 年版)第六章。该试验方法目前可以用于产品研发、化妆品新原料的申请。但是在进口产品和国产特殊品的行政性申报审批流程中暂时未采纳。

第三节 欧盟和美国化妆品及化妆品原料的法规

一、欧盟化妆品和化妆品原料的法规

(一) 欧盟化妆品法规概述

欧盟于 1976 年实施了《欧盟化妆品指令 76/768》(Directive 76/768/EEC)。该指令于 2009 年 11 月更新为《欧盟化妆品法规 1223/2009》(Regulation 1223/2009)，并于 2013 年 7 月 11 日起在各个欧盟成员国内实施。该法规规定欧盟成员国的化妆品在上市前不需要卫生主管部门的许可，但是在正常或合理的可预见使用条件下，化妆品不能对人体健康造成损害，尤其是不能基于风险-收益的评估结果来判断对人体健康的危害。制造商或进口商作为责任人需要对其生产的产品安全性负责。一旦发生严重的非预期反应，需要向欧盟国家主管部门尽快通报，保证化妆品的可追溯性。

欧盟层面负责化妆品管理的机构为欧盟委员会(European Commission)，负责起草法令。欧盟委员会健康与消费者保护总局(DG SANCO)下设化妆品常务委员会，负责法规的执行并协调各成员国的化妆品事务。欧盟各成员国的主管部门分别负责对其国内上市的产品进行市场监管，这些监管部门成立了欧

盟化妆品市场监督部门平台工作组。

（二）欧盟化妆品的定义和分类

根据《欧盟化妆品指令 76/768》，化妆品是指用于人体外部任何部位（皮肤、毛发、指甲、口唇和外阴部）或牙齿及口腔黏膜的物质或混合物，主要起到清洁、香化或保护作用，以达到保护良好状况、美容或消除体臭的目的。

与美国化妆品定义不同，用于动物身上的产品不属于化妆品。用于耳朵、鼻子或阴道等黏膜处的产品也不属于化妆品。注射、口服、吸入或植入的产品不属于化妆品。

按照化妆品产品使用方式，可以分为淋洗类和驻留类。欧盟并没有区分普通化妆品和功能性化妆品。

（三）欧盟化妆品的原料管理

《欧盟化妆品法规 1223/2009》明确列出了禁用物质清单、限用物质清单和限制使用浓度，允许使用的着色剂、防腐剂、紫外吸收剂、染发剂清单。该清单不定期地进行修订。

根据 2001 年欧盟化妆品和非食品科学委员会 SCCNFP（现改为消费者安全科学委员会 SCCS）首次发表的关于致癌性、致突变性和生殖毒性（CMR）物质的官方意见，禁止将 CMR 一类和二类物质以及具有类似作用的物质（仅具有吸入致癌性的物质除外）有意用于化妆品中。关于三类 CMR 物质，除非证明其使用浓度水平对消费者健康不具有危害，否则建议和上述处理相同。

根据法规 1272/2008/EC 附录Ⅵ第 3 部分的规定，只有经过消费者安全科学委员会 SCCS 评估、认可后的二类 CMR 物质才可用于化妆品。对于 1A 或 1B 类 CMR 物质，也需要满足特殊要求才允许使用。该类物质每五年将进行重新评估。

纳米材料是指不溶解或生物降解的并专门生产的一种材料，具有一种或多种外部结构或内部结构，尺寸为 1～100nm。根据 1223/2009/EEC，含有纳米材料的化妆品应由责任人以电子方式在产品投放市场前 6 个月上报欧盟委员会，并提交纳米材料的特殊信息，包括鉴定、规格、数量、毒理学特征、暴露量。2016 年欧盟批准了纳米氧化锌[21]和纳米二氧化钛[22]，并纳入允许使用的防晒剂清单中。在成分表中，如某种成分为纳米材料，需要在该成分后标注“nano”字样。

1996 年，SCCS 的前身，欧洲美容科学委员会 SCC 发表意见，指出源于牛、绵羊、山羊脑、脊髓和眼的组织和体液以及源于这些组织的化妆品原料都不得成为化妆品产品的组成成分。此后，该类物质被分为了三类。欧盟化妆品科学委员会 SCCP 的意见是，一类和二类物质由于其对人体健康的生物性风险，不得用作化妆品组分。鉴于三类物质适用于人食用，因此可用于化妆品组分。

化妆品原料的命名，可以参考国际化妆品成分命名法（INCI）（96/335/EC）①。该目录列出了大量的物质以及这些物质在化妆品成品中可能的功效及对它们的限制。欧盟健康与消费者保护总局（DG SANCO）建立了免费使用的化妆品成分资料库 CosIng[23]，用于查询 INCI 名称和一些原料信息。

（四）欧盟化妆品的产品管理

化妆品投放市场前，企业必须将该化妆品的产品信息通过欧盟的化妆品备案门户网站（Cosmetic Products Notification Portal，CPNP）予以备案。产品负责企业必须随时准备供监管机构检查所用的全套文件并定期更新。每个上市产品的标签上要注明其名称和地址。产品信息文件（Product Information File，PIF）应在最后一批化妆品投放市场后保存 10 年。产品信息文件内容包括化妆品描述、安全性报告、生产方法、化妆品功效性文件等。信息的存放地点可以在产品标签上有所显示。

《欧盟化妆品法规 1223/2009》还规定欧盟化妆品生产企业对化妆品的生产工艺需满足良好生产规范（GMP），并对产品上市后的非预期反应进行监测。

（五）欧盟化妆品的产品安全评价

1977 年，“美容科学委员会（Scientific Committee on Cosmetology，SCC）”成立，于 1997 年更名为“化妆品和非食品科学委员会（Scientific Committee on Cosmetic Product and Non-Food Product intended for Consumers，SCCNFP）”。2004 年，被“消费品科学委员会（Scientific Committee on Consumer Product，SCCP）”取代。2008 年再次更名为消费品安全科学委员会（Scientific Committee on Consumer Safety，SCCS）。

目前，SCC、SCCNFP、SCCP 及现在的 SCCS 已经提出了一系列化妆品安全性评价测试指南，已经被正式接受的有《化妆品原料毒性测试指南》（1982 年 6 月 28 日，欧盟报告 8794）和《化妆品原料安全性评价测试指南》以及多次修订版本。欧盟通过控制化妆品的原料、化学结构、毒性和暴露模式来保证化妆品使用的安全性。

化妆品在投放市场之前，企业需对产品进行安全性评估，完成化妆品产品安全报告（Cosmetic Product Safety Report，CPSR）。此安全性评估由专业人员进行，需考虑到化妆品的预期用途和最终暴露。可以使用合适的权重法（Weight of Evidence，WoE）审核所有来源的数据。随着产品信息的不断增多，产品的安全性报告应随时更新。

安全性评估报告内容包括：化妆品的定量和定性组成、物理和化学特性及稳定性、微生物控制、杂质、痕量禁用物质、包装材料、暴露信息、非预期反应等，

---

① 参见本章本节“美国化妆品和化妆品原料的法规”中的“INCI 命名法”

以及由这些安全性数据进行评估得出的结论。

法规 1223/2009 附录Ⅱ、Ⅲ、Ⅳ、Ⅵ、Ⅶ中所列物质属于 SCCS 的责任范围。附录以外的所有化妆品原料都属于生产商的责任范围，需经过安全评估。

欧盟各个成员国毒物控制中心负责提供与人体健康相关产品的信息，特别是人体健康受损时的救助信息，如产品或毒物相关的鉴定、诊断、紧急处理的专业技术信息，并受企业委托，接受消费者对有关产品的投诉。

（六）欧盟化妆品的标签标识和宣称

根据《欧盟化妆品法规 1223/2009》，化妆品标签上需要标注责任人的名字或注册名称和地址、净含量、保质期、使用时注意事项、产品批号或识别码、产品功能的简单描述、全成分清单等。

要求提供全部原料成分标识。当存在可能引起过敏反应的 26 种香料成分并超过法规限值（驻留类是 0.001%，淋洗类是 0.01%）时，要求将该致敏原的名字标注在产品标签上。

对于质量小于 1/4/oz 或体积少于 1/8 液量 oz[①] 的小包装化妆品，只需要标注制造商的名称和地址及任何要求的警告声明。

欧盟《委员会法规 655/2013》对化妆品宣称进行了相关规定。

欧盟规定，防晒产品标注必须在包装的正面，应标明 SPF 值和/或 PA 值，标注使用说明和应使用的量。不允许防晒产品上标注可 100%阻挡紫外线辐射和无须重复使用防晒用品的声明。同时还应提供忠告，标注诸如“即便使用防晒用品，也不要在阳光下长时间停留”“婴幼儿应避免阳光直晒”以及“过度曝晒严重威胁健康”等提醒用语。

表 4-3 欧盟防晒产品保护等级

等级	标注的 SPF 值	实际的 SPF 值
低度保护	6	6～9.9
	10	10～14.9
中度保护	15	15～19.9
	20	20～24.9
	25	25～29.9
高度保护	30	30～49.9
	50	50～59.9
超高度保护	50+	60

① oz=28.350g，1 液量 oz=28.41mL。

（七）欧盟的动物福利

2003年，欧盟化妆品76/768/EEC指令第七次修订时[24]，给出了动物替代实验的时间表，要求自2009年3月11日起，禁止对化妆品的成品进行动物实验。关于重复剂量毒性、生殖毒性和毒物代谢动力学实验等未找到合适的替代方法的实验，实施期限延长至2013年3月11日。虽然替代实验是最终目标，但力求做到减少动物使用量和通过改善方法来减少动物的痛苦和压力。在替代实验中，已经验证的急性毒性替代方法有固定剂量程序法、上下增减剂量法等。已经验证的皮肤刺激实验体外方法有EpiSkin模型实验、EpiDerm模型实验等。已验证的眼刺激替代实验有牛角膜浑浊和渗透性实验（BCOP）、离体兔眼实验（IRE）等。

欧洲替代方法验证中心（ECVAM）负责研究和验证动物性实验的替代方法。经济合作和发展组织（OECD）负责收集和发布包括非动物替代方法等操作指南及规范。

二、美国化妆品和化妆品原料的法规

（一）美国化妆品法规概述

1938年《联邦食品、药品和化妆品法》（FD&C法案）出台，首次对化妆品监管做出规范。

美国化妆品的主管机构是美国食品药品管理局（Food and Drug Administration，FDA），隶属于美国卫生与公众服务部。FDA下属食品安全与应用营养学中心（CFSAN）负责化妆品的安全性和标注的管理。联邦贸易委员会（FTC）主要负责化妆品的广告管理，对不正当和欺诈性行为的管制。

（二）美国化妆品定义及分类

美国《联邦食品、药品和化妆品法》定义化妆品为预计以涂抹、喷洒、喷雾或其他方式使用于人体，能起到清洁、美化、增进或改变外观目的的物品（含有碱性脂肪酸盐且未宣称清洁之外功能的肥皂除外）[25]。

美国化妆品范围较为宽泛，在FDA官方网站上，列举了化妆品自愿注册产品分类目录清单：护肤类、芳香类、眼部及眼部外修饰物、头发护理类、除臭类、面部修饰剂、婴儿用产品、沐浴液、口腔清洁剂、防晒制品等。一些产品在美国作为非处方OTC药物管理，需符合OTC专论的要求，如防晒产品、止汗剂、去屑产品等。化妆品如果宣传具有治疗性，那么它既是化妆品又是药品，即化妆品-药品。在OTC药物专论中没有提到的药品，就属于新药（New Drug Application，NDA），需要通过新药申请程序审批。

（三）美国化妆品的原料管理

1. 色素添加剂管理

1960 年的《色素添加剂修正案》要求业界提供保证每种着色剂安全的科学根据，食品药品管理局（FDA）由此可以确定着色剂在产品里的纯度限制。另外，FDA 有权决定哪些色素添加剂必须经过事前验证是否达到规定纯度标准（即每批色素的样品在使用之前必须被送往 FDA 进行分析和鉴定）以及哪些色素添加剂的使用无须经过事前验证。对于每种可以使用的色素添加剂，21CFR PART 73 Subpart C[26] 详细说明了免于事前验证的色素需要满足的规格、使用条件、标签标注等。21CFR PART 74 Subpart C[26] 详细说明了需要事前验证的色素需要满足的规格、使用条件、标签标注等。

色素添加剂的清单由 FDA 下属的食品安全与应用营养学中心（CFSAN）制定和审查，分为永久性列入的色素和暂时性列入的色素。对于被永久列入的色素添加剂，事先需经过 CFSAN 的审查以确保对于其预期用途而言是安全的。对于被暂时列入的色素添加剂，CFSAN 基于已有数据来确定是否将它们归类于永久列入的色素。出于安全的考虑，FDA 也会从清单中剔除部分色素添加剂。例如，FD&C 苏丹红 1 号已经被终止，是基于它对动物肝脏造成的损害。

新的色素添加剂只有经过 FDA 审核，才可以添加到允许使用清单上。新的色素添加剂的使用申请报告包括：产品特性、物化性质、产品规格和检验方法、生产工艺、稳定性数据、杂质信息、安全性资料、建议的使用目的和限量、允许和限制使用的部位。

色淀是通过吸收和沉淀水溶性染色剂到不溶的无机底物上而成的色素。21CFR 提供了适用于化妆品的色淀底物的清单和规格，包括氧化铝、硫酸钡粉、光泽白、黏土、二氧化钛、氧化锌、滑石粉、松香、苯甲酸铝、碳酸钙，或者任何两个或者更多这些成分的组合。

2. 禁限用物质

《联邦规章法典》（CFR）禁止在化妆品中使用为数不多的几种成分，包括硫双二氯酚、汞化合物、氯乙烯等。21CFR700.11-23[27] 规定，0.1%以下的六氯苯可被用作化妆品中的防腐剂在皮肤上外用，但不允许用于黏膜上，如唇部。汞可以作为防腐剂用于仅限眼部使用的化妆品中，含量少于 0.006 5%。

表 4-4 禁止或限制在化妆品中使用的成分

成分	禁止或限制的原因
硫双二氯酚（Bithionol）	光接触过敏
汞化合物（Mercury compounds）	体内蓄积，可能会引起皮肤刺激、过敏反应和神经毒性

续表

成分	禁止或限制的原因
氯乙烯(Vinyl chloride)	作为气溶胶产品的成分,有人类以及动物致癌性的疑虑
卤代 *N*-水杨酰苯胺(Halogenated salicylanilides)	光接触过敏
雾化锆复合物(Aerosolized zirconium complexes)	作为气溶胶产品的成分,对肺部有毒性作用,包括产生肉芽肿
三氯甲烷(Chloroform)	有动物致癌性,并可能危害人体健康
二氯甲烷(Methylene chloride)	有动物致癌性,并可能危害人体健康
含氯氟烃的抛射剂(Chlorofluorocarbon propellants)	气溶胶抛射剂,可消耗臭氧
六氯苯(Hexachlorophene)	神经毒性

3. INCI 命名法

美国个人护理用品协会(PCPC)的前身为美国化妆品、洗涤用品和香水协会(Cosmetic, Toiletry And Fragrance Association, CTFA),CTFA 于 1973 年出版了一本《国际化妆品原料字典和手册》,该手册经过多年的不断更新,列出了数以万计的化妆品原料成分,涉及成分的结构、功能和命名等方面的有用信息,但并不涉及成分的安全性评价。1993 年,原 CTFA 命名法改为国际化妆品原料命名法(International Nomenelature of Cosmetic Ingredient, INCI 命名法)。目前,该手册命名的化妆品原料的名称已经被多个国家和地区接受并使用。只要原料供应商认为该原料可以用于化妆品生产,就可以向 CTFA 申请登记该原料信息,并获得 INCI 名。

4. 部分州的地方管理

美国各个州可以制定各自的管理办法。例如,美国明尼苏达州州长 Mark Dayton 于 2014 年 5 月 16 日签署了 SF 2192 号法案,该法案对部分铅、汞制品进行了禁止和管制,修正了若干限制部分儿童制品中甲醛使用的条款,并禁止了含三氯生清洁制品的销售。美国加州众议院批准了关于含微珠个人护理产品销售的禁令,该禁令将于 2019 年 1 月 1 日起生效。美国缅因州 2014 年 6 月 30 日立法添加镉、汞和砷进入重点有毒化学品名单。

5. 疯牛病

根据 21CFR700. 27[28] 的规定,FDA 要求化妆品的制造、加工处理中不得使用禁用牛源性原料,也不得含有禁用牛源性原料。禁用牛源性原料是指高风险原料、牛小肠、来自丧失行走能力的牛原料、来自未检验通过的牛或机械分离的牛肉原料。但允许使用来源于可食用的健康牛的去除了特别危险成分的牛脂，或允许使用那些蛋白质成分在一定水平（不大于0.15%的不溶于水的己烷杂质）以下的牛脂，或牛脂衍生物。牛脂衍生物是从初始水解、皂化或转酯基化中得到化学物质。

PCPC受FDA的委托，可以出具正式的证书，供产品出口时其他国家要求所用。

（四）美国化妆品的产品管理

1. 产品管理

在美国，没有针对化妆品产品的事前注册许可程序，FDA也不对化妆品的有效性和安全性或者标签进行事先审批。生产者对其化妆品的安全性、产品成分及产品与规章的符合性负责。

按照21CFR710.1的要求，从事化妆品生产或包装的企业所有人或经营人，都应要求对所属的每个化妆品生产或包装企业进行注册，获得一个永久注册号。但此注册并不代表FDA对该企业的批准和安全性的保障。

2. GMP要求

在法规中没有针对化妆品的良好生产操作规范（GMP）。PCPC《消费者承诺规范》通过声明化妆品的生产应遵循GMP来保证化妆品的质量。化妆品-药品需要遵循药品GMP来生产。

根据21CFR710，化妆品制造商可以自愿对涉及生产或包装销售的化妆品生产设施予以注册。

根据21CFR720，化妆品制造商可以自愿在新产品首次进入市场后六十天内将产品说明报告提交给FDA，停止出售或生产的产品也应向FDA报告。

3. 儿童产品

儿童产品是指主要设计或者意图供12周岁及以下儿童使用的消费品。根据消费品安全委员会（CPSC）公布的消费品安全改进法（CPSIA）要求儿童产品满足有关铅含量的产品安全标准。儿童产品应当由一个CPSC接受的实验室来进行符合性测试，必须具备书面证明以确定产品符合法案，还必须有一个牢固粘贴的溯源标签。化妆品在CPSIA中属于豁免产品类别，但是如果是玩具化妆品中的玩具部分，需要满足该法案要求。

4. 防晒产品

2011年美国FDA对OTC防晒产品的标签及测试规定做出重大变更。规定防晒产品必须同时提供紫外线（UVB和UVA）保护才能划分为“全效性”或“防止晒伤”。FDA对OTC防晒产品规定也适用于标有防晒指数（SPF）值的化妆品和护肤品。防晒产品标签引导消费者“大量”涂抹防晒产品，并频繁地反复涂抹(至少每两个小时一次)以“防止其效力的降低”。对于防水宣称的产品，需要根据标准的测试，使用者在游泳或出汗时，可以保持 40 分钟或 80 分钟有效，才能够宣称“防水”。对于所有的防晒产品，都需要在产品标签中加注警告声明：“暴露在太阳的紫外线下会增加患皮肤癌、早期皮肤老化和其他的皮肤损伤的风险。减少日晒时间、穿防护服以及使用防晒产品是减少紫外线暴露的重要手段”。按照法规的规定，防晒指数的标注值为 2～50＋。

2016 年 11 月 22 日，美国 FDA 发布了《非处方防晒药品——安全性和功效性数据——行业指南》[29]，指出了非处方防晒产品活性成分被认为是“总体认为安全和有效成分”(Generally Recognized As Safe and Effective，GRASE)所需安全和功效性的资料要求。该资料还包含可能与其他活性或非活性成分结合后产生的安全与功效数据。在活性成分不稳定的情况下，与光稳定剂结合后的安全与功效数据。值得注意的是，该指南中还提到了防晒产品中活性成分被人体吸收带来的影响。皮肤对活性成分的吸收度也将作为防晒产品新原料的审评点。

5. 产品召回

企业可以自愿提交化妆品产品的成分声明，注明产品名称、类型、成分等信息。以及向毒物控制中心提供针对该成分的适当的诊断和治疗流程，以便毒物控制中心能对意外摄入化妆品的事故或其他相关的意外使用事故进行迅速评估和治疗。

FDA 对产品召回进行了分类，此分类反映出违规产品与人类健康危害的相关程度。

第一类产品召回是针对那些出售后极有可能对人们的健康产生严重危害的产品，如可能引起严重的不良反应，甚至是死亡。在第一类产品召回中，通常是须将产品从消费者那里回收，并且在大众新闻媒体上发布公告，如报纸，通知消费者这种产品的潜在健康风险。第二类产品召回是针对可能产生暂时的或医学上可逆的健康不良反应，或者不太可能对人们健康产生危害的产品。在第二类产品召回中，产品回收只要求到零售点。第三类产品召回是针对不太可能对人们健康产生任何不良后果的不符合规定的产品，在这种情况下，产品回收只要求涉及批发商。

FD&C 法案没有授予 FDA 直接召回产品的权利，当发现市售产品有缺陷时，只能跟企业进行协商，建议企业自愿召回，否则只能提前进行法律诉讼。

（五）美国化妆品安全性评估

对于化妆品原料成分，其安全性由化妆品原料评价委员会(Cosmetic Ingredient Review,CIR)来管理。CIR 成立于 1976 年,由来自 FDA、PCPC、化妆品厂家、消费者的代表组成 CIR 专家小组,负责评价化妆品原料在人体的使用是否安全。最终的安全性评价报告发表在《国际毒理学杂志》上。该安全性报告会对所评价的化妆品原料给予以下五种结论中的一种。

(1) 可安全使用原料:原料在目前化妆品中使用的浓度下安全。

(2) 在一定使用条件下安全的原料:原料在一定的使用条件下,如一定的浓度、某类别的产品如淋洗产品而不是驻留产品,或其他条件下可安全使用。

(3) 安全资料不足的原料:没有特定的资料来证明可以安全使用该原料。

(4) 安全资料不足,但未使用的原料。

(5) 不安全的原料:已有不良反应资料证明原料在化妆品中使用不安全。

但是,CIR 将一些原料排除在评价之外,例如着色剂、OTC 药物的有效成分、食品香料、总体认为安全(GRAS)的食品添加剂等,该部分原料由美国 FDA 来完成评价。香水原料由美国香料研究所(RIFM)来进行评价,也被排除在 CIR 评价之外。

对于化妆品终产品,其安全性评价由产品制造商负责。采用风险评估的常用方法,包括危害识别、风险特征、暴露评价以及风险控制。

FDA 的食品安全与应用营养学中心建立了一个自愿性的不良反应报告系统,作为监控工具用于鉴别可能与市场上食品、膳食补充剂和化妆品有关的潜在的公共健康问题。这个系统叫作 CAERS(CFSAN Adverse Events Reporting System)。FDA 把它视为一个关键工具,用于鉴别新出现的食品和化妆品的公共健康问题、不良反应模式和趋势。如果 FDA 接到与某公司产品相关的伤害报告,它将会通知相关公司,并将这一报告输入 CAERS 数据库中。但是该行为并非强制性。

2007 年,PCPC 引入了《消费者承诺规范》(Consumer Commitment Code),要求企业自愿上报严重的化妆品不良反应。

(六)美国化妆品标签标识

《商品包装和标签法》规定了化妆品标签标识,包括《化妆品标签》(21CFR701)、《化妆品标签指南》《化妆品警告声明》和《非处方药品(OTC)标签要求》(21CFR201.66)。根据以上法规要求,化妆品标签需要标注产品名称和描述、生产商、包装商或发行商的名称和地址、净含量、全成分表、保质期、生产批号、警告声明等。21CFR701 还对文字大小、格式、语言、成分标注、位置等提出了要求。如某些功效性宣称厂商没有数据证明,需要在标签上标明“产品安全性未经证明”。对于通过煤焦油衍生物形成的染发剂产品,需在标签上标注“注意:此产品含有某种对某些人可引起皮肤刺激的成分,因此首先应根据附带的说明进行预先的试验。此产品不可用于眼睫毛或眉毛的染色,否则可致盲”。

除此以外,美国商务部要求进口商品标注原产国,烟、酒、枪炮及爆炸物管理局(ATF)要求对含酒精产品标注变性酒精,以及 FDA 非处方药专论和药品法规要求对既是化妆品又是药品的产品进行药物标识说明。

对于产品成分,供专业人士使用的产品上可以不列出成分清单。如果愿意,可以通过标签、附带卡片、小册子或其他标签形式提供有关产品成分的信息。产品配方中含量大于 1%的化妆品成分应按照降序排列标示出来,含量小于 1%的成分可以按任意顺序列出。色素添加剂可以在其他成分之后列出。香料和香精的具体成分可以不必列出。加工过程中使用的辅料和在产品中没有任何技术目的或作用的成分可不必列出。出于商业保密需要,经 FDA 批准豁免公布的成分可以不列在标签上,但必须于标签组分的最后部分声明“以及其他成分”。对于非处方药,根据《非处方药品(OTC)标签要求》,还必须额外标注“drug facts”,成分表中需要列出活性成分。小包装产品标签也有其相应的豁免条件。成分的命名可以参考 PCPC 出版的《化妆品原料国际命名词典》,还可以参考《美国药典》《国家处方集》《食品化学法典》《美国采用药名》和《USP 药名词典》。

第四节　日本和韩国化妆品及化妆品原料的法规

一、日本化妆品和化妆品原料的法规

(一)化妆品法规发展概述

日本从明治维新时期开始实行对医药品的管理。1877 年公布了《药物销售规则》。其中规定,专用滋养用品、夏日饮料、化妆水、牙膏等产品不属于管辖范围,并把这类产品称为“药物销售外用品”。1943 年颁布了《药事法》(现称为旧的《药事法》)。其中对“药物销售外用品”名称修改为“医药部外品”。1948 年,《药事法》进行了大的修订,废除了医药部外品制度,将化妆品纳入管辖范围。医药部外品被列为医药品或化妆品两者之一,管辖对象就是医药品和化妆品。1960 年又制定了现行的《药事法》,重新设立了医药部外品制度。医药部外品、医药品、化妆品、医疗器械纳入管辖范围,同时制定了一系列的标准,如烫发剂标准,生理用品标准等。

根据《药事法》的规定,日本的化妆品分成两大类,一类是普通的化妆品,包括化妆水、洗发香波、彩妆等。另一类是“医药部外品”,包括药用牙膏、染发剂、烫发剂、防晒剂等。在《药事法》中,对这两类化妆品的功效有明确的规定。

在 2002 年的《药事法》修订中,将化妆品及医药部外品的制造业的许可制

度改为制造销售业的许可制度。

自2014年11月25日起，日本《药事法》更名为《医药品、医疗器械等的品质、功效性和安全性保证等的有关法律》[30]。此次更名主要强化了医药品、医疗器械等有关产品的安全管理对策，而化妆品相关具体规定没有太大变化。

（二）日本化妆品的定义和分类

日本对化妆品的定义是指以清洁、美化人体、增加魅力、改变容貌、保持皮肤或毛发健康为目的，以涂擦、喷洒或者其他类似的方法使用于人体，对人体作用缓和的用品。

“医药部外品”是指由《药事法》规定的，或者由厚生劳动大臣所指定的，具有防止口臭或体臭、防止痱子、防止脱发、生发、防止老鼠或蚊虫叮咬等目的，并且对人体作用缓和的用品。其中，对人体具有缓解作用的用品包含了药用化妆品，例如香波、护发素、剃须用品、防晒剂、面膜、药用皂等。在日本“医药部外品”中，有一部分被称为“药用化妆品”。

（三）日本化妆品的原料管理

2001年，日本《药事法》进行了修订，取消了对化妆品的审批，并制定了新的化妆品标准。新标准采用了对原料设置禁止目录（否定目录）、限制目录和许可目录的方式对化妆品进行管理。

厚生劳动省公布了“化妆品防腐剂、紫外线吸收剂、焦油色素可用名单”。名单中除了列明原料名称之外，还针对“用于黏膜的化妆品”和“非用于黏膜的化妆品”分别规定了最大使用浓度限值。对于化妆品所用的防腐剂、紫外线吸收剂和焦油色素，如不在名单以内会被认为是新原料，或即使在名单上，但使用浓度或规格超出名单规定的也是新原料。

厚生劳动省还公布了“医药部外品可用原料名单”，该名单是由化妆品工业联合会提出，由厚生劳动省严格评审确定的。该名单包括了医药部外品可以使用的有效成分和添加剂（有效成分之外的其他成分为添加剂）名单及使用规格。如果用于生产医药部外品所用成分不在名单上，也会被认为是新原料。

厚生劳动省还有一份未公开公布的“医药部外品可用原料名单”，该名单是由企业自主申请并获得批准的。出于产权保护考虑，此名单未公开公布，名单中的原料对于该原料的申报企业而言不是新原料，但对于其他企业属于新原料。对于医药部外品中的染发剂和烫发剂，还列出了有效成分的许可目录及浓度上限。

厚生劳动省对新原料实行严格的审批制度。企业申报新原料时要提供使用背景、理化性质、安全性和稳定性方面的资料。新原料被批准时，也会同时规定它的使用范围、用量和使用规格等。在被用于生产化妆品或医药部外品时必须符合这些内容。一旦超越范围使用，必须重新申报。

日本对化妆品实行全成分标识。日本化妆品工业联合会发布国际化妆品原料 INCI 名称的日本译名名单。对于名单之外的新原料，企业需要向化妆品工业联合会申请译名，然后按照指定的译名标识。

（四）日本化妆品及医药部外品的管理

1. 监管部门

厚生劳动省负责对全国的化妆品进行管理。下属的医药安全局具体负责化妆品的管理。地方政府的卫生局负责化妆品的具体监督执法工作。

2. 化妆品的管理

《药事法》对产品的开发、制造销售、流通、售后使用环节进行规定。根据《药事法》的规定，日本对化妆品不实行审批制，企业按照政府的有关规定自行规范自己的生产行为，企业对产品的质量和安全性负全部责任。企业在生产任何新产品之前，必须向当地卫生部门备案（仅备案产品名称）。进口商进口新化妆品则要求进口商向当地卫生部门备案。进口商对产品质量和安全性负全部责任。

对于生产企业，为了确保制造销售的医药品、化妆品在保健卫生方面没有缺陷，需要对工厂的制造结构设备状况、人员等进行审查，没有许可就不能进行制造和销售化妆品。生产企业的制造行为应满足质量管理标准（GQP）和制造售后安全管理标准（GVP）。企业获得许可时间约 6 个月。

进口化妆品的国外生产企业必须向厚生劳动省申报资料，但无须许可。化妆品的外国制造业者将国外化妆品的制造人员姓名、住址及相关人员的公司、工厂名称和地址申报给厚生劳动大臣即可。

此外，在日本销售的化妆品，还要与日本的化妆品成分标准（JSCL）、添加剂标准（JSFA）、药理标准（JP）的要求一致。

3. 医药部外品的管理

日本对医药部外品实行严格的审批制度。企业向当地卫生机关提出申请，申报资料包括配方、生产品工艺、用量、规格、检验报告等。2014 年 11 月 21 日，厚生劳动省医药食品局制定了医药部外品等许可申请规定[31]。一个产品整个过程下来至少需要 90 天。此外，对于染发剂、烫发剂、药用牙膏和药用沐浴液制定了使用标准，包括有效成分、添加剂的种类和含量、规格等。一旦超出了使用标准，在审批时要提交功效、安全性和成分配伍等方面的资料。该规定中还明确免于提交资料所需的证明材料、减免光毒实验条件、资料撰写方法和需要注意的事项等[32]。

进口医药部外品的国外生产企业本身也必须获得厚生劳动省的许可。

4. 市场监管

日本厚生劳动省实施副作用报告制度，通过企业医院等收集化妆品和医药部外品不良反应，有关单位在得知化妆品或医药部外品有可能发生有害作用的信息之日起 30 天内必须向厚生劳动省报告。厚生劳动省根据不良反应报告，向出现不良反应报道的产品责任单位发布警示通知，也可以要求责任单位在产品包装上标识警示用语。

厚生劳动省负责发布"化妆品功效宣传范围"，化妆品在宣传功效时只能按照规定采用允许范围内的宣传内容和用语。

（五）日本化妆品的标签标识

跟化妆品标签相关的法律法规有《化妆品标签公平竞争规定》《化妆品标签公平竞争规定实施规则》《关于防止产品和服务不合理的额外费用和虚假陈述以及药品、医药部外品、化妆品和医疗器械公平广告实施标准的法律》等，对化妆品标签和广告行为进行了规定。

根据《药事法》，日本化妆品标签需要用官方的日语准确合法地标注，也可以用日语和英语同时标注。

标签必须标明获得批准和许可的制造商/销售商的名称，以及生产和销售负责方的主要营业地址。如果是合作经营，则必须标明负责生产和销售的公司的名称和主要营业地址。同时，标签还必须标明产品商业名称和批号。一般不要求标注产品有效期限。厚生劳动省 1980 年 9 月 26 日第 166 号公告要求含有抗坏血酸、其酯类或盐类或酶的产品和其他可能在生产或进口后三年内发生特性和质量变化的化妆品标注失效日期。失效日期必须采用月/年的顺序表示。

化妆品必须按照含量递减顺序列出完整的成分清单。属于商业机密的成分经厚生劳动省批准后可以只作为"其他成分"列出。标注的成分名称需要按照 INCI 名称翻译成日文名称。动物源性成分的化妆品必须标明每种动物源性成分的来源动物。根据日本化妆品工业联合会 2014 年 5 月修订的《化妆品使用上的注意事项标识自主基准》(2014 年 5 月 30 日药食发第 0530 第 2 号)[33]中的警告用语标注，提醒消费者注意：使用过程中要留意皮肤发生异常，以防在不经意中发生的白斑症状。含有甲醛防腐剂的产品必须受到一定的限制，并且必须在标签上注明"不能用于婴儿及对甲醛过敏的人群"。

对于医药部外品，除了一般的标签要求，还需要在包装上标注"医药部外品"字样。成分部分可以不标注所有的成分，但是厚生劳动省指定的 138 种医药部外品的成分以及合成的有机着色剂的名称需要标注。

对于小包装产品，成分表可以单独列在附页上，但需要注明"成分表列在附页上"字样。

二、韩国化妆品和化妆品原料的法规

（一）化妆品法规发展概述

1953 年 12 月 8 日，韩国施行了《药事法》，化妆品法作为药事法的一部分，对化妆品的制造、进口以及销售进行监管。1999 年 9 月 7 日，《化妆品法》独立出来，并于 2000 年 7 月 1 日起正式实施。《化妆品法》[34]对化妆品的相关定义、化妆品的制造和流通相关要求、化妆品需要遵循的标准及广告标识等内容作了规定，并明确了监督职责及罚则。为了更好地执行《化妆品法》，韩国又陆续发布了《化妆品法执行令》和《化妆品法执行规则》[35]。化妆品还应遵循《标签及广告公证法》等相关法律。

此外，食品药品安全部还在《化妆品法》的基本框架下，出台了《化妆品原料指定相关规定》《化妆品用焦油色素的指定、标准及实验方法》[36]《化妆品标准及试验方法》《机能性化妆品的审核相关规定》[37]《机能性化妆品标准及试验方法》[38]《化妆品使用期限标识方法》等。

1992 年以前，韩国实行产品许可制度，厂家取得许可后进行生产。1992 年起实施各类型化妆品注册制度。2002 年实施机能性化妆品规定，根据化妆品机能划分为不同类别，机能性化妆品必须由食品药品安全部审核后方可制造。

2012 年韩国开始执行新的生产销售企业法规，将生产制造业和生产销售业区分开，并分别进行注册管理。

（二）韩国化妆品定义及分类

韩国化妆品分为两类，一般化妆品和机能性化妆品。如果参照中国化妆品的概念和范围，还有一部分化妆品在韩国按照医药外品管理。

根据《化妆品法》，“化妆品”是指为清洁和美化人体，增加魅力，修饰、美容、维持或增进皮肤及毛发健康而使用的产品，且对人体作用轻微。它包括一般的婴幼儿产品、沐浴产品、清洁产品、彩妆产品等。

“机能性化妆品”是指有助于皮肤美白、有助于改善皱纹、美黑肌肤或者有助于防止紫外线，保护皮肤的产品。2017 年 5 月 30 日，韩国通过化妆品执行法案修正案，将毛发染色脱色、育发等产品类别由医药外品转为机能性化妆品进行管理。

医药外品指以治疗、缓解或者预防疾病为目的而使用的产品；对人体作用轻微或者不直接作用于人体的产品；以及为了预防传染病而使用的具有杀菌、杀虫及类似用途的制剂产品，医药品除外。它包括除臭产品、脱毛产品、痱子粉等。

（三）韩国化妆品的原料管理

根据《化妆品原料指定相关规定》，化妆品的可用原料包括：①韩国化妆品原料标准上所记载的原料；②韩国化妆品原料集、国际化妆品原料字典（International Cosmetic Ingredient Dictionary）及欧盟化妆品原料字典上所记载的原料；③食品公典及食品添加剂公典（只限于天然添加剂）上记载的原料；④可用于韩国化妆品制造（进口）的原料；⑤通过韩国食品药品安全部规格及安全审批的原料。

化妆品中指定限用的原料包括防腐剂、着色剂、防晒剂及其他特别需要在使用上受限制的原料。

对于含有维生素 A 及其衍生物、抗坏血酸及其衍生物、生育酚、过氧化物、酵素等原料中的任何一种，且含量在 0.5%以上的化妆品，制造者、制造销售者应将相关品种的安全性试验资料保管到最终制造产品的使用期限到期日后的 1 年。

拟生产或引进国内的化妆品中含有处于濒临灭绝的野生动植物国际合约所涉及的动植物加工品，则应依据食品药品安全部部令进行申请，并获得食品药品安全部部长许可，颁发进口、出口、携带许可证。

（四）韩国化妆品产品管理

1. 监管部门

韩国食品药品安全部（MFDA）由食药处总部、评价院以及各地方厅组成。评价院下设 6 个部门，即：食品危害评价部、医药品审核部、生药审核部、医疗仪器审核部、医疗产品研究部、毒性评价研究部。其中，与化妆品相关的审评部门为生药审核部下设的化妆品审核科、医疗产品研究部下设的化妆品研究科。食品药品安全部设立化妆品审查委员会，对化妆品的功效、质量规格、安全性做出标准规定。

2. 化妆品的管理

韩国化妆品企业分为制造者、制造销售者和销售者 3 类。制造、制造销售者实行的是登记制度。根据《化妆品法》，化妆品全部或部分（包括包装和标识）的制造者，需要在食品药品安全部进行登记，取得化妆品生产许可证后才能开展生产活动，只可生产已经注册的产品。化妆品制造商需要遵守良好化妆品制造及质量管理相关标准，但并非强制。制造企业相应的设施、原料等应满足要求。应符合规定的品质管理及制造销售后安全管理标准。制造销售者应将年度生产、进口等情况向食品药品安全部做出汇报。

以制造化妆品及进口化妆品的流通、贩卖或大型进口交易为目的的代理商，也需要在食品药品安全部进行注册登记，取得化妆品生产销售许可证后才能开展生产销售活动，并且只允许销售已经注册的产品。一般化妆品产品本身，不必许可和备案，但受到上市后监督。一般化妆品的产品质量要求标准包括内容物、pH、铅、砷、汞、甲醇等指标。

3. 机能性化妆品的管理

机能性化妆品由韩国食品药品安全部审核。生产或者进口机能性化妆品的企业需要根据《机能性化妆品的审核相关规定》《机能性化妆品的标准及实验办法》的要求，向食品药品安全部部长提交安全性及功效性审核。

韩国食品药品安全部负责发布《已认可的机能性原料》清单。当机能性产品中的功效原料已经列在清单中，可以免除部分资料的提交，如来源、研发背景、研发过程、毒理性试验、功效性或功能性资料等。如果产品中的功效原料在《机能性化妆品的标准及实验办法》清单中，还可以免除提交标准和实验方法资料。

机能化妆品的制造或进口销售的制造销售者应根据机能性化妆品的种类，针对其安全性及有效性提供如下资料。

(1) 起源及开发背景相关资料。

(2) 安全性相关资料：①毒性试验资料；②急性皮肤刺激试验资料；③眼黏膜刺激或者其他黏膜刺激试验资料；④皮肤过敏性试验资料；⑤光毒性及光敏感性试验资料；⑥人体皮肤斑贴试验资料。

(3) 有效性或功效效果资料：①功效试验资料；②人体适用试验资料。

(4) 防晒指数及紫外线防晒等级设定的根据资料(只适用于有防晒或分散紫外线从而保护皮肤功效的化妆品)。

(5) 标准及试验方法相关资料。

如果属于下列情况之一，制造销售者则不需要提供资料接受机能性化妆品的审核，而直接给食品药品安全部提供报告书就可以。

(1) 与食品药品安全部告示产品的成分及含量、功效及效果、用法及用量、标准及试验方法相同的机能性化妆品。

(2) 与已经审核过的机能性化妆品(指与制造者或制造销售者相同的机能性化妆品)具有相同的某些性质：①原料的种类、规格及含量；②功效及效果(防晒指数测定值在−20%以下范围时，视为具有相同功效及效果；③标准(pH 相关标准除外)及试验方法；④用法及用量；⑤剂型；对于有助于美白肌肤的产品和有助于改善肌肤皱纹的产品而言，应与已经审核过的同一种类机能性化妆品做比较试验，证明其效果。

(五) 韩国化妆品新原料的管理

拟生产或进口含有未经食品药品安全部部长批准和公告的化妆品原料，且属于国内首次引进原料的化妆品制造商/进口商，应在生产或进口前向食品药品安全部部长提出申请，对其原料的成分及安全性进行审核。对机能性化妆品中的新原料，也需要提交《新化妆品原料规格及安全性审查委托书》及其相关文件。

（六）韩国化妆品标签标识

根据《化妆品法》《化妆品法执行令》和《化妆品法执行规则》的规定，化妆品标签应使用韩语字母标注，可以同时使用中文和其他外语。

化妆品的容器、包装或说明书中必须标注以下内容：产品名称，制造商/进口商的名称和地址，全成分，净含量，生产编号及生产日期，价格，使用期限以及开封后使用期限。机能性化妆品还需要标注“机能性化妆品”的字样及使用注意事项等。

小包装的产品可以只标注产品名称、生产商的名称及价格。

针对部分特殊类型化妆品，《化妆品法》要求使用安全容器，即指研发设计成未满 5 岁的儿童难以开封的容器或包装。

（七）韩国化妆品动物实验

韩国国会于 2015 年 12 月 31 日通过了《化妆品法部分修改法案》，韩国化妆品产业开始实行禁止动物实验法，成为东北亚地区首个执行此法规的国家。

根据法规的规定，经过动物试验生产制造的化妆品及化妆品原料产品，将不得上市流通及销售。但涉及国民保健上的需求及个别原因时，通过相关评价后可上市。

个别情况分别如下：①限制使用杀菌保鲜剂、色素、防紫外线成分的原料，以及涉及国民保健问题的需要进行危害评价的化妆品原料；②无替代动物试验法的产品；③出口产品中进口国家法律上需要动物试验的产品；④依照其他法规研发的原料；⑤动物实验法经韩国食品药品安全部部长同意的个别产品。该法规于 2017 年 2 月 4 日开始执行。

第五节 其他国家和地区化妆品及化妆品原料的法规

一、中国台湾地区化妆品和化妆品原料的法规

（一）台湾化妆品定义及分类

中国台湾地区《化妆品卫生管理条例》将化妆品定义为施于人体外部，以润泽发肤、刺激嗅觉、掩饰体臭或修饰容貌之物品。

其范围及种类由台湾的主管机构“卫生福利部食品药物管理署”进行公告。在《化妆品范围及种类表》中列有 15 大类：头发用化妆品类、洗发用化妆品类、化妆水类、化妆用油类、香水类、香粉类、面霜乳液类、沐浴用化妆品类、洗脸用化妆品类、粉底类、唇膏类、覆盖用化妆品类、眼部用化妆品类、指甲用化妆品类及香皂类。

根据卫生福利主管部门 2016 年 4 月 1 日公告，自 2017 年 6 月 1 日起，婴儿专用湿巾也纳入化妆品种类管理。

（二）中国台湾化妆品监管

中国台湾化妆品的管理是由卫生福利部下属的食品药物管理署医疗器械化妆品组负责，化妆品的生产由县市级“卫生主管机关”及“工业主管机关”负责监管。

化妆品监管的主要依据是《化妆品卫生管理条例》及其实施细则，食品药物管理署依据《化妆品卫生管理条例》制定了系列法规，并通过公告发布了化妆品禁止使用成分的名录、《化妆品范围及种类表》《法定化妆品色素品目总表》《化妆品中防腐剂成分使用及限量规定》和《化妆品标签仿单包装之标示规定》等。

二、加拿大化妆品和化妆品原料的法规

（一）加拿大化妆品法规概述

加拿大对化妆品的监管依据是《食品药品法案》(Food and Drugs Act)，以及在其框架下制定的《化妆品条例》(Cosmetic Regulation)。《食品药品法案》规定了食品、药品、化妆品及医疗器械的基本管理架构和原则，给出了化妆品的定义。《化妆品条例》明确了化妆品具体的管理政策，如包装、标签、安全、备案等。《食品药品法案》制定于 1985 年，并于 2008 年进行了最新一次修订。

与化妆品相关的法律法规还包括《消费品包装和标签条例》(Consumer Packaging and Labelling Regulations)、《危险产品法案》(Hazardous Products Act)以及在此框架下的《消费者化学品和容器条例》(Consummer Chemicals and Containers Regulations)。

此外，政府部门和相关协会还出台了很多与化妆品相关的指南及文件，用于指导化妆品的生产、销售及管理。如《化妆品标签》(Labelling of Cosmetics)用于指导相关人员准备符合加拿大化妆品法规要求的标签；《化妆品广告和标签宣传》(Guidelines for Cosmetics Advertising and Labelling Claims)用于指导广告策划者发布符合加拿大化妆品法规要求的广告信息，包括包装及包装内产品的信息；《化妆品成分清单》(Cosmetics Ingredient Hotlist)则罗列了禁止和限制用于化妆品中的成分。

（二）加拿大化妆品定义及分类

根据《食品药品法案》，化妆品的定义是所有为清洁、改善或改变肤色、皮肤、头发或牙齿而生产、销售或展示的任何物质或混合物。这个定义包括除臭剂、香水和香皂，用于动物美容的产品也属于化妆品。加拿大还出台了《介于化妆品和药品之间的产品归类》(Classification of Products at the Cosmetic-Drug Interface)的指导性文件。根据产品的预期使用目的和配方成分，来判定是否属于药品或化妆品。但是加拿大没有专门的一类“医药部外品”的类别。

（三）加拿大化妆品的原料管理

加拿大出台了“化妆品成分清单”，用于规定化妆品中禁止使用和限制使用的成分。该清单会不断更新。当某一成分因安全性问题受到关注时，也会被立即禁止或限制，不需要等到纳入清单。

（四）加拿大化妆品的产品管理

根据《化妆品条例》的规定，部长有权以书面形式要求生产商在指定日期之前，将化妆品的推荐或正常使用条件下的安全性证据提交给部长。

在首次销售某一化妆品10天之内，生产商或进口商需要将一些资料提交给部长，包括通告表、化妆品标签和说明书、产品名称、生产商名称和地址、化妆品的功能、成分表等。

（五）加拿大化妆品标签标识

根据《食品药品法案》和《化妆品条例》，化妆品标签包括内标签和外标签。标签中的信息需要同时使用英语和法语标识(以INCI名称命名的化妆品成分除外)。

化妆品标签中应包含：生产商的名称及主要营业地点；化妆品的通用名或者其功能，用以反映化妆品的特性。关于成分的标识，除了要求列出全成分，并将大于1%浓度的成分按照百分比降序排列；还要求列出产品中添加的植物成分，并按照INCI名称至少说明其属种。不同色系的彩妆产品，可以在使用的所有着色剂前加注“+/−”或“可能含有”字样。对于芳香剂和香料，可以在成分后面标注“香型”和“香气”，以表明将此类成分添加到化妆品中以便产生或掩盖特定的气味或味道。

对于小包装的容器，可以将成分表以货签、胶条或卡片的形式贴在容器或包装上。根据《消费者化学品和容器条例》，对于压力容器，标签上还需要标注危险符号、危险声明等。

此外,《化妆品条例》中还对部分产品采用"显窃启包装"提出了要求。对特殊类型的化妆品标签标识提出了特殊要求,例如,含有对苯二胺或其他煤焦油基底或中间体的染发剂产品,标签中需要加注警告用语和说明性语句;含有防腐剂的汞或汞盐或其衍生物,则标签中需要加注防腐剂的名称及其浓度等。

三、东盟化妆品和化妆品原料的法规

(一)东盟化妆品法规概述

东盟是指东南亚国家联盟(the Association of Southeast Asian Nations,ASEAN),其成员国包括文莱、柬埔寨、印度尼西亚、老挝、马来西亚、缅甸、菲律宾、新加坡、泰国和越南。2003 年 9 月,在第 35 届东盟经济部长会议期间,签署了《东盟化妆品统一监管计划协议》(Agreement on the ASEAN Harmonized Cosmetics Regulatory Scheme)。该协议包括《东盟化妆品注册批准文件互认协议》(ASEAN Mutual Recognition Arrangement of Product Registration Approvals for Cosmetics)和《东盟化妆品指令》(ASEAN Cosmetic Directive)和 7 个技术性文件,包括《东盟化妆品定义和化妆品分类示例清单》(ASEAN Definition of Cosmetics and Illustrative List by Category of Cosmetic Products)、《东盟化妆品成分清单和东盟化妆品成分手册》(ASEAN Cosmetic Ingredient Listings and ASEAN Handbook of Cosmetic Ingredient)、《东盟化妆品标签要求》(ASEAN Cosmetic Labeling Requirements)、《东盟化妆品标签宣称导则》(ASEAN Cosmetic Claims Guidelines)、《东盟化妆品注册要求》(ASEAN Cosmetic Product Registration Requirement)、《东盟化妆品进出口要求》(ASEAN Cosmetic Import/Export Requirement)和《东盟化妆品良好生产规范导则》(ASEAN Guidelines for Cosmetic Good Manufacturing Practice)。

《东盟化妆品统一监管计划协议》于 2008 年正式实施,其目的是加强成员国之间的合作,确保在东盟上市的所有化妆品的安全性、质量以及所声称的功效,通过一致的技术要求、产品注册批准文件的相互认可和采用化妆品指令,消除成员国之间化妆品的质检贸易壁垒。

《东盟化妆品指令》从化妆品的定义和范围、安全要求、成分列表及成分手册、标签说明书要求、产品信息、分析方法、机构设置等方面进行了具体的规定。

东盟化妆品委员会(ASEAN Cosmetic Committee,ACC)由各成员国代表组成,负责协调、审查和监督协议的执行,以及更新技术性文件等。

东盟标准和质量咨询委员会(ASEAN Consultative Committee for Standards and Quality,ACCSQ)和东盟秘书处(ASEAN Secretariat)在协调和监控本协议和指令的实施上提供了支持,并协助 ACC 处理与此相关的所有事务。

根据《东盟化妆品注册批准文件互认协议》，各成员国应该相互认可由成员国主管机构依据《东盟化妆品注册要求》和《东盟化妆品标签要求》颁发的化妆品注册批准文件。

（二）东盟化妆品定义

根据《东盟化妆品指令》，化妆品是指与人体表面各个部位（皮肤、毛发、指甲、口唇和外生殖器官）或牙齿、口腔黏膜接触的任何物质或制剂，专门或主要用于清洁、增加芳香、改善外观和（或）消除不良体味和（或）保持或维护良好状态。

（三）东盟化妆品监管

1. 化妆品原料管理

《东盟化妆品成分清单和东盟化妆品成分手册》主要参照了欧盟的化妆品指令 76/768/EEC，包括化妆品禁用和限制使用的成分清单，允许使用的着色剂、防腐剂、紫外吸收剂等。限用物质清单包含物质名称、适用范围、在化妆品中最大允许浓度以及其他限制和要求、在标签上必须印制的使用条件和警示用语。允许使用的着色剂、防腐剂和紫外吸收剂清单中也详细规定了应用范围、限制要求等。

对于紫外吸收剂，泰国还允许使用额外的 5 种，其具体物质名称和使用浓度见表 4-5。

表 4－5　东盟化妆品中暂时允许使用的紫外线吸收剂清单

序号	物质中文名称（INCI 名称）	允许浓度/%	提议国家
1	甘油 PABA 酯（不含 PABA 乙酯）［Glyceryl PABA (free from Ethyl PABA)］	3	泰国
2	薄荷醇邻氨基苯甲酸酯（Menthyl anthranilate）	5	泰国
3	二苯酮-4（Benzophenone-4）	10	泰国
4	二苯酮-8（Benzophenone-8）	3	泰国
5	棓酰棓酸三油酸酯（Digalloyl trioleate）	5	泰国

成员国仍然可以批准在其境内使用成分清单中未列出的其他成分。成员国必须对使用批准的物质或制剂生产而成的化妆品实施审查。同时，使用这些成分生产的化妆品必须提供一个明显的标识，表明其在许可范围内，许可有效期为 3 年。成员国可以在有效期满前通过向 ACC 申请，将该物质纳入化妆品成分手册中。

化妆品的成分命名可以参考最新版本的国际化妆品成分字典、英国药典、美国药典、化学文摘服务社、日本化妆品成分标准、日本化妆品成分法典等的规定，植物原料及其萃取物应注明其种属，属名可以采用缩略语，但是，原料中的杂质、制备过程中使用、但终产品中并不含有的技术性辅助性原料、严格按照数量要求用作香水或者香味成分的溶剂和载体所使用的原料不应理解为成分。

2. 化妆品产品管理

从2008年开始，东盟实行统一的化妆品备案注册制，但是各个国家实际开始实施的日期不同。

根据《东盟化妆品注册要求》，注册是指产品投放市场之前，提交产品资料待审批。根据要求，注册所需时间一般不超过30个工作日。注册的有效期为5年，可以续期。但是如果产品在功效宣称、配方等方面有任何影响产品功能的变更，应重新注册。注册时需要提交产品成分表、成品、试验方法、自由销售证明、良好操作规范证明、原产地证明、特殊功效支持性文件等。各成员国具体要求稍有不同。如马来西亚要求需额外提交备案授权书、美白产品需提交检验报告。泰国要求对含某些特殊成分的产品，提交检验报告。印度尼西亚要求额外提交产品标签或者包装设计稿，并审核产品功效宣传。一些成员国出具的自由销售证明需要大使馆的公证。

对于已经注册批准的产品，根据《东盟化妆品注册批准文件互认协议》的要求，签发国需要向销售国提交通知函和产品注册证明。通知函内容包括产品名称、产品商标、产品描述、产品作用或用途、产品配方（含全成分）并注明限用成分含量、产品经营负责人和地址等。销售国必须在收到文件后的30个自然日内，告知申请人是否批准。

根据《东盟化妆品进出口要求》，进口化妆品需要满足进口国的注册、执照、标签和限用成分的相关要求。进口后直接从东盟国家再出口的产品，可以豁免进口要求。

《东盟化妆品良好操作规范指南》（GMP）作为化妆品生产企业内部质量管理体系的一般指南文件，对化妆品生产过程中的场所、人员、设备、质量控制、文件管理、原材料控制、产品分析、回收制度等环节进行了详细的规定。目前，东盟要求进口产品须提供GMP的符合性证明材料，该证明可以以企业自我承诺的方式出具。

（四）东盟化妆品标签标识

根据《东盟化妆品标签要求》和《东盟化妆品标签宣称导则》，化妆品标签须采用英语及（或）本国语言进行标注，标注内容为化妆品名称和功效、化妆品使用说明、完整的成分清单、生产商所在国家、公司或者责任人的名称和地址、化妆品重量或体积、批号、生产日期或有效期、注意事项、原产国或出厂国的注册号码等。小包装产品需要满足特殊规定的标注要求。

关于注意事项，参照欧盟法规，必须标注欧盟化妆品法规成分列表在“标签上必须印有的注意事项与使用条件”一栏中列明的相关内容。东盟成员国可以按照当地要求给出特定的警示，如公布动物源性成分，可以在产品标签中标注，提取自牛或猪的成分应注明准确的动物种类，提取自人体胎盘的成分也须特别予以注明。

在东盟销售的产品，尤其是进入口腔的产品，需要申请清真许可证（Halal License）。该要求并非政府部门的强制性规定，而是当地穆斯林协会的要求。“Halal”认证的目的是确保产品的配方满足清真的标准和要求，避免动物提取成分，或只含有清真许可的动物成分。清真许可证的认证由指定的机构进行，世界各地都有一些指定的认证机构，如中国的伊斯兰教协会等。清真许可证的申请包括文件审核和生产现场审核两部分。

参考文献：

[1] 刘春卉．化妆品质量安全信息指南[M]. 北京：中国质检出版社，2013.

[2] 国家食品药品监督管理总局．化妆品产品生产许可证换(发)证实施细则[EB/OL]. CFDA，2007-02-26[2016-12-20]. http://www.sda.gov.cn/WS01/CL0846/91756.html.

[3] 中华人民共和国卫生部化妆品卫生监督条例．1989-11-13.

[4] 中国香料香精化妆品工业协会．第七届理事会工作报告[R]. 中国香料香精化妆品工业协会，2016.

[5] 国家食品药品监督管理总局．关于印发国产非特殊用途化妆品备案管理办法的通知[EB/OL]. CFDA，2011-04-21[2016-12-20]. http://www.sda.gov.cn/WS01/CL0846/60972.html.

[6] 国务院办公厅关于印发国家食品药品监督管理总局主要职责内设机构和人员编制规定的通知[EB/OL]. 国发办，2013-5-15[2016-12-20]. http://www.gov.cn/zwgk/2013-05/15/content_2403661.htm.

[7] 国家食品药品监督管理总局．关于公布国家食品药品监督管理总局化妆品安全专家委员会名单的通知[EB/OL]. CFDA，2011-08-25[2016-12-20]. http://www.sda.gov.cn/WS01/CL0846/65072.html.

[8] 国家质量监督检验检疫总局．《进出口化妆品检验检疫监督管理办法》(总局令第143号)[EB/OL]. 2011-8-10[2016-12-20]. http://www.aqsiq.gov.cn/xxgk_13386/jlgg_12538/zjl/2011/201210/t20121015_235119.htm.

[9] 国家食品药品监督管理总局．关于调整化妆品注册备案管理有关事宜的通告[EB/OL]. CFDA，2013-12-16[2016-12-20]. http://www.sda.gov.cn/WS01/CL0087/95194.html.

[10] 国家食品药品监督管理总局．关于印发化妆品行政许可申报受理规定的通知[EB/

OL]. CFDA，2009-12-25 [2016-12-20]. http://www.sda.gov.cn/WS01/CL0055/44671.html.

[11] 卫生部. 关于印发《国际化妆品原料标准中文名称目录》的通知[EB/OL]. 2007-09-28 [2016-12-20]. http://www.zybh.gov.cn/d?xh=140923.

[12] 国家食品药品监督管理总局. 关于印发国际化妆品原料标准中文名称目录(2010年版)的通知[EB/OL]. CFDA，2010-12-14 [2016-12-20]. http://www.sda.gov.cn/WS01/CL0846/57435.html.

[13] 国家食品药品监督管理总局. 国家食品药品监督管理总局关于发布已使用化妆品原料名称目录的通告[EB/OL]. CFDA，2014-6-30[2016-12-20]. http://www.sda.gov.cn/WS01/CL0087/102178.html.

[14] 国家食品药品监督管理总局. 国家食品药品监督管理总局关于发布化妆品安全技术规范(2015年版)的公告(2015年第268号)[EB/OL]. CFDA，2015-12-23[2016-12-20]. http://www.sda.gov.cn/WS01/CL0087/140161.html.

[15] 国家食品药品监督管理总局. 食品药品监管总局药化注册司公开征求调整植物类化妆品新原料行政许可申报资料要求有关事宜意见[EB/OL]. CFDA，2015-11-10[2016-12-20]. http://www.sda.gov.cn/WS01/CL0781/134400.html.

[16] 国家质量监督检验检疫总局. 关于调整从疯牛病疫区进口化妆品管理措施的公告[EB/OL]. AQSIQ，2007-7-30[2016-12-20]. http://www.aqsiq.gov.cn/xxgk_13386/jgfl/jckspaqj/zcfg/201210/t20121016_251271.htm.

[17] 国家食品药品监督管理总局. 总局关于发布防晒化妆品防晒效果标识管理要求的公告(2016年第107号)[EB/OL]. CFDA，2016-06-01[2016-12-20]. http://www.sda.gov.cn/WS01/CL0087/154562.html.

[18] 国家食品药品监督管理总局. 关于印发化妆品中可能存在的安全性风险物质风险评估指南的通知(国食药监许[2010]339号)[EB/OL]. CFDA，2010-8-23[2016-12-20]. http://www.sda.gov.cn/WS01/CL0055/52911.html.

[19] 国家食品药品监督管理总局. 食品药品监管总局药化注册司公开征求《化妆品安全风险评估指南》意见[EB/OL]. CFDA，2015-11-10[2016-12-20]. http://www.sda.gov.cn/WS01/CL0781/134401.html.

[20] 国家食品药品监督管理总局. 关于将化妆品用化学原料体外3T3中性红摄取光毒性试验方法纳入化妆品安全技术规范(2015年版)的通告(2016年第147号)[EB/OL]. CFDA，2016-11-7[2016-12-20]. http://www.sda.gov.cn/WS01/CL1870/166246.html.

[21] (EU)2016/621 amending Annex VI to Regulation(EC) No 1223/2009 of the European Parliament and of the Council on cosmetic products (ZnO)) [EB/OL]. http://eur-lex.europa.eu/legal-content/EN/TXT/?uri=uriserv:OJ.L_.2016.106.01.0004.01.ENG&toc=OJ:L:2016:106:TOC.

[22] (EU)2016/1143 amending Annex VI to Regulation(EC) No 1223/2009 of the European Parliament and of the Council on cosmetic (Titanium Dioxide) [EB/OL]. http://eur-lex.europa.eu/legal-content/EN/TXT/?uri=uriserv:OJ.L_.2016.189.01.0040.01.ENG&toc=OJ:L:2016:189:TOC.

[23] http://ec. europa. eu/growth/tools-databases/cosing.

[24] (EU)Directive 2003/15/EC amending Council Directive 76/768/EEC on the approximation of the laws of the Member States relating to cosmetic products[EB/OL]. http://eur-lex. europa. eu/legal-content/EN/TXT/? qid = 1483271328678&uri = CELEX: 32003L0015.

[25] SEC. 201. [21 U. S. C. 321].

[26] 21CFR PART 73 Subpart C & PART 74 Subpart C. http://www. fda. gov/ForIndustry/ColorAdditives/ColorAdditiveInventories/ucm115641. htm.

[27] 21 CFR PART 700. 11-700. 23. http://www. ecfr. gov/cgi-bin/text-idx? c=ecfr&sid=c108128827d21f2d274e894731665ef4&rgn=div6&view=text&node=21:7. 0. 1. 2. 10. 2&idno=21.

[28] 21 CFR PART 700. 27. http://www. ecfr. gov/cgi-bin/text-idx? c=ecfr&sid=c108128827d21f2d274e894731665ef4&rgn=div6&view=text&node=21:7. 0. 1. 2. 10. 2&idno=21#se21. 7. 700_127.

[29] UA FDA. Nonprescription Sunscreen Drug Product-Safety and effectiveness Data-Guidance for industry. http://www. fda. gov/Drugs/GuidanceComplianceRegulatoryInformation/Guidances/default. htm.

[30] 薬事法等.の一部を改正する法律の概要[R]. 平成 25 年法律第 84 号.

[31] 厚生労働省医薬食品局長. 医薬部外品等の承認申請について[R]. 薬食発 1121 第 7 号. 平成 26 年 11 月 21 日.

[32] 厚生労働省医薬食品局審査管理課長. 医薬部外品の承認申請に際し留意すべき事項について[R]. 薬食審査発 1121 第 15 号. 平成 26 年 11 月 21 日.

[33] 厚生労働省医薬食品局長. 化粧品等の使用上の注意について[R]. 薬食発 0530 第 2 号. 平成 26 年 5 月 30 日. http://www. fda. gov/RegulatoryInformation/Legislation/FederalFoodDrugandCosmeticActFDCAct/default. htm.

[34] Ministry of Food and Drug Safety. Cosmetics Act. [EB/OL]. MFDS,2015-7-29[2016-12-20]. http://www. mfds. go. kr/eng/eng/index. do? nMenuCode = 167&searchKeyCode = 172&page=2&mode=view&boardSeq=69983.

[35] Ministry of Food and Drug Safety. Enforcement Rule of the Cosmetics Act. [EB/OL]. MFDS. 2015-7-29[2016-12-20]. http://www. mfds. go. kr/eng/eng/index. do? nMenuCode=167&searchKeyCode=172&page=1&mode=view&boardSeq=70212.

[36] Ministry of Food and Drug Safety. Types,Standards,and Test Methods of Cosmetic Color Additives. [EB/OL]. MFDS. 2016-3-25[2016-12-20]. http://www. mfds. go. kr/eng/eng/index. do? nMenuCode = 167&searchKeyCode = 172&page = 1&mode = view&boardSeq=69996.

[37] Ministry of Food and Drug Safety. Regulations on the Examination of Functional Cosmetics. [EB/OL]. MFDS. 2015-3-25[2016-12-20]. http://www. mfds. go. kr/eng/eng/index. do? nMenuCode=167&searchKeyCode=172&page=2&mode=view&boardSeq=69986.

[38] Ministry of Food and Drug Safety. Standards and Test Methods of Functional Cosmetics. [EB/OL]. MFDS. 2015-3-25[2016-12-20]. http://www.mfds.go.kr/eng/eng/index.do?nMenuCode=167&searchKeyCode=172&page=2&mode=view&boardSeq=69985.

第五章
农　药

第一节　农药产品及法规概述

一、农药产品定义和分类

关键词：

农药 Pesticide

活性物质 Active Substance

植物保护产品 Crop Protection Product

助剂 Co-formulant

农药[1]：是指用于预防、消灭或者控制危害农业、林业的病、虫、草和其他有害生物以及有目的地调节植物、昆虫生长的化学合成或者来源于生物、其他天然物质的一种物质或者几种物质的混合物及其制剂。

农药与我们的生活息息相关。农药不仅包括预防和控制农业领域的病、虫、草等有害生物的产品，还包括用于预防和控制蚊、蝇、蜚蠊、鼠和其他可以危害河流堤坝、铁路、码头、机场和建筑物的有害生物的化学品。作为重要的生产资料，农药在防治农作物病害、促进农民增产和保障我们的食物供给等方面起着难以替代的作用。对我国而言，在当前可耕种土地面积日益减少、对粮食需求日益增加和农村劳动力日益减少的情况下，农业生产更离不开农药了。同时，其他非农业生产领域所用到的农药产品如杀蚊剂、杀蟑螂剂、杀鼠剂等对于改善我们生活环境、减少疾病传播也起到非常大的作用。

农药按防治对象分，可以分为除草剂、杀虫剂、杀菌剂、卫生用农药等几类。按来源分，可以分为生物化学农药、植物源农药和微生物农药。现代农药行业是立足于化学农药的制造产业。

一般所说的农药包括原药和制剂。工业生产出来的含有很高含量的具有生物活性物质(通常被称为有效成分)的农药产品一般被称为原药。农药的原药一般不能直接使用,需加入溶剂、表面活性剂等各种助剂加工制备成各种类型的制剂,才可以使用。常用的农药剂型包括乳油(EC)、粉剂(DP)、可湿性粉剂(WP)、水剂(AS)、悬浮剂(SC)、水分散性粒剂(WG)等。

二、农药法规概述

尽管农药给人类带来了很大的益处,但农药作为直接应用于环境的化学品,不合理地使用也会给人类健康、生态环境及农产品质量安全带来一定的风险。比如人类历史上曾广泛使用的化学农药滴滴涕(DDT)、六六六等能大量消灭害虫,阻止了疾病的传播,但也造成了严重的环境污染。它们不易降解,能在环境中长期稳定存在,并能通过食物链在人体和动物体内的脂肪中蓄积,因此,在全球大多数国家和地区被禁止使用。

联合国粮食及农业组织(FAO)曾对不合理地使用农药给农业生态、人类健康、环境和食品贸易所可能带来的负面效应做过一个全面的总结[2](见表 5-1)。

表 5-1 农药的负面效应

农业生态	减少自然天敌的数量,诱导病虫害爆发; 造成病虫抗药性增加,加大防治难度; 不合理地使用会给农作物本身或牲畜带来药害
健康	给农药使用者及旁观者造成急性中毒或者慢性健康损害; 消费者可能因食用含有农药残留的食物或被农药污染的水而急性中毒或受到慢性健康损害
环境	污染水体和土壤,影响水生生态或土壤生态; 破坏农业天然资源(比如生物多样性、授粉者、天然病害防控机制和土壤生物等); 给自然环境和生态体系(食物链、野生生物等)带来负面影响
贸易	与食品安全相关的农药残留要求会影响农产品的市场准入

为了控制上述农药可能带来的风险,绝大多数国家和地区都对农药实行了严格的管理,并建立了农药登记和淘汰制度。农药在上市前,必须先取得农药登记。农药产品只有经农药主管部门科学评价,证明其对人畜健康或环境无不可接受的风险后,方可取得登记,并只能在登记批准的范围内销售、使用。对于已经上市使用的农药,农药主管部门可以开展再评价。如果经风险监测和再评价,发现某个农药使用风险不可控时,农药主管部门可对该农药做出禁用或限用规定。

第二节 中国农药和助剂的法规

一、农药法规简介

我国在1997年由国务院颁布了第一部专门的农药管理法规《农药管理条例》,规定我国实行农药登记制度和农药生产许可制度。最新的《农药管理条例》于2017年2月8日国务院第164次常务会议修订通过,自2017年6月1日起施行。农业部2017年还颁布了《农药登记管理办法》《农药生产许可管理办法》《农药经营许可管理办法》《农药标签和说明书管理办法》《农药登记试验管理办法》《农药登记资料要求》等多项管理办法和实施细则,逐步完善了我国的农药登记制度及对农药生产、经营和进出口各个环节的监督管理。

二、农药登记

根据《农药登记管理办法》[3],农药生产企业(包括原药生产、制剂加工和分装类企业)、向中国出口农药的企业应当申请农药登记。新农药研制者也可以按相关规定申请农药登记。任何单位和个人不得生产、经营、进口或者使用未取得登记证的农药。农业部农药检定所(ICAMA)负责全国的农药登记工作。省、自治区、直辖市人民政府农业行政主管部门所属的农药检定机构协助行政区域内的农药具体登记工作。

(一)农药登记类型

农药登记包括新农药登记、新制剂登记、相同产品登记、新的使用范围和方法登记及续展登记。

新农药是指含有的有效成分尚未在中国批准登记的农药,包括新农药原药(母药)和新农药制剂。新制剂是指含有的有效成分与已经登记过的相同,而剂型、含量(配比)尚未在我国登记过的制剂。

相同产品包括相同原药和相同制剂。相同原药,是指申请登记的原药与已取得登记的原药质量无明显差异,即其有效成分含量和其他主要质量规格不低于已登记的原药,且其含有的杂质产生的不良影响与已登记的原药基本一致或小于已登记的原药。相同制剂,是指申请登记的制剂与已取得登记的制剂质量无明显差异,即产品中有效成分含量、其他限制性组分的种类和含量、产品剂型与登记产品相同,其他助剂未显著增加产品毒性和环境风险,主要质量规格不低于已登记产品,且所使用的原药为相同原药的制剂。

新登记使用范围和方法是指有效成分和制剂与已经登记过的相同,而使用范围和方法是尚未在我国登记过的。续展登记是指申请人在农药登记证过期前申请延续登记证有效期。农药有效成分和制剂登记情况可于 ICAMA 官方网站 http://www.chinapesticide.gov.cn/查询。

（二）农药登记阶段

农药登记分为登记试验备案和正式登记两个阶段。

1. 登记试验备案

企业在申请农药登记前，应当按《农药登记资料要求》开展登记试验。农药的登记试验应当报所在地省、自治区、直辖市人民政府农业检定所备案。新农药的登记试验在开展前应当向农业部农药检定所提出申请。农业部农药检定所应当自受理申请之日起 40 个工作日内对试验的安全风险及其防范措施进行审查，符合条件的，准予登记试验；不符合条件的，书面通知申请人并说明理由。

登记试验报告应当由农业部认定的登记试验单位出具，也可以由与中国政府有关部门签署互认协定的境外相关实验室出具；但药效、残留、环境影响等与环境条件密切相关的试验以及中国特有生物物种的登记试验应当在中国境内完成。

2. 正式登记

登记试验完成后，境内申请人应当向所在地省、自治区、直辖市人民政府农药检定所提出农药登记申请，并提交登记试验报告、标签样张和农药产品质量标准及其检验方法等申请资料；申请新农药登记的，还应当提供农药标准品。向中国出口农药的企业申请农药登记的，应直接向农业部农药检定所提出申请，除提供上述资料外，还需提供农药标准品以及在有关国家（地区）登记、使用的证明材料。

省级农药检定所自受理申请之日起 20 个工作日内会对申请人提交的资料进行初审，提出初审意见，并报送农业部。初审不通过的，可以根据申请人意愿，书面通知申请人并说明理由。农业部自受理申请或者收到省级农业部门报送的申请资料和初审意见后，会在 9 个月内完成产品化学、毒理学、药效、残留、环境影响、标签样张等的技术审查工作，并将审查意见提交农药登记评审委员会评审。审查通过且符合一定条件的方可取得农药登记证。

农药登记证有效期为 5 年。有效期届满前 90 天内，持证人可申请延续。农药登记证载明事项发生变化的，农药登记证持有人应申请变更农药登记证。

（三）农药登记资料要求

《农药登记资料要求》规定了化学农药、生物化学农药、植物源农药、微生物农药、卫生用农药等 5 类农药的完整登记资料要求。完整的申请资料包括登记试验资料、产品和申请人信息等一般资料。登记试验资料包括产品化学、毒理学、药效、残留和环境影响等登记试验资料或评估报告；一般资料包括申请表、申请人证明文件、申请人声明、综述报告、标签和说明书、与登记相关的其他证明文件、产品安全数据单、参考文献等。

根据产品登记类型的不同，《农药登记资料要求》以附件形式列明了以下各登记类型所需的登记资料要求。

(1) 农药原药(母药)登记资料要求；

(2) 一般农药制剂登记资料要求；

(3) 卫生用农药制剂登记资料要求；

(4) 杀鼠剂农药登记资料要求；

(5) 特色小宗作物农药登记资料要求；

(6) 登记变更资料要求。

申请人应按相应附件中的资料分类和资料项目排序，编排目录和页码，单册或分册装订，并提供 1 份登记资料纸质文件原件和 1 份电子文档。申请新农药登记的，申请人还应提供有效成分标准品 2 g，主要代谢物和相关杂质标准品 0.5 g；原药样品 100 g(mL)，制剂样品 250 g(mL)。

1. 新农药登记和新制剂登记

对于新农药，申请人应当同时申请其新原药和新制剂登记。对于其他农药，原药和制剂可分开登记。已在我国境内登记且在登记资料保护期内的农药，也按新农药登记规定提供资料。

以化学农药为例，登记新原药和新制剂分别所需的详细资料如表 5-2 所示。

表 5-2 登记新原药和新制剂所需资料

项目	新原药	新制剂
一般资料	(1)申请表；(2)申请人证明文件；(3)申请人声明；(4)包括产地、产品化学、毒理学、环境影响、残留、药效和境外登记情况的产品概述；(5)标签和说明书；(6)其他登记相关证明材料；(7)产品安全数据单；(8)参考文献及来源等	(1)申请表；(2)申请人证明文件；(3)申请人声明；(4)产品综述报告包括产地、产品化学、毒理学、环境影响、残留、药效和境外登记情况的产品概述，产品的膳食、职业健康及环境等风险评估摘要和产品经济效益、社会效益和环境效益分析资料摘要；(5)标签和说明书；(6)其他登记相关证明材料；(7)产品安全数据单；(8)参考文献及来源等
产品化学	有效成分及安全剂等限制性组分的识别 生产工艺； 有效成分的物理化学性质；	有效成分及安全剂等限制性组分的识别； 原药基本信息(如生产厂家、登记情况、质量规格等)； 产品组成；

续表

项目	新原药	新制剂
	原药或母药的物理化学性质； 原药 5 批次全组分分析报告； 产品质量规格； 与产品质量规格指标相对应的检测方法和方法确认； 质量规格确定说明； 质量检测报告及方法验证报告； 包装(材料、形状、净含量)、运输和储存注意事项和安全警示等	加工方法描述(如工艺流程、设备、质量控制措施)； 物理化学性质； 产品质量规格； 与产品质量规格指标相对应的检测方法和方法确认，包括有效成分和其他限制性组分的鉴别方法和方法确认； 产品质量控制项目； 质量规格确定说明； 常温储存稳定性试验资料； 质量检测报告及方法验证报告； 包装(材料、形状、净含量)、运输和储存注意事项、安全警示和质量保质期等
毒理学	(1)急性经口、经皮、吸入毒性、眼睛和皮肤刺激、致敏试验；(2)急性神经毒性试验；(3)亚慢(急)性毒性试验，28 天或 90 天；(4)致突变性试验；(5)生殖毒性试验；(6)致畸性试验；(7)慢性毒性和致癌性试验；(8)迟发性神经毒性试验(仅限特定化合物)；(9)代谢和毒物动力学；(10)内分泌干扰作用试验资料；(11)人群接触情况调查资料；(12)相关杂质和主要代谢物毒性资料；(13)每日允许摄入量(ADI)和急性参考剂量(ARfD)资料；(14)中毒症状、急救及治疗措施资料	(1)急性经口、经皮、吸入毒性、眼睛和皮肤刺激、致敏试验；(2)健康风险评估所需的高阶试验资料；(3)施药者健康风险评估报告
药效	无	(1)效益分析；(2)药效试验资料，包括室内活性测定、室内作物安全性试验资料、田间小区药效试验报告、大区药效试验报告；(3)抗性风险评估资料；(4)综合评估报告，对全部药效资料的摘要性总结。 对农药登记田间小区药效试验和大区药效试验的布局、点数和试验时长的要求见《农药登记资料要求》

续表

项目	新原药	新制剂
残留	无	(1)植物、动物和环境中代谢试验资料(仅限新农药制剂);(2)农药残留贮藏稳定性试验资料;(3)残留分析方法;(4)规范残留试验资料;(5)加工农产品中农药残留试验资料;(6)其他国家登记情况;(7)膳食风险评估报告。 对农药登记残留试验区域布局和点数的要求见《农药登记资料要求》
环境影响	(1)实验室降解试验资料:水解、水中光解、土壤表面光解试验;(2)实验室代谢试验资料:土壤好氧代谢试验、土壤厌氧代谢试验、水-沉积物系统好氧代谢试验;(3)土壤吸附/淋溶试验资料;(4)田间消散试验资料(仅限部分降解慢的化合物);(5)农药在水和土壤中的分析方法及验证报告;(6)非靶标生物如鸟类、蜜蜂和家蚕、寄生性天敌(节肢动物)和捕食性天敌(节肢动物)急性和慢性毒性试验资料;(7)水生生物如鱼类、藻类、大型溞的急性和慢性毒性试验资料;(8)土壤生物毒性试验资料如蚯蚓毒性试验和土壤微生物影响(氮转化法)试验资料;(9)其他环境风险评估需要的高级阶段试验资料。 以上资料可根据农药特性、类型、使用范围和使用方式等特点,可以适当减免部分试验,详细见《农药登记资料规定》	(1)原药环境资料摘要;(2)鸟类、鱼类、大型溞、蜜蜂、蚯蚓急性毒性试验资料;(3)藻类、家蚕、寄生性天敌(节肢动物)和捕食性天敌(节肢动物)急性毒性试验资料;(4)家蚕慢性毒性试验资料和桑叶残留试验(仅限于直接应用于桑叶的制剂);(5)其他环境风险评估需要的高级阶段试验资料;(6)环境风险评估报告

2. 相同产品登记

与新原药和新制剂登记相比,相同原药和相同制剂在登记时可以在毒理学、药效、残留和环境几部分资料上享受一定的减免(见表 5-3,表 5-4)。《农药登记资料规定》里的相同农药认定基本原则规定了申请人在申请相同产品登记时需提供认定相同农药产品的证明材料，如产品化学资料、部分毒理学和生态毒理学等资料，以及提供被认定与其相同的产品名称及其生产企业名称、农药登记证号。

表 5-3 相同原药与新原药登记资料对比

	相同原药	新原药
毒理学	仅提供认定相同原药所需的毒理学资料如鼠伤寒沙门氏菌回复突变试验和急性毒性试验资料等	需全套毒理试验资料
药效	无	无
残留	无	无
环境	仅提供认定相同原药所需的生态毒理学资料如鸟类急性经口毒性试验、鱼类急性毒性试验、蚤类抑制毒性试验、蜜蜂急性接触毒性试验和家蚕急性毒性试验	需全套环境影响试验资料

表 5-4 相同制剂与新制剂登记资料对比

	相同制剂	新制剂
毒理学	仅提供认定相同制剂产品所需的 6 项急性毒性试验资料。对于相同制剂，如使用方法相同，无须提供施药者健康风险评估报告；如使用方法不同，还需提供施药者健康风险评估报告	(1)6 项急性毒性试验资料；(2)健康风险评估所需的高阶试验资料；(3)施药者健康风险评估报告。
药效	对于相同制剂且使用方法也相同的，无须提供药效试验资料；如使用方法不同，无须提供大区药效试验报告	全部药效试验资料
残留	对于相同制剂且使用方法也相同的，无需提供农药在植物、动物和环境中的代谢试验资料、农药残留贮藏稳定性试验资料、加工农产品中农药残留试验资料和膳食风险评估报告	全部残留试验资料，包括膳食风险评估报告。非新农药制剂无须提供代谢试验资料
环境	仅提供认定相同制剂产品所需的生态毒理学资料如鸟类、鱼类、蚤类、蜜蜂和家蚕急性毒性试验，无须提供环境风险评估报告	(1)原药环境资料摘要；(2)鸟类、鱼类、大型溞、蜜蜂、蚯蚓急性毒性试验资料；(3)藻类、家蚕、寄生性天敌(节肢动物)和捕食性天敌(节肢动物)急性毒性试验资料；(4)其他环境风险评估需要的高级阶段试验资料；(5)环境风险评估报告

三、农药生产许可

《农药管理条例》规定，国家实行农药生产许可制度。农药生产企业只有在取得农药生产许可证后，方可合法从事农药生产活动（包括原药生产、制剂加工和分装）。《农药生产许可管理办法》对农药生产许可证的申请和核发做出了详细规定。

我国农药生产许可实行一企一证管理，一个农药生产企业只核发一个农药生产许可证。申请农药生产许可证的企业应当具备《农药生产许可管理办法》所规定的条件，并向省、自治区、直辖市人民政府农业主管部门申请农药生产许可证。委托加工、分装农药的，委托人应当取得相应的农药登记证，受托人应当取得农药生产许可证。同时农药生产企业还需遵守安全生产、环境保护等法律、行政法规。

农药生产许可证有效期为 5 年。在农药生产许可证有效期内，企业名称、住所、法定代表人（负责人）发生变化或者缩小生产范围的，应当自发生变化之日起 30 日内向省级农业部门提出变更申请，并提交变更申请表和相关证明等材料。农药生产企业扩大生产范围或者改变生产地址的，应当按照本办法的规定重新申请农药生产许可证。化学农药生产企业改变生产地址的，还应当进入市级以上化工园区或者工业园区。

《农药管理条例》还要求农药生产企业在采购原材料时查验原料的质量检验合格证和有关许可证明文件，并严格按照产品质量标准进行生产，确保所生产的农药产品质量与登记农药一致。除此以外，农药生产企业还应当建立原材料进货记录制度和农药出厂销售记录制度，保存相关记录 2 年以上，并在每季度结束之日起 15 日内，将上季度生产销售数据上传至农业部规定的农药管理信息平台。

四、农药经营许可

《农药管理条例》规定，国家实行农药经营许可制度，但经营卫生用农药的除外。在我国境内销售农药的，应当取得农药经营许可证。农药经营者应当具备《农药经营许可管理办法》所规定的条件，并按照国务院农业主管部门的规定向县级以上地方人民政府农业主管部门申请农药经营许可证，方可从事农药经营活动。限制使用农药经营许可由省级农业主管部门核发；其他农药经营许可由县级以上农业主管部门核发。

农药经营者不得向未取得农药生产许可证的农药生产企业或者未取得农药经营许可证的其他农药经营者采购农药。同时，农药经营者应当建立采购台账和销售台账制度，保存相关记录 2 年以上，并在每季度结束之日起 15 日内，将上季度农药经营数据上传至农业部规定的农药管理信息平台或者通过其他形式报发证机关备案。

五、农药进出口管理

企业在进出口列入《中华人民共和国进出口农药管理名录》[4]（简称“名录”）的产品前应按照名录中的商品编码及其对应的商品名称向农业部药检所申请办理农药进出口管理放行单。海关凭进出口放行单放行。名录由农业部和海关总署联合制定发布，并不定期更新。

有些列入名录的农药产品也可用于其他非农领域如医药、兽药、涂料等领域。此类产品无须进行农药登记，但进出口前需办理《非农药用途产品进出口放行通知单》。

六、高毒和高风险农药的管理

农药的再评价和淘汰制度是一项很重要的农药管理制度。我国《农药管理条例》第三十五条规定，经登记的农药，在登记有效期内发现对农业、林业、人畜安全、生态环境有严重危害的，经农药登记评审委员会审议，由国务院农业行政主管部门宣布限制使用或者撤销登记。

自从20世纪80年代初以来，我国已先后淘汰了六六六、滴滴涕、甲胺磷、甲基对硫磷等33种剧毒、高毒农药。2015年农业部发布了剧毒和高毒农药淘汰计划[5]，拟按以下计划分批淘汰我国其余的剧毒和高毒农药。

(1) 禁止剧毒、高毒农药用于蔬菜、瓜果、茶叶和中草药材；

(2) 于2019年之前淘汰溴甲烷和硫丹，并于2017年起撤销溴甲烷、硫丹的农药登记；

(3) 于2020年禁止使用涕灭威、克百威、甲拌磷、甲基异硫磷、氧乐果、水胺硫磷，并拟于2018年起撤销上述6种高毒农药的登记。

另外我国也开始着手制订高风险农药的标准，将高风险农药逐步纳入剧毒和高毒农药管理。

七、农药助剂的管理

农药助剂是指除有效成分以外的任何被有意地添加到农药产品中，本身不具备农药活性，但能够提高或改善，或者有助于提高或改善该产品的物理、化学性质的单一组分或者混合物。农药助剂对于提高制剂药效、增加制剂稳定性，以及减少活性成分的药害起着非常重要的作用。然而很多助剂本身具有一定的危害，会在施用农药时和有效成分一起进入环境，也能造成环境污染。例如农药制剂乳油类产品里的挥发性有机溶剂，苯、甲苯、二甲苯和甲醇等可对土壤、生态及人体造成较大危害。

为了加强对农药助剂的管理，我国工信部在 2013 年 10 月发布 52 号公告[6]，公布了《乳油中有害溶剂的限量》标准，对乳产油产品中苯、甲苯、二甲苯、乙苯、甲醇、*N*,*N*-二甲基甲酰胺和萘等 7 种有害溶剂设定了明确的限量指标，如二甲苯的限制含量为 10%。《农药登记管理办法》第 9 条明确了农业部会根据农药助剂的毒性和危害性，适时公布和调整禁用、限用助剂名单及限量。农业部农药检定所也在 2015 年起草发布了《农药助剂禁限用名单》(征求意见稿)[7]，拟在农药产品中禁用壬基酚聚氧乙烯醚、壬基酚、苯酚等 9 种助剂，并在农药产品中限制使用正已烷、二甲苯、三乙醇胺和苯并异噻唑啉酮等 75 种有害助剂。

第三节 欧盟与美国农药的法规

一、欧盟

在欧洲，广义的农药实际上被分成了两类产品管理：植物保护产品和生物杀灭剂。这两类产品分别受(EC) No 1107/2009 关于植物保护产品投放市场的法规[8]和 EU No 528/2012 生物杀灭剂法规[9]的监管。植物保护产品包括除草剂、杀菌剂、植物生长调节剂等，而生物杀灭剂包括消毒剂、防腐剂、杀鼠剂、杀螨剂等 22 类产品。关于生物杀灭剂的法规可查阅本书的生物杀灭剂章节。本章重点概述欧盟对于植物保护产品的管理。

欧盟是最早实行农药登记制度的国家或地区之一。根据(EC) No 1107/2009 法规，原药(活性物质)在上市前需要先获得欧盟层面的批准，制剂产品上市前需要获得成员国层面的批准。

(一)活性物质的登记与评估

企业在申请活性物质登记时需提供非常详尽的产品化学、毒理、环境毒理、环境行为、残留等方面的试验资料。活性物质的安全性评估一般先在某个指定的农药评价的承担国(Rapporteur Member State)进行。该成员国完成评估后并将初步评估结论交由欧洲食品安全署(European Food Safety Authority，EFSA)进行审核和评估，最后由欧盟食物链和动物健康常务委员会投票决定是否批准一个活性物质。

一个新的活性物质在欧盟层面获得批准后，会有 10 年的数据保护期。由于活性物质的评估和再评估费用高昂，对于已批准的且数据保护期已过的活性物质，后申请人可以申请强制数据共享并分摊评估费用，从而获得活性物质上市的许可。

欧盟对于已登记的活性成分还会开展周期性的再评价。(EC)No 1107/2009 法规下活性成分登记有效期限最多不超过 15 年,对于紧急使用用途登记有效期则不超过 5 年。申请者一般应在登记有效期满 3 年前向某成员国提出再评价申请,同时抄送其他成员国和 EFSA。经过再评价,风险不可控的活性成分及含有该活性成分的制剂将被淘汰。

(二)制剂产品的登记

只有当一个活性物质在欧盟层面获得批准后,含有该活性物质的制剂才可以向拟上市的各个成员国申请登记。每个成员国制剂登记资料要求有所不同,并可根据自己国家需要决定是否批准一个制剂。

为了减轻申请人在各个成员国分别进行制剂登记的负担,(EC)No 1107/2009 法规规定,欧盟国家被分成北欧、中欧、南欧三个大区,三个大区内登记实行强制互认。

(1) 北欧:芬兰、瑞典、爱沙尼亚、拉脱维亚、丹麦、立陶宛;

(2) 中欧:爱尔兰、英国(原欧盟成员国)、荷兰、比利时、卢森堡、德国、捷克、奥地利、斯洛文尼亚、波兰、斯洛伐克、匈牙利、罗马尼亚;

(3) 南欧:法国、葡萄牙、西班牙、意大利、保加尼亚、希腊、马耳他、塞浦路斯。

若申请人所申请的制剂登记在上述大区内的任何一个国家获得有效登记,且该制剂在同一大区其他国家内用于同一作物,则该制剂产品可以免于评审,自动获得登记。

活性物质和制剂产品的批准状态和过期日期可以在欧盟农药数据库[10]查询。

(三)对助剂的管理

对于助剂,(EC)No 1107/2009 法规也做出了规定。(EC)No 1107/2009 的附件三列举了在欧盟层面被禁止、在植物保护产品中使用的助剂清单。截至 2015 年底,附件三上还没有一个具体明确的物质。尽管如此,含有三致物质(致癌、致突变、致畸)作为助剂的制剂产品在登记时候是通常不被批准的。

二、美国

《联邦杀虫剂、杀菌剂及灭鼠剂法》(FIFRA)是美国最重要的农药管理法[11],最早生效于 1947 年,后经历多次修订。FIFRA 在 1972 年经过修订后成为《联邦环境农药控制法》,后来也被习惯称为《联邦杀虫剂、杀菌剂及灭鼠剂法修正法案》。FIFRA 由美国环保署 EPA 负责实施执行。FIFRA 提供了美国对农药进行管理的法规基础,包括农药的登记、再评价和安全使用的管理。FIFRA 还授权美国环保署可以暂停或取消某种农药的登记。另一部比较重要的农药法规是《联邦食品、药品和化妆品法》(FFDCA)。FFDCA 要求主管部门设定食品或动物饲料中使用的农药的最高残留量(MRLs)或允许量。

(一)农药登记

FIFRA 要求农药产品(包括进口农药)在上市销售前先取得联邦环保署(EPA)的登记。对已取得联邦登记的农药产品,FIFRA 授权各州农业部门可根据本州特殊情况扩大其在本州的用途,但扩大的用途仅限于本州有效。FIFRA 同时也授权各州在特殊情况下可以批准新农药,但该州必须显示这是为了满足当地的特殊需求[12]。EPA 有权否决一个农药在州层面的登记。

美国农药登记的有效期通常是 15 年。美国 EPA 每隔至少 15 年会对已经登记的农药活性成分做一次再评价,看其是否满足 FIFRA 的最新标准。

(二)农药安全使用的管理

根据 FIFRA 规定,已登记的农药会被分为两类:一类是普通类,另一类是限制类。普通类农药一般是毒性较低,经过登记评审,被认为对人畜安全或环境风险较低的一类农药。对于普通类农药,施用者只要仔细按照产品标签说明操作即可。如果农药毒性比较强,使用不当会造成人畜中毒,或已知对环境有显著影响,则被列为限制使用农药。使用限制类农药的人必须要先接受培训,通过州政府的考试,并获得州政府颁发的使用许可证。

(三)对农药助剂的管理

在美国只有已经被批准且具有明确的残留限量或相关豁免规定的助剂才被允许作为农药助剂使用。新的农药助剂必须提交毒理及环境相关资料得到美国 EPA 的批准,并由 EPA 设定其残留量或相关豁免规定。美国 EPA 将已批准的农药助剂分成三大类进行管理[13]。

(1) 同时可用于食用作物的农药和非食用作物的农药助剂:对于此类助剂,EPA 已经制定明确的残留限量或相关的豁免规定。可以用于食用作物的农药助剂也可以直接用于非食用作物的农药助剂。

(2) 仅可用于非食用作物的农药助剂:此类助剂仅可用于非食用作物的农药如花卉、公路草坪、杀鼠剂等。

(3) 芳香原料清单:此类助剂仅可以用于非食用作物的农药,且需满足额外的限量要求和管理规定。

以上 3 类农药助剂清单均可在 InertFinder 上查询。

同时,美国 EPA 还制定了可以用于最低风险农药产品的助剂清单[18]和可用于绿色食品的助剂清单。在美国,最低风险农药产品无须取得联邦登记。

参考文献:

[1] 国务院 . 农药管理条例[EB/OL]. 2017-04-01[2017-04-01]. http://www. chinapesticide. gov. cn/zwdt4xw/7403. jhtml.

[2] FAO. International Code of Conduct on the Distribution and Use of Pesticides[EB/OL]. 2015.

[3] 农业部 . 农药登记管理办法[EB/OL]. 2017-06-23[2017-07-29]. http://www. chinapesticide. gov. cn/fgzcwj/8062. jhtml.

[4] 中华人民共和国进出口农药管理名录 . 农业部,海关总署 . 2015.

[5] 农业部 . 农业部逐步淘汰高毒农药力推农药零增长[EB/OL]. 2015-10-29[2016-10-09]. http://www. cpcia. org. cn/html/13/201510/150935. html.

[6] HG/T 4576—2013《乳油中有害溶剂的限量》标准[S]. 工信部,2013.

[7] 农业部 . 农业部关于征求《农药助剂禁限用名单》(征求意见稿)意见的通知 . 2015.

[8] Regulation(EC)No. 1107/2009 of the European Parliament and of the Council of 21 October 2009 concerning the placing of plant protection products on the market. 2009.

[9] Regulation(EU)No. 528/2012 of the European Parliament and of the Council of 22 May 2012 concerning the making available on the market and use of biocidal products. 2012.

[10] EU Pesticides Database[EB/OL]. [2016-10-09]. http://ec. europa. eu/food/plant/pesticides/eu-pesticides-database.

[11] US EPA. Federal Pesticide Laws[EB/OL]. [2016-10-09]. http://www2. epa. gov/pesticide-registration/about-pesticide-registration.

[12] US EPA. Guidance on Inert Ingredients[EB/OL]. [2016-10-09]. http://www2. epa. gov/pesticide-registration/inert-ingredients-overview-and-guidance.

[13] US EPA, Inert Ingredient That Can Be Used in Minimum Risk Pesticide Products[EB/OL]. [2016-10-09]. http://www2. epa. gov/sites/production/files/2015-01/documents/section25b_inerts. pdf.

第六章

涂　料

第一节　涂料产品概述

一、涂料发展历史

关键词：

涂料(油漆,Painting or Coating)：涂于物体表面能形成具有保护、装饰或特殊性能(如绝缘、防腐、标志等)的固态涂膜的一类液体或固体材料之总称。早期大多以植物油为主要原料,故有油漆之称。现合成树脂已大部或全部取代了植物油,故称为涂料。

涂膜(Painting/Coating film)：又称漆膜,是涂料施工于底材上的一道或多道涂层所形成的固态连续膜。通常涂膜由多道涂层组成,依据被涂物件的要求而决定涂层的多寡。一般包括底漆层、中间涂层和面漆层。

挥发性有机物(Volatile Organic Compounds,VOC)：根据世界卫生组织(WHO)的定义,VOC是指在常温下,沸点介于50～260℃的各种有机化合物的总称(如烷类、芳烃类、酯类、醛类等)。在所处环境的正常温度和压力下,能自然蒸发的任何有机液体或固体。不同国家或地区所采用的定义有所不同。

涂料工业虽属于近代工业,但涂料本身却有着悠久的历史。人类生产和使用涂料的历史可以追溯到7000年前的原始社会,那时人类就已经使用野兽的油脂、草类和树木的汁液与天然颜料等配制原始的涂布物质,用羽毛、树枝等进行绘画,以达到装饰的目的,这可以说是涂料的雏形,也是涂料发展的原始阶段[1]。

中国是世界上使用天然树脂作为成膜物质涂料——大漆最早的国家。早在距今7000年前的新石器时代晚期,浙江余姚的河姆渡人就制造、修饰了世界上最早的朱漆木碗,从长沙马王堆汉墓出土的漆棺和漆器的漆膜坚韧,保护性能优异，充分说明在公元前2世纪，中国使用生漆的技术已经成熟。由于桐油和大漆的应用而形成了“油漆”的习惯称呼，一直流传至今。经过春秋战国、两汉和唐朝，中国的漆器不断发展壮大、完善，并且逐渐辐射到周边的国家，在两汉时期影响到朝鲜半岛，唐代传至日本。日本经过几百年的学习和积淀，逐渐开发出其特有的民族漆器“莳绘漆器”，在明朝中后期，日本漆器和中国瓷器漂洋过海，风靡欧洲，由此也创造了“Japan”和“China”两个新单词。世界上其他文明古国对涂料的生产和应用也做过贡献，公元前巴比伦人已经使用沥青作为木船的防腐涂料，希腊人掌握了蜂蜡的涂饰技术，埃及人用阿拉伯胶制作涂料等，涂料逐渐成为人类生活的必需品。随着社会的前进，人类通过上千年的实践，掌握了多种天然物质制作涂料的技术，不断发展涂料品种[2]。

17世纪中叶，欧洲各国的工业革命使涂料发展进入了一个新时期。一方面，由于社会生产力的发展和生活水平的提高，对涂料品种和质量不断提出新的要求，推动涂料行业向前发展；另一方面，科学技术的进步，化学学科特别是有机化学的建立为涂料的开发研究提供了理论基础，而其他工业的发展为涂料的大批量生产准备了条件。18世纪以后，首先在欧洲，涂料有了迅速的发展，广泛利用各种天然物质，采用新的加工技术，涂料品种不断增加，涂料质量明显提高。到19世纪下叶，涂料工业经过百年的发展已经成为当时的重要化学工业之一，涂料科学理论内容逐步完善，形成一个专门的学科[1-3]。

20世纪，高分子科学理论的重大成就和各种高分子化合物的研制及成功投产，为涂料的发展开创了新时代。人们依据高分子科学理论对涂料加深了认识，涂料不仅是人类应用最早的一种高分子材料，而且是具有特点的高分子材料。涂料广泛利用了高分子化合物开发的新成果，以各种天然高聚物的加工产品和人工合成的树脂为成膜物质，开发出多种优异的品种，扩大了涂料在人类社会发展中的重要作用。现在，随着涂料新产品、新技术的不断发展，生产规模不断扩大，涂料逐渐成为现代国民经济和人民生活必需的重要材料。

二、涂料产品概述

1. 涂料的定义及作用

涂料是涂装材料的简称，即通过一定的方法涂抹在物体的表面，在一定的情况下能够和基体结合到一起，形成具有保护装饰或特殊功能的固态漆膜的一类液体或固体材料总称。涂料是以高分子材料为主要材料的混合物，高分子材料是成膜的主要材料，也决定了涂膜的主要性质，早期的成膜材料主要是植物油或天然树脂漆，因此一般称为油漆。如今，合成树脂已经大部分甚至全部替代了植物油或天然树脂漆，所以现在称为涂料[4,5]。

涂料对所形成的涂膜而言，是涂膜的“半成品”，涂料只有经过使用即施工到被涂物件表面形成涂膜后才能表现出作用。物件暴露在大气之中，受到氧气、水分等的侵蚀，造成金属锈蚀、木材腐朽、水泥风化等破坏现象。在物件表面涂以涂料，形成一层保护膜，能够阻止或者延迟这些破坏现象的发生和发展，使各种材料的使用寿命延长，所以涂料的首要作用是保护作用。其次，在不同材质的物件上涂上涂料，可得到五光十色、绚丽多彩的外观，起到美化人类生活环境的作用，对人类的物质生活和精神生活做出不可忽视的贡献。另外，随着国民经济和人民生活水平不断提高，需要越来越多的涂料品种能够为所涂物件提供一些特定的功能，以满足使用的要求，这就是涂料所能发挥的第三个作用，即特殊功能作用。对现代涂料而言，这种作用越来越显示其重要性。现代的一些涂料品种能提供多种不同的特殊功能，如，电绝缘、导电、屏蔽电磁波、防静电产生等电磁性能的作用；防霉、杀菌、杀虫、防海洋生物黏附等生物化学方面的作用；耐高温、保温、防止延燃、烧蚀隔热等热能方面的作用；反射光、发光、吸收和反射红外线、吸收太阳能、屏蔽射线、标志颜色等光学的作用[2]。

2. 涂料的组成、分类及命名

涂料要经过施工在物件表面形成涂膜，因而涂料的组成中就包含了为完成施工过程和组成涂膜所需要的组分。其中，涂膜的组分是最重要的，是每一个涂料品种中所必须含有的，这种组分统称为成膜物质。在带有颜色的涂膜中，颜料是其中一个重要的组分。为了完成施工过程，涂料组成中有时含有溶剂成分，为了施工和涂膜性能等方面的需要，涂料组成中有时含有助剂组分。因此，涂料组成中包含成膜物质、颜料、溶剂和助剂四部分。

经过长期的发展，涂料品种特别繁杂。多年来根据使用习惯形成了各种不同的涂料分类方法，这些各有特点，所以都保留了下来，因而形成了涂料品种各有不同的称谓。现在通行的涂料的分类和命名有以下几种[2]。

(1) 按照涂料的形态分类和命名

固态涂料，即粉末涂料；液态涂料，包括有溶剂和无溶剂两类。有溶剂的涂料又可以分为溶剂型涂料(即溶剂溶解型，也称溶液型涂料，包括常规型和高固体分型两类)、溶剂分散型涂料和水性涂料(包括水稀释型、水乳胶型和水溶胶型)。无溶剂的涂料包括通称的无溶剂涂料和增塑型分散型涂料(即塑性溶胶)。

(2) 按照涂料的成膜机理分类和命名

非转化型涂料，包括挥发型涂料、热熔型涂料、水乳胶型涂料、塑性溶胶；转化型涂料，包括氧化聚合型涂料、热固化涂料、化学交联型涂料、辐射能固化型涂料。

(3) 按照施工方法分类和命名

刷涂涂料、辊涂涂料、喷涂涂料、浸涂涂料、淋涂涂料、电泳涂料(包括阳极电泳漆、阴极电泳漆)。

(4) 按照涂膜干燥方式分类和命名

主要有常温干燥涂料(自干漆)、加热干燥涂料(烘漆)、湿固化涂料、蒸汽固化涂料、辐射能固化涂料(光固化涂料和电子束固化涂料)。

(5) 按照涂料使用层次分类和命名

有底漆(包括封闭漆)、腻子、二道底漆、面漆(包括调和漆、磁漆、罩光漆等)。

(6) 按照涂膜外观分类和命名

按照涂膜的透明状况,将清澈透明的称为清漆,带有颜色的称为透明漆,不透底的通称色漆;按照涂膜的光泽状况,分别命名为光漆、半光漆和无光漆;按照涂膜表面外观,有皱纹漆、锤纹漆、桔形漆、浮雕漆等不同命名。

(7) 按涂料使用对象分类和命名

从使用对象的材质分类,如钢铁用涂料、轻金属涂料、纸张涂料、皮革涂料、塑料表面涂料、混凝土涂料等;从使用对象的具体物件分类,如汽车涂料、船舶涂料、飞机涂料、家用电器涂料,以及铅笔漆、锅炉漆、纱窗漆、罐头漆、交通标志漆等。

(8) 按涂膜性能分类和命名

这种分类命名包括的范围很广,如绝缘漆、导电漆、防锈漆、耐高温漆、防腐蚀漆、可剥漆等,以及现在积极开发的各种功能涂料。

(9) 按涂料的成膜物质分类和命名

以涂料所用成膜物质的种类为分类命名的依据,如酚醛树脂漆、醇酸树脂漆等。

以上列举的各种分类命名方法各具特点,但都是从某一角度来考虑,不能把涂料所有的产品特点都包括进去。到目前为止,世界上还没有统一的涂料分类命名方法。

我国从 1966 年起采用以涂料中主要成膜物质为基础的分类方法,按成膜物质将涂料分为 17 类,同时将以商品形式出现的涂料用辅助材料如稀释剂、催干剂、固化剂、脱漆剂等列为第 18 类,命名为辅助材料。同时也规定了涂料的命名原则。涂料全名一般是由颜色或者颜料名称加上成膜物质名称,再加上基本名称而组成。对于不含颜料的清漆,其全名一般是由成膜物质名称加上基本名称而组成。基本名称表示涂料的基本名称、特性和专业用途,采用在我国习惯通行的名称,如清漆、磁漆、底漆、锤纹漆、罐头漆、甲板漆等。1981 年,对于涂料的命名,我国正式制订了国家标准,标准号为 GB/T 2705—81,于 1982 年正式实施。1992 年及 2003 年又分别对标准内容进行修订、增补,如涂料基本名称的划分和其代号的划分、涂料命名的补充规定等,使标准更加完善,现行最新的版本为 GB/T 2705—2003 涂料产品分类和命名。

GB/T 2705—2003 中列出了两种分类方法,方法一是主要以涂料产品的用途为主线,并辅以主要成膜物的分类方法。它将涂料产品划分为三个主要类别:建筑涂料、工业涂料和通用涂料及辅助材料。方法二为除建筑涂料外,主要以涂料产品的主要成膜物为主线,并适当辅以产品主要用途的分类方法。它将涂料产品划分为两个主要类别:建筑涂料、其他涂料及辅助材料。

第二节 中国涂料的法规与标准

GB/T 2705—2003 中列出了涂料的两种分类方法以及各种涂料的名称。然而,对照现行有效的涂料国家标准(表 6-1),并非所有的涂料类型都有相应的国家标准。除了室内装饰装修用漆、建筑用涂料、船舶用涂料、汽车涂料等是按照特定用途有相对比较完整和相对独立的涂料标准体系外,其他涂料标准并没有完整的体系。对于自行车涂料、铅笔涂层、有特殊功能的涂料以及其他按照涂料主体树脂类型分类的涂料的标准则比较模糊。另外有些特殊类型的涂料,如食品或饮料金属罐的内壁涂料,则属于食品接触材料的范畴,在此不做介绍。

表 6-1 中国现行涂料国家标准

<table>
<tr><th>涂料类别</th><th colspan="2">标准名称</th></tr>
<tr><td rowspan="7">室内装饰装修用</td><td colspan="2">GB/T 23994—2009 与人体接触的消费产品用涂料中特定有害元素限量</td></tr>
<tr><td colspan="2">GB 18582—2009 室内装饰装修材料内墙涂料中有害物质限量</td></tr>
<tr><td colspan="2">GB/T 23999—2009 室内装饰装修用水性木器涂料
GB 24410—2009 室内装饰装修材料水性木器涂料中有害物质限量</td></tr>
<tr><td rowspan="3">GB 18581—2009 室内装饰装修材料溶剂型木器涂料中有害物质限量</td><td>GB/T 23997—2009 室内装饰装修用溶剂型聚氨酯木器涂料</td></tr>
<tr><td>GB/T 23995—2009 室内装饰装修用溶剂型醇酸木器涂料</td></tr>
<tr><td>GB/T 23998—2009 室内装饰装修用溶剂型硝基木器涂料</td></tr>
<tr><td colspan="2">GB/T 23996—2009 室内装饰装修用溶剂型金属板涂料</td></tr>
<tr><td rowspan="6">建筑用涂料</td><td rowspan="4">外墙涂料</td><td>GB/T 9755—2014 合成树脂乳液外墙涂料</td></tr>
<tr><td>GB/T 9757—2001 溶剂型外墙涂料</td></tr>
<tr><td>GB/T 9779—2005 复层建筑涂料</td></tr>
<tr><td>GB/T 25261—2010 建筑用反射隔热涂料</td></tr>
<tr><td>内墙涂料</td><td>GB/T 9756—2009 合成树脂乳液内墙涂料</td></tr>
<tr><td colspan="2">GB/T 20623—2006 建筑涂料用乳液</td></tr>
</table>

续表

涂料类别	标准名称
船舶用涂料	GB 5369—2008 船用饮水舱涂料通用技术条件
	GB/T 14616—2008 机舱舱底涂料通用技术条件
	GB/T 6745—2008 船壳漆
	GB/T 6746—2008 船用油舱漆
	GB/T 6747—2008 船用车间底漆
	GB/T 6748—2008 船用防锈漆
	GB/T 6822—2014 船体防污防锈漆
	GB/T 6823—2008 船舶压载舱漆
	GB/T 9260—2008 船用水线漆
	GB/T 9261—2008 甲板漆
	GB/T 9262—2008 船用货舱漆
	GB/T 7788—2007 船舶及海洋工程阳极屏涂料
汽车涂料	GB 24409—2009 汽车涂料中有害物质限量
	GB/T 13493—1992 汽车用底漆
	GB/T 13492—1992 各色汽车用面漆
玩具涂料	GB 24613—2009 玩具用涂料中有害物质限量
自行车涂料	GB 11183—89 自行车用面漆
	GB 11184—89 自行车用底漆
铅笔涂层	GB 8771—2007 铅笔涂层中可溶性元素最大限量
特殊功能涂料	GB 4653—84 红外辐射涂料通用技术条件
	GB 12441—2005 饰面型防火涂料
	GB 14907—2002 钢结构防火涂料
	GB 28374—2012 电缆防火涂料
	GB/T 17371—2008 硅酸盐复合绝热涂料
	GB/T 18593—2010 熔融结合环氧粉末涂料的防腐蚀涂装
	GB/T 19250—2013 聚氨酯防水涂料
	GB/T 23445—2009 聚合物水泥防水涂料
	GB/T 23446—2009 喷涂聚脲防水涂料
	GB/T 24100—2009 X、γ 辐射屏蔽涂料
	GB/T 24122—2009 耐电晕漆包线用漆
	GB/T 25252—2010 酚醛树脂防锈涂料
	GB/T 25258—2010 过氯乙烯树脂防腐涂料
	GB/T 25263—2010 氯化橡胶防腐涂料
	GB/T 26004—2010 表面喷涂用特种导电涂料
	GB/T 27806—2011 环氧沥青防腐涂料

续表

涂料类别	标准名称
其他涂料标准	GB/T 25251—2010 醇酸树脂涂料
	GB/T 25249—2010 氨基醇酸树脂涂料
	GB/T 25251—2010 酚醛树脂涂料
	GB/T 25259—2010 过氯乙烯树脂涂料
	GB/T 25264—2010 溶剂型丙烯酸树脂涂料
	GB/T 25271—2010 硝基涂料
	GB/T 18178—2000 水性涂料涂装体系选择通则

一、涂料法规概述和有害物质限量管理

提到涂料的有害物质管理，必须要从涂料的配方体系着手。在涂料的配方中，将组成涂膜的最主要且必需的组分统称为成膜物质。为了施工和漆膜性能等方面的需要，涂料组成中还含有助剂组分。有些时候，为了形成不同颜色的涂料，还需要在涂料配方中添加颜料。另外，为了完成施工过程，涂料组成中往往也加入溶剂成分。因此涂料大致上是由成膜物质、助剂、颜料和溶剂组成的。

成膜物质是组成涂料的基础，它具有黏接涂料中其他组分形成涂膜的功能，对涂料和涂膜的性质起决定性作用。通过比较其自身结构与所形成涂膜的结构来划分种类，现代涂料成膜物质可分为两大类。一类成膜物质为在涂料成膜过程中组成结构不发生变化，即成膜物质与涂膜的组成结构相同，在涂膜中可以检查出成膜物质的原有结构，这类成膜物质称为非转化型成膜物质，如天然树脂（松香、虫胶、琥珀等）、天然高聚物的加工产品（硝基纤维素、氯化橡胶）以及天然高聚物的加工产品（过氯乙烯树脂、聚乙酸乙烯树脂）等。另外一种成膜物质的组成结构在成膜过程中发生变化，即成膜物质形成与其原来组成结构完全不同的涂膜。这类成膜物质称为转化型成膜物质。属于这类成膜物质的有干性油和半干性油、天然漆和漆酚、低分子化合物的加成物（多异氰酸酯的加成物）以及合成聚合物（如低聚合度低分子量的聚合物、线型高聚物的合成树脂等）。现代涂料很少使用单一品种作为成膜物质，而经常采用几个树脂品种，互相补充或互相改性，以适应多方面性能要求[2]。

涂料添加剂在涂料组成中又称助剂，是配制涂料的辅助材料，能改进涂料性能，促进涂膜形成。其种类很多，包括催干剂、增韧剂、乳化剂、增稠剂、颜料分散剂、消泡剂、流平剂、抗结皮剂、消光剂、光稳定剂、防霉剂、抗静电剂（见塑料助剂）等，其中用量最大的是催干剂和增韧剂。不同种类的助剂分别在涂料生产、贮存、涂装和成膜等不同阶段发挥作用，对涂料和涂膜性能有极大影响[2]。

溶剂是不包括无溶剂涂料在内的各种液态涂料中所含有的，是这些液态涂

料完成施工过程所必需的一类组分。它原则上不构成涂膜,也不应存留在涂膜之中。溶剂组分的作用是将涂料的成膜物质溶解或分散为液态,使其易于施工成薄膜,而当施工后又能从薄膜中挥发至大气,从而使薄膜形成固态的涂膜。溶剂组分通常是可挥发性液体,习惯上称之为挥发分,作为溶剂组分包括能溶解成膜物质的溶剂,能稀释成膜物质溶液的稀释剂和能分散成膜物质的分散剂,习惯统称为溶剂。现代的某些涂料中开发应用了一些既能溶解或分散成膜物质为液态而又能在施工过程中与成膜物质发生化学反应而形成新的物质而存留于涂膜中的化合物,它们原则上也属于溶剂组分,通称为反应性溶剂或活性稀释剂。现代很多化学品包括水、无机化合物和有机化合物都可以用作涂料的溶剂组分,其中以有机化合物品种最多,常用的有脂肪烃、芳香烃、醇、酯、醚、酮、萜烯、含氯有机物等,总称为有机溶剂。

在涂料的成分中,成膜物质、颜料、溶剂和助剂中均可能释放出有毒有害的物质,因此,十分有必要对涂料产品中的有害物质限量进行规定。本文列举出部分涂料标准中所规定的含有对人体有害物质的种类及限量。如既有对人体有害的可溶性重金属铅、镉、铬和汞等,又有挥发性有机物(苯系物、甲醛、醇类、卤代烃等)、聚合单体类(异氰酸酯类)等。

1. 可溶性有害金属元素及阻燃剂类(多溴联苯 PBB、多溴联苯基醚 PBDEs)

涂料中重金属主要来自涂料中的颜料。重金属一般指密度大于 4.5 g/cm^3 的金属,如铜、铅、钴、镍、镉、铬、砷等。重金属比较难降解,会沉积下来并可产生生物蓄积,长期威胁人类的健康和生存。当人体摄入的重金属超过一定限量,全部重金属都对人体有害,其中四种重金属(铅、铬、镉、汞)即使含量很低也会对人体健康造成巨大影响[6,7]。铅是重金属中毒性较大的一种,一旦进入很难排出体外,主要损害骨髓造血系统和神经系统,如果进入脑部会直接伤害人的脑细胞,特别是胎儿的神经板,可造成先天大脑沟回浅,智力低下,对老年人造成痴呆、脑死亡等。铬元素在自然界中广泛存在,价态有两种,一种是三价,另一种是六价。六价的铬具有毒性,能够使蛋白质发生沉淀,导致人体贫血等状况。当铬中毒严重时,会导致人死亡。镉毒性很低,但其化合物毒性很大,人体的镉中毒主要是通过消化道与呼吸道摄取被镉污染的水、食物、空气而引起的[8,9]。镉在人体的积蓄作用,潜伏期可长达 10～30 年。主要累积在肝、肾、胰腺、甲状腺和骨骼中,使肾脏器官等发生病变,并影响人的正常活动,造成贫血、高血压、神经痛、骨质松软、肾炎和分泌失调等病症,使骨骼生长代谢受阻碍,从而造成骨骼疏松、萎缩、变形等。汞及汞化合物对人体的损害与进入体内的汞量有关,对人体的危害主要累及中枢神经系统、消化系统及肾脏;此外,对呼吸系统、皮肤、血液及眼睛也有一定的影响。汞中毒分急性和慢性两种:急性中毒有腹痛、腹泻、血尿等症状;慢性中毒主要表现为口腔发炎、肌肉震颤和精神失常等[10,11]。

对于可溶性有害金属元素检定，我国的标准主要集中表现在表 6-2 所列的国家标准中。涂料中可溶性有害金属元素控制的重点在于色漆品种，归根结底是颜填料体系的控制。为避免涂料中有害元素超标，着色颜料使用大分子有机颜料、酞菁颜料或钒酸泌颜料是比较安全的选择；催干剂中的有害重金属控制，可通过推广应用稀土类催干剂和其他不含重金属的新型催化剂来实现。

表 6-2　可溶性有害金属元素及阻燃剂类在涂料类标准中的规定

标准		可溶性元素最大限量/(mg/kg)								铅的最大限量/(mg/kg)	多溴联苯(PBBs)的最大限量/(mg/kg)	多溴二苯醚 PBDEs)的最大限量/(mg/kg)
		铅(Pb)	镉(Cd)	铬(Cr)	汞(Hg)	锑(Sb)	砷(As)	钡(Ba)	硒(Se)			
GB/T 23994—2009 与人体接触的消费产品用涂料中特定有害元素限量	A 类涂料	90	75	60	60	60	25	1 000	500	600	—	—
	B 类涂料	90	75	60	60	—	—	—	—	—	—	—
GB 24613—2009 玩具用涂料中有害物质限量		90	75	60	60	60	25	1 000	500	600	—	—
GB 8771—2007 铅笔涂层中可溶性元素最大限量		90	75	60	60	60	25	1 000	500	—	—	—
GB 18581—2009 室内装饰装修材料溶剂型木器涂料中有害物质限量		90	75	60	60	—	—	—	—	—	—	—
GB 18582—2001 室内装饰装修材料溶剂型木器涂料中有害物质限量		90	75	60	60	—	—	—	—	—	—	—
GB 24410—2009 室内装饰装修材料水性木器涂料中有害物质限量		90	75	60	60	—	—	—	—	—	—	—
GB/T 23996—2009 室内装饰装修用溶剂型金属板涂料		90	75	60	60	—	—	—	—	—	—	—
GB/T 19250—2013 聚氨酯防水涂料		90	75	60	60	—	—	—	—	—	—	—
GB/T 24100—2009 X、γ 辐射屏蔽涂料		90	75	60	60	—	—	—	—	—	—	—

续表

标准	可溶性元素最大限量/(mg/kg)								铅的最大限量/(mg/kg)	多溴联苯(PBBs)为最大限量/(mg/kg)	多溴二苯醚 PBDEs)为最大限量/(mg/kg)
	铅(Pb)	镉(Cd)	铬(Cr)	汞(Hg)	锑(Sb)	砷(As)	钡(Ba)	硒(Se)			
GB/T 24122—2009 耐电晕漆包线用漆	1 000	100	Cr^{6+} ≤ 1 000	1 000	—	—	—	—	—	1 000	1 000
GB 24409—2009 汽车涂料中有害物质限量(限色漆)	1 000	100	Cr^{6+} ≤ 1 000	1 000	—	—	—	—	—	—	—

用于电子电器产品中的涂料,其重金属限量还需要符合中国 RoHS(电子信息产品污染控制管理办法)。2006 年 2 月 28 日,《电子信息产品污染控制管理办法》(以下简称《管理办法》)正式颁布,并已于 2007 年 3 月 1 日正式生效。《管理办法》确定了对电子信息产品中含有的铅、汞、六价铬、多溴联苯(PBB)和多溴二苯醚(PBDEs)的含量不得超过 0.1%(质量分数),镉的含量不得超过 0.01%(质量分数),并将这六种有毒有害物质的控制采用目录管理的方式,循序渐进地推进禁止或限制其使用。为配合《管理办法》中相关工作的有效开展和实施,《国家统一推行的电子信息产品污染控制自愿性认证实施意见》《国家统一推行的电子信息产品污染控制自愿性认证实施规则》相继发布,后者对认证用标准、技术规范等作了明确规定[12]。

2. 挥发性溶剂类

在涂料体系中,除了颜料带来的重金属的危害,另一大来源为溶剂。按照溶剂对健康的损害,可以分为以下几类。

第一类是已知可以致癌并被强烈怀疑对人和环境有害的溶剂。在可能的情况下,应避免使用这类溶剂,如果在生产治疗价值较大的药品时不可避免地使用了这类溶剂,除非能证明其合理性,残留量必须控制在规定的范围内,包括:苯(2mg/kg)、四氯化碳(4mg/kg)、1,2-二氯乙烷(5mg/kg)、1,1-二氯乙烷(8mg/kg)、1,1,1-三氯乙烷(1 500 mg/kg)。

第二类溶剂是无基因毒性但有动物致癌性的溶剂。按每日用药 10g 计算的每日允许接触量如下:乙腈(410mg/kg)、氯苯(360mg/kg)、氯仿(60mg/kg)、环己烷(3 880mg/kg)、二氯甲烷(600mg/kg)、二氧杂环己烷(380mg/kg)、1,1,2-三氯乙烯(80mg/kg)、1,2-二甲氧基乙烷(100mg/kg)、2-乙氧基乙醇(160mg/kg)、2-甲氧基乙醇(50mg/kg)、环丁砜(160mg/kg)、1,2,3,4-四氢化萘(100mg/kg)、嘧啶(200mg/kg)、甲苯(890mg/kg)、甲酰胺(220mg/kg)、1,2-二氯乙烯(1870mg/kg)、N,N-二甲基乙酰胺(1090mg/kg)、N,N-二甲基甲酰胺(880mg/

kg)、乙烯基乙二醇(620mg/kg)、正己烷(290mg/kg)、甲醇(3 000mg/kg)、甲基环己烷(1 180mg/kg)、N-甲基吡咯烷酮(4 840mg/kg)、二甲苯(2 170mg/kg)。

第三类溶剂是对人体低毒的溶剂。急性或短期研究显示，这些溶剂毒性较低，基因毒性研究结果呈阴性，但尚无这些溶剂的长期毒性或致癌性的数据。在无须论证的情况下，残留溶剂的量不高于 0.5%是可接受的，但高于此值则须证明其合理性。这类溶剂包括戊烷、甲酸、乙酸、乙醚、丙酮、苯甲醚、1-丙醇、2-丙醇、1-丁醇、2-丁醇、戊醇、乙酸丁酯、三丁甲基乙醚、乙酸异丙酯、甲乙酮、二甲亚砜、异丙基苯、乙酸乙酯、甲酸乙酯、乙酸异丁酯、乙酸甲酯、3-甲基-1-丁醇、甲基异丁酮、2-甲基-1-丙醇、乙酸丙酯[13]。

在涂料体系中，对于溶剂品种的选用是根据涂料和涂膜的要求而确定的。一种涂料可以使用一个溶剂品种，也可以使用多个溶剂品种，溶剂组分的主要作用虽然是将成膜物质变成液态的涂料，但它对涂料的生产、贮存、施工和成膜、涂膜的外观和内在性能都会产生重要的影响，因此，生产涂料时选择溶剂的品种和用量是不能忽视的。涂料用溶剂，除水之外，一般都是挥发性的有机溶剂。按化合物类型分，可分为脂肪烃溶剂(石油醚、200 号油漆溶剂油、抽余油)、芳香烃溶剂(苯、甲苯、二甲苯、溶剂石脑油、高沸点芳烃溶剂)、萜烯类溶剂(松节油、双戊烯、松油)、醇类溶剂(乙醇、异丙醇、正丁醇)、酮类溶剂(丙酮、甲乙酮、甲基异丁基酮、环己酮、异佛尔酮、二丙酮醇)、酯类溶剂(醋酸乙酯、醋酸正丁酯、醋酸异丁酯、高碳醇醋酸酯、乳酸丁酯)、醇醚及醚酯类(乙二醇乙醚、乙二醇丁醚、乙二醇乙醚醋酸酯、乙二醇丁醚醋酸酯、丙二醇醚类、二乙二醇醚类、3-乙氧基丙酸乙酯、β-丁氧基丙酸丁酯)及取代烃类(1,1,1-三氯乙烷、2-硝基丙烷)溶剂[13]。

溶剂可以通过皮肤、消化道和呼吸道被人体吸收而引起毒害。大多数有机溶剂对人体的共同毒性是在与高浓度蒸气接触时表现的麻醉作用。吸入蒸气时出现困倦、昏睡状态，血压、体温下降而导致死亡。如果是少量轻度中毒，则会出现精神兴奋、头痛、眩晕、恶心、心跳加速、呼吸困难等症状。这些症状的出现可能是由于溶剂使中枢神经系统和激素的调节系统发生障碍的结果，详细的机理尚有待研究。一切具有挥发性的物质，其蒸气长时间、高浓度与人体接触总是有毒的。随着中毒程度的加深和持续性的影响，会导致急性中毒和慢性中毒。常温下挥发速率高的溶剂在空气中的浓度比挥发速率低的溶剂高得多。因此，对人体毒性比较大、低挥发速率的溶剂相对比较安全，但是不慎内服或经皮肤吸收同样会引起中毒[13]。

溶剂组分虽是制备液态涂料所必需的，但它在施工成膜后要挥发掉，造成资源的损失，在涂料生产和施工过程中容易造成环境污染，危害人类健康，这些都是溶剂组分带来的严重问题。在表 6-3 中，我们可以看出涂料标准中，对于挥发性有机化合物的总量、苯及苯系物的含量、甲醇、卤代烃等溶剂在部分涂料标准中有规定限量。

表 6-3 挥发性溶剂在涂料类标准中的规定

项目	GB 18581—2009 室内装饰装修材料溶剂型木器涂料中有害物质限量				GB 18582—2002 室内装饰装修材料内墙涂料中有害物质限量		GB/T 19250—2013 聚氨酯防水涂料		GB 24613—2009 玩具用涂料中有害物质限量	GB 24410—2009 室内装饰装修材料水性木器涂料中有害物质限量	GB/T 24100—2009 X、γ辐射屏蔽涂料
	聚氨酯类涂料	硝基类涂料	醇酸类涂料	腻子	水性墙面涂料 a	水性墙面腻子 b					
挥发性有机化合物(VOC)含量限量	面漆： 光泽（60°）≥80，580 g/L 光泽（60°）<80，670 g/L 底漆：670 g/L	720 g/L	500 g/L	550 g/L	120 g/L	15 g/kg	A类：50 g/L	B类：200 g/L	720 g/L	涂料：300 g/L 腻子：60 g/kg	120 g/L
苯含量限量	0.30%				苯系物含量(苯、甲苯、乙苯和二甲苯总和)≤300 mg/kg		200 mg/kg		0.30%	苯系物含量(苯、甲苯、乙苯和二甲苯总和)≤300 mg/kg	苯系物含量(苯、甲苯、乙苯和二甲苯总和)≤300 mg/kg
甲苯、二甲苯、乙苯含量总和限量	30%	30%	5%	30%			A类：1 mg/kg	B类：5 mg/kg	30%		
甲醇含量限量	—	0.30%	—	0.30%(限聚氨酯类腻子)	—	—	—	—	—		

续表

项目	GB 18581—2009 室内装饰装修材料溶剂型木器涂料中有害物质限量				GB 18582—2002 室内装饰装修材料内墙涂料中有害物质限量		GB/T 19250—2013 聚氨酯防水涂料	GB 24613—2009 玩具用涂料中有害物质限量	GB 24410—2009 室内装饰装修材料水性木器涂料中有害物质限量	GB/T 24100—2009 X、γ 辐射屏蔽涂料
	聚氨酯类涂料	硝基类涂料	醇酸类涂料	腻子	水性墙面涂料a	水性墙面腻子b				
卤代烃含量限量	0.10%				—		—	—	—	—
乙二醇醚及其酯类含量限量	—				—		—	—	300 mg/kg	—
苯酚限量/(mg/kg)	—				—		100 mg/kg	—	—	—
蒽限量/(mg/kg)	—				—		10 mg/kg	—	—	—
萘限量/(mg/kg)	—				—		200 mg/kg	—	—	—

其中，我国对于部分挥发性有机溶剂的检测方法也规定了相应的试验方法（表 6-4）。

表 6－4 部分挥发性有机溶剂的检测方法

技术指标	试验标准名称	标准号
挥发性有机化合物（VOC）	《色漆和清漆 低 VOC 乳胶漆中挥发性有机化合物（罐内 VOC）含量的测定》	GB/T 23984—2009
	《色漆和清漆 挥发性有机化合物（VOC）含量的测定差值法》	GB/T 23985—2009
	《色漆和清漆 挥发性有机化合物（VOC）含量的测定 气相色谱法》	GB/T 23986—2009
卤代烃	《涂料中氯代烃含量的测定 气相色谱法》	GB/T 23992—2009
苯、甲苯、二甲苯和乙苯总和	《涂料中苯、甲苯、乙苯和二甲苯含量的测定 气相色谱法》	GB/T 23990—2009

3. 邻苯二甲酸酯类

邻苯二甲酸酯类，又称酞酸酯，是一类工业上大量生产的有机化合物。常用的有邻苯二甲酸二辛酯、二丁酯、二甲酯、二壬酯、辛十三酯、二丙烯酯等，多为沸点较高的液体，难溶于水，主要用作各种塑料和合成橡胶的增塑剂，少数用作清漆、香料的溶剂和固定剂[14]。

邻苯二甲酸酯类物质主要用作塑料增塑剂，能大大增加塑料等高分子材料的可塑性和柔软性，降低脆性，使塑料易于加工成型和制得各种软质塑料产品。邻苯二甲酸酯作为助剂可以用于涂料，赋予涂膜柔韧性、提高附着力和抗冲击强度，邻苯二甲酸酯也可用于橡胶、润滑剂、黏合剂、高分子助剂、印刷油墨用软化剂及电容器油等。

人们从 20 世纪 70 年代初开始对邻苯二甲酸酯污染物进行研究。80 年代初，美国环境保护部门通过研究发现，邻苯二甲酸酯可以引发肝组织癌变，扰乱内分泌系统，这一发现引起人们的广泛关注。随着各国环保意识的增强，医药、食品、日用品的包装，以及带有印花涂层的纺织产品和玩具等塑料制品对塑化剂提出了更高的要求，有关增塑剂的环保法规也相继出台。研究表明：邻苯二甲酸酯含有较弱的雌激素作用，可影响生物体的内分泌，是一类环境激素。它能通过呼吸、饮食和皮肤接触进入人体，对人体健康造成危害。长期接触邻苯二甲酸酯对外周神经系统有损伤作用，可引起多发性神经炎和感觉迟钝、麻木等症状，对中枢神经系统也有抑制和麻醉作用。邻苯二甲酸酯的结构与内源性雌激素有一定的相似性，进入人体后，与相应的激素受体结合，产生与激素相同的作用，干扰血液中激素正常水平的维持，从而影响生殖、发育和行为。长期接触环境激素会对人体造成慢性危害，主要表现为对人和动物的生殖毒性。邻苯二甲酸酯急性毒性不明显，但动物实验表明其具有致畸、致突变和致癌作用。环境激素 DBP 的危害性已经得到全球公认。1982 年，美国权威机构国家癌症研究所对 DNOP 的致癌性进行了生物鉴定，结论是：DNOP 是大鼠和小兔的致癌物，能使啮齿类动物肝脏致癌。尽管 DNOP 是否会使人致癌截至目前仍争论不休，但由于其存在对人体致癌的嫌疑，各国都采取了相应的限制措施，美国环保署根据研究结论已经停止了 DNOP 和 8 种属环境激素的邻苯二甲酸酯的生产。研究还发现，用 DNOP 和 DBP 制造的 PVC 保鲜膜包装脂肪含量较高的肉类制品，或用它包裹食品在微波炉中加热时，增塑剂进入食物的机会增多，对人类健康具有潜在危害[15-19]。

美国环境保护局在 1997 年提出了 70 种属于环境激素类的化学物质，其中有 8 种是邻苯二甲酸酯，它们是 DEHP、BBP、DBP、DCHP、DEP、DPP、DHXP、DPAP。表 6-5 列出了目前各国法规中经常涉及的对人体和环境存在危害的 18 种邻苯二甲酸酯类物质[19]。

表 6-5 各国法规中涉及的塑化剂

序号	塑化剂种类	英文缩写	CAS 号
1	邻苯二甲酸二甲酯	DMP	131-11-3
2	邻苯二甲酸二乙酯	DEP	84-66-2
3	邻苯二甲酸二异丁酯	DIBP	84-69-5
4	邻苯二甲酸二丁酯	DBP	84-74-2
5	邻苯二甲酸二(2-甲氧基)乙酯	DMEP	117-82-8
6	邻苯二甲酸二戊酯	DPP	131-18-0
7	邻苯二甲酸二己酯	DHXP	84-75-3
8	邻苯二甲酸丁基苄酯	BBP	85-68-7
9	邻苯二甲酸二环己酯	DCHP	84-61-7
10	邻苯二甲酸二(2-乙基)己酯	DEHP	117-81-7
11	邻苯二甲酸二正辛酯	DNOP	117-84-0
12	邻苯二甲酸二壬酯	DNP	84-76-4
13	邻苯二甲酸二异壬酯	DINP	28553-12-0；68515-48-0

续表

序号	塑化剂种类	英文缩写	CAS号
14	邻苯二甲酸二异辛酯	DIOP	27554-26-3
15	邻苯二甲酸二异癸酯	DIDP	68515-49-1;26761-40-0
16	邻苯二甲酸二丙酯	DPAP	131-16-8
17	邻苯二甲酸二异戊酯	DIPP	605-50-5
18	邻苯二甲酸正戊基异戊基酯	—	84777-06-0

GB 24613—2009《玩具用涂料中有害物质限量》中规定了邻苯二甲酸酯类物质的限量,见表6-6。

表6-6 玩具涂料中有害物质限量

项目		限量
邻苯二甲酸酯类 b/%	邻苯二甲酸二异辛酯(DEHP)、 邻苯二甲酸二丁酯(DBP)和 邻苯二甲酸丁苄酯(BBP)总和	0.1
	邻苯二甲酸二异壬酯(DINP)、 邻苯二甲酸二异癸酯(DIDP)和 邻苯二甲酸二辛酯(DNOP)总和	0.1

4. 其他类

在涂料的成分中,主体树脂是很重要的部分,而主体树脂中的单体往往会在涂料中残留。有一些涂料树脂的残留单体属于有毒有害的物质,在有些特定的涂料标准中受到限制,见表6-7,某些特定技术指标见表6-8。

(1) 游离二异氰酸酯

单异氰酸酯是有机合成的重要中间体,可制成一系列氨基甲酸酯类杀虫剂、杀菌剂、除草剂,也用于改进塑料、织物、皮革等的防水性。二官能团及以上的异氰酸酯可用于合成一系列性能优良的聚氨酯泡沫塑料、橡胶、弹力纤维、涂料、胶黏剂、合成革、人造木材等。目前应用最广、产量最大的是:甲苯二异氰酸酯(Toluene Diisocyanate, TDI);二苯基甲烷二异氰酸酯(Methylenediphenyl Diisocyanate,MDI)。

甲苯二异氰酸酯(TDI)为无色有强烈刺鼻味的液体,沸点为251℃,相对密度为1.22,遇光变黑,对皮肤、眼睛有强烈刺激作用,并可引起湿疹与支气管哮喘,主要用于聚氨酯泡沫塑料、涂料、合成橡胶、绝缘漆、黏合剂等。根据其成分，甲苯二异氰酸酯属含异氰酸基的有机化合物。二苯基甲烷二异氰酸酯(MDI)分为纯 MDI 和粗 MDI。纯 MDI 常温下为白色固体，加热时有刺激臭味，沸点为 196℃，主要用于聚氨酯硬泡沫塑料、合成纤维、合成橡胶、合成革、黏合剂等。根据其成分，纯二苯基甲烷二异氰酸酯也属含氮基的有机化合物。还有非黄变型的 1,6-己二异氰酸酯(HDI)[20]。

异氰酸酯类的危害为主要经呼吸道吸入，属剧毒类。对眼和上呼吸道的刺激和损伤表现为：低浓度引起流泪和咳嗽，高浓度可引起眼红肿和化学性灼伤；也能破坏鼻黏膜，使嗅觉丧失；也可致上呼吸道黏膜化学损伤。其浓度的超过 50 mg/m³，可引起皮肤水肿，组织坏死。对肺的损害表现为：浓度超过 50mg/m³ 时，还可导致化学性肺炎与肺水肿，甚至引起急性呼吸窘迫综合征(ARDS)。未死者常伴继发感染致呼吸窘迫，肺功能受损，日久还可形成肺纤维化。浓度很高时，也可因支气管痉挛致窒息。此外，还可引起呼吸道过敏反应，加重呼吸困难和肺水肿[21]。

(2) 游离甲醛

游离甲醛，通俗地讲就是在板材、家具、涂料、胶黏剂生产过程中，需要大量的甲醛作为树脂的单体，但在高温生产线中，甲醛大部分已经生成了成膜物质，这类已经反应掉的甲醛对人体已经没有危害。但仍有一小部分的甲醛没有参加反应，即游离甲醛[22]。

游离甲醛会刺激人的眼睛、喉咙、胸腔等。长期吸入会使人体的部分组织遭到破坏，使人体的免疫力下降。甲醛为较高毒性的物质，甲醛中毒对人体健康的影响主要表现在嗅觉异常、刺激、过敏、肺功能异常、肝功能异常和免疫功能异常等方面，具有强烈的促癌和致癌作用，已经被世界卫生组织确定为致癌和致畸形物质，是公认的变态反应源，也是潜在的强致突变物之一。

(3) 有机锡化合物

有机锡化合物是锡和碳元素直接结合所形成的金属有机化合物，通式为 R_nSnX_{4-n}(n=1～4，R 为烷基或芳香基)，有烷基锡化合物和芳香基化合物两类。其基本结构有一取代体、二取代体、三取代体和四取代体(指 R 的数目)。锡产量中的 10%～20%用于合成有机锡化合物。

有机锡化合物对生物体的主要损害为：中枢神经系统会造成脑白质水肿、细胞能量利用中氧化磷酸化过程受障、胸腺和淋巴系统的抑制作用、细胞免疫性受妨害、激素分泌抑制引起糖尿病和高血脂病等。对人的毒性为：局部对皮肤、呼吸道、角膜的刺激作用，通过皮肤或脑水肿会引起全身中毒，甚至死亡。1958 年法国因用含三乙基锡的药剂治疗皮肤病而造成 10%的死亡率(称为斯特利农事件)。

早在 1943 年，蒂斯代尔(Tisdale)取得的专利上指出，有机锡化合物，包括三乙基锡和三苯基锡化合物，是有效的杀生剂。1950 年在乌得勒支 TNO 的纺织研究所发起了研究，应用有机锡化合物的可能性才得到承认。作为研究工作的一部分，范·德·柯克领导的关于有机锡化合物对生物体的影响的系统研究工作已进行并有报道[23]。采用 RaSnX 型化合物(4 价锡直接连着三个烷基，X 是阴离子)时看到了最显著的杀生力。尤其三丁基锡化合物，其毒性等于当时最强的杀菌剂有机汞的毒性。

(4) 滴滴涕(DDT)

滴滴涕(DDT，二二三)为白色晶体，不溶于水，溶于煤油，可制成乳剂，是有效的杀虫剂。其化学名为双对氯苯基三氯乙烷，是有机氯类杀虫剂[24]。1946 年 7 月 26 日，著名的《Science》杂志刊发了美国耶鲁大学医学院 Marchand 等的研究报告，表明滴滴涕对防止藤壶在船舶上的附着具有特效：在防污漆中加入 20%(质量分数)的滴滴涕，试验船只在四个月的时间里没有藤壶附着现象发生。自 20 世纪 50 年代起，滴滴涕被作为辅助毒料用于防污漆生产中，这些产品被广泛用于各类军品和民品船只上。

从 20 世纪 50 年代到 2002 年，我国累计用于防污漆的滴滴涕总量已达 10 000 吨左右；近年来，滴滴涕用于防污漆的用途大大减少，但每年仍有约 250 吨滴滴涕被用于 5 000 吨防污漆的生产。涂覆含滴滴涕防污漆的渔船在海上作业过程中，滴滴涕会缓慢地释放到海水中。作为持久性有机污染物，海水中的滴滴涕会富集在海洋生物中，并沿食物链发生生物放大，研究表明从海水经浮游生物、小鱼、大鱼到鸟类体内，滴滴涕类的浓度增大了约 800 万倍[25]。

由于具有较低的急毒性和较长的持久性，也降低了有机氯杀虫剂的使用次数。然而，却也因此使此类的杀虫剂具有较长的持久性，长期累积下来，造成了生态环境的许多问题。针对产生的毒性而言，DDT 杀虫剂具有肝毒性，会引起肝肿大的肝中心小叶坏死，同时活化微粒体单氧酶，亦会改变免疫功能，降低抗体的产生，以及抑制脾、胸腺、淋巴结中胚胎生发中心的速率。DDT 产生其他毒性对小鼠或其他动物均无致癌性，在流行病学调查和短期致突变性试验中，亦呈阴性反应，这种特性获得了许多国际组织的肯定。然而，却由于 DDT 的累积性和持久性形成对人类健康和生态环境潜在的危害，遭到禁用[26]。

2013 年，在全球环境基金(GEF)赠款以及中央和地方财政配套资金支持下，国家环保总局和联合国开发计划署紧密合作，正在组织实施“中国用于防污漆生产的滴滴涕替代项目”，将通过不含滴滴涕和有机锡的新型防污漆来淘汰滴滴涕在防污漆中的应用，从而为保护海洋环境和人类健康做出贡献。

表 6-7　涂料标准中其他受限物质

项目	GB 18581—2009 室内装饰装修材料溶剂型木器涂料中有害物质限量					GB 18582—2001 室内装饰装修材料内墙涂料中有害物质限量	GB 24410—2009 室内装饰装修材料水性木器涂料中害物质限量	GB/T 6822—2014 船体防污防锈体系	GB/T 20623—2006 建筑涂料用乳液
	聚氨酯类涂料		硝基类涂料	醇酯类涂料	腻子				
	面漆	底漆							
游离二异氰酸酯（TDI、HDI）含量总和限量	0.40%		—	—	0.40%（限聚氨酯类腻子）	—	—	—	—
游离甲醛含量限量/(mg/kg)	—	—	—	—	—	100	100	—	内墙涂料用乳液≤80
有机锡防污剂限量/(mg/kg)	—	—	—	—	—	—	—	不得使用	—
滴滴涕（DDT）限量/(mg/kg)	—	—	—	—	—	—	—	不得使用	—
残余单体总和限量/%	—	—	—	—	—	—	—	—	0.1

表 6-8 涂料标准中其他受限物质的检测方法标准

技术指标	试验标准名称	标准号
游离二异氰酸酯	《色漆和清漆用漆基 异氰酸酯树脂中二异氰酸酯单体的测定》	GB/T 18446—2009
滴滴涕(DDT)	《涂料中滴滴涕(DDT)含量的测定 气相色谱法》	GB/T 25567—2010
游离甲醛	《水性涂料中甲醛含量的测定 乙酰丙酮分光光度法》	GB/T 23993—2009
烷基酚聚氧乙烯酯	《水性涂料 表面活性剂的测定 烷基酚聚氧乙烯醚》	GB/T 31414—2015

二、中国挥发性有机化合物（VOC）政策与标准

环境污染问题已经成为制约我国经济发展的首要问题，处理好经济与环境的和谐发展是利国利民的大事。对环境问题影响最大的是化学工业、矿业、电力等工业的各种排放物，其中涂料工业的主要排放物为挥发性有机化合物(VOC)。

挥发性有机化合物(Volatile Organic Compounds，VOC)在普通意义上是指挥发性有机物；但在环保意义上是指活泼的挥发性有机物，即会产生危害的那一类挥发性有机物。国家最新发布的《挥发性有机物排污收费试点办法》中的 VOC 是指特定条件下具有挥发性的有机化合物的统称。具有挥发性的有机化合物主要包括非甲烷总烃(烷烃、烯烃、炔烃、芳香烃)、含氧有机化合物(醛、酮、醇、醚等)、卤代烃、含氮化合物、含硫化合物等[27]。

这些物质一方面造成室内空气的污染，另一方面在大气中受光照的作用而发生光化学反应，其产物会直接影响人类的健康，有些甚至会产生致癌作用或基因突变。针对 VOC 在涂料类产品中的限量，我国出台了一系列的标准和指导意见。如对建筑内外墙涂料制定了强制性的国家标准，以限制产品中 VOC 的含量，详见表 6-3。国家标准《大气污染物综合排放标准》(GB 16297—1996)中对苯、甲苯、二甲苯、酚类和甲醛的排放浓度进行了限制。《民用建筑工程室内环境污染控制规范》(GB 50325—2010)规定了室内空气中总挥发性有机化合物(TVOC)浓度测量方法，对室内涂料、胶黏剂、处理剂、材料中的挥发性有机化合物、苯、游离甲醛、游离甲苯二异氰酸酯(TDI)的含量作了明确的要求，并对涂料类产品的 VOC 和苯、甲苯＋二甲苯＋乙苯的含量规定了限量要求，具体要求见表 6-9、表 6-10。

表 6-9　室内用溶剂型涂料和木器用溶剂型腻子中 VOC、苯、甲苯＋二甲苯＋乙苯的限量

涂料类别	VOC/(g/L)	苯/%	甲苯＋二甲苯＋乙苯/%
醇酸类涂料	⩽500	⩽0.3	⩽5
硝基类涂料	⩽720	⩽0.3	⩽30
聚氨酯类涂料	⩽670	⩽0.3	⩽30
酚醛防锈漆	⩽270	⩽0.3	—
其他溶剂型涂料	⩽600	⩽0.3	⩽30
木器用溶剂型腻子	⩽550	⩽0.3	⩽30

表 6-10　民用建筑工程室内环境污染控制规范

污染物	Ⅰ类民用建筑工程	Ⅱ类民用建筑工程
氡/(Bq/m^3)	⩽200	⩽400
甲醛/(mg/m^3)	⩽0.08	⩽0.1
苯/(mg/m^3)	⩽0.09	⩽0.09
氨/(mg/m^3)	⩽0.2	⩽0.2
TVOC/(mg/m^3)	⩽0.5	⩽0.6

《室内空气质量标准》(GB/T 18883—2002)则对室内空气中的有机物规定了限量要求，详见表 6-11。

表 6-11　室内空气质量标准

序号	参数类别	参数	标准值/(mg/m^3)	备注
1	化学性	甲醛	0.10	1 小时均值
2		苯	0.11	1 小时均值
3		甲苯	0.20	1 小时均值
4		二甲苯	0.20	1 小时均值
5		总挥发物 TVOC	0.60	8 小时均值

室内空气质量的影响是多方面的，涂料的 VOC 排放是影响因素之一。涂料中的大部分 VOC 在涂料成膜过程中被排放，其对室内空气质量的影响是短时间的，施工后的一段时间内保持良好通风即可大大减轻其对室内空气的污染。涂料中的 VOC 直接排放到大气中，会对大气产生诸多不良的影响，因此，在含 VOC 产品的使用过程中，应采取一些技术手段消除 VOC 的危害，如采用回收技术将 VOC 进行回收处理，避免将其直接排放到空气中。

《中华人民共和国大气污染防治法》(2000 年,中华人民共和国主席令 32 号)是我国大气环境管理的根本依据,但当时未完善 VOC 的控制要求。国务院办公厅于 2010 年 5 月转发了《关于推进大气污染联防联控工作改善区域空气质量的指导意见》(国办发[2010]33 号,以下简称为《指导意见》),该《指导意见》强调解决区域大气污染问题,必须尽早采取区域联防联控措施,挥发性有机物污染防治方面,首先要按照有关技术规范对从事喷漆、石化、制鞋、印刷、电子等排放挥发性有机污染物的生产作业进行污染治理。根据《指导意见》要求,环境保护部随即制定《重点区域大气污染防治规划(2011—2015 年)》,规划强调要在重点区域全面展开挥发性有机物污染防治工作。

地方控制标准方面,多省市已制定出严格的 VOC 排放控制标准,如北京的《炼油与石油化学工业大气污染物排放标准》(DB 11/447—2007)和《大气污染综合排放标准》(DB 11/501—2007);上海的《半导体行业挥发性有机化合物排放标准》(DB 31/374—2006);广东的《家具制造行业挥发性有机化合物排放标准》(DB 814—2010)、《包装印刷行业挥发性有机化合物排放标准》(DB 815—2010)、《表面涂装(汽车制造业)挥发性有机化合物排放标准》(DB 816—2010)和《制鞋行业挥发性有机化合物排放标准》(DB 817—2010)等。

2017 年 4 月 12 日,地方标准《建筑类涂料与胶黏剂挥发性有机化合物含量限值标准》(DB11/3005—2017)发布,并将于 2017 年 9 月 1 日实施。该标准由北京市环境保护局、天津市环境保护局、河北省环境保护厅、北京市质量技术监督局、天津市市场和质量监督管理委员会、河北省质量技术监督局共同组织制定,北京市环境保护科学研究院、北京建筑材料检验研究院(BMT)等单位主编,是京津冀地区在环保领域首次发布的全文强制地方标准,旨在进一步贯彻落实《北京市大气污染防治条例》,降低建筑类涂料与胶黏剂使用过程挥发性有机化合物的排放,改善区域大气环境质量,推进京津冀协同发展战略实施。

在京津冀区域内生产、销售和使用的各建筑类涂料与胶黏剂,都应满足本标准规定的 VOC 含量限值、试验方法与包装标志要求。新标准的实施,将促进 VOC 含量高的建筑涂料与胶黏剂产品退出京津冀区域,并将引导京津冀生产企业采用低 VOC 含量的原料与先进的生产工艺,进行产品结构升级换代,向市场提供达标的产品,引导销售单位销售达标产品,引导建筑工程与个人消费者使用达标产品,从而实现从源头减排 VOC 的目的。

三、涂料环境标志认证

环境标志是一种标在产品或其包装上的标签,是产品的“证明性商标”,表明该产品不仅质量合格,且在生产、使用和处理处置过程中符合特定的环境保护要求,与同类产品相比,具有低毒少害、节约资源等环境优势。我国的环境标志(俗称十环标志)认证与欧盟生态标签相类似,是一种自愿性和付费标签制度,虽然标签使用及申请价格不菲,申请标准也更为严格,但可以鼓励生产厂商向消费者展示其产品的环保性能。

环境标志产品技术要求97项中,有关涂料的产品有4项,即水性涂料、防水涂料、室内装饰装修用溶剂型木器涂料、船舶防污涂料,技术要求中规定了各类环境标志产品的术语和定义、基本要求、技术内容和检验方法。

防水涂料环境标志产品技术要求依据HJ 457—2009《环境标志产品技术要求 防水涂料》进行检测,主要对防水涂料中各类溶剂提出了不得人为添加的要求,并对VOC、放射性、甲醛、苯、苯类溶剂、固化剂中游离甲苯二异氰酸酯等物质提出了限值要求。该标准适用于挥发固化型防水涂料和反应固化型防水涂料。

室内装饰装修用溶剂型木器涂料的环境标志产品技术要求依据HJ/T 414—2007《室内装饰装修用溶剂型木器涂料》进行检测,适用于室内装饰装修用的硝基类、聚氨酯类、醇酸类溶剂型面漆和底漆。HJ 2515—2012《环境标志产品技术要求 船舶防污漆》是船舶防污漆的环境标志产品技术要求,除了列明不得人为添加的物质之外,还对有害物质如VOC、放射性、甲醛、苯、苯类溶剂、固化剂中游离甲苯二异氰酸酯和重金属等物质提出了限值要求。对于产品中活性物质,提出了禁止使用DDT、Hg,锡总量≤1 500 mg/kg,铜离子渗出率≤25μg/cm^2,防污涂料中的活性物质为低风险物质等要求。

水性涂料环境标志产品技术要求依据HJ/T 2537—2014《环境标志产品技术要求水性涂料》进行检测,主要对水性涂料中的VOC、甲醛、苯、甲苯、二甲苯、卤代烃、重金属以及其他有害物提出了限量要求(表6-12)。该标准适用于各类以水为溶剂或以水为分散介质的涂料及其相关产品。

表6-12 环境标志产品技术要求水性涂料

产品种类	建筑内墙涂料			建筑外墙涂料		腻子(粉状,膏状)
	光泽(60°)≤10 面漆	光泽(60°)>10 面漆	底漆	面漆	底漆	
挥发性有机化合物(VOC)的含量	≤50 g/L	≤80 g/L	≤50g/L	≤100 g/L	≤80 g/L	≤10 g/kg
乙二醇醚及其酯类含量/(mg/kg)	—			≤100		—

续表

产品种类	建筑内墙涂料			建筑外墙涂料		腻子(粉状,膏状)
	光泽(60°)≤10 面漆	光泽(60°)>10 面漆	底漆	面漆	底漆	
游离甲醛/(mg/kg)	≤50					
苯、甲苯、二甲苯、乙苯的总量/(mg/kg)	≤100					
可溶性铅/(mg/kg)	≤90					
可溶性镉/(mg/kg)	≤75					
可溶性铬/(mg/kg)	≤60					
可溶性汞/(mg/kg)	≤60					
注:内墙涂料光泽的测试条件为(105±2)℃烘干 2 h。						

表 6-13 《环境标志产品技术要求水性涂料》中关于工业涂料中有害物质限量的要求

产品种类	集装箱涂料		道路标线涂料	防腐涂料	汽车涂料			木器涂料		
	底漆	中涂/面涂			底漆	中漆	面漆	清漆	色漆	腻子(粉状、膏状)
挥发性有机化合物(VOC)的含量	≤200 g/L	≤150 g/L	≤150 g/L	≤80 g/L	≤75 g/L	≤100 g/L	≤150 g/L	≤80 g/L	≤70 g/L	≤10 g/kg
游离甲醛/(mg/kg)	≤100				—			≤100		
乙二醇醚及其酯类的总量/(mg/kg)	≤100									

续表

产品种类	集装箱涂料		道路标线涂料	防腐涂料	汽车涂料			木器涂料		
	底漆	中涂/面涂			底漆	中漆	面漆	清漆	色漆	腻子(粉状、膏状)
苯、甲苯、二甲苯、乙苯的总量/(mg/kg)	≤100									
卤代烃(以二氯甲烷计)/(mg/kg)	≤500									
可溶性铅/(mg/kg)	≤90									
可溶性镉/(mg/kg)	≤75									
可溶性铬/(mg/kg)	≤60									
可溶性汞/(mg/kg)	≤60									

表 6-14 《环境标志产品技术要求水性涂料》中关于产品中不得人为添加的物质规定

中文名称	英文名称	缩写
烷基酚聚氧乙烯醚	Alkylphenol ethoxylates	APEO
邻苯二甲酸二异壬酯	Di-*iso*-nonylphthalate	DINP
邻苯二甲酸二正辛酯	Di-*n*-octylphthalate	DNOP
邻苯二甲酸二(2-乙基己基)酯	Di-(2-ethylhexyl)-phthalate	DEHP
邻苯二甲酸二异癸酯	Di-isodecylphthalate	DIDP
邻苯二甲酸丁基苄基酯	Butylbenzylphthalate	BBP
邻苯二甲酸二丁酯	Dibutylphthalate	DBP

实施环境标志认证，实质上是对产品从设计、生产、使用到废弃处理处置，乃至回收再利用的全过程的环境行为进行控制。目前主要在无公害农产品、绿色食品、有机农产品及能效标识产品等方面显示了非常好的效果。但对涂料行

业来说，可能会有较长的路要走。

环境标志认证的最终目的是保护环境，主要体现在通过环境标志引导消费，引导企业调整产品结构，采用清洁生产工艺生产对环境有益的产品。同时政府利用市场机制优先采购环境标志产品，引导公众绿色消费，这对实现可持续发展有十分重要的意义。

四、涂料工业清洁生产

工业和信息化部于2011年8月16日发布了《关于印发铬盐等5个行业清洁生产技术推行方案的通知》(工信部节[2011]381号)，宣告涂料等行业清洁生产技术推行方案正式颁布。《涂料行业清洁生产技术推行方案》中要求重点发展环境友好型涂料生产技术，发展全密闭式一体化涂料生产工艺技术。

针对《涂料行业清洁生产技术推行方案》的要求，涂料行业应主要侧重发展以下几方面技术：(一)溶剂型涂料采用全密闭式一体化生产工艺，减少生产过程的溶剂挥发，降低火灾危险，同时也减少粉尘污染；(二)发展水性防腐涂料，侧重于桥梁、汽车工业和集装箱涂料，节省大量溶剂；(三)发展光固化涂料和高固分涂料，实现低VOC排放。除以上几方面外，还应大力发展天然植物涂料。植物涂料是一种可再生的资源，既可减少涂料行业对石化产品的依赖，且植物涂料成分的种植又能改善当地的气候环境，有利于保持水土。

第三节 其他国家和地区涂料的法规与标准

一、重金属相关限量要求

1. 欧盟94/62/EC指令

1994年12月20日，欧盟颁布了94/62/EC指令并于1997年全面实施，该指令对全部包装和包装材料的管理、设计、生产和流通等环节提出相应的要求和应达到的目标，其中最为重要的是有关包装和包装废弃物中有害物质的限制，以及降低资源消耗的措施，根据指令第十一条规定，四种有害重金属(铅、镉、汞、六价铬)含量之和不得超过100 mg/kg。

指令94/62/EC已于1997年付诸全面实施，但就其中的包装材料的回收率，欧盟某些成员国持有异议。比如对饮料瓶的重复使用或一次性使用的环保性、经济性、可行性和安全性的评估等存在分歧。2004年2月11日，欧盟颁布了对94/62/EC的修正案2004/12/EC，其中规定整体回收率为60%，再循环率为55%。另外规定具体的再循环率：玻璃60%、纸和纸板60%、金属50%、塑料25%、木材15%，重金属浓度指标未改变。2005年3月9日，欧盟再次颁布了94/62/EC的修正案2005/20/EC，其中增加了一些成员国各自法规生效的具体日期。

2. 欧盟 EN71-3

作为欧盟新玩具指令(2009/48/EC)的化学协调标准,EN71-3:2013 于 2013 年 7 月 20 日生效。

欧盟于 2015 年 3 月 13 日发布关于 EN 71-1:2014、EN71-3:2013+A1:2014 和 EN 71-14:2014 成为新玩具指令 2009/48/EC 协调标准的官方公告。旧版本标准(EN71-3:2013 和 EN71-1:2011+A3:2014)于 2016 年 2 月 29 日被取代。2015 年 3 月 13 日欧盟官方公告 EN 71-1:2014、EN71-3:2013+A1:2014 和 EN71-14:2014 成为玩具指令 2009/48/EC 的协调标准。EN 71-1:2014 和 EN 71-3:2013+A1:2014 于 2016 年 2 月 29 日取代玩具协调标准 EN71-1:2011+A3:2014 和 EN71-3:2013。

EN71-1:2011+A3:2014 和 EN71-3:2013 分别为玩具的机械物理和化学性能标准,EN 71-14:2014 为欧盟新颁布的家用蹦床安全新标准。

表 6-15 欧盟 EN71-1 的公开时间

标准名称	OJ 首次公开时间	取代标准	取代时间
EN71-1:2014 玩具机械物理性能	2015.3.13	EN71-1:2011+A3:2014 玩具机械物理性能	2016.2.29
EN71-3:2013+A1:2014 特定元素的迁移	2015.3.13	EN 71-3:2013 特定元素的迁移	2016.2.29
EN 71-14:2014 家用蹦床的安全标准	2015.3.13	—	—

表 6-16 欧盟 EN71-3 的可溶性金属含量要求

标准 EN71-3:1994	可溶含量/(mg/kg)							
	铅 Pb	砷 As	锑 Sb	钡 Ba	镉 Cd	铬 Cr	汞 Hg	硒 Se
普通物料	90	25	60	1 000	75	60	60	500
儿童颜料及泥胶	90	25	60	250	75	60	60	500

3. 美国消费者安全规范:玩具安全

2007 年底,美国众议院通过了《消费品安全现代化法案》(Consumer Product Safety Modernization Act)。据称,该法案为 1972 年美国消费品安全委员会(Consumer Product Safety Commission,CPSC)成立以来最严厉的消费者保

护法案。2008 年 1 月，该法案在参议院的审议中顺利获得通过，并改名为《2008 消费品安全改进法令》(Consumer Product Safety Improvement Act of 2008, CPSIA)，编号 H. R. 4040。该法令有部分内容看似与纺织品服装并无直接关联，但却与纺织产品密切相关。2008 年 1 月，该法案在参议院的审议中顺利获得通过，并改名为《2008 消费品安全改进法令》(Consumer Product Safety Improvement Act of 2008，CPSIA)，编号 H. R. 4040。该法令的正文共包含两大部分，一是关于儿童用品安全，共 8 项条款；二是关于消费品安全委员会改革，共包括管理的改进 9 项条款、强化执行权力 9 项条款、特别的进出口规定 5 项条款和其他规定及执行机制的完善 9 项条款。2008 年 8 月 14 日，美国前总统布什签署了该法案，使之成为正式的法令[28]。

2008 年 7 月美国国会、联邦参议院分别以高票通过了《消费品安全修正案 2008 H. R. 4040》，ASTM F963 已由自愿性转化为美国强制性玩具安全标准。该修正案的一个显著特点是在全美建立统一的强制性国家标准，对于涉及表面涂层要求，旨在建立消费产品安全标准和儿童产品的其他安全要求。

对于含铅或带有含铅涂料儿童产品的要求有以下几点。

(1) 儿童产品中，非可触及成分除外，最终将产品任何可接触部分总铅含量的限值控制为 0.009%。

(2) 对于儿童产品和玩具所涂含铅油漆，铅含量不超过 0.009%；

(3) 法规生效 90 天后(2008 年 11 月 12 日起)，儿童产品的制造商和自有品牌商必须：①将产品送交有资格的独立第三方检测机构进行相关测试；②出具证书，证明产品符合适用的标准或法规。具体要强制的产品信息、测试机构要求和时间要求，请关注 EBO 相关的技术文件更新。

4. 16CFR1303—2011《禁止含铅油漆以及部分使用含铅油漆的产品》

美国消费品安全委员会(CPSC)2009 年修订其关于禁止含铅涂料和某些具有含铅涂料的消费品的法规，经修订的法规拟生效时间为 2009 年 8 月 14 日。

(1) 在 CPSC 16CFR1303 部分中，消费品安全委员会宣布，凡是供消费者使用的，含有铅或铅化合物的油漆和类似的表面修饰剂(以下简称为“含铅漆”)的铅含量(按金属铅计算)超过油漆不挥发物总含量的质量或干漆膜质量的 0.06%(根据美国消费品安全委员会在 2008 年《消费品安全改进法案》101 条 f 部分的修改，此铅含量由 0.06%降至 0.009%，该项目从 2009 年 8 月 14 日起实行)，均被列为禁止的危险产品，其依据为消费品安全法(CPSA)第 8 和第 9 章，15 U. S. C. 2057，2058。(该委员会的裁定见 1145.1 和 1145.2 部分，其依据为消费品安全法(CPSA)第 30 章，根据消费品安全法控制含铅漆和某些含有这种油漆的消费品，是符合公众利益的)。以下消费品也被宣布为禁止的危险产品：

(a) 带有“含铅漆”的玩具及其他供儿童使用的物品；

(b) 带有“含铅漆”供消费者使用的家具物品。

(2) 这项禁令适用于本节(a)款中所述范畴的，在1978年2月27日之后制造的产品，这在消费品安全法第3(a)(1)节中被定义为“消费品”。因此，上述的那些通常为出售给或使用于一个家庭或其周围环境、学校、康乐场所或其他方面的消费者使用、消费、观赏而生产或销售的产品，都被该法规所涵盖。用于汽车及轮船的油漆和涂料不包括在该禁令范围之内，因为它们在法定的“消费品”定义之外。

除直接销售给消费者的那些产品之外，该禁令还适用于那些在其出售之后被消费者使用或欣赏的产品，诸如那些使用于住宅、学校、医院、公园、运动场、公共建筑物或其他消费者会直接接触到其油漆表面的地方。

(3) 该委员会已颁布该禁令，因为它已发现(a)存在一种过度的儿童铅中毒的危险，它与儿童有机会接触的铅含量超过0.06%的油漆和涂料有关，以及(b)在消费品安全法(CPSA)范畴内没有能够充分保障公众免受这方面风险的可行的消费品安全标准[29]。

5.《关于电子电器设备中限制使用某些有害物质指令》

欧盟议会及欧盟委员会于2003年2月13日在其《官方公报》上发布了《关于电子电器设备中限制使用某些有害物质指令》(简称《RoHS指令》)。

RoHS针对所有生产过程中以及原材料中可能含有上述六种有害物质的电器电子产品，主要包括：白色家电，如电冰箱、洗衣机、微波炉、空调、吸尘器、热水器等；黑色家电，如音频、视频产品、DVD、CD、电视接收机、IT产品、数码产品、通信产品等；电动工具；电动电子玩具；医疗电器设备。

(1) 铅(Pb)使用该物质的例子为：焊料、玻璃、PVC稳定剂；

(2) 汞(Hg)使用该物质的例子为：温控器、传感器、开关和继电器、灯泡；

(3) 镉(Cd)使用该物质的例子为：开关、弹簧、连接器、外壳和PCB、触头、电池；

(4) 六价铬(Cr^{6+})使用该物质的例子为：金属防腐蚀涂层；

(5) 多溴联苯(PBB)使用该物质的例子为：阻燃剂，PCB、连接器、塑料外壳；

(6) 多溴二苯醚(PBDE)使用该物质的例子为：阻燃剂，PCB、连接器、塑料外壳。

其中铅(Pb)、汞(Hg)、六价铬(Cr^{6+})、多溴联苯(PBB)、多溴二苯醚(PBDE)的最大允许含量为0.1%，镉(Cd)为0.01%，该限值是制定产品是否符合RoHS指令的法定依据[30]。

世界各国，尤其是发达国家，对RoHS指令的出台反响强烈，高度关注，有的称其为绿色环保指令，有的称其为技术壁垒指令，还有的称其为牵动全球制造业神经的指令。其间，美国、日本、韩国、泰国等也相继出台了类似指令。中国是全球制造业大国，也是产品出口大国，出口总量的 70%以上涉及 RoHS 指令。

2006 年 2 月，原信息产业部等 7 部门联合制定了《电子信息产品污染控制管理办法》（原信息产业部等 7 部门令第 39 号，以下简称 39 号令），要求对电子信息产品中的有害物质进行管控。但随着产业的发展，39 号令逐渐突显出其局限性，2016 年 1 月 6 日，工业和信息化部、发展改革委员会、科技部、财政部、环境保护部、商务部、海关总署、质检总局等 8 部门联合公布了《电器电子产品有害物质限制使用管理办法》（第 32 号令）。该管理办法于 2016 年 7 月 1 日起正式实施，39 号令即废止。

就目前来说，中国 RoHS 和欧盟 RoHS 限制和禁止的有毒有害物质一样，限量要求也一样，但从 2019 年 7 月 22 日起，就会有差别。2015 年 6 月 4 日，欧盟官方公报（OJ）发布 RoHS2.0 修订指令（EU）2015/863，正式将 DEHP、BBP、DBP、DIBP 列入附录Ⅱ限制物质清单中，至此附录Ⅱ共有十项强制管控物质。本次修订的生效日期是 2019 年 7 月 22 日。

另外从管辖产品和管理方法上，中国 RoHS 与欧盟 RoHS 也是有差别的，见表 6-17、表 6-18。

表 6-17 管辖产品

中国 RoHS 2.0	欧盟 RoHS 2.0
将制定一个电器电子产品有害物质限制使用达标管理目录，进入达标管理目录的产品，有害物质含量应满足相关要求。目录外产品则不作有害物质限量要求，但若含有害物质，需要对有害物质及其含量进行标示。	除了豁免类产品（详见豁免清单），所有电子电器都需要满足 RoHS 2.0 的限量要求。
包括但不限于：家用电器电子设备、通信设备、广播电视设备、计算机及办公设备、电子仪器仪表、照明产品、家用及类似用途低压电器产品、电动工具、工业用电子设备、医疗电子设备及器械、电子文教、工美、体育和娱乐产品	包括：大型家用电器、小型家用电器、信息技术和通信设备、消费类设备、照明设备、电气和电子类工具（大型固定式工业工具除外）、玩具、休闲和运动设备、医用设备（所有被植入和被感染产品除外）、监测和控制器工具、自动售货机，以及未涵盖在上述分类中的电子电器设备

表 6-18 管理方法

中国 RoHS 2.0	欧盟 RoHS 2.0
分两步走，中国 RoHS 将制定一个电器电子产品有害物质限制使用达标管理目录。 第一步：目录外产品则不作有害物质限量要求，但若含有害物质，需要对有害物质及其含量进行标示。 第二步：进入达标管理目录的产品，有害物质含量应满足相关要求。并加贴“绿色回收标识”	一步到位，采取自我声明的模式，对于管辖范围内的产品必须做到有毒有害物质达到限量要求。 而且欧盟 RoHS 已经纳入 CE 认证，要加贴 CE 认证标识，必须要满足 RoHS 的相关要求。

二、挥发性有机化合物

VOC 的定义有好几种，例如，美国 ASTM D3960—98 标准将 VOC 定义为任何能参加大气光化学反应的有机化合物。美国联邦环保署（EPA）定义挥发性有机化合物是除 CO、CO_2、H_2CO_3、金属碳化物、金属碳酸盐和碳酸铵外，任何参加大气光化学反应的碳化合物。世界卫生组织（WHO，1989）对总挥发性有机化合物（TVOC）的定义为：熔点低于室温而沸点为 50～260℃的挥发性有机化合物的总称。有关色漆和清漆通用术语的国际标准 ISO 4618/1—1998 和德国 DIN 55649—2000 标准对 VOC 的定义是：原则上，在常温常压下，任何能自发挥发的有机液体和/或固体。同时，德国 DIN 55649—2000 标准在测定 VOC 含量时，又做了一个限定，即在通常压力条件下，沸点或初馏点低于或等于 250℃的任何有机化合物。欧盟 2002/231/CE 指令定义挥发性有机化合物是一种在常温常压下，具有高蒸气压和易蒸发性能的有机化学物质，而欧盟 2004/42/CE 指令定义挥发性有机物是指在 101.3 kPa 标准压力下，任何初沸点低于或等于 250℃的有机化合物。

这些 VOC 的定义分为两类，一类是普通意义上的 VOC 定义，只说明什么是挥发性有机物，或者是在什么条件下是挥发性有机物；另一类是环保意义上的定义，也就是说，是活泼的那一类挥发性有机物，即会产生危害的那一类挥发性有机物。非常明显，从环保意义上说，挥发和参加大气光化学反应这两点是十分重要的。不挥发或不参加大气光化学反应就不构成危害。这也就是欧洲将溶剂按光化臭氧产生潜力来分类的原因。

目前比较普遍的分类是按照 WHO 规定分类，主要是根据沸点对 VOC 进行了分类，其分类如表 6-19 所示。

表 6 - 19 VOC 的分类

沸点	名称	VOC 举例及其沸点
沸点<50℃	高挥发性有机化合物(WOC)	甲烷(−161℃)、甲醛(−21℃)、甲硫醇(6℃)、乙醛(20℃)、二氯甲烷(40℃)
50℃≤沸点<260℃	挥发性有机化合物(VOC)	乙酸乙酯(77℃)、乙醇(78℃)、苯(80℃)、甲乙酮(80℃)、甲苯(110℃)、三氯乙烷(113℃)、二甲苯(140℃)、苧烯(178℃)、烟碱(247℃)
260℃≤沸点<400℃	半挥发性有机化合物(SVOC)	毒死蜱(290℃)、邻苯二甲酸二丁酯(340℃)、邻苯二甲酸二(2-以已基)酯(390℃)
400℃≤沸点	颗粒状有机化合物(POM)	多氯联苯(PCB)、苯并芘

1. 美国对于建筑涂料 VOC 的控制

表 6 - 20 列出了美国联邦及部分州对于建筑涂料 VOC 的规定及相关要求。

在联邦层面，1999 年，美国环保部公布实施了《建筑涂料挥发性有机化合物释放国家标准(40 CFR Part 59 Subpart D)》。这个标准对 70 多种产品的 VOC 含量做了规定，根据涂料用途进行详细分类并规定对应的 VOC 限制值。

美国建筑涂料管理条例(Rule - 1113)是一个地方法规，这个法规规定 2016 年 2 月 5 日起，在南海岸空气质量管理区(AQMD)生产、销售和交易的建筑涂料都需要执行该标准。

臭氧运输委员会(OTC)：负责美国东北部 11 个州和华盛顿特区的臭氧运输工作的臭氧运输委员会是另外一个技术合作的范例。该委员会促进了各州之间控制措施的信息分享，以及采取共同措施的后续决定。

密歇根湖空气主管联合会(LADCO)：这是一家区域机构，其使命是促进伊利诺斯、印第安那、威斯康星、密歇根和俄亥俄州的大气质量管理。这些州之间在大气质量问题上的关系一直高度紧张。但是密歇根湖大气监管机构会促使各州与环保署合作，不仅仅是合作开展必要的模拟和其他技术工作，也共同制定控制措施。

表 6－20　美国联邦及部分州对于建筑涂料 VOC 的规定及相关要求

建筑与工业维护涂料(AIM)(监管机构)	美国环保总署(EPA)(联邦)	加州空气资源委员会(CARB)(州)	南海岸空气质量管理局(SCAQMD)(州)	臭氧运输委员会(OTC)(州)	密歇根湖空气主管联合会(LADCO)(州)
标准	国家 AIM 规定	2007AIM 推荐控制措施(SCM)	规定 1113	2010 示范标准	采用 OTC 第一期(OH/IL/&IN)
权威性	强制	协调 35 个加州空气管理区的监管活动；可对其他机构施加影响	强制	东北部大多数州采用	独立州标准
VOC 限值/(g/L)					
平光涂料	250	50	50	50	100
半光、哑光涂料	380	100	50	100	150
高光涂料	NA	150	NA	150	250
底漆	350	100	100	100	200
VOC 管控：g/L 涂料扣水及减免化合物					

2. 加拿大建筑涂料挥发性有机化合物(VOC)浓度限量法规

2008 年 5 月 7 日，加拿大公布建筑涂料挥发性有机物(VOC)浓度限量法规提案。按照《加拿大环境保护法案，1999》(CEPA 1999)第 93(1)分项提出的，建筑涂料挥发性有机物(VOC)浓度限量法规提案的目的是通过规定在本法规提案目录第 1(2)分项的表中确定的 49 种建筑涂料挥发性有机化合物的限量，保护环境和加拿大人的健康。

除了在法规提案中确定的例外，拟议的法规将适用于制造、进口、提供销售或在加拿大销售的普通建筑物、高性能工业维修和交通标志涂料(涂料、着色剂、油漆等)。

制定拟议的挥发性有机化合物浓度限量是为了与臭氧输送委员会(OTC)成员美国的要求保持一致，为提高透明度而采用，照顾到加拿大市场和环境的独特性，并且确保实际有效地达到最大限度地减少挥发性有机化合物的排放量。拟议的法规将禁止制造、销售或进口挥发性有机化合物浓度超过目录第 2 栏中规定的种类特定限量的建筑涂料。为了确保多用途的涂料达到挥发性有机化合物最低浓度允许限量，最高限量的规定包括在拟议的法规第 7 部分中。

3. 美国《清洁空气法修正案》

美国从 1955 年的《空气污染控制法》到 1963 年的《清洁空气法》，1967 年的《空气质量控制法》，再到 1970 年的《清洁空气法》以及后来的 1977 年修正案、1990 年修正案等多次修正而逐步完善，建立起来了一个完整的法律规范体系。经过半个世纪的不断修改完善，美国的清洁空气法确立了一系列行之有效的原则。CAA 是美国环境空气质量保护的基础法律，美国环保总署(EPA)以该法作为基本依据建立了美国国家环境空气质量标准(NAAQS)等一系列重要法律法规作为补充,构成了联邦核心法规(CFR)。1990年通过的《清洁空气法修正案》(CAAA)要求采取严格措施,到2000年降低70%VOC排放量。在对涂料行业的控制方面,规定工业涂料的VOC(稀释后)排放限值为420 g/L。CAAA列出的189种禁止或限制排放的有毒有害物质中70%为VOC[31-33],包括甲醇、甲乙酮、甲苯等几乎所有涂料中常用的有机溶剂。

为促进大气污染控制技术的推广使用,减缓空气污染问题,同时考虑到技术成本、健康和环境影响、能源需求等因素,根据1977年的《清洁空气法》,制定了新建污染源的实施标准(NSPS),它定义了限值和对特定排放单元的检测方法及VOC排放限值等,目前已颁布的涂料行业标准有汽车和轻型卡车、金属家具、大型家电、金属线圈、饮料罐、压敏胶带和标签等表面喷涂作业VOC排放标准[34]。

1992年7月16日,EPA公布了第一批排放有毒空气污染物源类别清单,该名单包括了工业表面涂装VOC污染源。为保证有效减少该类污染物,EPA将CAAA列出的危险空气污染物按不同污染源制定了国家排放标准,表6-21给出了部分工业维护表面涂装的有机有毒空气污染物(OHAP)限制要求[35]。为最大限度地减少HAP的排放,EPA专门设立了最高可实现控制技术(MACT),通过最佳的清洁生产工艺、控制技术、操作手段等途径达到限制要求。对HAP污染源实行严格的空气污染削减措施。对现有污染源:①若有30个以上同类污染源,MACT底线应达到最佳的前12%企业的平均限值;②若同类污染源小于30个,应达到前4名的平均限值。对于新污染源,须达到现有同类污染源的最佳控制水平[36]。

清洁空气法的第183(e)条款要求美国环保署对消费和商业品产生的VOC的排放量进行管理。为了对VOC污染源进行监管,协助国家和地方达到空气质量标准,EPA编制了CTG,对船舶制造、家具、大型家电涂装等均提出了具体排放限制要求及控制措施(表6-21)[37]。CTG虽不属于法规,但各州须以此为指导文件,制定相应的法律标准,作为减排计划的一部分。

表6-21 典型表面涂装行业VOC排放限值

行业类别	排放限值
金属家具表面涂装(2007年)	普通单组分、双组分涂料:275 g/L(烘干或自干);高光、极性、耐热、光吸收涂料:360 g/L(烘干)、340 g/L(自干);金属、预处理涂料:420 g/L(烘干或自然风干)
制造和修理船舶(表面涂装)(1996年)	普通涂料:340 g/L;特种涂料:规定了23类船舶修补涂料的VOC含量限值
航天制造和再制造涂装(1996年草案)	针对57类航天特种涂料制定了VOC含量限值,例如:底漆、防污、耐热、高光、高温、防滑涂料

EPA对消费产品和工业产品的VOC释放进行的一项调查研究发现，建筑涂料的VOC释放量约占所有消费产品和工业产品的9%，而且建筑涂料更与人们的生活密切相关，所以该标准的制定与实施对于减少大气污染、保护生态环境有着重大意义。

1999年9月13日起，在美国生产和配送建筑涂料都按照此标准要求执行。1999年1月11日以后在美国境内出售、配送的汽车如客车、货车、卡车和其他移动设备，零部件涂装涂料、修补涂料要求按照该标准执行(见表6-22)[38]。

表6-22 汽车修补涂料的VOC限值

涂料类别	VOC含量限值/(g/L)
预处理洗涤底漆	780
底漆或头二道混合底漆	580
封闭底漆	550
单层或双层面漆	600
多层(大于2层)面漆	630
多色面漆	680
特种涂料	840

EPA认为，通过控制具有高化学反应活性的VOC排放量可以更有效地降低地面臭氧浓度，因此，EPA采用了基于化学反应活性限值控制的气溶胶涂料VOC排放标准。该标准规定，了产品的化学反应活性值的计算方法，并对监管对象(气溶胶产品标签上注明的或指定产品配方的生产商、进口商、经销商)提出了设立相关的产品标识、记录、上报的要求。标准于2009年1月1日起执行，最迟执行时间为2011年1月1日[38]。

4. 欧洲VOC要求

欧盟指令2004/42/EC规定，从2010年1月1日起，室内外混凝土、木器、金属底材用水性涂料等产品中的VOC都要达到更低的限值，具体的限值要求如表6-23所示。作为对比，表中也列出了之前的限量数据。

表6-23 欧洲目前的VOC限值及计算方法

产品种类	欧盟指令2004/42/EC色漆与清漆中VOC最高含量限值/(g/L)	
	水性涂料	溶剂性涂料
室内亚光墙面和天花板[光泽度<25(60°)]	30	30
室内亚光墙面和天花板[光泽度>25(60°)]	100	100
外墙	40	430

续表

产品种类	欧盟指令 2004/42/EC 色漆与清漆中 VOC 最高含量限值/(g/L)	
	水性涂料	溶剂性涂料
用于木质和金属表面的室内外门窗漆和电镀涂料	130	300
室内外清漆和木材着色剂，包括不透明木材着色剂	130	400
室内外墙最小构造木材着色剂	130	700
底漆	30	350
黏结性底漆	30	750
单组分功能涂料	140	500
用于特定用途(比如地板)的双组分反应型功能涂料	140	500
多彩涂料	100	100
具有特殊装饰效果的涂料	200	200

欧洲生态标签委员会在 2008 年 8 月 13 日就室内用涂料和室外用涂料生态标准的决定为 2009/544/EC 和 2009/543/EC，其中关于 VOC 的限值数据见表 6-23。2009/544/EC、2009/543/EC 对产品的定义与 2004/42/EC 相一致，对产品中 VOC 的定义及测试方法也相同，都是指标准大气压(101.3 kPa)下，任何初沸点小于等于 250℃的有机化合物。

2009 年 7 月 28 日公布的欧委会决议 2009/563/EC，建立了欧盟的鞋类生态标签新准则，旨在限制有毒残余物及挥发性有机化合物的水平，以及推广更耐用的产品。例如，供应商必须确保皮制鞋履最终产品不含六价铬，并提交符合 EN ISO 17075 检测方法的测试报告以资佐证。

欧盟各国相继制定了严格的环保法规，比较具有代表性的法规是德国的 AT-Luft(大气净化法)，该法规于 1992 年 1 月实施。它将排放的有机物质分为 3 类，限制其排放量和使用浓度。涂料中使用的有机溶剂被列为第Ⅱ、Ⅲ类，同时对汽车涂装生产线中的有机溶剂用量作了严格的规定。其中，金属闪光涂料规定为 120 g/m^2，高固体分涂料为 60 g/m^2，今后将统一为 35g/m^2。根据 CEPE(欧洲涂料、油墨、颜料工业协会联合会)报道，第二个"欧盟溶剂使用排放规定"已经颁布，它对各种挥发物质做出了合理的限制。CEPE 还将对装饰漆及汽车修补漆的 VOC 排放做出进一步的限制，涂料中的有毒有害及废物排放规定的总目标是：规定的 21 类化学物质总排放量在 3 年内降低 23%，6 年内降低 44%。

德国、英国、荷兰等创新性地建立了污染物排放分级控制标准，即按污染物的健康毒性或其他环境危害大小，实施分类分级控制，其中，对 VOC 排放以其健康毒性的大小分为3类，第一类VOC，如丙烯腈、苯、环氧乙烷等，为高毒害，排放标准控制在5 mg/m^3；第二类VOC，如甲醛、乙醛、酚类等，为中等毒害，排放标准控制在20 mg/m^3；第三类VOC，如甲苯、二甲苯、乙苯等，为低毒害，排放量控制在100 mg/m^3。

三、邻苯二甲酸酯的主要法规

1. 欧盟

REACH法规(1907/2006)欧盟委员会于1992年6月29日发布的92/59/EEC指令中将DEHP、BBP、DBP、DNOP、DINP和DIDP认定为对人体和环境有害。1999年12月7日，欧盟发布了有效期为3个月的临时禁令1999/815/EC，规定6种邻苯二甲酸酯禁止用于3岁及以下婴幼儿的可放入口中的玩具和用于纺织制品的软质PVC材料，例如PVC人造革、PVC薄膜、PVC辅料、PVC标签、吊牌等。2000年4月26日，欧盟修订76/769/EEC指令和88/378/EEC(玩具安全)，要求在3岁及以下婴幼儿可放入口中的软质PVC中，6种邻苯二甲酸酯的含量不得超过0.1%.2005年12月14日，欧盟指令76/769/EEC被第22次修订(2005/84/EC)，继续限用6种邻苯二甲酸酯。

2006年年底，欧盟正式颁布历经6年艰苦立法历程制订的《关于化学品注册、评估、授权和限制》法规，即REACH法规，法规编号1907/2006。在REACH法规中，原经历次修订的76/769/EEC号指令被作为附录17列于其中，而其第51和52条就是关于对邻苯二甲酸酯的要求。根据要求，在玩具和儿童护理用品中3种邻苯二甲酸酯DEHP、DBP、BBP含量不得超过0.1%，在儿童可以放入口中的玩具和儿童护理用品中另3种邻苯二甲酸酯DINP、DIDP和DNOP含量也不得超过0.1%[39]。

2. 美国

(1) 消费品安全改进法[40]

H. R. 4040是美国生效消费品安全改进法案(CPSIA/HR4040)的习惯简称，美国《消费品安全改进法》(CPSIA)于2008年8月14日由美国前总统小布什签署并颁布。CPSIA第108条中规定，在12岁以下儿童玩具或3岁及以下儿童护理用品中禁止含有3种含量超过0.1%的邻苯二甲酸酯DEHP、DBP、BBP。此外，CPSIA第108条还要求，在可以放入口中的儿童玩具和儿童护理用品中另3种邻苯二甲酸酯DINP、DIDP、DNOP含量不超过0.1%。

而美国慢性危害物质顾问小组也提出了相同的建议。此项禁用邻苯二甲酸酯的条款已于2009年2月10日生效。美国消费品安全委员会在解读CP-SIA第108条时表示，并不是所有的塑料都含有邻苯二甲酸酯。聚乙烯(PE)和聚丙烯(PP)中通常不含邻苯二甲酸酯，因为它们一般不需要添加增塑剂。然而，表面涂层和黏合剂可能含邻苯二甲酸酯。此外，邻苯二甲酸酯也会被应用到一些不需要增塑的塑料中。另外，一些弹性材料或合成橡胶也可能含邻苯二甲酸酯。可能含有邻苯二甲酸酯的材料包括：①聚氯乙烯（PVC），其相关聚合物如聚偏氯乙烯（PVDC）、聚乙烯基醋酸酯（PVA），此类材料为高危物质；②除聚烯烃以外，柔软或弹性的塑料；③除硅胶和天然的乳胶以外，柔软或有弹性的橡胶；④泡沫橡胶或泡沫塑料如 PU 等；⑤表面涂层、防滑涂层、抛光剂、贴花图案和涂料图案；⑥衣服上的弹性物质；⑦涂料与填充物；⑧绝缘体。

以下材料通常不含有邻苯二甲酸酯：

① 未经处理的金属；

② 没有涂层和胶水附着的原木；

③ 由天然纤维制成的纺织品，如棉或羊毛．不包括有涂料的装饰物、防水涂层或其他表面处理，内部涂层和弹性材料（尤其是睡衣）；

④ 由合成纤维制成的纺织品，如聚酯纤维、腈纶、尼龙，不包括涂层装饰物、防水涂层或其他表面处理、内部涂层和弹性材料，但任何含 PVC 的纺织品或与 PVC 相关的聚合物均需进行邻苯二甲酸酯的测试；

⑤ 聚乙烯和聚丙烯（聚烯烃）；

⑥ 硅胶和天然乳胶；

⑦ 矿物产品，如沙、玻璃、水晶。

（2）加州 65 提案

美国加州 65 提案，即《1986 年饮用水安全与有毒物质强制执行法》的简称，于 1986 年 11 月由加州居民以压倒性的优势投票通过，并被编纂列入《加利福尼亚州健康与安全法》的第 6.6 章，第 25249.5 至 25249.13 章。加州 65 提案从颁布到现在一直秉持减少有毒化学物质暴露的宗旨，它允许加州居民通过一定的方式消除消费品和工业中的致癌物质和生殖毒性物质的行为，迫使许多含有致癌物质或生殖毒性物质的消费品重新拟定配方。

其限用化学目录每年至少更新一次，目前已有 800 多种化学物质在这一目录中。在加州销售的产品需确认是否通过已被诉讼案例定义的化学品的限量值，以降低被诉讼的风险。与邻苯二甲酸酯相关的案例显示，加州对产品的安全风险关注涉及 5 种邻苯二甲酸酯：BBP、DBP、DIDP、DEHP 和 DnHP。2007 年加州州长签署 AB1108 法案，重申玩具、儿童护理用品和儿童喂食用具禁止含有邻苯二甲酸酯。该法案要求从 2009 年 1 月 1 日起，限制制造、销售某些玩具和儿童护理用品中的邻苯二甲酸酯含量，其限量要求同 REACH 法规 1907/2006 附录 17 的第 51、52 项一致，即所有玩具和儿童产品的单项邻苯（DEHP、DBP、BBP、DIDP、DnHP）≤0.1%。

3. 澳大利亚

澳大利亚竞争和消费者委员会于 2010 年 1 月 25 日提议，在可能与口腔接触的玩具、儿童护理用品以及不大于 36 个月的婴幼儿喂食用器皿中禁用 DEHP。该提议要求 DEHP 在此类产品中的含量应小于 1%。2010 年 3 月 2 日，澳大利亚政府颁布第 6 号消费者保护公告，禁止在某些儿童塑料产品或产品某一部件中使用浓度超过 1%的邻苯二甲酸二-2-乙基己酯(DEHP)。此项禁令明确适用于为年龄在 36 个月以下的儿童制造可能被儿童吮吸和/或咀嚼的塑料产品[41]，包括：①玩具；②“儿童护理产品”，包括但不限于橡皮奶嘴、长牙时咬的橡皮环、婴儿床上配有的塑胶环，摇铃、口水兜、环形牙胶和婴儿安抚器；③餐具，包括但不限于奶瓶、吸杯、碗、盘和刀具。

DEHP 是常用的增塑剂，会对婴幼儿的生殖系统产生毒性。在澳大利亚市场上销售儿童塑料产品的制造商、进口商、批发商、租用商和零售商必须遵循澳大利亚玩具政策的新要求。

参考文献：

[1] 汤大友 . 2015 中国涂料十大看点[J]. 中国涂料，2015，30(12)：71-76.

[2] 涂料工艺编委会 . 涂料工艺. 3 版[M]. 北京：化学工业出版社，2004.

[3] 汤大友 . 中国涂料工业发展简史[J]. 中国涂料 . 2015，30(10)：14-19.

[4] 覃文清，李凤 . 材料表面涂层防火阻燃技术[M]. 北京：化学工业出版社，2004.

[5] 许立恒，王承雷 . 中红外光谱法快速测定车内空气中多组分有机污染物[J]. 中国环境监测，2011，2(5)：27-29.

[6] Abdelwahid M. . Level sources and health risks of carbonyls and BTEX in the ambient air of Beijing，China[J]. Journal of Environment Sciences，2012，3(1)：5-7.

[7] 孙道兴，周晓东，刘香兰，等 . 建筑涂料的现状及前景[J]. 上海涂料，2004，7(5)：32-35.

[8] 景丽洁，马甲 . 火焰原子吸收分光光度法测定污染土壤中 5 种重金属[J]. 中国土壤与肥料，2009，3(1)：71-72.

[9] 李春英 . 建筑材料的放射性水平调查分析[J]. 中国辐射卫生，2005，7(4)：41-45.

[10] 赖莺，黄长春，董清木，等 . 气相色谱/电子捕获检测器法对胶黏剂中卤代烃的测定[J]. 分析测试学报，2009，8(3)：32-34.

[11] 崔飞，蔡喜来，冯康，等 . 饰面型防火涂料在应用中的安全环保问题初探[J]. 消防技术与产品信息，2009，8(2)：87-88.

[12] 中国 RoHS[Z/OL]. http://baike. baidu. com/link? url = EWfWwpM1zgYCpge8mfDWD2tt7F-oSL_10Tav5wiF_k4q7YnGZbmJ1aP2MybSsB-G0_s5nUy6BJPWFBPy2uwwEK#reference-[1]-3216034-wrap.

[13] 程能林 . 溶剂手册. 3 版[M]. 北京：化学工业出版社，2002.

[14] 崔清晨，孙秉 . 海洋化学辞典[M]. 北京：海洋出版社，1993.

[15] Loftus N J，Woollen B H，Steel G T，et al. An assessment of the dietary uptake of di-2-(ethylhexyl) adipate (DEHA) in a limited population study[J]. Food Chem Toxicol. 1994，32(1)：1-5.

[16] Harrison P T, Holmes P, Humfrey C D. Reproductive health in humans and wildlife: are adverse trends associated with environmental chemical exposure? [J]. Sci Total Environ, 1997, 205(2-3): 97-106.

[17] 靳秋梅．邻苯二甲酸酯类化合物的生殖发育毒性[J]. 天津医科大学学报, 2004, IO(增刊): 15-18.

[18] 凌波．环境内分泌干扰物的健康影响[J]. 中国公共卫生, 2002, 18(20): 237-239.

[19] 金朝晖, 李红亮, 柴英涛．酞酸酯对人与环境的危害[J]. 上海环境科学, 1997, 16(12): 39-42.

[20] 陈金泉, 杨瑜榕．纺织品中 2,4-甲苯二异氰酸酯和 4,4′-二苯甲烷二异氰酸酯含量测定的方法研究．福建轻纺．2015(2).

[21] 剧锦亮, 李亚波, 张鑫塘．异氰酸酯固化剂中 TDI、HDI 单体的测定[J]. 中国涂料, 2012(1).

[22] 游离甲醛．[Z/OL]. http://baike.baidu.com/link? url=Br__sRHOGeprQN49MGvcppJ7PJG2HKHvaSNXx0HyHAMEhg0M8u29W1xvufZ8LqkGDs_3gyc8jzOGlKb_-E7pyq.

[23] 有机锡防污涂料[J]. 海洋通报, 1975(08): 42-45.

[24] Clofenotare[EB/OL] Pubchem. http://pubchem.ncbi.nlm.nih.gov/compound/3036#section=LogP.

[25] 中国环境履约任务紧迫已全面禁止含滴滴涕防污漆[N]. 中国新闻网, 2014-10-25.

[26] 有机氯农药 DDT 在环境各圈层中的转归与效应[R]. 贵州大学报告, 2011.

[27] 万祥龙, 郝国防, 王叶．涂料行业的环保政策解读及应对策略[J]. 涂料工业．2014, 44(3): 75-80.

[28] 美国《消费品安全改进法》(CPSIA)及其实施[Z/OL]. 2012-03-20[2016-10-21]. http://www.xzbu.com/8/view-1063495.htm.

[29] 刘崇华, 李锦雄, 等．玩具油漆涂层中总铅含量测定能力验证[J]. 理化检验(化学分册), 2011(06).

[30] Introduction to WEEE[EB/OL], European Commission, [2016-10-21]. http://ec.europa.eu/environment/waste/rohs_eee/index_en.htm.

[31] 李国文, 樊青娟, 刘强, 等．挥发性有机废气(VOC)的污染控制技术[J]. 西安建筑科技大学学报(自然科学版), 1998, 30(4): 399-402.

[32] 叶守富．重视环境保护, 减少溶剂排放[J]. 上海涂料, 1999(4): 22-26.

[33] 孙玉梅．生物过滤法去除气态甲苯和乙酸乙酯的工艺和菌系状态的研究[D]. 大连: 大连理工大学, 2002

[34] US Environment Protection Agency. 40 CFR 60: standard of performance for new stationary source[EB/OL]. (2011-06-20)[2011-06-25]. http://www.tceq.state.tx.us/permitting/air/rules/federal/60/60hmpg.html.

[35] US Environment Protection Agency. National emission standards for hazardous air pollutants for source categories[EB/OL]. 2002-04-05[2011-06-25]. http://ecfr.gpoaccess.gov/cgi/t/text/text-idx? c=ecfr&tpl=/ecfrbrowse/Title40/40cfr63_main_02.tpl.

[36] US Environment Protection Agency, Neshaps-maximum achievable control technology

(MACT) standard. [EB/OJ]. 2008-09-05 [2011-06-25]. http://www.epa.gov/epawaste/hazard/tsd/combust/index.htm.

[37] US Environment Protection Agency. Control techniques guidelines[EB/OJ]. 2011-04-22 [2011-06-25]. http://www.epa.gov/ttncaaal/tlctg.html.

[38] US Environment Protection Agency. National volatile organic compounds emission standard for consumer and commercial products[EB/OJ]. 1998-09-11[2011-06-28]. http://ec-fr.gpoaceess.gov/cgi/t/text-idx? c = ecfr&rgn = div5&view = text&node-40:5.0.1.1&idno=40＃40:5.0.1.1.7.2.6.1.

[39] 陈如,蒋晓琪,王建平 邻苯二甲酸酯及其生态毒性[J]. 印染助剂,2010,27(9):52-56.

[40] 孙环琴,王建平. 美国《消费品安全改进法》(CPSIA)及其实施[J]. 纺织导报,2010(4).

[41] 王莹莹,郭长青,周海平,等. 邻苯二甲酸酯类增塑剂的应用研究进展[J]. 塑料包装,2011(3).

第七章

药 用 辅 料

第一节　药用辅料及法规概述

一、药用辅料概述

关键词：

药品活性成分 Active Pharmaceutical Ingredient(API)
药物主控文件 Drug Master File(DMF)
药品适用证 Certificate of Suitability of Monographs of the European Pharmacopoeia(CEP)
通用技术文件 Common Technical Document(CDT)
美国药典国家处方集 United States Pharmacopoeia-National Formulary(USP-NF)
欧洲药典 European Pharmacopoeia(PhEur)
日本药典 Japanese Pharmacopoeia(JP)
良好生产规范 Good Manufacturing Practices(GMP)
食品药品管理局 Food Drug Administration(FDA)
国际药用辅料协会 International Pharmaceutical Excipients Council(IPEC)

药用辅料[1]：药品中除药品活性成分(API)以外任何刻意添加的非活性成分。

药物制剂是医疗给药时药物存在的“状态”，任何 API 要制成适于使用的药物制剂产品，没有药用辅料的配合几乎没有可能。只有将 API 与药用辅料配伍，经过制剂技术处理，方可制成直接施用于病人的药物产品。为了将 API 制成适于病人使用的药物产品，根据药物特定的给药途径及相关的制剂技术，必须选择与其相适应的药用辅料，才能制成预期的制剂产品。API 与药用辅料组成的复杂的物理化学系统构成了药物存在的不同“状态”即“剂型”的总称，不同的药物剂型需要不同性能的药用辅料的配合。

药物剂型中 API 是药物产品的实质性主体，是决定药物是否有疗效的主要因素。而药用辅料则要确保将药物以一定的程序，选择性地将药物运送到组织部位，防止药物在主体释放前失活，并使药物在体内按一定的速度和时间，在一定的部位释放。给药的部位、方法以及给药效果的优劣，会影响到药物作用的出现、强度、速度和持续时间，从而很大程度上影响药物的最终疗效。所有前面提及的因素，与适当的给药方案相结合才能确保在相应的组织和体液中有一定的药物浓度并达到药物预期的疗效。因此，药用辅料对药物的实际应用和疗效的发挥，起着至关重要的作用。

1. 药用辅料的作用

药物剂型中药用辅料的作用通常可归纳为以下几种。

(1) 便于制剂形态的形成：如液体制剂中加入溶剂、助悬剂；片剂制剂中加入稀释剂、黏合剂；软膏剂、栓剂中加入基质等使制剂具有形态特征。

(2) 便于制剂剂量控制：如液体制剂中加入溶剂；片剂制剂中加入填充剂以便处方剂量控制。

(3) 确保药物生物利用度：使制剂具有速释性、缓释性、肠溶性、靶向性、热敏性、生物黏附性、体内可降解性。

(4) 保证生产工艺过程的顺利进行：如液体制剂中加入助溶剂、乳化剂等；固体制剂中加入助流剂、润滑剂等。

(5) 提高药物的稳定性：如化学稳定剂(抗氧化剂)、物理稳定剂(助悬剂、乳化剂)、生物稳定剂(防腐剂)等。

(6) 满足病人生理需求：如加入等渗剂、矫味剂、止痛剂、色素等。

2. 药用辅料的特性

选择药用辅料时，除了要满足制剂性能要求外，还必须考虑其如下特性要求。

(1) 安全性：即不能对人体产生任何不良影响，这是药用辅料选择时首要考虑的问题；

(2) 稳定性：不易受温度、pH 值、保存时间等的变化而改变其化学特性；

(3) 配伍性：与 API 之间无配伍禁忌；

(4) 生物相容性：与生命机体接触后不能引起机体性能的改变；

(5) 干扰性：不能影响 API 及制剂性能的检验；

(6) 载药性：对 API 有适宜的载药能力，载药后有适宜的释药能力；

(7) 加工性：为适应制剂加工成型的要求，需具备适宜的物理机械性能。

总之，药物制剂中加入药用辅料的目的是便于制剂的生产、便于给药剂量的控制及便于病人的使用，即保证药物的有效性。没有特性优良的药物辅料就没有优质的药物制剂，药物预期的药效也就得不到保证。

二、药用辅料法规概述

在人们的惯性思维中，药用辅料不具有药物活性，是非活性的或惰性的，与主要成分 API 不发生任何反应，剂量可大可小，因而其安全性是可靠的。而且药用辅料本身不是最终产品，其有效性和安全性最终以药品的有效性和安全性加以体现，所以对药用辅料的监管完全包括在对药品的监管过程中。

事实上，理想的、完全没有活性的药用辅料并不存在，药用辅料也并非完全惰性的物质。药物辅料是药物制剂不可分割的重要组成，药用辅料和 API 共同组成了我们日常使用的药品，药用辅料同 API 一样全程参与了体内的吸收、分布、代谢、排泄过程，药用辅料本身的毒副作用、药用辅料同 API 的配伍禁忌、药用辅料的安全性直接影响到了药物制剂的安全性。

随着近年来临床上由辅料引起的不良反应越来越多，药用辅料的安全性以及如何对药用辅料加以监管越来越受到药用辅料行业、药品生产行业和政府监管部门的关注及重视。

目前，即便在欧美发达国家，对药用辅料的生产、销售及使用也没有独立的法规监管体系。随着新型 API 的开发、新剂型的逐渐增加，面对种类繁多、性能各异的药用辅料品种，如何确保选择到安全、有效、质量可控的药用辅料成了药品生产行业的难题。

为了解决这个难题，美国、欧洲、日本等发达国家和地区的药用辅料生产商和经销商先后成立了 IPEC-美国、IPEC-欧洲和 IPEC-日本等国际药用辅料行业协会。这些行业协会旨在自发规范药用辅料的生产及产品标准，与药品生产行业建立相互信任，制定相互认可的机制，便于药品行业选择安全、有效、质量可控的药用辅料，在法规体系外为政府监管部门提供合理监管的建议及机制[2]。

第二节　中国药用辅料的法规

在中国药用辅料是指生产药品和调配处方时所用的赋形剂和附加剂。按照《药品管理法》[3]第十一条的规定：生产药品所需的原料、辅料，必须符合药用要求。按照《药用辅料生产质量管理规范》[4]的要求，药用辅料的生产过程是否要求符合 GMP，没有强制实行认证，药用辅料生产商应结合本地实际要求（省级主管部门的要求）参照执行。药用辅料的安全性监管，经过了从疏于监管，到单独监管，到与药品关联监管的漫长历程。

一、药用辅料的单独监管

1. 现有药用辅料

根据 2012 年《加强药用辅料监督管理的有关规定》[5]的规定，药用辅料实施分类管理，对新的药用辅料和安全风险较高的药用辅料实行许可管理，即生产药用辅料企业应取得“药品生产许可证”，药用辅料产品必须获得注册许可；对其他辅料实行备案管理，即对生产企业及其产品进行备案管理。实行许可管理的品种目录由国家食品药品监督管理总局组织制定并按安全风险需要分批发布。

药用辅料生产商在境内生产不在许可管理品种目录中的药用辅料，只需到本省食品药品监管部门进行企业及产品登记备案。向中国境内进口不在许可管理品种目录中药用辅料的进口商(包括港澳)，必须到CFDA进行药用辅料产品备案。

在境内生产许可管理品种药用辅料的，药用辅料生产商必须到本省药品主管部门申请“药品生产许可证”，按《药品生产监督管理办法》[6]必须提交如下资料信息：

(1) 申请人的基本情况及其相关证明文件；

(2) 拟办企业的基本情况，包括拟办企业名称、生产品种、剂型、设备、工艺及生产能力；拟办企业的场地、周边环境、基础设施等条件说明以及投资规模等情况说明；

(3) 工商行政管理部门出具的拟办企业名称预先核准通知书，生产地址及注册地址，企业类型，法定代表人或者企业负责人；

(4) 拟办企业的组织机构图(注明各部门的职责及相互关系、部门负责人)；

(5) 拟办企业的法定代表人、企业负责人、部门负责人的简历、学历和职称证书；依法经过资格认定的药学及相关专业技术人员、工程技术人员、技术工人登记表，并标明所在部门及岗位；高级、中级、初级技术人员的比例情况表；

(6) 拟办企业的周边环境图、总平面布置图、仓储平面布置图、质量检验场所平面布置图；

(7) 拟办企业生产工艺布局平面图(包括更衣室、盥洗间、人流和物流通道、气闸等，并标明人、物流向和空气洁净度等级)，空气净化系统的送风、回风、排风平面布置图，工艺设备平面布置图；

(8) 拟生产的范围、剂型、品种、质量标准及依据；

(9) 拟生产剂型及品种的工艺流程图，并注明主要质量控制点与项目；

(10) 空气净化系统、制水系统、主要设备验证概况；生产、检验仪器、仪表、衡器校验情况；

(11) 主要生产设备及检验仪器目录；

(12) 拟办企业生产管理、质量管理文件目录。

在境内生产许可管理品种药用辅料的，药用辅料生产商同时必须按《药用辅料注册管理办法(试行)》[14]的规定，对其药用辅料产品按已有国家标准的药用辅料到CFDA进行注册，需提交资料要求如下。

（一）综述资料

（1）药用辅料名称（包括正式品名、化学名、英文名、汉语拼音等）以及命名的依据。

（2）证明性文件：

① 申请人合法登记证明文件、《药品生产许可证》复印件；

② 药用辅料或者使用的处方、工艺等专利情况及其权属状态说明，以及对他人的专利不构成侵权的保证书。

（3）立题目的与依据：包括国内外有关该品研发、上市销售及相关文献资料，以及生产、在制剂中应用情况的综述。

（4）对主要研究结果的总结及评价：包括申请人对主要研究结果进行的总结，并从安全性、有效性、质量可控性等方面对所申报的品种进行综合评价。

（5）说明书样稿、起草说明及最新参考文献：包括药用辅料名称、化学结构式或分子式、用途、注意事项、包装（规格、含量）等，须注明有效期，并应明显标注“药用辅料”的字样。

（6）包装、标签设计样稿。

（二）药学研究资料

（1）药学研究资料综述：包括合成工艺、处方筛选、结构确证、质量研究和质量标准制定、稳定性研究等的试验和国内外文献资料的综述。

（2）生产工艺的研究资料及文献资料：包括制备的工艺流程和化学反应式、起始原料和有机溶媒、反应条件（温度、压力、时间、催化剂等）和操作步骤、精制方法、主要理化常数及阶段性的数据累计结果等，并注明投料量和得率以及工艺过程中可能产生或引入的杂质或其他中间产物，提供所用化学原料的规格标准，动、植、矿物原料的来源、学名。凡制备工艺与主要参考文献不同者，应提出修改的依据。

（3）确证化学结构或者组分的试验资料及文献资料。

（4）质量研究工作的试验资料及文献资料：包括理化常数、纯度检验、含量测定及方法学验证，以及阶段性的数据积累结果等。

（5）与药物相关的配伍试验资料及文献资料。

（6）标准草案及起草说明，并提供标准品或者对照品。质量标准应当符合《中国药典》现行版的格式，并使用其术语和计量单位。所用试药、试液、缓冲液、滴定液等，应当采用现行版《中国药典》收载的品种及浓度，有不同的，应详细说明。提供的标准品或对照品应另附资料，说明其来源、理化常数、纯度、含量及其测定方法和数据。标准起草说明应当包括标准中控制项目的选定、方法选择、检查及纯度和限度范围等的制定依据。

(7) 连续3批样品的检验报告书:指申报样品的自检报告。

(8) 稳定性研究的试验资料及文献资料:包括采用直接接触药用辅料的包装材料和容器共同进行的稳定性试验。

(9) 直接接触药用辅料的包装材料和容器的选择依据及质量标准。

向中国境内进口许可管理药用辅料的进口商(包括港澳),必须到CFDA参照境内企业要求进行药用辅料产品注册。

2. 新药用辅料

按《药用辅料注册管理办法(试行)》[7]的规定,新药用辅料是指在中国境内首次生产并应用的药用辅料以及指在我国已上市药品制剂中首次使用的赋形剂和附加剂;已有辅料首次改变给药途径、提高应用量时,均应按新辅料管理。

在中国境内生产或向中国境内进口新药用辅料,必须到CFDA进行药用辅料注册登记并获得注册证。

新的药用辅料注册申报资料要求如下。

(一)综述资料

(1) 药用辅料名称(包括正式品名、化学名、英文名、汉语拼音等)以及命名的依据。

(2) 证明性文件:

① 申请人合法登记证明文件、《药品生产许可证》复印件;

② 药用辅料或者使用的处方、工艺等专利情况及其权属状态说明,以及对他人的专利不构成侵权的保证书。

(3) 立题目的与依据:包括国内外有关该品研发、上市销售及相关文献资料、生产及在制剂中应用情况的综述。

(4) 对主要研究结果的总结及评价:包括申请人对主要研究结果进行的总结,并从安全性、有效性、质量可控性等方面对所申报的品种进行综合评价。

(5) 说明书样稿、起草说明及最新参考文献:包括药用辅料名称、化学结构式或分子式、用途、注意事项、包装(规格、含量)等,须注明有效期,并应明显标注“药用辅料”的字样。

(6) 包装、标签设计样稿。

(二)药学研究资料

(1) 药学研究资料综述:包括合成工艺、处方筛选、结构确证、质量研究和质量标准制定、稳定性研究等的试验和国内外文献资料的综述。

（2）生产工艺的研究资料及文献资料：包括制备的工艺流程和化学反应式、起始原料和有机溶媒、反应条件（温度、压力、时间、催化剂等）和操作步骤、精制方法、主要理化常数及阶段性的数据累计结果等，并注明投料量和得率以及工艺过程中可能产生或引入的杂质或其他中间产物，提供所用化学原料的规格标准，动、植、矿物原料的来源、学名。凡制备工艺与主要参考文献不同者，应提出修改的依据。

（3）确证化学结构或者组分的试验资料及文献资料。

（4）质量研究工作的试验资料及文献资料：包括理化常数、纯度检验、含量测定及方法学验证，以及阶段性的数据积累结果等。

（5）与药物相关的配伍试验资料及文献资料。

（6）标准草案及起草说明，并提供标准品或者对照品。质量标准应当符合《中国药典》现行版的格式，并使用其术语和计量单位。所用试药、试液、缓冲液、滴定液等，应当采用现行版《中国药典》收载的品种及浓度，有不同的，应详细说明。提供的标准品或对照品应另附资料，说明其来源、理化常数、纯度、含量及其测定方法和数据。标准起草说明应当包括标准中控制项目的选定、方法选择、检查及纯度和限度范围等的制定依据。

（7）连续3批样品的检验报告书：指申报样品的自检报告。

（8）稳定性研究的试验资料及文献资料：包括采用直接接触药用辅料的包装材料和容器共同进行的稳定性试验。

（9）直接接触药用辅料的包装材料和容器的选择依据及质量标准。

（三）药理毒理研究资料

（1）药理毒理研究资料综述。

（2）对拟应用药物的药效学影响试验资料及文献资料。

（3）一般药理研究的试验资料及文献资料。

（4）急性毒性试验资料及文献资料。

（5）长期毒性试验资料及文献资料。

（6）过敏性（局部、全身和光敏毒性）、溶血性和局部（血管、皮肤、黏膜、肌肉等）刺激性等主要与局部、全身给药相关的特殊安全性试验研究和文献资料。

（7）致突变试验资料及文献资料。

（8）生殖毒性试验资料及文献资料。

（9）致癌试验资料及文献资料。

（四）临床研究资料

（1）国内外相关的临床研究资料综述。

（2）临床研究计划及研究方案。

（3）临床研究者手册。

（4）知情同意书样稿、伦理委员会批准件。

（5）临床研究报告。

上述所列资料信息，视实际使用情况由 CFDA 决定是否属于必须递交的资料信息。

二、药用辅料与药品的关联监管

CFDA 于 2016 年 8 月 10 日发布了《关于药包材药用辅料与药品关联审评审批有关事项的公告》[8]，基于此公告，中国正式开启了类似美国 FDA、欧盟和日本的将药用辅料与药品关联评审的监管模式。自该公告发布之日起，药用辅料将按程序与药品注册申请关联申报、审评和审批。各级食品药品监督管理部门不再单独受理药用辅料的注册申请，不再单独核发药用辅料的注册批准证明文件。

1. 现有药用辅料

按照单独监管模式已获批准的现有药用辅料，其批准证明文件在有效期内继续有效。有效期届满后，可继续在原药品中使用。此前已受理的药用辅料注册申请继续按原规定进行审评和审批。如用于其他药品的药物临床试验或生产申请时，应按要求报送相关资料进行关联申报。

2. 新药用辅料

CFDA 按照风险管理的原则于 2016 年 8 月 10 日制定并公布了实行关联审评、审批的药用辅料范围：

（1）境内外上市制剂中未使用过的药用辅料；

（2）境外上市制剂中已使用而在境内上市制剂中未使用过的药用辅料；

（3）境内上市制剂中已使用，未获得批准证明文件或信息编号的药用辅料；

（4）已获得批准证明文件或核准编号的药用辅料改变给药途径或提高使用限量；

（5）国家食品药品监督管理总局规定的其他药用辅料。

在此范围内的新药用辅料，生产企业必须填写《药用辅料申报表》，注明所关联的药品注册申请的申请人、药品名称和受理号，向所在地省级食品药品监督管理部门提交申报资料。进口药用辅料生产企业则直接向 CFDA 行政事项受理服务中心提交申报资料。

CFDA 药审中心对药品注册申请及其关联申报的药用辅料的申报资料进行汇总，并按照《药品注册管理办法》等相关规定开展技术审评，药品生产申请获得批准后，CFDA 药审中心将该药品所关联申报的药用辅料信息纳入数据库，给予核准编号。

根据《药用辅料申报资料要求（试行）》，在范围内新药用辅料的申报资料要求如下：

①企业基本信息；②辅料基本信息；③生产信息；④特性鉴定；⑤质量控制；⑥批检验报告；⑦稳定性研究；⑧药理毒理研究。

一般需提供的药理毒理研究资料或文献资料包括：

(1) 药理毒理研究资料综述；

(2) 对拟应用药物的药效学影响试验资料及文献资料；

(3) 非临床药代动力学试验资料及文献资料；

(4) 安全药理学的试验资料及文献资料；

(5) 单次给药毒理性的试验资料及文献资料；

(6) 重复给药毒理性的试验资料及文献资料；

(7) 过敏性、溶血性和局部刺激性等主要与局部、全身给药相关的特殊安全性试验研究和文献资料；

(8) 遗传毒性试验资料及文献资料；

(9) 生殖毒性试验资料及文献资料；

(10) 致癌试验资料及文献资料，以及其他安全性试验资料及文献资料。

具体研究资料应参照相关的药物研究指导原则，最终由 CFDA 决定是否属于必须递交的资料信息。

第三节 美国、欧洲和日本药用辅料的法规

一、现有药用辅料

1. 美国

在美国，药用辅料生产商可以查看美国药典国家处方集（USP-NF）的药用辅料专论，或查看 FDA 非活性成分数据库（IID）来判断自己生产的药用辅料是否为现有药用辅料，只要是现有药用辅料，其产品质量必须满足 USP-NF 药用辅料专论为其规定的质量要求。

在美国，药用辅料受《联邦食品药品化妆品法》（FFDCA[9]）的监管，按照 FFDCA 510(a)(2)(B)小节的规定，药用辅料必须满足药品使用要求，药用辅料的生产、加工和包装必须满足现行药品生产管理规范（cGPM）的要求。但 FDA 对药用辅料产品没有实行市场准入的许可制度，对药用辅料生产过程是否满足 cGMP 要求也没有实行认证的机制。但药品生产商在向 FDA 申请其药品市场准入时，必须提供其药用辅料满足药品使用的证据，即药用辅料的产品特性、生产工艺、质量指标、验证检测方法及安全毒理试验或应用数据信息。

如不涉及商业机密，药用辅料生产商可以将相关资料信息直接提供给药品生产商；如涉及商业机密，药用辅料生产商也可在签署保密协议情形下，将相关资料信息直接提供给FDA，以帮助药品生产商申请其药品的市场准入；但往往相同的药用辅料，其生产工艺不同，其产品特性、质量指标以及安全性能会有很大的差异。所以药用辅料生产商都视其产品特性、生产工艺、质量指标、验证检测方法以及安全毒理试验数据为商业机密。

为保护药用辅料生产商的商业机密，FDA提供了一个自愿备案DMF[10]的机制，即药用辅料生产商将其产品的产品特性、生产工艺、质量指标、验证检测方法以及安全毒理试验或应用数据信息按规定的格式要求递交FDA，经FDA审核符合备案要求的DMF准予备案并发放DMF备案批准号。

当同一药用辅料售予不同药品生产商用于不同药品申请时，只要告知DMF备案批准号，并授权FDA参阅该DMF批准号的数据信息，就可避免重复提交相同的资料信息，大大便利了药品申请和审批的过程。

2. 欧洲

在欧洲没有类似美国FDA的非活性成分数据库(IID)，药用辅料生产商只能查看PhEur的药用辅料专论或咨询各成员国政府主管部门来判断自己生产的药用辅料是否为现有药用辅料，只要是现有药用辅料，其产品质量必须满足PhEur的药用辅料专论为其规定的质量要求。

按照Directive 2004/27/EC[11]的规定生产下列药用辅料，其生产过程必须进行GMP认证后，方可用作药用辅料，除此之外，欧洲对其他药用辅料的生产没有实行认证的机制。

(1) 采用TSE相关动物原料的药用辅料；

(2) 采用动物或人体原料存在病毒污染风险的药用辅料；

(3) 宣称无菌的药用辅料——其后续使用不需要进一步灭菌的药用辅料；

(4) 宣称内毒素/热源受控的药用辅料；

(5) 用作药用辅料的丙二醇和甘油。

在欧洲，与FDA的自愿备案DMF机制相类似，药用辅料生产商可以自愿向欧洲药品质量管理局(EDQM)申请药品适用证CEP[12]。

3. 日本

在日本药用辅料生产商可以查看Japanese Pharmacopoeia(JP)的药用辅料专论，或查看IPEC和厚生省联合编定的日本药用辅料字典来判断自己生产的药用辅料是否为现有药用辅料，只要是现有药用辅料，其产品质量必须满足JP药用辅料专论为其规定的质量要求。日本对药用辅料的生产也没有实行认证的机制。

二、新药用辅料

在美国凡没有USP-NF药用辅料专论的，且不在FDA非活性成分数据库的使用剂型中出现过的药用辅料就是新药用辅料。使用新药用辅料的药品，其市场准入申请的评审必须按FDA药用辅料安全评价的非临床试验要求指南[13]进行，或根据USP-NF<1074>[14]药用辅料生物安全评价指南进行。新药用辅料安全评价所需递交的数据内容格式必须满足药品通用技术文件(CTD)[15]的要求，CTD具体的要求如下：

①CTD目录；②CTD内容简介；③产品质量总论；④非临床试验概述；⑤临床试验概述；⑥非临床试验总结；⑦临床试验总结；⑧产品质量详论；⑨非临床试验报告；⑩临床试验报告。

USP-NF<1074> 既为新药用辅料安全评价提供了科学依据，同时也为药用辅料生产商如何准备资料提供了详细的指南。药用辅料生产商在准备毒理数据前首先必须明确药用辅料的如下信息：

①产品的理化性质；②产品的生产工艺；③产品的质量规格要求(包括杂志、残留信息)；④预计暴露条件(暴露途径、剂量、时间及频度)；⑤预计适用人群及数量；⑥是否具有药物活性。

在此基础上，药用辅料生产商可以开始准备毒理数据测试，新药用辅料安全评价的具体毒理数据要求见表7-1。

表7-1　新药用辅料安全评价要求

毒理数据要求	给药途径					
	口服	黏膜	皮肤/局部/经皮	注射	经鼻/吸入	眼用
基础毒理数据						
急性经口	R	R	R	R	R	R
急性经皮	R	R	R	R	R	R
急性吸入	C	C	C	C	R	C
眼睛刺激	R	R	R	R	R	R
皮肤刺激	R	R	R	R	R	R
皮肤致敏	R	R	R	R	R	R
急性注射	—	—	—	R	—	—
使用部位评价	—	—	R	R	—	—
肺敏感	—	—	—	—	C	—
光敏/光毒性	R	—	R	R	R	—
遗传毒性分析	R	R	R	R	R	R
ADME/PK	R	R	R	R	R	R
28天毒性分析(2个种属)-预计给药途径	R	R	R	R	R	R

续表

毒理数据要求	给药途径					
	口服	黏膜	皮肤/局部/经皮	注射	经鼻/吸入	眼用
附加毒理数据：中短期暴露						
90 天毒性（大多数适当种属）	R	R	R	R	R	R
胚胎毒性	R	R	R	R	R	R
附加分析	C	C	C	C	C	C
遗传毒性分析	R	R	R	R	R	R
免疫抑制分析	R	C	C	R	C	C
附加毒理数据：长期暴露						
慢性毒性（啮齿及非啮齿动物）	C	C	C	C	C	C
生殖毒性	R	R	R	R	R	R
光致癌性	C	—	C	C	C	—
致癌性	C	C	C	C	C	C
R：必须要；C：根据实际使用情况判定；—：不需要						

当含有新药用辅料的药品获得 FDA 批准上市后，新药用辅料生产商可以要求将此新药用辅料登录到 USP-NF 的专论中，递交登录的信息必须满足药用辅料专论的格式要求。

欧洲药品管理局和日本厚生省对新药用辅料的评价要求与 FDA 类似，都包含在含有新药用辅料药品的评价中。

参考文献：

[1] US Food & Drug Administration title 21, Section 210. 3 definition[EB/OL]. https://www. gpo. gov/fdsys/pkg/CFR-2011-title21-vol4/pdf/CFR-2011-title21-vol4-sec210-3. pdf.

[2] IPEC. Qualification of Excipients for Use in Pharmaceuticals[EB/OL]. 2008[2016-10-21]. http://ipecamericas. org/sites/default/files/ExcipientQualificationGuide. pdf.

[3] 国务院．中华人民共和国药品管理法[Z]. 2015-04-24.

[4] 国家食品药品监督管理总局．药用辅料生产质量管理规范[Z]. 2006-03-23.

[5] 国家食品药品监督管理总局．加强药用辅料监督管理的有关规定[Z]. 2012-08-01.

[6] 国家食品药品监督管理总局．药品生产监督管理办法[Z]. 2004-08-05.

[7] 国家食品药品监督管理总局．药用辅料注册管理办法（试行）[Z]. 2006

[8] 国家食品药品监督管理总局．关于药包材药用辅料与药品关联审评审批有关事项的公

告[Z]. 2016-08-10.

[9] U. S. Congress. The Federal Food Drug and Cosmetic Act[Z]. 1938.

[10] US Food & Drug Administration. Drug Master Files: Guidelines[EB/OL]. http://www. fda. gov/Drugs/GuidanceComplianceRegulatoryInformation/Guidances/ucm122886. htm.

[11] European Union. Directive 2004/27/EC on the Community code relating to medicinal products for human use[S]. 2004-03-31.

[12] Council of Europe. Certification of suitability to the Monographs of the European Pharmacopoeia[EB/OL]. https://www. edqm. eu/sites/default/files/guidance_for_esubmissions_foe_cep_applications-november2016. pdf.

[13] US Food & Drug Administration. Guidance for Industry, Nonclinical Studies for the Safety Evaluation of Pharmaceutical Excipients [EB/OL]. http://www. fda. gov/ohrms/dockets/98fr/2002d-0389-gdl0002. pdf.

[14] US Food & Drug Administration. USP-NF 〈1074〉 Excipient Biological Safety Evaluation Guidelines[EB/OL]. http://www. pharmacopeia. cn/v29240/usp29nf24s0_c1074. html.

[15] European Union. Notice to Applicants, Medicinal Products for Human Use, Volume 2B [EB/OL]. http://ec. europa. eu/health/sites/health/files/files/eudralex/vol-2/b/update_200805/ctd_05-2008_en. pdf.

第八章

饲料与饲料添加剂

第一节　饲料与饲料添加剂及其法规概述

一、饲料与饲料添加剂产品概述

关键词：
饲料 Feed
饲料成分 Feed Ingredient
饲料添加剂 Feed Additive
加药饲料 Medicated Feed

饲料[1]：任何刻意为人类供食动物直接饲用的材料，包括加工的、半加工的或天然的，单一的或复合的材料。

饲料成分：构成饲料的组分，不管其有无营养价值，包括饲料添加剂。饲料成分来源分为植物、动物或水生来源，饲料成分既有有机物也有无机物。

饲料添加剂：任何刻意添加进饲料能影响饲料特性的成分，不管有无营养价值。

加药饲料：任何添加兽药成分的饲料。

大自然中任何生物都离不开有机物和能量，绿色植物可以通过光合作用，把水和二氧化碳合成为贮藏能量的有机物，以满足人和动物对有机物和能量的需求。生态系统中贮存于有机物中的化学能在生态系统中层层传递，通俗地讲，是各种生物通过一系列吃与被吃的关系，把不同种生物紧密地联系起来，这种生物之间以食物营养关系彼此联系起来的序列，在生态学上被称为食物链。

处于食物链底端的植物给人类和动物提供食物，而处于食物链顶端的人类既利用植物作为植物源食物，又利用植物作为饲料来饲养动物，为人类提供肉、蛋、奶等来自动物源的食物。随着人类对动物源食物需求的不断增长，畜禽养殖业快速发展，仅依靠天然饲料的传统养殖业在提高动物数量和质量上，已越来越不能满足人类对动物源食物的需求，饲料添加剂因其能显著促进动物的生长发育、甚至能起到防病治病的作用而被广泛地应用到畜禽养殖业中。

饲料添加剂的兴起、发展和广泛使用，既推动了饲料工业的发展又给养殖业的发展带来转机：饲养形式的变化、集约化程度的提高、饲养动物群体疾病的减少、饲料报酬的提高、饲养周期的缩短、畜禽产品品质的改善和产量的增加等，更重要的是为人类提供了大量优质的肉、蛋、奶等动物源食品。

二、饲料与饲料添加剂法规概述

饲料与饲料添加剂能促进动物生长、促进动物对营养物质消化吸收、保证动物营养生理功能正常发挥，但饲料与饲料添加剂使用不当或过量，也会对动物健康产生不良影响，甚至损害并危及动物健康。

人类食物虽与饲养动物的饲料与饲料添加剂无直接关联，但食物营养可以通过食物链的动物环节间接由饲料及饲料添加剂传导而来，饲料与饲料添加剂最终将以食物的形式进入食物链。所以饲料与饲料添加剂的安全与否关系到人类的食品安全，关系到人类自身的健康与安全。

因此，如何在保证食品安全的前提下合理使用饲料与饲料添加剂就成了人类社会普遍关注的问题，要保证食品安全源头，必然要追溯到饲料与饲料添加剂的安全。饲料与饲料添加剂的生产、销售及使用环节是控制饲料与饲料添加剂安全性的重要环节，也是法规监管的必然环节。

世界各国或地区以及国际组织对饲料与饲料添加剂的监管方式既有相似之处，也有不同之处。有的兼顾宠物的饲料与饲料添加剂，有的着重针对为人类提供食物的动物（供食动物）；对饲料添加剂的分类有的按监管类别分，有的按技术功效分。鉴于篇幅限制，下面叙述的法规监管要求内容着重于供食动物的饲料与饲料添加剂，加药饲料的监管涉及兽药管理的范围在此不做叙述。

第二节　中国饲料与饲料添加剂的法规

一、法规框架

在中国，饲料和饲料添加剂的管理受《饲料和饲料添加剂管理条例》[2]及相关管理办法的监管，其法规框架如图 8-1 所示。

根据此管理条例，相关术语如下：

（1）饲料原料：是指来源于动物、植物、微生物或者矿物质，用于加工制作饲料但不属于饲料添加剂的饲用物质；

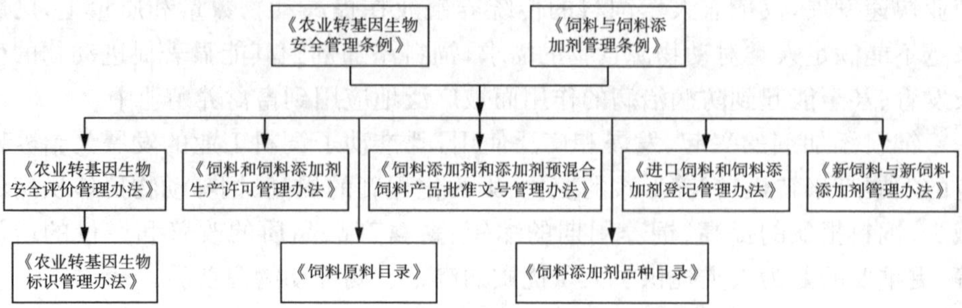

《农业转基因生物安全管理条例》
《饲料与饲料添加剂管理条例》
《农业转基因生物安全评价管理办法》
《饲料和饲料添加剂生产许可管理办法》
《饲料添加剂和添加剂预混合饲料产品批准文号管理办法》
《进口饲料和饲料添加剂登记管理办法》
《新饲料与新饲料添加剂管理办法》
《农业转基因生物标识管理办法》
《饲料原料目录》
《饲料添加剂品种目录》

图 8-1 中国饲料和饲料添加剂法规框架

(2) 单一饲料：是指来源于一种动物、植物、微生物或者矿物质，用于饲料产品生产的饲料；

(3) 添加剂预混合饲料：是指由两种(类)或者两种(类)以上营养性饲料添加剂为主，与载体或者稀释剂按照一定比例配制的饲料，包括复合预混合饲料、微量元素预混合饲料、维生素预混合饲料；

(4) 浓缩饲料：是指主要由蛋白质、矿物质和饲料添加剂按照一定比例配制的饲料；

(5) 配合饲料：是指根据养殖动物营养需要，将多种饲料原料和饲料添加剂按照一定比例配制的饲料；

(6) 精料补充料：是指为补充草食动物的营养，将多种饲料原料和饲料添加剂按照一定比例配制的饲料；

(7) 营养性饲料添加剂：是指为补充饲料营养成分而掺入饲料中的少量或者微量物质，包括饲料级氨基酸、维生素、矿物质微量元素、酶制剂、非蛋白氮等；

(8) 一般饲料添加剂：是指为保证或者改善饲料品质、提高饲料利用率而掺入饲料中的少量或者微量物质；

(9) 药物饲料添加剂：是指为预防、治疗动物疾病而掺入载体或者稀释剂的兽药的预混合物质。

国务院农业行政主管部门负责全国饲料、饲料添加剂的监督管理工作。县级以上地方人民政府负责饲料、饲料添加剂管理的部门(以下简称饲料管理部门)负责本行政区域饲料、饲料添加剂的监督管理工作。农业行政主管部门统一编制《饲料原料目录》[3]和《饲料添加剂品种目录》[4]。

二、新饲料成分的申请与审批

根据《新饲料和新饲料添加剂管理办法》[5]，新饲料是指我国境内尚未批准使用的单一饲料；新饲料添加剂是指我国境内尚未批准使用的饲料添加剂。

新饲料、新饲料添加剂在国内投入生产前，研制者或者生产企业(以下简称

申请人)应向农业部提出审定申请,并提交新饲料、新饲料添加剂的申请资料和样品,申请资料包括:

(1) 新饲料、新饲料添加剂审定申请表;

(2) 产品名称、命名依据、产品研制目的;

(3) 有效组分、化学结构的鉴定报告及理化性质,或者动物、植物、微生物的分类鉴定报告;微生物产品或发酵制品还应当提供农业部指定的国家级菌种保藏机构出具的保藏菌种编号;

(4) 适用范围、使用方法、在配合饲料或全混合日粮中的推荐用量,必要时提供最高限量值;

(5) 生产工艺、制造方法及产品稳定性试验报告;

(6) 质量标准草案及其编制说明和产品检测报告,有最高限量要求的,还应提供有效组分在配合饲料、浓缩饲料、精料补充料、添加剂预混合饲料中的检测方法;

(7) 农业部指定的试验机构出具的产品有效性评价试验报告、安全性评价试验报告(包括靶动物耐受性评价报告、毒理学安全评价报告、代谢和残留评价报告等),申请新饲料添加剂审定的,还应当提供该新饲料添加剂在养殖产品中的残留可能对人体健康造成影响的分析评价报告;

(8) 标签式样、包装要求、贮存条件、保质期和注意事项;

(9) 中试生产总结和“三废”处理报告;

(10) 对他人的专利不构成侵权的声明。

新饲料、新饲料添加剂的监测期为 5 年,自新饲料、新饲料添加剂证书核发之日起计算。新饲料、新饲料添加剂处于监测期的,不受理其他就该新饲料、新饲料添加剂的生产申请和进口登记申请,但超过 3 年不投入生产的除外。

根据《进口饲料和饲料添加剂登记管理办法》[6]规定,外国企业生产的饲料和饲料添加剂首次在中国境内销售的,应当到农业部申请登记,取得产品登记证;取得产品登记证的饲料、饲料添加剂方可在中国境内销售、使用。

外国厂商或其代理人申请进口饲料和饲料添加剂产品登记证,应当向农业部提交下列资料和产品样品。

(1) 进口饲料或饲料添加剂登记申请表(一式两份,中英文填写)。

(2) 代理人需提交生产企业委托登记授权书。

(3) 提交申请资料(中英文一式两份),包括下列内容:

① 产品名称(通用名称、商品名称);

② 生产国(地区)批准在本国允许生产、销售的证明和在其他国家的登记资料;

③ 产品来源、组成成分和制造方法;

④ 质量标准和检验方法；

⑤ 标签式样、使用说明书和商标；

⑥ 适用范围和使用方法或添加量；

⑦ 包装规格、贮存注意事项及保质期；

⑧ 必要时提供安全性评价试验报告和稳定性试验报告；

⑨ 饲喂试验资料及推广应用情况；

⑩ 其他相关资料。

(4)提交产品样品。

进口中国尚未允许使用的饲料和饲料添加剂，除上述登记要求，还应当进行饲喂试验，必要时进行安全性评价试验。试验方案应经农业部审查，试验承担单位由农业部认可，试验费用由申请人承担。基于递交的资料信息，农业部主管机构决定是否予以登记，批准登记的品种发放产品登记证，进口饲料和饲料添加剂产品登记证的有效期限为 5 年。

三、生产与销售市场准入

根据《饲料和饲料添加剂生产许可管理办法》[7]，在中国境内生产饲料和饲料添加剂的企业必须获得生产许可证，饲料添加剂和添加剂预混合饲料生产许可证由农业部核发，单一饲料、浓缩饲料、配合饲料和精料补充料生产许可证由省级人民政府饲料管理部门(以下简称省级饲料管理部门)核发。生产许可证有效期为 5 年。

设立饲料、饲料添加剂生产企业，应当符合饲料工业发展规划和产业政策，并具备下列条件：

(1) 有与生产饲料、饲料添加剂相适应的厂房、设备和仓储设施；

(2) 有与生产饲料、饲料添加剂相适应的专职技术人员；

(3) 有必要的产品质量检验机构、人员、设施和质量管理制度；

(4) 有符合国家规定的安全、卫生要求的生产环境；

(5) 有符合国家环境保护要求的污染防治措施；

(6) 农业部制定的饲料、饲料添加剂质量安全管理规范规定的其他条件。

根据《饲料添加剂和添加剂预混合饲料产品批准文号管理办法》[8]境内生产饲料添加剂、添加剂预混合饲料产品，在生产前还应当取得相应的产品批准文号。

饲料添加剂、添加剂预混合饲料生产企业应当向省级饲料管理部门提出产品批准文号申请，并提交以下资料：

(1) 产品批准文号申请表；

(2) 生产许可证复印件；

(3) 产品配方、产品质量标准和检测方法；

(4) 产品标签样式和使用说明；

(5) 涵盖产品主成分指标的产品自检报告；

(6) 申请饲料添加剂产品批准文号的，还应当提供省级饲料管理部门指定的饲料检验机构出具的产品主成分指标检测方法验证结论，但产品有国家或行业标准的除外；

(7) 申请新饲料添加剂产品批准文号的，还应当提供农业部核发的新饲料添加剂证书复印件。

根据《进口饲料和饲料添加剂登记管理办法》规定，外国企业生产的饲料和饲料添加剂首次在中国境内销售的，应当到农业部申请登记，取得产品登记证；在中国境内销售饲料和饲料添加剂没有专门的许可制度。

四、产品标识

在中国境内销售的饲料和饲料添加剂，其标识标注必须满足 GB10648[9] 饲料标签的要求。其基本要求必须包含如下内容：

①申明符合 GB13078 的规定；②产品名称；③产品成分分析保证值；④原料组成；⑤产品标准编号；⑥使用说明；⑦净含量；⑧生产日期；⑨保质期；⑩贮存条件及方法；⑪行政许可证明文件编号；⑫生产经营者名称及地址；⑬其他信息包括动物源性饲料、加药信息、进口产品原产国信息、转基因信息[10]。

五、转基因产品的监管

如果在中国境内利用转基因成分生产饲料，转基因成分的生产应按《农业转基因生物安全管理条例》[11] 执行，生产转基因植物种子、种畜禽、水产苗种，应当取得国务院农业行政主管部门颁发的种子、种畜禽、水产苗种生产许可证。农民养殖、种植转基因动植物的，应由种子、种畜禽、水产苗种销售单位依照条例规定代办审批手续。

饲料的生产加工过程属利用转基因成分用于农业生产或者农产品加工的，应受《农业转基因生物安全评价管理办法》的监管，从事农业转基因生物生产和加工的单位在向农业转基因生物安全管理办公室提出安全评价报告或申请前应当完成下列手续：

(1) 报告或申请单位对所从事的转基因生物工作进行安全性评价，并填写报告书或申报书；

(2) 组织本单位转基因生物安全小组对申报材料进行技术审查；

(3) 取得开展试验和安全证书使用所在省(市、自治区)农业行政主管部门的审核意见；

（4）提供有关技术资料。

农业部每年组织两次农业转基因生物安全评审。第一次受理申请的截止日期为每年的3月31日，第二次受理申请的截止日期为每年的9月30日。经农业转基因生物安全委员会安全评价合格并由农业部批准后，方可颁发农业转基因生物安全证书。

第三节 美国饲料与饲料添加剂的法规

一、法规框架

在美国，饲料因作为动物的食品、饲料添加剂因作为动物食品的添加剂而受《联邦食品药品化妆品法》（FFDCA[12]）的监管，所以饲料添加剂的定义与食品添加剂的定义在美国是一致的，即饲料添加剂指任何直接、间接添加或预期成为动物食品组成的物质（食品添加剂指任何直接、间接添加或预期成为食品组成的物质），但一般在饲料添加剂领域仅指直接添加的物质。

随着1994年膳食补充和健康教育法（DSHEA）的出台，凡符合动物保健品定义的物质受DSHEA监管而不再受FFDCA监管。

饲料与饲料添加剂的相关法规要求发布于联邦法典（CFR）第21章[13]，详列如下：

（1）21CFR570A 总体要求；

（2）21CFR570B 饲料添加剂安全性；

（3）21CFR571 新饲料添加剂申请要求；

（4）21CFR573 批准使用的饲料添加剂清单；

（5）21CFR579 饲料添加剂辐照使用要求；

（6）21CFR583 普遍被认为安全的（GRAS）饲料添加剂清单；

（7）21CFR584 被确认的GRAS饲料添加剂清单；

（8）21CFR589 禁止使用的饲料添加剂清单；

（9）21CFR515 加药饲料许可申请；

（10）21CFR558 饲料中允许添加的兽药。

饲料与饲料添加剂的法定监管机构为FDA下辖的兽药中心（CVM），饲料成分清单由美国饲料管理者协会（AAFCO）负责。基于FDA与AAFCO之间的谅解备忘录[14]，FDA负责法规内容的制订与修订、新饲料成分[15]和添加剂的审批及分类；而AAFCO负责法规的实施、管理并发布饲料成分清单、饲料成分详细说明以及饲料成分限量要求。

二、新饲料成分的申请与审批

按照FFDCA,饲料的添加成分要么是批准的饲料添加剂,要么是GRAS,否则该成分必须经过FDA审核批准。21CFR571详细描述了新饲料添加剂申请资料的要求,实际申请时根据每个添加剂的具体应用情况,资料要求会各有不同,但具体资料类别要求如下:①人类食品安全资料;②饲养动物安全资料;③环境影响资料;④功效(物理、营养或其他技术功能);⑤生产工艺资料;⑥标签内容。

基于递交的资料信息,FDA会对该添加成分做出是否对饲养动物、食品和环境安全的风险评估,做出是否批准的结论,并由AAFCO及时发布。

三、生产与销售市场准入

根据FFDCA法规要求,任何从事生产、储运及销售食品的企业必须事前在FDA登记注册后方可从事相关商业活动。因饲料与饲料添加剂属动物食品,应该归FFDCA监管,所以任何从事生产、储运及销售饲料或饲料添加剂的企业也必须事前在FDA登记注册。

除了在FDA登记注册,在各州任何从事生产、储运及销售饲料或饲料添加剂的企业还必须获得相应的商业活动许可。

境外企业从事饲料或饲料添加剂生产及销售活动的,必须符合境内企业相同的登记及许可要求。

四、产品标识

饲料与饲料添加剂产品标签必须提供足够详尽的信息以确保它们的安全和有效使用,标识内容的要求发布于21CFR501。饲料与饲料添加剂的标签除了要满足联邦法规要求外,还必须满足州的法规要求,通常标签必须标识如下内容:商标名(如有)、产品名、用途、保质期、成分信息、使用说明、警示说明、制造商名称及地址。

五、转基因产品的监管

对用转基因植物生产饲料[16]的生产商,FDA鼓励企业遵循自愿咨询程序,FDA会专门评价基因工程饲料产品的安全性,而转基因植物的种植需要得到农业部动植物健康审查署(USDA/APHIS)的核准。如果FDA要审批某些转基因饲料或微生物产品,会要求企业提供详细的生产工艺信息,并按现有的FFDCA法规要求来评价其安全性,但会着重评价特定基因的改变所带来的预期及非预期影响。

第四节 欧盟饲料与饲料添加剂的法规

一、法规框架

欧盟饲料与饲料添加剂的法规框架如图 8-2 所示。

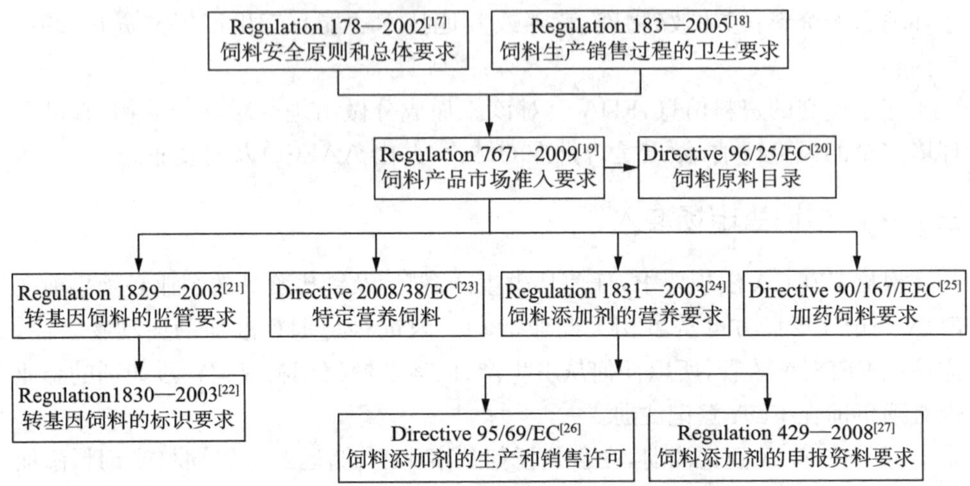

图 8-2 欧盟饲料与饲料添加剂的法规框架

饲料与饲料添加剂首先必须满足 Regulation 178—2002 的总体安全要求和 Regulation 183—2005 的卫生要求方可进入欧盟市场,欧盟对饲料与饲料添加剂的监管兼顾供食动物与非供食动物(包括宠物),欧洲食品安全局(EFSA)是饲料与饲料添加剂的监管机构。

根据 Directive 96/25/EC 饲料原料可分为下列 12 大类:①谷物类产品及副产品;②油籽、油果类产品及副产品;③豆科植物种子类产品及副产品;④块茎、根类产品及副产品;⑤其他种子、果子类产品及副产品;⑥牧草及粗饲料;⑦其他植物类产品和副产品;⑧奶产品;⑨陆生动物产品;⑩鱼和海洋动物产品及副产品;⑪矿物质;⑫杂类产品。其代码的编码方式与食品添加剂类似。根据 Regulation 767—2009,欧盟专门汇编了饲料原料目录,该目录包含原料代码、原料名称、原料详细描述及必须标识的成分含量,该目录本身是非强制性的,但必须标识成分含量的要求是强制性的。

根据 Regulation 1831—2003 饲料添加剂分为 4 大组 22 小类,详见表 8-1。

表 8-1　饲料添加剂分类

组	组名	类	类名
1	技术功能添加剂	A	防腐剂
		B	抗氧化剂
		C	乳化剂
		D	稳定剂
		E	增稠剂
		F	胶凝剂
		G	黏结剂
		H	抗辐射剂
		I	抗结块剂
		J	酸度调节剂
		K	青贮饲料添加剂
		L	改性剂
2	感官功能添加剂	A	着色剂
		B	风味剂
3	营养功能添加剂	A	维生素及其前体
		B	痕量元素化合物
		C	氨基酸、其盐及其衍生物
		D	尿素及其衍生物
4	畜牧学功能添加剂	A	消化功能增强剂
		B	肠胃菌落稳定剂
		C	环境改善剂
		D	其他畜牧学功能添加剂

基于企业申请登记的结果，欧盟将获得批准的饲料添加剂汇编成 Regulation 1831—2003 的附录。原来的第 5 组球虫和组织滴虫抑制剂已于 2012 年禁止成为饲料添加剂，抗生素在欧盟禁止其成为饲料添加剂。

二、新饲料成分的申请与审批

根据 Regulation 767—2009 饲料原料目录是非强制性目录，除饲料禁用成分外，如果要使用目录中未列入的新原料必须立即向欧盟饲料商业委员会通报，该委员会会根据用户意见、欧洲食品安全局（EFSA）及科学技术依据决定是否更新目录。

根据 Regulation 1831—2003，任何人不得使用未经批准的或用途未经批准的饲料添加剂。新饲料添加剂和新饲料添加剂用途必须经申报并获得批准后，其产品方可投放市场。对畜牧学功能添加剂和使用转基因（GMO）成分作为饲料成分的，只有申报者才有权将产品投放市场。

申请人必须向欧盟委员会递交如下资料信息方可申请，详细资料要求及格式见 Regulation 429—2008 的附录。

（1）申请人名称及地址；

（2）新饲料添加剂名称、功能、规格要求；

（3）详细生产工艺描述、饲料及食物中该添加剂鉴定方法；

（4）饲料添加剂安全数据资料；

（5）使用条件、方法、用量及标识内容；

（6）三个备检样品及送检信息；

（7）是否含有 GMO 成分信息及是否需要入市后监控；

（8）上述各部分的总结；

（9）如含有 GMO 成分，该成分的生产是否获得批准的信息。

基于由欧盟委员会转交的资料信息，EFSA 会对该饲料添加剂或新用途进行风险评估，并做出是否对该添加剂或新用途批准的决定。

三、生产与销售市场准入

根据 Regulation 178—2002 和 Regulation 183—2005 的法规要求，任何从事生产、储运及销售饲料或饲料添加剂的企业必须事前在欧盟成员国主管当局登记注册后方可从事相关业务活动。

根据 Regulation 183—2005 和 Directive 95/69/EC 的规定，从事生产及销售饲料添加剂相关产品的，除了在成员国主管当局登记注册外，还必须获得主管当局批准后方可进行相关业务活动。获得批准的最低要求如下。

（1）生产设施：能满足生产饲料添加剂相关产品的要求，确保能避免污染及交叉污染的发生，能确保最终产品的质量。

（2）生产相关人员：具备相关的教育程度及职业技能，理解并履行自己的职责，能确保最终产品的质量。

（3）生产工艺过程：生产过程必须按工艺要求进行，整个过程必须按要求监控。

（4）质量管理：生产场所必须有完备的质量管理体系，从原料、生产过程，到最终产品严格按质量要求进行监控管理。

（5）储存：原材料及成品必须按规格要求检验入库，储存场所必须具备必要的储存体条件，储存时物料标识清晰，防止混淆及交叉污染。

(6) 文件资料管理：所有相关文件资料必须管控，确保饲料添加剂产品可以追溯，欧盟对该生产的监管要求明确。

(7) 经销商管理：确保产品到达用户前完整。

(8) 客户投诉管理及产品召回：有完整的客户投诉处理机制及能确保将产品召回的机制。

欧盟境外企业从事饲料或饲料添加剂生产及销售活动的，必须由欧盟内代理机构履行境内企业相同的登记及许可要求。

四、产品标识

根据 Regulation 767—2009 的规定，饲料与饲料添加剂标识的原则是：在产品特性、用途、生产方法、质量、数量、保质期及适用动物对象上不允许误导用户，尤其不允许暗示产品不具有的特性。

饲料产品基本标识要求为：①必须区分饲料原料、复合饲料及补充饲料；②生产商名称及地址；③相关生产登记和/或批准号码；④生产批号；⑤净容量；⑥所含饲料添加剂及含量；⑦水分含量。

饲料原料除基本标识要求外还必须标识下述内容：①原料名称及代码；②原料目录中必须标识的成分含量；③适用动物；④使用方法；⑤除技术功能添加剂外其他添加剂的保质期。

复合饲料除基本标识要求外还必须标识下述内容：①适用动物；②使用方法；③保质期；④原料成分组成；⑤原料目录中必须标识的成分含量。

特定营养目的的饲料除基本标识要求外还必须按 Directive 2008/38/EC 的规定进行标识。

宠物饲料除基本标识要求外还必须标识特定的联系电话号码以便于用户了解特定信息。

根据 Regulation 1831—2003 的规定，饲料添加剂必须标识如下内容：①批准的饲料添加剂的名称；②生产商名称及地址；③净容量；④相关生产登记和/或批准号码；⑤使用方法、适用动物生产；⑥添加剂的识别号码；⑦批号及生产日期。

除此，饲料添加剂还必须标明功能组别，如是添加剂预混料必须清晰标明。

五、转基因产品的监管

根据 Regulation 1829—2003 的规定，在欧盟转基因饲料指的是含有转基因成分、由转基因成分构成或来源于转基因产物但不含有转基因成分的饲料。

转基因饲料不得损害动物健康、人体健康和环境，不能误导用户、不能通过损害动物产品的特性来损害和误导消费者，转基因饲料与同类非转基因饲料不得有差别。未经批准任何人不得生产销售转基因饲料，转基因饲料必须充分满足 Regulation 178—2002 规定的安全要求方可获得批准。

为获得转基因饲料的批准，申请者必须向成员国及主管机构递交如下资料：

(1) 申请者名称及地址；

(2) 饲料名称及规格；

(3) 转基因活体成分信息；

(4) 详细生产工艺、饲料用途；

(5) 所有确保饲料安全性的研究试验资料；

(6) 与非转基因饲料无区别的分析方法；

(7) 申明不会引起伦理或宗教关注的理由；

(8) 投放市场的条件及使用方法；

(9) 样品采集及转基因成分的鉴定方法；

(10) 对照样品的可获取性；

(11) 上市后监控的机制；

(12) 标准的案宗格式。

转基因饲料的申请必须标明是否是含有转基因成分、由转基因成分构成或来源于转基因产物但不含有转基因成分的饲料。基于递交的资料，EFSA 会对该转基因饲料进行风险评估，并作出是否批准该转基因饲料的决定。

根据 Regulation 1830—2003 和 Regulation 1830—2003 的规定，当转基因饲料中转基因成分含量低于 0.9%时，可以不标注，除此外，任何转基因饲料必须标明 GMO 信息。

第五节　日本饲料与饲料添加剂的法规

一、法规框架

在日本饲料和饲料添加剂受《饲料安全法》[28]的监管，法规的主要框架如图 8-3 所示。

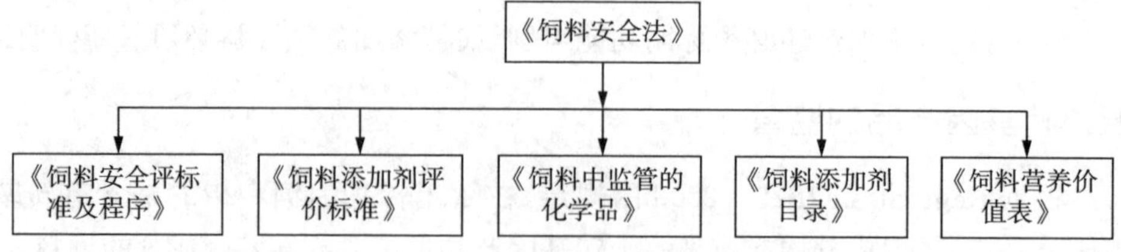

图 8-3　日本饲料和饲料添加剂法规框架

日本不像美国和欧盟，其没有饲料原料目录。但有一个现有饲料原料的营养价值汇总表[29]；日本的饲料添加剂[30]分成3大组16小类。农林渔业部(MAFF)是饲料和饲料添加剂的主管部门，MAFF对各类饲料和饲料添加剂制定生产标准以及产品规格要求[31]，对于不符合生产标准和规格要求的产品，任何人不得生产和销售。除了产品规格，日本还专门设定了化学成分限量要求[32]，包括农药残留[33]、重金属、化学杂质的限量要求。

表8-2 日本饲料添加剂分类

组	组名	类	类名
1	防止变质添加剂	A	抗氧化剂
		B	防霉剂
		C	增稠剂
		D	乳化剂
		E	酸度调节剂
2	营养功能添加剂	A	氨基酸
		B	维生素
		C	矿物质
		D	着色剂
3	营养成分利用促进剂	A	合成抗微生物剂
		B	抗生素
		C	风味剂
		D	甜味剂
		E	酶
		F	益生菌
		G	有机酸

二、新饲料成分的申请与审批

按照《饲料安全评价标准程序》[34]，新饲料成分在日本须经过MAFF下的农产品理事会的安全评价获得批准后方可进入市场。为获得批准必须递交如下资料：①国外使用信息；②成分识别信息包括化学名称、结构、生产工艺、理化特性、质量鉴别；③家畜体内残留信息；④安全毒理信息；⑤家畜体内代谢信息；⑥家畜喂养试验信息。

按照《饲料添加剂评价标准》[35]，新饲料必须经过MAFF下的农产品理事会的安全评价并获得批准后方可进入市场。为获得批准必须递交如下资料:①新添加剂发现情况;②规格信息包括化学名称、结构、制造工艺、生物特性、质量鉴定;③技术功效;④家畜体内残留信息;⑤安全毒理信息;⑥家畜喂饲试验信息;⑦菌抗试验信息;⑧其他信息。

基于递交的资料,农产品理事会做出安全评价并得出是否批准的决定。

三、生产与销售市场准入

根据《饲料安全法》的规定,任何人生产特定饲料和饲料添加剂,必须到MAFF进行登记并获批后可从事相关业务活动。申请登记必须递交如下资料信息:①申请人名称及地址;②饲料产品类型;③生产机构名称及地址;④质检设备明细;⑤生产设施及质量管理体系。

境外生产商进口此类特定饲料和饲料添加剂的必须递交与境内企业相同的资料信息方可获得登记批准。

四、产品标识

根据《饲料安全法》的规定,饲料产品必须标识如下信息:①饲料名称;②饲料种类(包括单一饲料、复合饲料、配合饲料);③生产(进口)日期;④营养成分及含量,包括粗蛋白、粗脂肪、钙含量、磷含量、粗纤维、粗灰分、可消化物质总量(TDN)、代谢能量(ME)、挥发新氮;⑤原材料名称;⑥配料比。

根据《饲料安全法》的规定,饲料添加剂产品必须标识如下信息:①饲料添加剂名称;②标明“饲料添加剂”字样;③生产批号;④进口商或经销商名称及地址;⑤生产商名称及地址;⑥有效成分名称及含量、辅料名称及含量;⑦保质期;⑧使用饲料及用量;⑨贮存注意事项。

五、转基因产品的监管

在日本,只有在国外批准的转基因成分才会允许申请用于新饲料或新饲料添加剂的开发,安全评价过程采用《饲料安全评价标准程序》,但评价转基因成分安全性时,MAFF下的农产品理事会将协同食品安全委员会一起评价,评价的结果不仅考虑喂饲动物的安全性,同时还考虑喂饲过的动物为人类提供的食品对人体健康的安全性,当两者的安全性对人类健康没有影响时,MAFF会向公众公示结果,当公众没有反对意见时,MAFF才会批准此转基因成分作为新饲料或新饲料添加剂的用途。

参考文献:

[1] Codex Alimentarius Commission. CAC/RCP 54-2004(revision 2008)Code of practice on

good animal feeding[Z]. 2008.
[2] 国务院．饲料和饲料添加剂管理条例[Z]. 2013.
[3] 农业部．饲料原料目录[Z]. 2013.
[4] 农业部．饲料添加剂品种目录(2013)[Z]. 2013.
[5] 农业部．新饲料和新饲料添加剂管理办法[Z]. 2012.
[6] 农业部．进口饲料和饲料添加剂登记管理办法[Z]. 2004.
[7] 农业部．饲料和饲料添加剂生产许可管理办法[Z]. 2012.
[8] 农业部．饲料添加剂和添加剂预混合饲料产品批准文号管理办法[Z]. 2012.
[9] 中国饲料工业协会．GB10648-2013 饲料标签[M]. 北京：中国标准出版社，2013.
[10] 农业部．农业转基因生物标识管理办法[Z]. 2002.
[11] 国务院．农业转基因生物安全管理条例[Z]. 2001.
[12] U. S. Congress. The Federal Food Drug and Cosmetic Act[Z]. 1938.
[13] US Food & Drug Administration title 21, Code of Federal Regulation[EB/OL]. http://www.ecfr.gov/cgi-bin/text-idx? SID = fcd63247a4e3c0c1c92f2f9f9a268aa3&mc = true&tpl=/ecfrbrowse/Title21/21cfrv6_02. tpl#0.
[14] US Food & Drug Administration. Memorandum of Understanding between the United States Food and Drug Administration and the Association of American Feed Control Officials[EB/OL]. http://www.fda.gov/AboutFDA/PartnershipsCollaborations/MemorandaofUnderstandingMOUs/DomesticMOUs/ucm115778. htm.
[15] Association of American Feed Control Officials. A Guide to Submitting New Ingredient Definitions to AAFCO[EB/OL]. http://www.aafco.org/Portals/0/SiteContent/Regulatory/Committees/Ingredient-Definitions/definition_request_guidelines_020112. pdf.
[16] US Food & Drug Administration. Proposed Rule: Premarket Notice Concerning Bioengineered Foods[Z]. State Register, 2001, 66: 4706-4738.
[17] European Communities. Regulation(EC) No. 178/2002 laying down the general principles and requirements of food law, establishing the European Food Safety Authority and laying down procedures in matters of food safety[S]. 2002.
[18] European Union. Regulation(EC) No. 183/2005 laying down requirements for feed hygiene[S]. 2005.
[19] European Union. Regulation(EC) No. 767/2009 on the placing on the market and use of feed[S]. 2009.
[20] European Union. Council Directive. 96/25/EC on the circulation of feed materials [S]. 1996.
[21] European Union. Regulation(EC) No. 1829/2003 on genetically modified food and feed [S]. 2003.
[22] European Union. Regulation(EC) No. 1830/2003 concerning the traceability and labeling of genetically modified organisms and the traceability of food and feed products produced from genetically modified organisms[S]. 2003.
[23] European Union. Commission Directive 2008/38/EC establishing a list of intended uses

of animal feedingstuffs for particular nutritional purposes[S]. 2008.

[24] European Union. Regulation(EC) No. 1831/2003 on additives for use in animal nutrition [S]. 2003.

[25] European Communities. Council Directive 90/167/EEC laying down the conditions governing the preparations, placing on the market and use of medicated feedingstuffs in the community[S]. 1990.

[26] European Union. Council Directive 95/69/EC laying down the conditions and arrangements for approving and registering certain establishments and intermediaries operating in animal feed sector[S]. 1995.

[27] European Communities. Commission Regulation(EC) No. 429/2008 regards the preparation and presentation of applications and the assessment and authorization of feed additive[S]. 2008.

[28] Japan MAFF. Law concerning safety assurance and quality improvement of feeds [Z]. 1953.

[29] Japan MAFF. Nutritional values for feed raw materials[EB/OL]. http://www.famic.go.jp/ffis/feed/kokuji/k51n756-2.html.

[30] Japan MAFF. Japanese list of feed additives[EB/OL]. http://www.famic.go.jp/ffis/feed/sub3_feedadditives_en.html.

[31] Japan MAFF. Ministerial ordinance on the specification and standards of feeds and feeds additives[EB/OL]. http://www.famic.go.jp/ffis/feed/obj/shore_eng.pdf.

[32] Japan MAFF. Administrative guidelines for hazardous substances in feeds[EB/OL]. http://www.famic.go.jp/ffis/feed/r_safety/r_feeds_safety22.html#metals.

[33] Japan MAFF. For hazardous substances, allowable residue levels of pesticide[EB/OL]. http://www.famic.go.jp/ffis/feed/r_safety/r_feeds_safety22.html#pesticides.

[34] Japan MAFF. Safety Evaluation Criteria and Evaluation Procedure for Feeds[EB/OL]. http://www.famic.go.jp/ffis/feed/tuti/20_597_1.html.

[35] Japan MAFF. Establishment of the standards for evaluation of feed additives[S]. 1993.

第九章

生物杀灭剂

第一节　生物杀灭剂产品及法规概述

一、物杀灭剂产品概述

关键词：
生物杀灭剂 Biocide
生物杀灭剂活性物质 Biocide Active Substance，AS
生物杀灭剂产品 Biocide Product，BP
生物杀灭剂处理物品 Biocide Treated Article，TA

生物杀灭剂：顾名思义，指杀灭生物的制剂或药剂。它包含或生成一个或多个 AS，通过除物理或机械行为之外的其他各种方式来消灭、抑制、预防、控制各种有害生物；或由不属于上述生物杀灭剂定义对象的物质或混合物等生成的，通过除物理或机械行为之外的其他各种方式来消灭、抑制、预防、控制各种有害生物的物质或混合物[1]。

在人类社会生活和自然环境中，生物无处不在，它们与我们人类的关系是既不可或缺但又麻烦重重。一方面，人类的生存发展，依赖于自然界各种各样的生物，它们为人类提供了食品、能源、材料等，满足人类的衣、食、住、行；且其对于维持生态平衡，稳定环境具有关键性的作用，为人类带来了难以估量的利益。但同时，有害生物也给我们造成了无穷无尽的麻烦甚至灾难！大到肆虐欧洲差点毁掉欧洲文明的鼠疫——黑死病，彻底毁灭玛雅文化和阿兹台特文明的天花，中国历史上影响朝代更迭和改变历史车轮轨迹的瘟疫；小到日常生活中的苍蝇、蚊子、蟑螂带给我们的烦恼，导致食物和建筑发霉的霉菌，带来疾病的病毒等，不胜枚举。为此，生物杀灭剂作为人类发明的一件特殊“武器”，用于抵御有害生物的侵害。

生物杀灭剂作为一种特殊产品，早期是从农药发展而来的，是农药化学物质及其制剂在非植物作物保护领域的应用。比较常见的农药用于非农领域的如多菌灵、甲基硫菌灵、苯菌灵、百菌清、代森锌等，由于其良好的抗菌效应和低毒安全，被逐步应用到日常生活及工业领域中，普遍应用于染料、涂料、纺织、制革、医药、包装、水处理等领域，起到抗菌消毒的作用。

随着生物杀灭剂行业的发展，当前生物杀灭剂主要包括消毒剂、防腐剂和害虫防治剂三大类。这三大类生物杀灭剂在我们日常生活和工业活动的各个领域均有广泛的应用，比如用于个人护理、公共场所、食品或饲料区域，饮用水及工业水处理的消毒剂，用于木材、乳液、油漆、涂料、皮革、纺织等的防腐剂，以及用于灭鼠、杀菌、除藻、防污等的害虫防治剂。

对于生物杀灭剂具体的应用类别，欧盟的生物杀灭剂法规给出了明确且详细的分类及描述[1]。

表 9-1 生物杀灭剂用途分类及描述一览表

	产品类型	分类描述
		消毒剂和一般生物杀灭剂产品
1	人体卫生用杀灭剂	主要用于人体表皮卫生消毒
2	私人和公共健康场所消毒剂和其他杀灭剂	用于私人或公共区域，如医院、游泳馆、浴室、水族馆、健康机构等的水体、墙体、空气、地板、土壤、家具、物体表面消毒
3	兽用卫生杀灭剂	用于动物饲养、存放或运输等区域的生物杀灭剂产品
4	食品和饲料区域消毒剂	在生产、运输、储存等过程中，用于食品、饲料、饮料等相关设备、容器、管道、餐具的消毒
5	饮用水消毒剂	人和动物饮用水的消毒
		防腐剂
6	罐装产品防腐剂	通过控制微生物降解的方法，用于除食品及饲料以外的罐装产品的防腐
7	膜层防腐剂	通过控制微生物降解的方法以保护材料或物体的原有表面属性，一般用作薄膜或涂层（如涂料、塑料、密封剂、黏合剂等）的防腐
8	木材防腐剂	用作木材或木制品的防腐
9	纤维/皮革/橡胶/聚合物防腐剂	用于纤维材料、皮革、聚合物等的防腐，如纸张、纺织品、皮革等
10	石材防腐剂	用于除木材外的包括石材在内的建材的防腐

续表

	产品类型	分类描述
		防腐剂
11	液体制冷和加工系统防腐剂	用于制冷和加工系统的水体防腐，控制有害机体（如微生物、细菌、藻类等）的防腐
12	杀黏菌剂	用于防止和控制在材料、设备、结构表面黏菌的生长
13	金属加工液防腐剂	用于金属加工液中控制细菌降解的作用
		有害生物防治剂
14	杀鼠剂	用于控制家鼠等啮齿类动物
15	杀害鸟剂	用于控制有害鸟类
16	杀软体动物剂	用于控制软体动物，如阻塞管道的蜗牛等
17	杀鱼剂	用于控制有害鱼类（不包括治疗鱼类疾病的试剂）
18	杀虫、杀螨剂和其他杀节肢动物剂	用于控制害虫，如蜘蛛和甲壳动物等
19	驱除剂和引诱剂	具有驱除或引诱作用，用于控制有害生物（包括非脊椎动物，如苍蝇等）
20	其他脊椎动物防治剂	用于控制其他有害脊椎动物（如害兽）
		其他生物杀灭剂
21	防污剂	用于控制船体、水产设备及其他水域中使用的物体表面污浊机体的生长和繁殖
22	尸体和样品防腐液	用于人或动物尸体的消毒和防腐

二、生物杀灭剂法规概述

生物杀灭剂在人类抵御有害生物方面发挥了中流砥柱的作用。但是，由于生物杀灭剂的作用是杀死或抑制活的生物体，因此，许多生物杀灭剂对人类健康造成潜在的重大威胁，在使用这些生物杀灭剂时，也需非常小心，需穿着防护服并使用相关的安全保护装置或工具。同时，生物杀灭剂的使用也可能不利于环境，比如防污漆，特别是那些含有机锡化合物的，已被证明对海洋生态系统有严重和长期的影响，目前在许多国家已被禁止用于商业和娱乐船只上。再如使用驱蚊气雾剂时，其中的有机挥发性物质如卤代烃会被人体吸入，经过肺、消化道和皮肤等途径被吸收而直接进入体循环血液和淋巴液系统造成毒害效应。另外，在使用或处置经生物杀灭剂杀死的生物时也须仔细操作，以避免对环境的潜在破坏。因此，为防控生物杀灭剂对人体、动物和环境可能造成的风险，必须对生物杀灭剂进行法规管理。

最早的真正意义上对生物杀灭剂的管理法规是美国1947年颁布的《联邦杀虫剂、杀菌剂和杀鼠剂法》(Federal Insecticide Fungicide & Redenticide Act, FIFRA)，把包括昆虫抑制剂、除草剂、杀菌剂、消毒剂等在内的农药和生物杀灭剂纳入统一管理。目前，世界上主要国家，如中国、日本、韩国等，亦采取相似性方式，把生物杀灭剂纳入农药、药品或其他化学品法规管理的范畴而未单独管理。只有欧盟颁布和实施有单独针对生物杀灭剂的法规：《生物杀灭剂指令》(Directive 98/8/EC, concerning the placing of biocidal products on the market, BPD)和《生物杀灭剂法规》(Regulation(EU) No 528/2012, concerning the making available on the market and use of biocidal products, BPR)，对欧盟市场上的AS、BP和TA，进行登记、评估、批准、授权、标示和执行管理。因此，本章先详述欧盟生物杀灭剂法规，再介绍其他国家的生物杀灭剂方面的法规。

第二节　欧盟生物杀灭剂的法规

一、法规概述

欧盟对生物杀灭剂的监管可追溯到1998年，为了实现欧盟境内生物杀灭剂的统一监管，欧盟委员会立法通过了BPD指令，并于2000年5月14日正式实施，欧盟市场上所有的生物杀灭剂产品都在此法规监管之下。

在历经十年的实施后，欧盟于2009年对法规进行了修正，公布了新的征求意见稿，并在3年后的2012年6月27日正式公布了新的BPR法规，并于2013年9月1日正式实施，以取代旧的BPD指令。

BPR依照生物杀灭的功能或用途，将生物杀灭剂分为4大类22种，具体见表9-1。同时，某些产品虽具有生物杀灭功能，但豁免BPR的管理，包括：医用和医疗器械用消毒剂、医药、兽药、食品、饲料、农药、食品添加剂、食品香料、饲料添加剂、食品和饲料用加工助剂、化妆品和玩具。

BPR对于生物杀灭剂的监管，分别针对AS、BP、TA这三个层面。

(1) 对于AS，应已获得欧盟批准使用(除了附录Ⅰ中的一些类别)，且供应商必须是“合格供应商”；

(2) 对于BP，在欧盟上市前，都必须获得产品事先授权，授权的方式有很多种，可以是国家授权、授权互认、统一授权或简易授权；

(3) 任何主动添加有生物杀灭剂或经生物杀灭剂处理过的TA，也需符合相应的法规监管要求，比如TA中使用或添加的AS需被批准或正评估中，以及制作符合BPR要求的物品标签等。

另外，BPR是由欧洲化学品管理局(European Chemical Agency，ECHA)管理的。ECHA同时管理着化学品法规REACH[①]。BPR与REACH的关系是：

(1) 获得ECHA批准的AS被认为是REACH已登记物质，豁免REACH注册；

(2) BP中含有的其他非AS的组分仍需符合REACH法规的要求，仍需进行注册；

(3) AS的非生物杀灭用途仍需进行REACH注册；

(4) 需进行CLP[②]登记，依照CLP和REACH的要求编辑制作产品安全技术说明书和标签；

(5) 若属于高关注度候选物质，则其生产、进口和使用将受限制和监管；

(6) 需符合相应的国际公约等。

二、AS的管理

(一)AS的法规要求

自2013年9月1日起，任何欲将AS投放欧盟市场的生产商或进口商，需向ECHA提交卷宗或者卷宗引用权(letter of authorization，LOA)，以列入"AS合格供应商名单"。否则2015年9月1日后，含有该AS的BP将不被允许投放欧盟市场。

2016年9月1日前，应提交TA中所涉及的AS的批准申请，否则TA将不能投放欧盟市场，已上市的也应在2017年3月1日前退市，但储存的TA可继续使用或处理不超过1年。

另外，还有一些物质本身不属于AS，但在使用状况下可产生AS，比如氯化钠本身不是AS，但在电解情况下可生成氯，而氯可作为AS发挥生物杀灭作用；又如硫黄，它本身不是AS，但可通过燃烧情况下产生二氧化硫，而二氧化硫可作为AS发挥生物杀灭作用。对于这种情况，ECHA统称该类物质为"In *situ* generated AS"(在某些情况下生成AS)，也需符合上述AS的法规要求。

(二)AS的批准申请

AS分为新AS和现有AS两种[③]。AS的批准申请，需向ECHA提交。

---

① REACH：欧盟的《化学品的注册、评估、授权和限制》法规(Regulation(EC)No 1907/2006 concerning the Registration，Evaluation，Authorization and Restriction of Chemicals)

② CLP：欧盟的《物质和混合物的分类、标签和包装法规》(Regulation(EC)No 1927/2008 on classification，labelling and packaging of substances and mixtures)

③ AS分为现有AS和新AS。现有AS是指2000年5月14日前已上市的，具体包括：正评估中的现有AS[即列入十年评估计划的AS，详见(EC)No 1451/2007附件2和已完成评估并批准的AS，详见BPD附件1]。新AS是指2000年5月14日后首次上市的。

对于现有 AS，分为正在评估的或已批准的 AS。若属于正在评估的 AS，则供应商可提交全套资料，或确认与 AS 参照物是否等同①，若审核通过，则供应商进入"合格供应商名单"，进而 ECHA 再对 AS 进行评估和批准；若属于已批准的 AS，则供应商应确认与 AS 参照物是否等同，若审核通过，则供应商进入"合格供应商"名单并直接获批。而对于新 AS，申请者可直接向 ECHA 申请批准。

AS 批准所需提交的信息包括：申请表，BPR 附录Ⅱ要求的 AS 数据（卷宗或 LoA），至少一个含该 AS 的代表性 BP 的依照附录Ⅲ要求的 BP 数据（卷宗或 LoA）；若 AS 属于下述第 2 款不批准原则的，则还应提交申请批准该 AS 的理由。

其中，AS 卷宗内容包括：申请人信息、物质标识信息、理化特性、理化危害、分析方法、药效、用途和暴露、毒理、生态毒理、环境归趋和行为、保护人类动物和环境所采取的措施、分类标签和包装、总结和风险评估报告等。

1. 批准原则

若预计至少有一个含该 AS 的 BP 满足其批准授权条件（BP 的授权条件详见本节"BP 的管理"），则该 AS 应被批准，批准有效期不超过 10 年；但若 AS 属于 CMR（"三致"：致癌、致生殖毒性、致生殖细胞突变性）1 类、内分泌干扰物、PBT（持久性、生物蓄积性和毒性）/vPvB（非常持久性和生物蓄积性），批准有效期不超过 5 年；而对于 AS 属于其他类型的"替代候选物质②"的，则批准有效期不超过 7 年。

2. 不批准原则

若属于 CMR1 类、内分泌干扰物、PBT/vPvB，原则上不应批准，除非具备以下条件。

（1）在最真实和保守的暴露场景下，BP 中的 AS 对人体/动物/环境的暴露是可忽略的，尤其是 BP 应用于封闭系统中；

（2）有证据表明，为防止靶生物对人体/动物/环境造成严重危害，该 AS 的

---

① AS 参照物的等同性：由于生产商、生产场所、环境、工艺等的差异，所以各企业的 AS 在质量、规格、含量、相关杂质等方面将有差异，从而可能导致 AS 有效性和安全性方面的不同。因此，与 ECHA 已批准或正在评估的 AS 参考物相对照的，其他供应商必须提交技术等同性或化学相似性数据，已证明自己的 AS 与参考物是相同的。而且，获得 ECHA 批准的"技术等同性"是含该 AS 的 BP 授权的前提条件，故在申请列入 AS"合格供应商"名单时，就应向 ECHA 同时申请技术等同性评估。

② "替代候选物质"是指当 AS 满足以下条件之一时，则 ECHA 评估时应充分考虑是否有其他 AS 来替代此物质。这些条件包括：①属于 CMR1 类、内分泌干扰物、PBT/vPvB 的；②吸入致敏物质的；③满足 P/B/T 中的两项的；④与相同的 BP 产品类型和用途，以及相同使用场景下的大多数获批的 AS 相比，该 AS 的 ADI 或安全参考值或可接受的暴露值明显低于其他的；⑤结合使用方式、使用数量等因素综合考量，该 AS 可能会导致担忧的，比如很可能会对地下水造成影响，或者需要采取很严格的风险管理措施，以降低风险的；⑥含有很明显比例的杂质或非活性异构体的。

批准是必不可少的；

(3) 与使用该 AS 导致的危害相比，若不批准该 AS，靶生物对人体/动物/环境造成的危害会更大；

(4) 对于该类 AS 的批准，在评估时，应充分考虑替代物质；

(5) 当使用含该 AS 的 BP 时，应尽可能采取措施降低风险，以确保对人体/动物/环境的暴露最低。

3. 申请流程

AS 的申请，从申请文档正式提交到正式获批，通常需要两年半或更久的时间[2]，流程如图 9-1 所示。

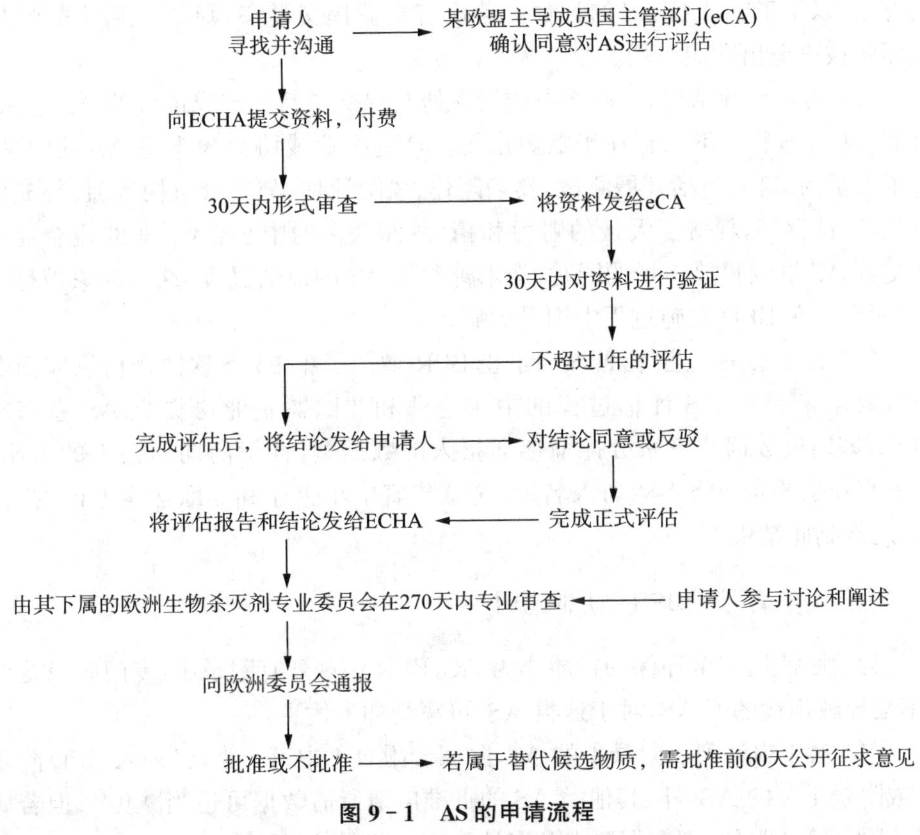

图 9-1 AS 的申请流程

(三) 第 95 条款："合格供应商名单"

BPR 法规第 95 条款规定：除了列入 BPR 附录Ⅰ(除第 6 类外)的 AS 外，自 2013 年 9 月 1 日起，任何希望将 AS 投放欧盟市场的生产商或进口商，均需要向 ECHA 提交 AS 卷宗或者 LoA。而自 2015 年 9 月 1 日起，欧盟市场上 BP 中所含的 AS，或用于 TA 的 AS，其供应商必须已列入第 95 条款的“合格供应商名单”。

依照该条款，所有提交了卷宗的企业将被列入“合格供应商名单”，名单不仅包括了按照该条款已提交卷宗或LoA的企业，也包括了在“现有AS的10年评估计划”期间已经提交了AS卷宗的企业，此外，名单也将不断更新。

为何会有第95条款“合格供应商名单”呢？这是为了解决所谓的“搭便车”现象，归纳来讲即以下几点。

(1) 为实现对境内生物杀灭剂的统一管理，欧盟委员会立法通过了BPD，自2000年实施时，首先面临的一个难题是如何对法规实施前，已存在于欧盟市场上的现有AS进行评估。对现有AS评估的前提，是有企业提交了该AS的申请卷宗，以用于支持对AS的评估。若没有企业提交卷宗，则AS将不被评估，从而将被迫退出欧盟市场。

(2) 为避免此情况，一些企业或行业协会提交了其生产或进口的AS卷宗，因而这些AS得以继续存在于欧盟市场。这些企业或协会为支持AS的评估，做了大量的工作，包括开展测试、卷宗制作、风险评估、与主管机构沟通、补充资料、进行抗辩等，耗费了大量的财力和精力；而众多的中小企业、非欧盟企业在享受着AS继续投放市场的同时，却未曾参与AS的评估过程，这一现象被称为“搭便车”，在BPD实施过程中饱受诟病。

(3) 为了解决上述“搭便车”问题，BPR增加了第95条款：“合格供应商名单”，要求未参与AS评估过程的中小企业和非欧盟企业也提交AS卷宗或LOA，即通过数据共享来分摊前期通报人的数据费，补偿前期通报人的付出。未提交卷宗的企业将不能列入名单，这意味着中小企业和非欧盟企业的“搭便车”之旅到此结束。

(四) 申请列入BPR法规附录I

为鼓励使用安全环保的物质作为AS，BPR法规列有附录Ⅰ，专门收录这些“不会导致担忧的[①]”AS，对于这类AS，可享受如下优惠：

(1) 对于申请列入附录Ⅰ的AS，除属于附录Ⅰ中第6类(已列入BPD附录Ⅰ或附录ⅠA的AS)外，其他类AS的批准申请所需数据可适当减免[②]；但若属于该附录第6类的，则数据要求和申请流程与普通AS无异；

(2) 一旦AS获批列入了附录Ⅰ，同样除属于第6类外，该AS的其他供应

① “不会导致担忧的”是指AS不具有如下危害：爆炸性、高度可燃性、有机过氧化物、急性毒性类别1/2/3、皮肤/眼腐蚀性、皮肤/吸入致敏、CMR、特定靶器官毒性、水环境毒性类别1、神经毒性或免疫毒性，以及满足于“替代候选物质”的任一条件。

② 申请列入附录Ⅰ(除第6类)的AS数据要求见“Eu 88/2014：更新BPR附录Ⅰ清单的程序”中所载明的数据要求。

商也可坐享其成，豁免列入“合格供应商名单”。但若属于第6类的，则供应商仍需列入“合格供应商名单”；

(3) 对于所含的AS均为附录Ⅰ中所列物质的BP，可直接向ECHA申请简易授权。

三、BP的管理

（一）BP的法规要求

(1) 所有BP投放欧盟市场之前必须获得授权，且必须满足AS获批时限定的条件或状况。现有BP① 有过渡期，即对于现有BP，在针对这种产品类型(Product Type，PT)的BP所含的所有AS评估未完成前，仍可继续使用；而在所有AS均评估完成获批后，BP须立即提交授权申请，否则须180天内退市，储存的BP的使用和处理不得超过1年；只要有一个所含的AS未获批，则BP需立即退市。

(2) 对于新BP，在申请新AS批准时，同时提交BP的授权申请，获得授权后方可上市。

(3) BP被授权人需在45天内对消费者的咨询免费做出回应；

(4) BP必须满足AS获批时限定的条件或状况。

（二）BP的授权申请

1. 授权申请概述

BP的授权申请，既可以国家层面上的申请[包括：单一国家授权、国家间授权互认(先后)、国家间授权互认(平行)]，也可以欧盟层面上的申请(包括：简易授权，统一授权)；同时，既可以对单个BP申请授权，也可以对BP系列产品申请授权。

BP的授权申请，从申请文档提交，到授权获得批准，一般至少需要2年的时间(简易授权除外)[2]。

BP授权所需提交的资料包括：申请表，所含的所有AS的数据(卷宗或LoA)，附录Ⅲ要求的BP数据(卷宗或LoA)，以及产品特性总结。

其中，BP卷宗包括：申请人信息、产品组分信息、理化特性、理化危害、分析方法、药效、用途和暴露和部分的毒理/生态毒理/环境归趋和行为信息、保护人类动物和环境所采取的措施、分类标签和包装、总结和风险评估报告等。

---

① BP也分为现有BP和新BP。若所含的AS均为现有AS，且AS所获批的对应PT类型包含了该BP用途，则该BP属于现有BP，可继续销售直到所有的AS均已获批为止。若含有新AS或所含现有AS所获批的对应PT类别不包括该BP用途，则属于新BP。

2. 授权条件

当满足以下所有条件时，BP 可获得授权。

(1) BP 中所含的所有 AS 均已获批，且所有 AS 获批时对应的 PT 均包含了该 BP 的用途；

(2) 产品充分有效，产品及其残留对靶标生物、人体、动物、环境无不可接受的风险；

(3) 确定了 BP 中 AS 及其残留、相关杂质、AS 添加剂等的化学标识、数量、含量、技术等同性、毒理和环境毒理信息；

(4) 确定了 BP 的理化特性，且适用于其应用和运输；

(5) 若相关，建立有 AS 在食品、饲料、食品包材等方面的最大残留。

3. 不授权原则

当 BP 具有以下危害时，原则上不应授权：

(1) 急性口服/皮肤毒性 1,2,3；

(2) 急性吸入毒性(气体，粉尘和雾滴)1,2,3；

(3) 急性吸入毒性(蒸气)1,2；

(4) CMR 类别 1(1A,1B)；

(5) PBT,vPvB；

(6) 内分泌干扰物；

(7) 神经发育毒性或免疫毒性。

但如果与使用该 BP 所导致的危害相比，若不授权会导致对人体、动物、环境产生更大的危害，则 BP 仍应获得授权。同时，当使用该 BP 时，应尽可能采取降低暴露和风险的措施，以确保对人体/动物/环境的暴露和风险最小化。

4. 系列授权

BP 系列产品是指含相同 AS，相似应用，非活性组分有所不同或浓度有波动，但风险不会明显改变，药效不会显著降低，具体而言[2]有以下几点。

(1) 相似应用——相似的使用者、PT、靶标、应用频率和次数、应用领域和场所、风险防控措施、应用设备等。

(2) 相同 AS——所有 AS 均存在于系列产品的所有 BP 中，其浓度可在允许的范围内发生变化。

(3) 组分有所不同或浓度有波动——改变或变动一个或更多非活性组分的浓度也是允许的，或用一个或多个相同或更低风险的非活性组分来对原有非活性组分进行替换也是允许的；但需保证，系列产品内所有 BP 的危害、分类、防范说明等均一致(浓缩液和应用时的稀释液除外)。

(4) 风险不会明显改变——风险评估需覆盖系列产品中所有 BP，以该系列产品中对人体健康/动物健康/环境的最大风险者进行评估。

(5) 药效不会显著降低——应以该系列产品中药效最低者进行药效评估。

当 BP 系列产品获得授权后，若仅是染料、着色剂、香精发生了在现有授权范围内的改变，则是允许的，且无须再次申请授权或其他事项。但若是其他方面发生变化，如 AS 浓度或非活性组分等发生改变，且依据上述原则认定为仍属于该 BP 系列产品的新 BP 上市时，则应在其上市前至少 30 天，将确切组分、商品名、归属的系列产品的授权号，向 eCA 或 ECHA 递交，申请将新 BP 授权列入该 BP 系列中，通常 30 天即可获批。

5. 统一授权

统一授权是根据 BP 的使用条件划分的，针对的是在整个欧盟境内具有相似使用条件的 BP，旨在为将多个成员国市场作为目标市场的申请者提供简化程序，并减轻整体的行政管理负担。但若产品中含有原则上不予批准的 AS(即 CMR1 类，PBT/vPvB，内分泌干扰物)，或 BP 属于 PT14(杀鼠剂)、PT15(杀害鸟剂)、PT17(杀鱼剂)、PT20(其他脊椎动物防治剂)、PT21(防污剂)等类型时，统一授权不适用。统一授权的整个流程如图 9-2 所示[3]。

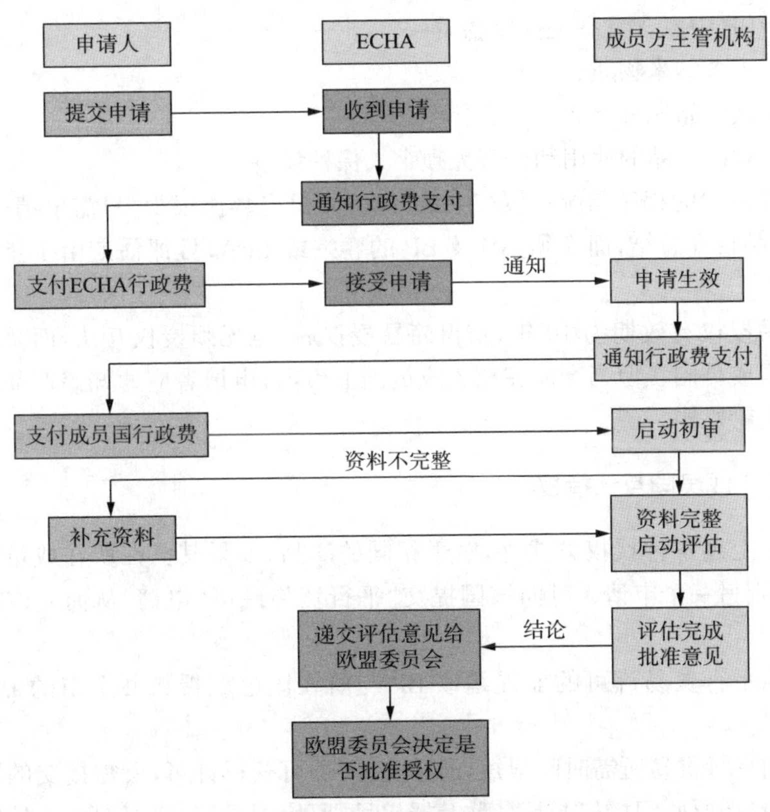

图 9-2 统一授权流程图

6. 国家授权

除了欧盟层面上的统一授权，申请人也可申请各成员国家层面上的授权，具体包括：单一国家授权、国家间授权互认（先后）和国家间授权互认（平行）。

单一国家授权：只向某一个欧盟成员国主管部门提交 BP 授权申请。

国家间授权互认（先后）：在一个国家获得授权后，向下一个或几个国家申请授权互认。

国家间授权互认（平行）：同时向几个国家申请授权。其中选定 eCA 负责评估，并与其他欧盟成员国主管部门、ECHA 及下属的欧洲生物杀灭剂专业委员会（BPC），在 ECHA 秘书处领导下，成立协调组进行交流和讨论。

这三种方式，所需提交的数据与统一授权是一致的，流程也是与统一授权基本相近的。

7. 简易授权

BP 简易授权需满足如下条件：

（1）所有 AS 均为 BPR 法规附录Ⅰ中的物质；

（2）BP 中不含有高关注度物质；

（3）不含纳米物质；

（4）该产品充分有效；

（5）对该产品的使用和处理无须个人保护设备。

简易授权的程序与统一授权一致，但所需提交数据很少，只需申请表、药效报告、产品特征总结，而无须 AS 及 BP 的卷宗或 LoA，且评估期由 1 年缩减为 90 天。

简易授权有效期为 10 年，获得简易授权后，也无须授权互认，而是适用于所有欧盟成员国。但当产品在相关成员国上市前，申请者应通知该产品上市成员国的主管机构。

（三）成员国互认授权

除了上述各种授权方式外，对于相同的产品，如果其已在所在成员国获得了授权，则另一个申请人可向该国提交“平行贸易许可”申请，从而允许在该国上市。

申请平行贸易许可的前提是该 BP 与所在国已获授权并上市的 BP 是一样的。

申请平行贸易所需时间很短，通常 60 天即可获得许可，所需提交的资料也很简单，只需原始国授权产品名称及授权号、原始国授权机构信息、原始国获授权人信息、原始国产品上市时的标签和使用介绍、申请人信息、申请在所在国上市的产品名称和标签、样品、已在所在国获得授权的产品名称和授权号。

四、TA 的管理

TA 即经生物杀灭剂处理的物品，比如油漆、衣物、家具、家电等。

（一）TA 的法规要求

企业须对投放欧盟市场的 TA 制作符合要求的标签，不然将面临处罚风险；TA 中涉及的处理所用 AS 须获批或正在评估，否则 TA 将不能投放欧盟市场，已上市 TA 也需在 180 天内退市；但对于存储/运输在包装内，仅采取烟熏或消毒预先处理，且无生物杀灭剂残留的 TA，则豁免 BPR 法规的要求。

TA 的标签内容要求包括：

(1) 需声明本 TR 组成有或添加有 BP(如果包含有 BP 的话)；

(2) 该 TR 所具有的生物杀灭功能或特性；

(3) 所用的 BP 中所有 AS 名称；

(4) 因 BP 的使用，而导致的使用该 TA 时，所需注意的事项和/或防范措施。

（二）BP 和 TA 的界定

表面看，TA 供应商应对 BPR 法规要求问题不大。但在 TA 定义中有一句关键性话语，即具有明显的、重要的生物杀灭功能的 TA 属于 BP。因此，当商家宣传自己的 TA 具有某种生物杀灭功能时，比如声称能够防止墙面发霉的油漆，这时，TA 将被当成 BP 处理。

因此，界定 TA 和 BP 就变得非常重要，因为两者依照 BPR 法规要求的合规工作差异巨大。但是，两者之间并不是简单区分的。而主管机构可通过监控广告或描述，来进行界定，但这存在不确定性，需具体问题具体分析。

BPR 通过相应的指南，对 BP 和 TA 的界定给出判断标准。简单概括来讲，分以下几步[4-5]。

(1) 明确自己的产品是 REACH 法规定义下的物质、混合物还是物品；

(2) 如果满足 REACH 法规下物质/混合物的定义，那么要根据其是否具有生物杀灭功能，以及是否被 BP 所处理或有意添加，来确定其为 BP 还是 TA，还是两者皆不是；

(3) 如果满足 REACH 法规下物品的定义，则需要根据其是否被 BP 所处理或有意添加、通过处理或有意添加 BP 是否赋予物品生物杀灭功能，以及赋予的生物杀灭功能是否为物品的主要功能，来进行判断是否为 BP、TA，还是两者皆不是。

其中，判断的关键是，TA 的生物杀灭功能是否是“主要”的，可通过如下依据判断[4]：

（1）TA的用途及目的；

（2）TA是否针对其生物杀灭功能作了声明，尤其是当生物杀灭功能与现有BP等同时；

（3）生物杀灭功能所针对的靶标生物，尤其是当靶标生物不会影响TA本身时（比如霉菌是不会影响油漆本身的，但含生物杀灭剂的油漆能够防止墙面发霉时，油漆就被当成生物杀灭剂处理了）；

（4）TA中所含的AS的浓度，尤其是与现有BP中的浓度相近时；

（5）TA或其所含的AS的生物杀灭作用模式，尤其是与现有BP相似时。

当然，大多情况下，对于不同的物品，根据具体的案例具体分析其功能及属性做出判断。

五、最新进展

随着BPR法规的公布和执行，一系列后续的具体执行法规和BPC决议也出台了，便于BPR的执行，具体执行法规如下：

（1）Eu 354/2013，2013年04月18日，“Regulation on changes to product authorization”；

（2）Eu 414/2013，2013年05月06日，“Regulation authorisation of same biocidal products”；

（3）Eu 564/2013，2013年06月18日，“Regulation on fees to ECHA”；

（4）Eu 736/2013，2013年05月17日，“Regulation on the extension of duration of review programme to 2024”；

（5）Eu 837/2013，2013年06月25日，“Regulation on the modification on data requirements（proof of technical equivalence in BP applications）”；

（6）Eu 88/2014，2014年01月31日，“Regulation on the procedures for the inclusion of active substances into Annex I of the BPR”；

（7）Eu 492/2014，2014年03月07日，“Regulation on the procedures for the renewal of authorisations by mutual recognition”；

（8）Eu 1062/2014，2014年08月04日，“Regulation on the work programme for the systematic examination of all existing active substances contained in biocidal products”及其勘误表。

与此同时，ECHA建立了相应的导则，引导行业如何满足BPR法规的数据要求和执行风险评估，以及解释了CA评审的原则，目前公布的导则有（图9-3）：

（1）Volume Ⅰ：针对鉴定/理化属性/分析方法的数据要求，评估，评审；

（2）Volume Ⅱ：针对药效的数据要求，评估，评审；

(3) Volume Ⅲ:针对人体健康的数据要求,评估,评审;

(4) Volume Ⅳ:针对环境的数据要求,评估,评审;

(5) Volume Ⅴ:特定导则,针对技术等同性申请,AS 及其供应商,微生物,以及消毒副产物。

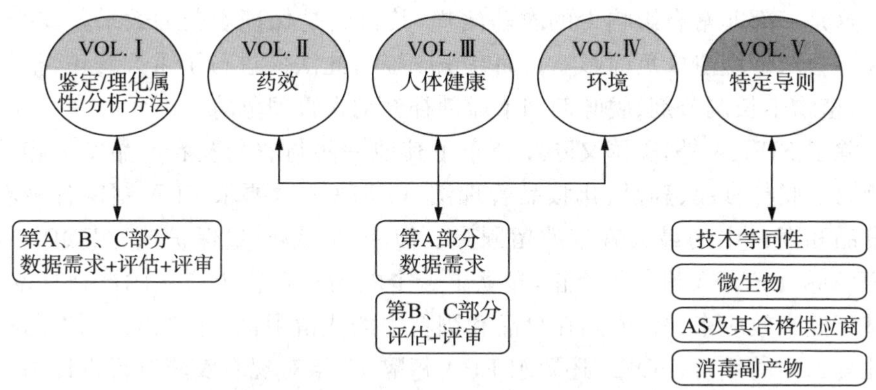

图 9-3 BPR 导则体系

另外,ECHA 还总结了针对各种 PT 应用的排放场景文件(emission scenario document),帮助行业和各成员国预测生物杀灭剂的环境释放。并在此基础上还开发出方便使用的计算工具,便于计算出生物杀灭剂的环境释放量,目前已经针对 10 种 PT 开发出了计算工具,针对其他类型 PT 的计算工具正在开发中。

上述措施都极大地促进了 BPR 法规的执行,在此基础上,BPC 开始对现有 AS 进行审查和接受新的申请,并定期发表公开咨询或正式意见,批准或拒绝 AS 应用于相应的 BP 中。当前最新的意见是 2016 年 10 月 13 日的第 17 次会议,批准 3 个 AS 应用于相应 BP 中,拒绝一个 AS 应用于人体和动物的饮用水消毒剂(PT5)。

第三节 中国及其他国家和地区的生物杀灭剂法规

除了欧盟 BPR 法规外,世界其他各国,也制定了针对生物杀灭剂或生物杀灭剂中某些类别进行管理的法规。其中,最早管理的是美国。另外,日、韩、中国、中国台湾地区等,也根据各自的现有法规体系,对生物杀灭剂中某些类别进行管理。

一、美国

大部分的生物杀灭剂在美国是属于农药管理的范畴,主要由美国环保署进行管理。美国农药的范围较广,涵盖了昆虫抑制剂、除草剂、杀菌剂、消毒剂和游泳池化学品等。

美国对农药的管理非常重视，旨在通过严格的法律来保障、规范农药的生产、进口、运输、销售和使用。1947年，美国通过了《联邦杀虫剂、杀菌剂和杀鼠剂法》(FIFRA)，首次提出农药上市前需要进行登记，规定了农药登记和标签内容。这是一部非常有影响力的农药法规，其目的是保证农药的效果及安全，并确保不会对环境造成负面影响。而在1959年，此法又进行了重大修正，把杀线虫剂，植物生长调节剂、脱叶剂和干燥剂补充纳入管理范畴。

除了FIFRA外，美国又陆续公布了其他一些与农药及农产品安全相关的法规，如《联邦食品、药品、化妆品管理法》(FFDCA)，要求EPA制定各种农药在食品和饲料中的最大容许残留限量。以及《食品质量保护法》(FQPA)，对FIFRA和FFDCA进行了修正，建立了一个农药在食物上应用的严格标准，规定基于健康效应来评估农药在食品和饲料中的残留限值，并严格控制农药在婴幼儿食品中的残留；FQPA还要求EPA每隔15年对现有农药进行再评估以确保其符合不断上升的安全新要求，并首次引入内分泌系统干扰物评价的概念[6]。

根据FIFRA，以及FFDCA和FQPA的相关条款规定，美国环保署陆续公布了"农药登记和分类程序""农药登记标准""农药和农药器具标示条例""农产品农药残留条例"等一系列管理细则，健全美国农药的管理。

依照FIFRA，农药分为3类：杀菌农药、生物农药和普通农药。杀菌农药是类似于欧盟的"生物杀灭剂"，可进一步细分为12类[7]：①农业场所和设备用杀菌农药；②食品处理/储存设施、场所和设备用杀菌农药；③商业机构、工业厂房和设备用杀菌农药；④住宅和公共区域用杀菌农药；⑤医疗区域和设备用杀菌农药；⑥人饮用水系统用杀菌农药；⑦材料防腐剂；⑧工业加工和水系统用杀菌农药；⑨防污剂和涂料用杀菌农药；⑩木材防腐剂；⑪游泳池用杀菌农药；⑫水生领域用杀菌农药。

但不管分类如何，对杀菌农药的登记，均要求对活性成分和制剂进行评估和登记，所需提供的数据均包括：理化、药效、毒理、生态(也包括对濒危物种和非靶标生物的影响)和环境归趋、残留、施用者和施用后暴露信息等。

杀菌农药、生物农药和普通农药这三者登记程序相同，而数据要求不同，评估准则也不一样，故审核时间也有差异，比如对于生物农药和低危害的普通农药审核时间会短一些，有些只需一年，而对于那些危害和风险较大的，则审核时间较长，通常需要几年。

对于那些完成登记后的农药，美国环保署也会每15年周期性地进行评估，以确保依照最新的科学标准保证农药的安全环保。目前对于2007年10月1日前获得登记后的农药，美国环保署正依法在2022年10月1日前完成本周期内的评估。

二、中国

不同于欧盟，中国对于不同类别的生物杀灭剂，分别由多个部门、多个法规进行管理。

目前，中国对生物杀灭剂的分类管理如下。

对于消毒剂类生物杀灭剂，中国根据其作用对象的不同，管理如下。

(1) 对人体头部、足、眼睛、腋下等部位的消毒剂属于药品的范畴，由国家食品药品监督管理总局对原料药和产品进行管理，上市前均需获得相应的产品批文。

(2) 对手部和公共健康区域消毒剂属于消毒产品的范畴，由卫生计生委下属卫生监督中心对产品进行管理。

首先，国家按照消毒产品用途、使用对象的风险程度实行分类管理，包括以下三类。

第一类是具有较高风险，需要严格管理以保证安全、有效的消毒产品，包括用于医疗器械的高水平消毒剂和消毒器械、灭菌剂和灭菌器械、皮肤黏膜消毒剂、生物指示物、灭菌效果化学指示物。

第二类是具有中度风险，需要加强管理以保证安全、有效的消毒产品，包括除第一类产品外的消毒剂、消毒器械、化学指示物，以及带有灭菌标识的灭菌物品包装物、抗(抑)菌制剂。

第三类是风险程度较低，实行常规管理可以保证安全、有效的除抗(抑)菌制剂外的卫生用品。

同时，国家公布有《利用新材料、新工艺技术和新杀菌原理生产消毒剂和消毒器械判定依据》，对现有消毒产品和新消毒产品进行区分管理。

若属于现有消毒产品中的第一、二类消毒产品的，则上市前需自行或者委托第三方进行卫生安全评价并对评价结果负责，包括产品标签(铭牌)、说明书、检验报告(含结论)、企业标准或质量标准、国产产品生产企业卫生许可资质、进口产品生产国(地区)允许生产销售的批文情况。其中，消毒剂、生物指示物、化学指示物、带有灭菌标识的灭菌物品包装物、抗(抑)菌制剂还应包括产品配方，消毒器械还应包括产品主要元器件、结构图等。完成评价合格后到省级卫生行政部门进行产品备案；若属于新消毒产品的，则首次上市前直接向卫生监督中心提出新消毒产品申报申请，对通过卫生安全审查的新消毒产品，由国家卫生和计划生育委员会予以公告。

(3) 对食品区域消毒剂属于食品相关产品中的食品用消毒剂产品的范畴，由卫生计生委下属卫生监督中心对食品用消毒剂的成分进行管理。

国家公布了《可用于食品的消毒剂原料(成分)名单》,明确了现有的食品用消毒剂活性成分和辅助成分;同时,列入国家食品添加剂标准GB2760的食品添加剂,可作为食品用消毒剂的辅助成分;而未列入这两个名单的,则属于新的食品用消毒剂成分。

对于新的食品用消毒剂成分,则需依照《食品相关产品新品种行政许可管理规定》和《食品相关产品新品种申报与受理规定》的要求,向卫生监督中心提交申请,并经国家食品安全风险评估中心审评后予以公告。

(4) 对饲料区域消毒剂和兽医用卫生杀灭剂则属于兽药的范畴,具体属于兽药中的兽用消毒剂,由农业部下属的兽医局对兽用消毒剂用原料药和制剂进行管理。

依照国内外上市销售情况等,兽用消毒剂分为第一、二、三类;而根据使用方式的不同,又分为环境消毒剂和带畜消毒剂。需要根据《兽用消毒剂分类及注册资料要求》进行注册并定期公告。

对于已获注册的兽药,其进口或销售须由拥有兽药经营许可证的企业办理。

(5) 对饮用水消毒剂属于涉水产品的范畴,由卫生计生委下属卫生监督中心对部件成型品和产品进行卫生许可管理。

国家公布有《利用新材料、新工艺和新化学物质生产的涉及饮用水卫生安全产品判定依据》,对新涉水产品和现有涉水产品进行区分管理。

对于现有的涉水产品,由省级卫生行政部门进行卫生行政许可管理,而对于新的涉水产品,则由国家卫生监督中心进行审批和批准,并定期公告。

对于防腐剂类生物杀灭剂,2001年《农药管理条例》第二条第四款表示,用于农业、林业产品防腐或者保鲜的木材防腐剂属于农药的范畴,目前,农业部对木材防腐剂没有实行分类管理,批准登记并专门用作木材防腐剂的农药品种也很少,有专家认为,可以从登记产品的使用范围进行区分,如登记用于防治木材腐朽菌的有效成分有硼酸锌、四水八硼酸二钠、硫酸铜等;用于木材处理防治白蚁的有效成分有硫酰氟、联苯菊酯、氯菊酯、吡虫啉、毒死蜱、氟铃脲、硼酸、硼酸锌、虫螨腈、依维菌素、氰戊菊酯、氯氰菊酯、氟硅菊酯等[8]。2005年底,国务院转发国家发改委等12个部门《关于加快推进木材节约和代用工作意见》(国办发〔2005〕58号文),鼓励对木材进行防腐、防虫(蚁)、防霉、干燥、阻燃、改性等保护处理。国家林业局于2005年发布行业标准LY/T 1635《木材防腐剂》,并在2011年通过国家推荐标准GB/T 27654《木材防腐剂》,从应用功能角度规定了水载型木材防腐剂的有效成分配比,并描述了在各种剂型中有效成分的含量要求,如铜铬砷(CCA—C)中需含六价铬(以CrO_3计)44.5%~50.5%、五价砷(以As_2O_5计)30%~38%,也包括有机溶剂型木材防虫剂、有机溶剂型木材防腐剂及防霉防变色剂中必须含有的有效成分如毒死蜱、吡虫啉、三丁基氧化锡(TBTO)等。

其他防腐剂在国内属于一般工业化学产品,无专门的管理机构,需符合相应的产品标准和一般化学品法规的要求。对于有害生物防治类生物杀灭剂,如杀虫剂、杀鼠剂、杀菌剂、杀螨剂、驱避剂、引诱剂等,在中国属于农药,具体属于卫生用农药的范畴,由农业部下属的农药检定所对原药和产品进行管理。对于其他生物杀灭剂产品,其中尸体防腐液属于医疗器械,具体属于医疗器械中的器官保存液的范畴,由国家食品药品监督管理总局列入第三类医疗器械进行管理;而防污剂在国内属于一般工业化学产品,无专门的管理机构,需符合相应的产品标准和化学品法规的要求。

三、日本

在日本,生物杀灭剂主要由日本药事法管理。与其他国家尤其是欧盟 BPR 明显不同的是,日本药事法只要求对产品进行登记而无需对 AS 进行登记。在日本药事法的适用范围中,生物杀灭剂属于“预防人体和动物疾病”的药品,其目的是“用于消灭、预防老鼠、苍蝇、蚊子、跳蚤等,以保护人体和动物健康与卫生,但不包括保护仪器和设备等”。管理机构是日本卫生劳工福利省下属的药品和医疗设备局。

含有新 AS 的新 BP 的登记资料要求包括:研发介绍,背景和历史;海外注册登记情况;与当前配方的比较;理化数据/产品质量标准(spec)及分析检验方法;稳定性试验;健康试验(急性/致敏/亚慢性/长期/突变/生殖发育/毒代)以及人体健康风险评估;环境试验;药效试验。

自资料提交到登记经评审,获批需要 2 年时间;而对于仅含现有 AS 的 BP 登记,获批只需 8 个月[9]。

四、韩国

生物杀灭剂在韩国刚开始是由危险化学品管理法规《毒性化学物质控制法》管理的,对包括生物杀灭剂的活性成分和其他组分在内的,列入名录的毒性化学物质进行管理。但自该法规被 K-REACH 取代后,生物杀灭剂的成分亦受 K-REACH 的管理。

K-REACH 下生物杀灭剂的定义为:杀死除人体和动物外的有害生物,或抑制、干扰其活性的产品,比如杀虫剂、抗菌剂、防腐剂等。

因为 2016 年 4 月被披露的、持续了 5 年的、导致 239 人死亡的公共安全事件“加湿器杀菌剂杀人事件”,K-REACH 认为生物杀灭剂属于高风险关注的产品,认为注定对环境或人体健康有潜在的风险,因此,对生物杀灭剂相较于一般化学品有更高的要求。

AS若属新物质的，做K-REACH注册，但数据要求高于一般化学物质，比如1～10t/y的AS需提交10～100t/y的数据。AS若属现有物质的，则需提交年报；而AS若属现有物质中的指定注册物质时，还需做现有指定物质的K-REACH注册。

另外，对某些人体或动物健康直接相关的生物杀灭剂，则豁免K-REACH，而由相应的产品法规进行管理。比如药事法对人体卫生用消毒剂、杀鼠剂、杀虫剂、杀螨剂、杀节肢动物剂、引诱剂和驱避剂等进行管理，饮用水法对饮用水消毒剂进行管理等(表9-2)。

表9－2 生物杀灭剂在韩国的管理

	产品类型	对应的韩国管理法规	管理机构
	消毒剂和一般生物杀灭剂产品		
1	人体卫生用杀灭剂	《药事法》	食品和药品安全部
2	私人和公共健康场所消毒剂和其他杀灭剂	《药事法》 《工业产品质量控制和安全管理法》	食品和药品安全部 贸易、工业和能源部
3	兽用卫生杀灭剂	《兽药法》	农业、农产品和农村事务部
4	食品和饲料区域消毒剂	《食品安全法》 《兽药法》	食品和药品安全部 农业、农产品和农村事务部
5	饮用水消毒剂	《饮用水法》	环境部
	防腐剂		
6	罐装产品防腐剂	无	无
7	膜层防腐剂	无	无
8	木材防腐剂	《毒化物控制法》 《木材防腐处理标准》	环境部 森林服务机构
9	纤维/皮革/橡胶/聚合物防腐剂	无	无
10	石材防腐剂	无	无
11	液体制冷和加工系统防腐剂	无	无
12	杀黏菌剂	无	无
13	金属加工液防腐剂	无	无

续表

	产品类型	对应的韩国管理法规	管理机构
		有害生物防治剂	
14	杀鼠剂	《药事法》	食品和药品安全部
15	杀害鸟剂	无	无
16	杀软体动物剂	无	无
17	杀鱼剂	无	无
18	杀虫,杀螨剂和其他杀节肢动物剂	《药事法》	食品和药品安全部
19	驱除剂和引诱剂	《药事法》	食品和药品安全部
20	其他脊椎动物防治剂	《药事法》 《饲料管理法》	食品和药品安全部 农业、农产品和农村事务部
		其他生物杀灭剂	
21	防污剂	《毒化物控制法》 《海洋环境管理法》	环境部 海洋和渔业部
22	尸体和样品防腐液	无	无

2016 年 12 月 28 日,韩国环境部(MoE)公布《化学消费品及生物杀灭剂法》(Act on Chemical Consumer Products & Biocide)立法计划及 K-REACH(《Act on Registration,Evaluation,Etc. of Chemical Substances》,ARECS)修订计划,征询公众意见,把 K-REACH 中第 33、34、36、37 条与产品风险有关的条款转化为新的独立立法,加强了企业职责和违规后的处罚。法案授权环境部调查化学消费品成分、根据公共安全要求实施风险评估和标签要求,实施包装和容器安全要求。生产商、进口商应进行测试鉴定或每三年评估安全及标签合规性,及时报告产品不良反应。环境部将建立生物杀灭剂批准制度、禁用未经批准的生物杀灭剂,现有产品在 2018 年 12 月 31 日前申报的将被给予 10 年内的宽限期,只有批准的生物杀灭剂才被允许用于下游生物杀灭处理功能的产品中。法案将对企业为批准和授权而提交的资料给以 10～15 年的保护期,同时鼓励资料分享,减少动物测试。根据生物杀灭剂产品和鉴定的情况,化学消费品营销中“无毒”“无害”“安全”和“环境友好”的广告措辞被禁止。

五、中国台湾

生物杀灭剂在台湾主要是由行政主管部门环保署管理的。行政主管部门环保署颁布有《环境用药管理法》,对室内和室外用杀虫剂、杀鼠剂、杀菌剂、杀螨剂、驱避剂、引诱剂等生物杀灭剂产品及其活性物进行管理，具体负责部门是环保署下属的环境卫生和毒物管理处。饲料区域消毒剂和兽医用卫生杀灭剂属于动物用药的范畴，由农业委员会管理。人体健康卫生杀灭剂属于药品范畴，由卫生福利部下属的食品药品管理局管理。

参考文献：

[1] Regulation(EU)no 528/2012 of the European Parliament and of the Council of 22 May 2012 concerning the making available on the market and use of biocidal products. [EB/OL]. https://echa. europa. eu/regulations/biocidal-products-regulation/legislation.

[2] Practical Guide on Biocidal Products Regulation[Z],ECHA,2014.

[3] 杭州华测瑞欧．BPR 法规下生物杀灭剂产品的“统一授权”[EB/OL]. http://www. reach24h. com/cn/knowledge-base/BPR/2815-unified-authorization-under-BPR. html.

[4] ECHA,Frequently asked questions on treated articles[EB/OL]. 2014.

[5] 杭州华测瑞欧．生物杀灭剂产品和生物杀灭剂处理物品的界定[EB/OL]. http://www. reach24h. com/cn/knowledge-base/BPR/2754-differences-between-biocidal-product-and-treated-articles. html.

[6] US EPA. Summary of the Federal Insecticide,Fungicide,and Rodenticide Act,[Z],2016.

[7] Adrian K. Overview of the regulatory framework for biocidal products in the U. S. including latest developments,Asian-European Biocides regulatory submits[Z]. 2014(09).

[8] 李富根，王以燕，马星霞，等，浅议我国木材防腐剂的管理[J]. 现代农业，2011(2)：3.

[9] Keisuke O. Update on the regulatory framework for biocidal products in Japan,Asian-European Biocides regulatory submits[Z]. 2014.

第十章
涉 水 产 品

第一节　水及饮用水安全性的概述

一、水资源

关键词：
水资源 Water Resource
水污染 Water Pollution

上善若水，水利万物而不争——老子。

水，生命之源，生命之本。它是一个古老的概念，在古希腊语中称“Arche”，意为“万物之母”。水是地球上最普通的化合物，但也是最难以琢磨最难以驾驭的物质。水是地球上一切生物赖以生存和发展的基础，是生态系统的基石，是兼具基础性和战略性的资源……简而言之，在这个世界上，没有其他任何一种物质，能够像水一样，与人类的关系那么密切，与人类的健康息息相关。

在我们生活的地球，水的分布是非常广泛和丰富的。从太空上看，整个地球就仿佛蓝色的水晶星球，占 29.2%的大陆，被占 70.8%的浩瀚的海洋所包围。但是，人类可利用的水资源，却又那么贫乏。据联合国统计，地球上水的总储量约为 13.86×10^4 亿立方米，其中绝大多数是人类无法直接利用的海水，储量约为 13.38×10^4 亿立方米，占 96.53%；剩下 0.35×10^4 亿立方米，占 2.53%的淡水中，绝大多数是属于储存在冰上、极地和埋藏得很深的地下含水层中，人类当前的技术力量条件还无法企及无法利用的水，因为，人类当前真正便于开发利用的淡水，即河水、湖泊及浅层地下水，仅仅占到地球总储量的 0.007%，世界淡水储量的 0.34%。

目前，人类可利用的水，即可称为水资源。水资源按照来源来分，主要包括了大气水（即降雨和降雪等）、地表水（即江河湖泊淡水）、地下水（即浅层地下淡水）以及一定的再生水（即城市污水经处理恢复后的再生水）和某些沿海城市的淡化海水。

地球上水资源不仅贫乏，而且不均，世界各国拥有的水资源量差别很大，美洲(南北美)和远东、中东欧水资源比较丰富，而中东和北非最缺水。人类社会是淡水资源的主要消耗者，采用人均占有的水资源量来统计，联合国规定，人均拥有水资源量为 7 342 m^3，而设定的水资源缺少标准为 3 000 m^3/人/年，低于此限即为缺水。联合国规定缺水标准见表 10-1。

表 10－1 联合国规定的缺水标准

平均拥有水资源的量/(立方米/人·年)	所处缺水状态
$<$3 000	轻度缺水
$<$2 000	中度缺水
1 750	水紧张警戒线
$<$1 000	严重缺水
$<$500	极度缺水

而具体到我国，我国的平均水资源总量为 2.8×10^4 亿立方米，占世界淡水资源总量的 7%，位居世界第 4 位。但由于我国是世界第一人口大国，人均占有的淡水资源只有 2 304 立方米/人/年，还不到世界平均值的 1/3，属于缺水国家。另外，由于我国幅员辽阔，自然地理条件差异很大，水资源的分布非常不均匀，因此，进一步加剧了中西部地区的严重或极度缺水程度[1]。

从上述可知，水资源对我们是如此宝贵，而我国也是一个整体性缺水的国家，因而保护水资源的重要性对我们不言而喻。然而，由于人口的增加，生活水平的提高，经济社会的发展，我们对水资源的需要量与日俱增；另一方面，随着改革开放以来的高速发展，一段时间高投入、高能耗、高污染、低效益的“三高一低”粗放型经济增长模式，导致了生活、生产污染水资源的加剧。因此，当前我国的水资源安全态势十分严峻，而且有逐步恶化的趋势。

二、水污染

水资源按照用途来分，又可以分为生活用水、工业用水、农业用水和生态环境用水。一般情况下，生活用水可分为饮用水、卫生用水、城市公共设施和绿地用水；工业用水分为电力用水和工业产业用水；农业用水分为灌溉用水和林牧渔业用水；生态环境用水分为使江河湖泊水体达到系统平衡自净能力所需的用水和保证在一定区域内水生生态系统平稳的用水。从以上各种水资源与人类生存发展最紧密的程度而言，饮用水无疑最优先。

饮用水是人类生存的基本需求，民以食为天，食以水为先。拥有稳定、安全、洁净的饮用水以及相关的卫生基础设施，既是人类生存的基本需求和权利，也是人类健康的必须保证。WHO（世界卫生组织）在《饮用水水质准则》指出：水对于维持生命是不可或缺的，必须对所有人提供令人满意（即充足、安全及容易得到）的饮用水。改进饮用水安全可以给健康带来切实的好处，应该采取一切措施确保饮用水的安全性。

然而，正如前面所述，人类社会的进步、现代工农业的发展以及自然因素等，造成了日益严重的饮用水环境污染问题。根据第四届世界水论坛提供的联合国水资源世界评估报告显示，全世界每天约有数百万吨垃圾倒入河流、湖泊和小溪中，每升废水会污染 8 升淡水；所有流经亚洲城市的河流均被污染；美国 40%的水资源流域被加工食品废料、金属、肥料和杀虫剂污染；欧洲 55 条河流中仅有 5 条水质勉强能用。

水污染对人类健康造成很大危害，发展中国家约有 10 亿人喝不清洁的水，每年约有 2 500 万人死于饮用不清洁的水，全世界平均每天有 5 000 名儿童死于饮用不清洁的水，约 1.7 亿人饮用被有机物污染的水，3 亿城市居民面临水污染。联合国教科文组织发布的数据显示，大约 80%的人类疾病是由质量低劣的饮用水造成的。WHO 估计，80%的疾病和 1/3 的死亡率与受过污染的水有关，因水污染而患病的人数占世界各医院住院人数的一半，每年死亡的 1 800 万儿童中，约有 50%的死因与饮用水污染有关；仅仅饮用了不安全的水和缺乏卫生用水而得的疾病，每年死亡的总人数在 500 万以上。水污染还造成了严重的突发性公害事件，如国际上的水俣病、墨西哥湾漏油事件、瑞士桑多兹化工厂事件、国际国内近海海域屡次发生的赤潮事件、国内的太湖蓝藻、松花江水污染、甲肝暴发等公害事件，造成了环境、资源、人体健康、社会和经济的巨大危害和损失，导致了灾难性的后果。

水体的污染，按污染来源可分为物理性，化学性和生物性污染物，具体见表 10-2[2]。

表 10-2 水污染主要污染源

	污染类型	典型污染物	污染表征	污染来源
物理污染	热污染	热的冷却水	升温、缺氧或气体饱和、热富营养化	动力电站、冶金、石油、化工等
	放射性污染	铀、钚、锶、铯	放射性沾污	核电站、核研究生产试验、核医疗
	表观污染	泥、沙、渣、屑、漂浮物	浑浊	地表径流、农田排水、生活污水、大坝冲沙、工业废水

续表

	污染类型	典型污染物	污染表征	污染来源
		腐殖质、色素、染料、铁、锰	颜色	食品、印染、造纸、冶金等工业污水和农田排水
		酚、氨、胺、硫、醇、硫化氢	恶臭	污水、食品、制革、炼油、化工、农肥
化学污染	酸碱污染	无机或有机酸碱	pH异常	矿山、石油、化工、化肥、造纸、电镀、酸洗等工业，酸雨
	重金属污染	汞、镉、铬、铅、锌等	毒性	矿山、冶金、电镀、仪表、颜料等工业的排水
	非金属污染	砷、氰、氟、硫、硒等	毒性	化工、火电站、农药、化肥等工业
	需氧有机物污染	糖类、蛋白质、油质、木质素等	耗氧，缺氧	食品、纺织、造纸、制革、化工等工业、生活污水、农田排水
	农药污染	有机卤农药、多氯联苯、有机磷农药	毒性	农药、化工、炼油等工业、农田排水
	易分解有机物污染	酚类、苯、醛类	耗氧、异味、毒性	制革、炼油、化工、煤矿、化肥等工业，生活污水及地表径流
	油类污染	石油及制品	漂浮和乳化，增加水色	石油开采、炼油、油轮等
生物污染	病原体污染	各种病原体	水体致病性	医院、屠宰、畜牧、制革等工业，生活污水及地表径流
	霉菌污染	霉菌毒素	毒性	制药、酿造、食品、制革工业
	藻类污染	磷、氮	富营养化，恶臭	化肥、化工、食品等工业，生活污水、农田排水

同时，随着近年来人口的爆炸性增长，生活水平的提高，对饮用水的更高要求和社会进步发展对供水卫生安全不断提出新的要求，使得供水安全面临着双重压力，整体供水情况与社会发展需求仍有比较大的差距。目前，全球仍有11亿人缺乏安全饮用水，根据联合国环境规划署预计，到2025年，全球将有50亿

人生活在用水难以完全满足的地区，其中 25 亿人将面临用水短缺。

因此，联合国千年宣言提出“到 2015 年将无法持续获得安全饮用水和基本卫生条件的人口比例减少一半”的具体目标，并确定 2005—2015 年为“生命之水国际行动十年”。而我国编制了“城市饮用水安全保障规划”，并颁布一系列与饮用水相关的法律法规和标准，比如首部专门针对饮用水的卫生安全的专门法规——《生活饮用水卫生监督管理办法》，及其技术基石《GB 5749—2006 生活饮用水卫生标准》等，以推动我国饮用水卫生安全保障水平的快速持续提升，促进供水行业和相关产业的健康发展，保证全国人民饮用上安全、健康的饮用水。

第二节 饮用水卫生安全的法规

关键词：

饮用水 Drinking Water

饮用水，依照欧盟 Council Directive 98/83/EC《饮用水水质指令》[3]法规的定义为：

(1) 包括了供人类饮用、烹饪、食品加工或是其他家庭用途的所有水，不管是原生态水还是处理过的水，也不管其来源和其是否供自分配网、罐式车、瓶子或是集装箱；

(2) 所有用于供人类消费的食品生产中，包括产品的生产、加工、保存和销售过程中的水，除了国家授权主管部门认为该水源不可能影响食品的卫生及形态。

但是，并不是所有饮用水对人类都是福音，只有安全卫生的饮用水，才能给人类带来健康。对于饮用水而言，只有满足了基本的卫生安全要求[4]，方可称之为合格的饮用水，即：饮用水中不得含有病原微生物；饮用水中的化学物质不得危害人体健康；饮用水中的放射性物质不得危害人体健康；饮用水的感官性状良好；饮用水经消毒处理；饮用水的水质，需符合相应的卫生健康标准。

只有达到上述基本要求，才能保证人民的饮用健康安全。那么，如何才能保证饮用水的安全卫生呢？其核心和基础，就是必须建立“关于饮用水水质的卫生标准”。

世界上最早的关于饮用水水质的标准，可以追溯到公元前一世纪的古罗马建筑师 Vitrurius 根据水煮开的味道提出的水质感官要求，而真正具有现代意义的水质标准，是美国于 1914 年颁布的《公共卫生署饮用水水质标准》。而随着分析和检测技术的进步，以及人类对水中微生物的致病风险和各种有机物、无机物对健康环境危害认识的不断深化，WHO和许多发达国家，均纷纷制定和不断更新其水质标准。其中，最具有影响力的是WHO的《饮用水水质标准》，它是各国制定本国饮用水水质标准的基础和依据。另外，比较有影响力的还有欧盟的《饮用水水质指令》和美国环保署制定的《国家饮用水水质标准》，而包括中国在内的世界其他国家多以这3个标准为基础或重要参考来制定本国饮用水标准。

上述这3个重要的饮用水标准和我国的饮用水水质标准《GB 5749—2006生活饮用水卫生标准》的基本架构是相同的，其检测类别均包括了7大类，分别为微生物指标，感官性状和一般理化指标，放射性指标，无机物指标，有机物指标，农药指标，消毒剂及其副产物指标。只是在具体指标项目和检测限值上有所差别而已，具体概述见表10-3[5]。

表10-3 我国饮用水水质标准和国际三大标准对比

项目分类	中国《GB 5749—2006》	WHO《饮用水水质标准》	欧盟《饮用水水质指令》	美国环保署《国家饮用水水质标准》
感官和一般理化	19	27	11	15
无机物	18	18	14	17
农药	19	27	2	24
有机物	14	38	12	28
消毒剂及其副产物	18	16	2	7
微生物	6	7	5	7
放射性	2	2	2	4
合计	106	135	48	102

同时，这些饮用水水质标准中，确定其水质指标限值的方法和基础数据的确定，也是一致的。

1. 关键性基础数据的确定

(1) 饮水量。在制定化学物质限值时，比较公认的饮水量是70 kg体重的成人，每天饮水量为2 L。但对于婴幼儿和儿童，由于其饮水量以每千克体重计算将远远大于成人，故为了保护这一特殊敏感人群，对某些化学物质制定限值时，是依照婴幼儿或儿童而不是成人的饮水量来计算的。一般以10 kg体重的幼儿每天饮水量为1 L计，或以5 kg体重的婴儿每天饮水量为0.75 L计。

(2) 化学物质从饮用水中的摄入量占总摄入量的比例。化学物质可以从各种途径进入人体，比如空气、食物和水等，因此，从饮用水中的摄入绝不是唯一的途径，甚至可能不是主要途径，一般情况下，采取的估计比例为10%。

2. 确定水质指标限值的方法

（1）确定有阈值的非致癌物限值的方法

限值＝*TDI*(每日耐受剂量)×体重×从饮用水中摄入的比例/每日饮水量 (10-1)

TDI＝*NOAEL* 或 *LOAEL*/*AF*(安全系数) (10-2)

AF 的取值见表10-4[6]

表10-4 评估因子

评估因子		全身效应中的默认值	局部效应中的默认值
种间	单位体重的不同代谢率差异的修正	*AS*	1
	其他差异	2.5	2.5
种内	工人	5	5
	普通人群	10	10
暴露时程	亚急性至亚慢性	3	3
	亚慢性至慢性	2	2
	亚急性至慢性	6	6
剂量—反应	剂量—反应的可靠性，包括 *LOAEL*/*NOAEL* 的外推和效应的严重性(即由 *LOAEL* 推导 *NOAEL* 或其他)	纳入考虑，无特定值，通常为1	纳入考虑，无特定值，通常为1
数据库质量	已有数据的完整性和一致性	纳入考虑，无特定值，通常为1	纳入考虑，无特定值，通常为1
	替代数据的可靠性	纳入考虑，无特定值，通常为1	纳入考虑，无特定值，通常为1
毒性特征	致癌性阈值等特殊毒性考量	纳入考虑，无特定值，通常为1	纳入考虑，无特定值，通常为1

其中，*AS* 代表异速生长参数，用来表示因体重和面积不同导致代谢率和吸收率的差异。

$$AS=(\text{人体体重}/\text{动物体重})^{0.25} \quad (10\text{-}3)$$

而对于毒理试验常用物种而言，一般性物种与人类相比 *AS* 值见表10-5[6]。

表 10-5 不同物种异速生长参数

物种	体重/kg	AS 值
大鼠	0.25	4
小鼠	0.03	7
仓鼠	0.11	5
豚鼠	0.8	3
兔	2	2.4
猴	4	2
犬	18	1.4

（2）确定无阀值的致癌物限值的方法

$$限值=DMEL（预期最小效应水平）\times 体重 \times 从饮用水中摄入的比例/每日饮水量 \quad (10\text{-}4)$$

$$DMEL=BMD_{10} 或 T_{25}\times 10^5 或 10^6/AS \quad (10\text{-}5)$$

式中，BMD_{10}为引起不良效应反应率发生 10%变化的剂量；T_{25}为在某物种标准生命周期里，经过自然发病率校正后，导致其特定组织 25%肿瘤发生率的慢性剂量；10^5 或 10^6 表示因饮用某含量为限值水平的化学物质，而导致的终生超额致癌危险度为 10^{-5}或 10^{-6}，即在饮用含某化学物质含量为限值水平的饮用水长达 70 年之久的人群中，其超额致癌危险度为每 10^5 或 10^6 个人将新增一例癌症。

如上所述，这几个标准在确定其水质指标限值的方法和基础数据方面是一致的，但是，各大水质标准也有着各自鲜明的特点和差异[6]。

3. WHO《饮用水水质标准》的特点

（1）指出微生物是威胁饮用水安全的首要问题；

（2）提供确定优先控制污染物的方法和内容；

（3）综合考虑世界各国饮用水源主要的污染物，水质的指标最多；

（4）在制定化学物质指导限值时，既考虑到直接饮用部分，还考虑到沐浴时皮肤接触或易挥发物质通过呼吸摄入的部分；

（5）提供相应准则在特定环境下的适用原则，并就如何处理这些情况进行阐明；

（6）强调饮用水源保护的重要性。

4. 欧盟《饮用水水质指令》的特点

（1）对水质超标时要采取的行动作了原则性规定；

（2）要求所有欧盟国家对水处理过程中使用的材料和化学品建立审批制度；

(3) 对水质检测指标和频率提出指导意见;

(4) 对采样和检验方法提出要求;

(5) 要求向社会公布检测数据和结果,并加以说明;

(6) 要求供水企业和当地医疗机构建立密切联系;

(7) 水质标准的制定有良好可靠的饮用水源为基础,故水质指标相当较少但比较严格。

5. 美国环保署《国家饮用水水质标准》的特点

(1) 具有法律支撑,以《安全饮用水法》和《安全饮用水法修正条款》为基础;

(2) 建立了严格的定期(每 3 年)动态修订制度;

(3) 实际分为两个标准,一个是强制性标准,对每一种污染物提出了最大污染物浓度(MCL),另一个是非强制性标准,对每一种污染物提出了最大污染物浓度目标(MCLG)。*MCL* 为饮用水中污染物最大允许浓度,强制性限值,*MCLG* 为饮用水中污染物不会对人体健康产生未知或不利影响的最大浓度,是非强制性健康目标值;

(4) 对微生物的人体健康风险高度关注;

(5) 对饮用水消毒剂和副产物的人体健康影响非常重视。

6. 我国《GB 5749—2006 生活饮用水卫生标准》的特点

(1) 本标准的制定主要参照上述 3 大标准,同时还参考了日、俄等国标准,基本上与世界先进水质标准接轨;

(2) 结合我国饮用水源复杂,水质区域变化大和普遍受污染的实际情况,并结合各地和城乡运行管理差异大的特征,本标准采用复合指标体系,即包括了常规检测指标,也包含了非常规检验指标;

(3) 标准执行有一定灵活度,某些特殊情况下,经批准,一些指标可适当放宽;

(4) 强调全部技术内容均为强制性的。

从世界各国水质标准的发展来看,其发展趋势主要体现在:高度重视微生物的健康风险,对消毒剂和副产物越来越重视,对有毒有害物质的指标数量不断递增,指标限值也越来越严格,另外,制定水质标准时,也更注重风险效益投资分析,指标的制定更加注重经济合理性、可行性和科学性。

第三节 涉水产品的法规

关键词:

涉水产品 Drinking Water Related Product

涉水产品定义[7]：全称为“涉及饮用水卫生安全的产品”，简称涉水产品，是指在饮用水生产和供水过程中与饮用水接触的连接止水材料、塑料及有机合成管材、管件、防护涂料、水处理剂、除垢剂、水质处理器及其新材料和化学物质。

一、概述

为了保证饮用水的安全卫生，在建立饮用水水质卫生标准作为目标后，下一步就是要采取相应的措施，充分利用各种管理制度、行政手段和技术方法，以达到保障供水卫生安全这一目标。

为保证饮用水卫生安全而采取的措施，首先就是必须拥有良好可靠的水源，良好的水源是供水卫生安全最基础的保证，是任何水处理工艺所无法替代的，保护水源是饮用水安全保障的根本途径。

仅有良好的水源是远远不够的，我们还应在水的供给输送和净化处理这两个环节下功夫，强化管网供水管理，深化给水处理工艺，在供水和水处理这两方面同时发力。

一方面，一个完整的供水系统，包括了从水源到用户龙头的全过程。因此必须保证饮用水从水源地一直到饮用者这整个供应链中，供水管网和输配送设备必须对饮用水安全卫生，不得导致二次污染。另一方面，对于水本身而言，无论取自何处，都不同程度地含有各种各样的杂质，水质不经过净化和消毒等手段，往往达不到饮用水卫生标准的要求。因此，无论是为了保护其免受微生物等的污染，还是为了对水中的污染物进行处置，我们均应采取各种工艺手段，对供水进行过滤、消毒、纯化和处理，使其符合相应的卫生健康标准。只有这样，方能以合理的成本实现更高品质的供水，从而有利于饮用水行业的存在和健康发展，有利于保障居民的身体健康和饮水安全。

制定科学合理的水质标准只是饮用水卫生安全保障的基础，如何进行有效的监督和检测，以确保水质标准得到认真执行，才是保障饮用水安全的关键。因此，在加强水源地的保护、强化各级供水输配水单位和水处理机构的严格监管外，我们也应该对在水的供应和处理环节中所用的产品（即对涉及饮用水卫生安全的产品）进行严格管理。

二、我国对涉水产品的管理

自 1996 年起，为了保证生活饮用水的卫生安全，保障我国人民健康，依照《中华人民共和国传染病防治法》和《城市供水条例》的要求，我国在 7 月初首次公布并于次年始实施了《生活饮用水卫生监督管理办法》。这是我国首部针对饮用水卫生安全的专门法规，是我国对包括涉水产品在内的饮用水管理的"宪法"，建立了对供水和涉水产品的"卫生许可证制度"，这具有里程碑式的意义。

在这部饮用水管理"宪法"中，对于涉水产品的管理，构建出了分级管理的架构，即：

（1）明确对所有（无论是现有还是新产品，无论是国产还是进口）涉水产品，均需进行卫生安全性评价，获得省级或国家卫生行政部门的批准，取得相应的卫生安全合格证明（即卫生许可证或检验报告）后，方可进口/生产和销售；

（2）对于国产的与饮用水接触的防护涂料、水质处理器以及新材料和化学物质，由省级卫生行政部门初审后，报卫生部复审；

（3）对于国产的其他类型的涉水产品，由省级卫生行政部门批准，报卫生部备案；

（4）对于进口的涉水产品，须经卫生部审批后，方可进口和销售。

在《办法》明确要求对涉水产品进行行政管理后，卫生部进一步制定和发布了《涉及饮用水卫生安全产品分类目录》，即通过目录的方式来明确哪些产品属于涉水产品，这些产品如何进行分类等，从而为对涉水产品的监管指定了适用范围。

根据该目录，涉水产品依照其功能的不同分为水质处理器（即净水器）、防护材料、输配水设备、水处理材料和化学处理剂五大类；按照生产地分为国产涉水产品和进口涉水产品，其中首次在涉水产品中使用的新材料、新工艺和新化学物质的属于新涉水产品，按新产品程序许可。

在涉水产品监管的"宪法"和"目录"出台后，各具体的执行细则也相应出台，以此推动涉水产品的行政许可管理，具体见表10-6。

表10-6　涉水产品相关法规

涉水产品相关法规	主要内容
《健康相关产品卫生行政许可程序》	概述了包括涉水产品在内的健康相关产品的行政许可申报基本程序
《健康相关产品命名规定》	指出包括涉水产品在内的健康相关产品的商标名、型号、通用名、属性名等命名方式和顺序
《健康相关产品生产企业卫生条件审核规范》	主要用于包括涉水产品在内的健康相关产品的生产企业的卫生监督管理，并作为卫生行政部门现场审核的依据
《涉及饮用水卫生安全产品生产企业卫生规范》	规定了涉水产品生产企业选址、设计与设施、生产过程、原材料和成品贮存、运输、从业人员

续表

涉水产品相关法规	主要内容
《涉及饮用水安全产品卫生行政许可申报受理规定》	明确了包括现有和新涉水产品申报的资料要求
《省级涉及饮用水安全产品卫生行政许可规定》	规定了涉水产品在省级卫生行政部门的行政监管
《水质处理器系列产品卫生行政许可补充规定》	首次明确对于水质处理器即净水器类系列产品，依照处理工艺、材料、处理水量等的差异分为A系列和B系列，允许进行系列申报
《卫生部办公厅关于涉水产品卫生许可有关问题的通知》	重新界定大型水处理器，并规定对于涉水产品用的部件，需提供安全性证明文件，安全证明文件为涉水产品卫生行政许可获批件的复印件或检验报告合格的原件
《卫生部关于调整国产反渗透净水器和国产纳滤净水器卫生行政许可的通知》	说明对于国产反渗透和纳滤净水器由省级卫生行政部门审批
《国务院决定取消部分涉及饮用水卫生安全产品行政许可项目》	取消了很多常用的涉水产品的卫生行政许可要求，只需符合相应的标准和规范要求即可，比如水处理材料中的无烟煤、骨炭等；化学处理剂中的水解苯丙酰胺、聚二甲基二烯丙基氯化铵、硫酸铝铵等；水质处理器中的陶瓷净水器，饮用水pH调节器等
《涉及饮用水卫生安全产品标签说明书管理规范》	阐明了涉水产品的标签及说明书内容要求

另外，2012年12月依照《国务院决定取消部分涉及饮用水卫生安全产品行政许可项目》，卫生部卫生监督中心取消下述涉水产品卫生行政许可要求，而只需符合相应的标准和规范要求即可：

(1) 取消水处理材料中的无烟煤、骨炭、二氧化钛、聚丙烯、聚氯乙烯、碘树脂、电解槽、电极产品卫生许可；

(2) 取消化学处理剂中的水解苯丙酰胺、聚二甲基二烯丙基氯化铵、硫酸铝铵(铵明矾)、pH调节剂、灭藻剂、次氯酸钙(漂白粉)、二氯异氰尿酸钠、三氯异氰尿酸产品卫生许可；

(3) 取消水质处理器中的陶瓷净水器，饮用水pH调节器，氧化电位水发生器，除氟、除砷净水器产品卫生许可；

(4) 对于一些日常常用的涉水产品，如矿化水器或矿化水剂、陶瓷、水泥水输配水设备，氯(液氯、氯气)、石英砂、水泵、阀门、水表、水处理剂加入器等机械部件，也无需申报卫生行政许可，而是严格依照《涉及饮用水卫生安全产品生产企业卫生规范》的要求进行生产，并在上市前通过检验等手段证明其产品符合相关标准和规范的要求。

2013 年国家加快行政审批制度改革，国务院发布了一系列关于陆续取消和下放行政管理项目的决定。依照这些决定，卫生部决定适当下放权限：对于现有的涉水产品，由省级卫生行政部门负责申报审批，只有新的涉水产品，才由国家卫生计生委负责审批。

为方便该权限的调整，卫生计生委出台了“关于利用新材料、新工艺和新化学物质生产的涉及饮用水卫生安全产品判定依据的通告”，以此作为判断现有和新涉水产品的依据，实际上相当于现有涉水产品名录。只有当涉水产品中使用了不在该名录上的新材料、新工艺或新化学物质时，方属于新涉水产品，需依照新涉水产品的行政管理要求。

相应的，上述一些具体的执行细则也进行了更新和调整，具体见表 10-7。

表 10－7　涉水产品法规更新内容

涉水产品相关法规的更新或调整	主要内容
《新消毒产品、新涉水产品行政许可管理规定》	专门针对新涉水产品的总体管理要求和卫生行政许可的基本程序
《新涉水产品卫生行政许可申报受理规定》	专门针对新涉水产品申报的资料要求
关于印发省级涉及饮用水卫生安全产品卫生行政许可规定的通知	将除新涉水产品之外的现有涉水产品的审批职责由国家卫生计生委下放至省级卫生行政部门，并规范各地涉水产品卫生行政许可工作
国家卫生计生委办公厅关于进一步加强涉及饮用水卫生安全产品监管工作的通知	进一步明确，对于现有涉水产品生产或进口企业，应向实际生产企业或在华责任单位所在地的省级卫生行政部门提出行政许可申请

同时，为指导涉水产品的管理，自 1996 年起，卫生部及相关部门也发布或修订了相应的产品技术规范和标准来指导企业、检验机构和卫生行政部门，如何对涉水产品进行卫生检验、安全评价和监督监测工作，除了前章所述的《GB 5749—2006 生活饮用水卫生标准》外，其余见表 10-8。

表 10-8 涉水产品相关技术规范

涉水产品相关规范	主要内容
《生活饮用水输配水设备及防护材料卫生安全评价规范》	规定了对与生活饮用水接触的输配水管、蓄水容器、供水设备、机械部件(如阀门、水泵、水处理加入器)、涂料、内衬等进行检验和评价。检验方法主要采用浸泡试验法，同时对防护涂料的浸泡水还需进行毒理学试验(急性口服和致突变)
《生活饮用水化学处理剂卫生安全评价规范》	规定了对于混凝、絮凝、助凝、消毒、氧化、pH 调节、软化、灭藻、除垢、除氟、除砷、氟化、矿化等化学处理剂的卫生安全要求和监测检验方法
《生活饮用水水质处理器卫生安全与功能评价规范》	规定了水质处理器的定义，与水接触材料的卫生要求，卫生安全性和功能性试验以及出水水质要求，并把水质处理器分为三种：一般水质处理器、矿化水处理装置和反渗透处理装置
《涉及饮用水卫生安全产品检验规定》	规定了针对各种不同的涉水产品，所应采用的检验方法、检验指标等
《生活饮用水消毒剂和消毒设备卫生安全评价规范》	规定了水消毒剂和消毒设备的检验方法、指标和卫生安全要求
《饮用净水水质标准》(CJ94—2005)	针对纳滤净水器的整体性能试验的评价

由于上述涉水法规执行细则的更新，涉水产品的申报流程也进行了相应的调整，对于现有涉水产品的申报，由省级卫生行政部门负责，其流程如图 10-1 所示。

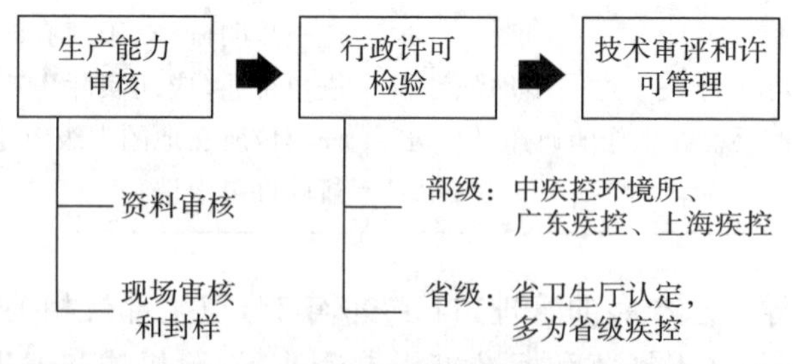

图 10-1 现有涉水产品申报流程

首先，申请单位依照《省级涉及饮用水安全产品卫生行政许可规定》的资料要求，向实际生产企业或在华责任单位所在地省级卫生行政部门提交产品配方(申报供水设备和饮水机许可的，提供产品结构图和与饮水接触主要材料的卫生安全证明)、生产工艺、说明书、生产设备和检验设备清单、生产厂区位置图(厂区位置图应标明厂区附近的标志性建筑物)、总平面图、生产车间、检验室、原料仓库、成品仓库平面图及卫生行政部门要求提供的其他与生产有关的技术资料,申请对所申报产品的生产能力进行审核。

其次,省级卫生行政部门对资料进行审核,如需补充的,发给申请单位补充通知;完成补充后,省级卫生行政部门依据《健康相关产品生产企业卫生条件审核规范》和《涉及饮用水卫生安全产品生产企业卫生规范》进行现场审核,现场采封样,出具生产能力现场审核意见。

随后,申请单位负责将采封样样品送检至省级及以上卫生行政部门认定的检验机构,由检验机构根据相应的"卫生安全与功能评价规范"进行行政许可检验,出具产品检验报告。在拿到产品检验报告后,申请单位依据《省级涉及饮用水安全产品卫生行政许可规定》准备相应的资料,如许可申请表、省级卫生行政部门出具的生产能力现场审核意见、产品检验报告、产品材料及配方等等,向省级卫生行政部门申请涉水产品行政许可。

最后,省级卫生行政部门在收到申请单位完整的申报资料后,组织专家进行技术评审,通过评审的,颁发涉水产品行政许可批件,有效期 4 年。对于申请延续许可有效期的,必须在有效期届满前 30 个工作日之前提出申请(已完成生产能力审核)。

对于新涉水产品的申报,由国家卫生计生委负责,其流程如图 10-2 所示。

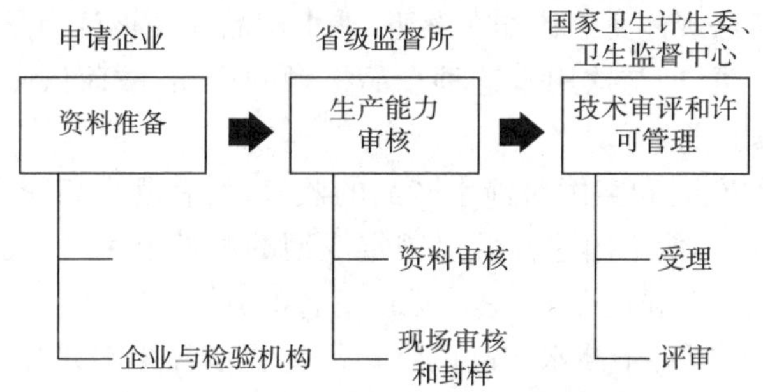

图 10-2　新涉水产品申报流程图

首先,申请单位向国家卫生监督中心递交包括研制报告、质量标准、检验和评价方法,以及国内外使用情况在内的相关技术资料;卫生监督中心对递交的资料进行初步技术审查,由技术评审委员会确定产品的验证检验项目、检验批次、检验方法和检验机构,以及是否进行现场审核和采样封样,并将初步评审意见告知申请单位。

若需进行现场审核的,由实际生产企业或在华责任单位所在地省级卫生行政部门进行现场审核。省级卫生行政部门依据《健康相关产品生产企业卫生条件审核规范》和《涉及饮用水卫生安全产品生产企业卫生规范》进行现场审核，现场采封样，出具生产能力现场审核意见。

随后，申请单位负责将采封样样品送检至指定的检验机构，由检验机构根据相应的卫生安全与功能评价规范进行行政许可检验。

申请单位依据《新材料、新工艺和新化学物质生产的涉及饮用水卫生安全产品申报受理规定》的要求填写申请表和申报资料，向卫生监督中心申请涉水产品行政许可。申请单位先登录卫生监督中心网上申报系统进行网上申报，再向卫生监督中心提交书面申请材料及样品。卫生监督中心在接收新涉水产品卫生行政许可申请材料后，组织专家进行技术评审，通过评审的，颁发涉水产品行政许可批件。

上述法规、具体执行细则和一系列规范的发布、执行与更新，有力维护了我国涉水产品产业的健康发展，进一步完善和强化了我国饮用水卫生安全保障的法规体系，逐步建立起了适合中国国情的监管模式，提高了饮用水卫生安全质量，提升了人民群众的生活水平。

三、欧美对涉水产品的管理

除了中国专门针对涉水产品，建立了独立且严密的法规监管体系外，世界其他国家，比如欧盟和美国，并未专门针对涉水产品建立专业的法规体系，同时也未建立独立的涉水产品监督管理机构。而是往往受监管于其他与食品安全卫生相关的上位法规体系。比如在欧盟，涉水产品往往被认为是从属于与食品接触产品中的一类，即与饮用水这种食品接触的产品，故而依照食品接触产品法律管理体系来监管。

比较典型的欧盟和美国对涉水产品的监管，两者既有相同点，即只对终产品进行管理，而不是像中国这样既对固定成型的配件也对终产品进行管理；但两者之间也存在着明显的差异，具体见以下各部分。

另外美国、欧盟对于涉水产品的终产品主要依赖第三方机构的认证，如美国的NSF(美国全国卫生基金会，National Sanitation Foundation)，荷兰的KIWA机构。

（一）欧盟

首先，欧盟并没有统一的专门针对涉水产品的法规或指令，而是需符合欧盟关于食品接触物质的框架法规(EC) No. 1935/2004和欧盟关于建材的框架法规(EC)No. 305/2011的原则性要求。

对于除固定的公共或私有供水设备以外的涉水产品，依照欧盟(EC) No. 1935/2004，必须符合如下原则性要求：不得危害人体健康；不得导致饮用水组分发生不可接受的变化;不得导致饮用水感官恶化。

而对于那些固定场所属于建材类的涉水产品,依照欧盟(EC)No. 305/2011,必须符合如下原则性要求:必须防止有危害的物质或者对饮用水有不利影响的物质释放到饮用水中。

另外,欧盟对于食品接触物质的管理,仅有对塑料类食品接触物质的监管达成了统一性法规(EU)No. 10/2011,故对于塑料类涉水产品,也需符合(EU)No. 10/2011 的基本要求。

虽然在欧盟层面上,有框架性的法规要求,但实际上对于涉水产品的监管,无论是塑料类涉水产品,还是其他类别的涉水产品,其具体的法规监管和执行则是在欧盟各成员国层面上,均须依照各国的法规对涉水终产品进行监管。

而且一般而言,对于那些建立有国家层面上的食品接触物质法规体系的成员国,比如德国、荷兰、法国等,往往也建立有相应的国家层面上的涉水产品法规监管,并建立有涉水产品用物质的"许可清单"作为监管基础,通过对涉水产品用物质的全组分揭露、产品质量安全和功用功效的检验,从而由各国政府机构对涉水终产品进行评估和授权。其中,对涉水产品用物质的评估,基本和EFSA(European Food Safety Authority,欧洲食品安全局)对食品接触物质的评估方式是相同的,而经过 EFSA 评估可用于食品接触的物质,亦可用于涉水产品中,哪怕不在各国的"许可清单"中。

1. 德国

德国对涉水产品进行管理法规是《饮用水条例(Trink Wasser Verordnung)》,最新版本是 2012 年修改版,设定了涉水产品的总体要求。

依照修改的饮用水条例,UBA(德国联邦环境部)颁布了一系列的导则[8-9]和附带的许可清单,对涉水产品用物质进行评估,具体包括:

(1) 与饮用水接触的陶瓷类物质评估标准(草稿);

(2) 与水接触的金属类物质评估标准;

(3) 与水接触的有机类物质卫生评估导则;

(4) 与水接触的有机涂料卫生评估导则;

(5) 与水接触的弹性体卫生评估导则;

(6) 与水接触的润滑剂体卫生评估导则;

(7) 依照联邦环境部对与水接触有机物质卫生评估导则,对有特定技术功能和配方中低含量物质的评估;

(8) 与水接触的热塑性弹性体卫生评估导则;

(9) 有机材料中单个物质迁移到饮用水中的精确评估导则。

该系列导则针对不同类别的物质,给出了包括测试方法、许可清单、卫生要求、合规性等在内的评估方法和标准。导则中所包含的许可物质清单,包括了单体和添加剂，该清单是基于 KTW 导则，BfR（德国标准局）推荐和欧盟 PIM 的“物质清单”而建立的，对于迁移量低于 0.1μg/L 的非 CMR 物质，则豁免进入该“许可清单”。目前这一系列导则尚不具有法律效应，但在即将到来的几年，将变成强制性标准。

UBA 虽然依照饮用水条例，发布了一系列针对涉水产品的导则和许可清单，但其本身并不负责涉水产品的测试和批准，而是由德国的公共健康卫生部门进行测试，再由 KZW（德国水中心）根据产品用物质清单和测试结果对涉水终产品进行授权。

2. 荷兰

荷兰对涉水产品进行管理法规是 KIWA BRL K17504（2008）和 ATA（Attest Toxicological Aspects，1994），主管机构是 KIWA Rijswijk，建立有涉水产品用物质的“许可清单”，对单体（如橡胶单体、塑料单体、弹性体单体、涂料单体等）和添加剂进行管理作为监管基础，而对于迁移量低于 0.1μg/L 的物质，则豁免进入该“许可清单”，并通过对涉水产品进行测试，从而对终产品进行授权。

3. 法国

法国对涉水产品进行管理的法规是 Arrêté du 29 mai 1997 modifié，适用范围覆盖了输配水产品和水处理产品，主管机构是 Ministèr des Affairs sociales。但法国并未建立一个单独的涉水产品用物质“许可清单”，而是综合了很多欧盟和法国许可的物质，比如欧盟 PIM 物质清单、法国食品接触用橡胶物质清单、经 EFSA 评估可用于食品接触物质等。另外，从 1999 年起，法国 Ministèr des Affairs sociales 使用了体系 Attestation de Conformité Sanitaire（ACS），用于证明涉水产品是否符合卫生要求，是否合规。

同时，为了促进欧盟内部法规的统一和市场一体化，减小贸易摩擦、行政性障碍和技术壁垒，增强欧盟作为一个统一整体在全球经济的地位和话语权，自 2011 年起，首先由 4 个欧盟成员国：[法国、英国（原成员国）、荷兰和德国]发起一个协调项目“4MSs initiative”，其基本观念包括：

（1）范围包括了输配水设备，比如有机类（如塑料、涂料、润滑剂、橡胶等）、金属类和胶凝类材料，但不包括离子交换树脂和膜；

（2）尽可能地在欧洲标准化委员会（CEN）下统一测试方法；

（3）同意采用相同的原则，以编制和管理其统一的“许可清单”；

（4）于 2011 年发布“4MSs 通用方式”来针对涉水产品中的有机类、金属类和胶凝类材料的合规性评估。

通过“4MSs initiative”项目的实施，我们预计，与现有欧盟法规体系相比，将发生如下变化，具体见表 10-9。

表 10-9 欧盟未来法规体系变化

	当前法规体系	未来法规体系
法规架构	各国执行各自的法规	各国将统一执行 4MSs 的基本观念,但也保留各自的额外要求
合规性	由各国相关机构对终产品进行授权	不变,仍由各国相关机构对终产品进行授权
对新物质的申请和评估	向各国相关机构分别申请,并由各机构分别评估	仍向各国相关机构分别申请,但共同评估(即一国评估,他国同意)
可用物质	各国各自的"许可清单",以及经 EFSA 评估可用于食品接触的物质	将建立统一的"许可清单",以及经 EFSA 评估可用于食品接触的物质
涉水产品的合规性测试	各国建立有各自的合规性测试,但方法和标准各不相同	在欧洲标准化委员会下统一测试方法和标准

目前,"4MSs initiative"已开始编制统一的"许可清单"和测试方法。

首先,自 2011 年起,开始逐步起草和建立"金属类物质许可清单"和"有机类物质许可清单"。其中,"有机类物质许可清单"又进一步地细分为"塑料类物质许可清单""橡胶类物质许可清单""涂料物质清单"和"润滑剂物质清单"。而对于列入欧盟 PIM,即(EU)No. 10/2011(欧盟塑料类食品接触物质法规)清单的物质,默认可直接作为涉水产品用物质。对于迁移量低于 0.1μg/L 的物质,豁免进入该"许可清单"。而对于新物质的评估,则依照 EFSA 对食品接触物质的评估导则(即食品模拟物就是饮用水),基于迁移量来提供相应的毒理学安全性评估资料。

同时,建立的统一测试方法有:

(1) 沥出液的制备试验(CEN EN 1420);

(2) 增强的微生物生长试验(CEN EN 16421);

(3) 表观(颜色、混浊度)试验(CEN EN 13052);

(4) 未知的浸出物质的半定量 GC-MS 筛选试验(CEN EN 15768)。

除了上述 4 国外,欧盟其他一些成员国,如意大利、葡萄牙等,也对加入"4MSs initiative"表现出浓厚的兴趣,而西班牙等国,也参照"4MSs initiative"的很多基本观念,逐步建立起本国的涉水产品管理法规体系。

(二)美国

1974 年,美国国会通过了《安全饮用水法》。随后,美国 EPA(环保署)于 1986 年对法规进行了修正,颁布了《安全饮用水法修正条款》,规定了实施饮用水水质规划的计划。依照该规划，EPA 制定并不断修订《国家饮用水水质标准》。《国家饮用水水质标准》分两部分，一个是《国家饮用水基本法规》（又称“国家一级水质规程”或一级标准），属于法定强制性标准，限制了那些有害公众健康的已知的或在公用给水系统中出现的有害污染物浓度，从而保护饮用水水质；另一个是《二级饮用水法规》（又称“国家二级水质规程”或二级标准），属于非强制性标准，用于控制水中对美容或感官有影响的污染物浓度。EPA 推荐二级标准但未规定强制执行，各州可选择性采纳作为强制性指标[10]。

美国饮用水卫生的管理由 EPA 负责，而对于涉水产品的管理，则主要由 NSF（美国国家卫生基金会）管理。对于在北美大陆生产、输入或经营涉水产品的，则需获得 NSF 的涉水产品相关标准的认证。NSF 是一家独立的非营利机构，成立于 1944 年，通过一系列标准的开发，确保食品与饮用水的安全，保障公众健康。

自 1972 年起，EPA 着手处理一些水处理及水配送产品的注册项目。它在 1984 年正式发布征求意见书以开发产品标准及相关认证方案。随后在 1985 年，NSF 中标负责开发水处理及水配送产品标准及相关认证工作。1988 年，NSF 出版了《NSF 标准 60：饮用水处理化学品 健康影响》和《NSF 标准 61：饮用水系统部件 健康影响》，并自 1989 年起开始对涉水产品进行认证。

NSF 对涉水产品进行 NSF 标准 60 和 61 认证管理。其中，NSF 标准 60 是针对水处理化学品，而 NSF 标准 61 则是针对与饮用水接触的终产品、元器件和材料。他们都是对产品的安全性进行评估，而不评估产品性能。

ANSI 是美国国家标准协会，负责批准美国国家标准，为每个特定领域指定一部美国国家标准，批准美国国家标准，以及对产品认证机构进行审核并认可。ANSI 指定 NSF 标准 60 和 61 为涉水产品领域的美国国家标准，因此 NSF 标准 60 和 61 又更名为 NSF/ANSI 标准 60 和 61。同时，ANSI 也认可 NSF 为涉水产品的认证机构。

（一）NSF/ANSI 标准 60

NSF/ANSI 标准 60 的全称是《NSF 国际标准/美国国家标准　饮用水系统部件　健康影响》，旨在确保化学品不会在饮用水中残留过量的化学物或污染物。该标准涵盖了所有类别的水处理化学品，包括凝结剂和絮凝剂、缓蚀和阻垢剂、消毒剂和氧化剂、灭藻剂、加氟剂、示踪染料，以及其他供水用化学品如清洗助剂、钻井助剂和润滑剂等。

依据 NSF/ANSI 标准 60 的产品认证要求包括如下几步骤：

(1) 收集配方信息，包括所有成分及相应的供应商清单，可能要求成分供应商提供额外的配方信息，产品的最大建议使用量、制成工艺、已知或疑似杂质的清单、成分分析报告、产品使用说明。

（2）配方评估，包括评估在最大使用剂量时该化学品是否安全？有哪些潜在污染物可能被添加进饮用水中？

（3）生产场所检查，包括验证产品配方及供应商追溯、工厂现场巡视、检查产品标签、检查批次混料记录（针对有混料工序的化学品）、检查 QA 流程，测试样品的现场取样。

（4）实验室测试，包括将水处理化学品一般按照 10 倍最大使用剂量投入到水中，关注的金属类和非金属污染物（金属类包括 As、Ba、Be、Cd、Cr、Cu、Pb、Hg、Sb、Se、TI，非金属类包括 VOC、卤代化合物、多环芳烃化合物、邻苯二甲酸盐、酚醛等）。

（5）毒理学评估，包括计算各污染物浓度，并与该污染物容许浓度相比较。

（6）列明和通过认证，包括对于满足 NSF/ANSI 标准 60 标准要求的产品通过 NSF 认证并有资格使用 NSF 标志，该产品将出现在 NSF 官方列名中，NSF 对生产场所进行突击年度审核及产品年度现场取样测试。

（二）NSF/ANSI 标准 61

NSF/ANSI 标准 61 全称是《NSF 国际标准/美国国家标准　饮用水系统部件　健康影响》，旨在确保与饮用水或饮用水处理化学品接触的材料、元器件和终产品中的潜在析出物不会对健康造成影响。本标准涵盖了从水源到水龙头的所有与饮用水接触的产品，包括管材和管件、涂层、机械装置（处理设备、水表、阀门）、连接和密封材料、处理介质、机械管道装置（龙头、公用自动饮水机）等。

NSF/ANSI 标准 61 的关注点是哪些污染物会转移或析出到水中？这些污染物是否低于允许的最大浓度是多少？其产品认证要求步骤与 NSF/ANSI 标准 60 非常相似，也包括如下 6 个步骤。

（1）厂商提供 100%配方信息，包括每个与水接触部件中的每个材料，以及每个材料中的每个化学成分。

（2）对产品配方进行评估。

（3）对生产工厂进行审核，并现场取样测试样品。

（4）将测试样品浸泡在水中析出污染物，分析水样中的污染物。其中对于金属类材质的在 pH 5 和 pH 10 的水中浸泡，对于有机材质的在 pH 8 的水中浸泡，对于金属和有机混合材质的仅在 pH 8 的水中浸泡，以代表各类实际用水；而对于温度，设定了 3 个温度级别：

① 冷水温度或环境温度，测试温度 23℃±1℃，适用于大多数水处理和配水产品；

② 家用热水温度，测试温度为 60℃±1℃，适用于家用热水器下游的涉水产品；

③ 商用热水温度，测试温度为 82℃±1℃，适用于商用热水器下游的涉水产品。

（5）对析出的污染物进行毒理学评估，计算各污染物浓度，并与该污染物容许浓度相比较。

（6）对于满足 NSF/ANSI 标准 61 要求的产品，通过 NSF 认证并有资格使用 NSF 标志，该产品将出现在 NSF 官方列名中，NSF 对生产场所进行突击年度审核及大多数涉水产品年度现场取样测试。

除了 NSF/ANSI 标准 60 和 61 外，还有《NSF/ANSI 标准 372：饮用水系统部件 铅含量》。但这个标准只是认证涉水产品中的铅含量是否符合安全饮用水法中设定的铅限量要求，因此在这里不详述。

参考文献：

[1] 崔玉川．饮水、水质、健康. 2 版[M]. 北京：中国建筑工业出版社，2009.

[2] 甘日华，温伟群．饮用水卫生与管理[M]. 北京：人民卫生出版社，2008.

[3] EU's Drinking Water Standards. Council Directive 98/83/EC on the quality of water intended for human consumption[EB/OL]. http://ec. europa. eu/environment/water/water-drink/legislation_en. html.

[4] 中华人民共和国卫生部．GB 5749—2006 生活饮用水卫生标准[S]. 北京：中国标准出版社，2006.

[5] 梁锡念、甘日华．供水卫生安全保障与管理[M]. 北京：人民卫生出版社，2009.

[6] ECHA. Guidance on information requirements and chemical safety assessment R. 8[Z], 2008.

[7] 中华人民共和国建设部、卫生部令第 53 号．生活饮用水卫生监督管理办法[Z]，1996.

[8] German UBA. Guidelines for the mathematical estimate of the migration of individual substances from organic materials in drinking water[EB/OL]. http://www. umweltbundesamt. de/sites/default/files/medien/377/dokumente/modellierungsleitlinie. pdf.

[9] German UBA. Guidelines for hygienic assessment of organic materials in contact with water[EB/OL]. http://www. umweltbundesamt. de/sites/default/files/medien/377/dokumente/ktw_leitllinie_eng. pdf.

[10] US EPA. Drinking Water Standards and Health Advisories[EB/OL]. https://www. epa. gov/dwstandardsregulations/drinking-water-contaminant-human-health-effects-information.

第十一章
阻　燃　剂

第一节　阻燃剂产品概述

关键词：
阻燃剂 Flame retardant
多溴联苯 PBB Poly Brominated Benzene
多溴二苯醚 PBDE Poly Brominated Diphenyl Ether

阻燃剂：阻燃剂(flame retardant)，是指赋予易燃聚合物难燃性的功能性助剂，主要是针对高分子材料的阻燃设计的。阻燃剂有多种类型，按使用方法分为添加型阻燃剂和反应型阻燃剂。按材料类型分为卤系阻燃剂、磷系阻燃剂、铵盐型阻燃剂、硅系和硼系阻燃剂、金属化合物阻燃剂、膨胀型阻燃剂和无机纳米阻燃剂。

反应型阻燃剂：阻燃剂能够与阻燃基体或其他添加成分发生化学反应，产生新的结构，从而将阻燃成分键接到材料中，在使用过程中不易迁移析出。
添加型阻燃剂：阻燃剂单纯通过物理方式与阻燃基材结合。优点是使用方便，缺点是由于阻燃剂与基材间相互作用较弱，需要防止在使用过程中阻燃剂的迁移析出现象的发生。

阻燃材料是指与普通材料相比，在着火条件下具有难以点燃、点燃后易熄灭或不易蔓延，具有低热量释放、低烟气释放量等阻燃性能的材料。阻燃剂是用于阻止易燃材料燃烧，使易燃材料具有阻燃性能特征的助剂。阻燃材料并不是不燃烧，而是难于燃烧。所以不能指望阻燃材料绝对防止火灾的发生，阻燃材料只是能够防止小型火源蔓延发展成为火灾，延缓发生大型燃烧的火灾的蔓延和发展，为消防赢得时间。因此，阻燃材料不是万能的，因为它不能够绝对地防止火灾的发生，但是没有阻燃材料又是万万不能的，因为它避免了90%的星星之火发展成为大型火灾，挽救了无数的生命，减少了财产损失。

阻燃材料分为本质阻燃和添加型阻燃两大类[1]。本质阻燃是指材料本身具有阻燃功能，无需添加阻燃改性成分的一类材料。这类材料在整个材料领域较少，大体是由人们直接将阻燃元素和结构组织合成到分子中形成的一类材料。例如，对位芳纶(聚对苯二甲酰对苯二胺，芳纶1414)以及间位芳纶(聚间苯二甲酰间苯二胺，芳纶1313)。

添加型阻燃材料是整个阻燃材料领域的主要类别。易燃材料大体包括热塑性树脂、热固性树脂、橡胶、涂料、纤维和木材等。将上述易燃材料改性成为阻燃材料，可以将阻燃剂通过共混、涂覆等方式与被阻燃成分结合到一起，形成阻燃材料的方式。添加型阻燃材料在添加阻燃剂时，可以添加反应型阻燃剂，也可以添加纯粹添加型的阻燃剂。反应型阻燃剂能够与阻燃基体或其他添加成分发生化学反应，产生新的结构，从而将阻燃成分键接到材料中，在使用过程中不易迁移析出，但由于在加工过程中需要发生反应，因此其性能稳定性和使用的便利性会受到影响。而添加型阻燃剂单纯通过物理方式与阻燃基材结合。优点是使用方便，缺点是由于阻燃剂与基材间相互作用较弱，在使用过程中会有阻燃剂的迁移析出现象。

按照材料类型来划分，阻燃剂目前主要可分为有机阻燃剂和无机阻燃剂、卤素阻燃剂和非卤阻燃剂。有机阻燃剂是以卤系、磷系为代表的阻燃剂，无机主要是三氧化二锑、氢氧化镁、氢氧化铝，硅系等阻燃体系。每种阻燃剂依据不同的阻燃机理适用于不同的被阻燃基材。

火灾是历史上导致人类死亡和财产损失的一个主要原因。随着石油的发展，高分子材料越来越多地应用在建筑、化工、军事和交通等领域。由于高分子材料的易燃性，进一步增加了火灾特别是民房火灾的发生概率。据美国防火协会估计，2012年美国有超过130万起火灾，直接导致近3 000人死亡和超过120亿美元的经济损失[2]。现代社会为降低和避免火灾的发生采取了很多种有效方法，譬如特别的工程设计、建筑规范的制定、火警设备的使用等。但很多情况下，在高分子材料中添加阻燃剂来降低材料的可燃性仍旧是最经济有效的手段。譬如，对在软垫产品中使用阻燃剂的英国和不使用阻燃剂的欧盟其他国家的统计对比表明，阻燃剂的使用可以极大地降低火灾的发生[3]。因此，世界各国针对防火安全制定了严格的建筑规范，严格规定建材、电子电器、家具以及汽车设备中使用的材料必须符合相应的阻燃标准等级。

阻燃剂在为可燃材料提供安全性能的同时，有的也显示出了对人类和环境不利的一面。最近十几年来，大量的证据指出，某些阻燃剂，特别是多溴联苯和多溴二苯醚阻燃剂，对环境和人类的健康构成威胁。由此引起人们对阻燃剂风险评估的重视。

在防火与环保之间寻找平衡点，是未来阻燃产品发展的重要方向。如何在保障人员和财产免受火灾威胁的同时，又能使阻燃剂对人体和环境存在的潜在危害降到最低，是政策制定者和阻燃剂生产企业、研究机构及下游电子电气、建材、交通及家具等行业共同关注的焦点。

第二节 阻燃法规介绍

一、燃烧性能试验方法

阻燃等级又称燃烧等级或防火等级，即材料具有的或材料经处理后具有的明显推迟火焰蔓延的性质，并以此划分的等级制度。不同类型的材料，阻燃等级的划分标准也不同。

评判材料的阻燃性能通常采用两种依据：一是从材料的燃烧速率来进行评判，另一种是通过测定材料的极限氧指数来进行评判。

燃烧速率是指测试样品按规定的方法与火焰接触一定的时间，然后移去火焰，测试样品继续有焰燃烧和无焰燃烧的时间，以及样品被损毁的程度。有焰燃烧的时间和无焰燃烧的时间越短，被损毁的程度越低，则表示测试样品的阻燃性能越好；反之，则表示测试样品的阻燃性能不佳。

UL94 燃烧性能测试标准是典型的利用燃烧速率法来评价材料阻燃等级的方法。该标准由美国保险商实验室（Underwriters Laboratories，UL）制定，是应用最广泛的塑料材料燃烧性能试验方法标准。它用来评价材料在被点燃后熄灭的能力。常用的阻燃等级有水平燃烧测试（Horizontal Burning Test）中的一个等级 HB；20 mm 垂直燃烧测试（Vertical Burning Test）中的三个等级 V-0、V-1、V-2；125 mm 垂直燃烧测试中的两个等级 5VA、5VB；我国《GBT 2408—2008 塑料燃烧性能的测定水平法和垂直法》分别对应 UL94 测试标准的水平燃烧测试和 20 mm 垂直燃烧测试。

极限氧指数（LOI）是指样品燃烧所需的氧气量，故通过测定氧指数即可判定材料的阻燃性能。氧指数越高，则说明维持燃烧所需的氧气浓度越高，即表示越难燃烧。该指数可用样品在氮、氧混合气体中保持烛状燃烧所需氧气的最小体积分数来表示。比如，从理论上讲，纺织材料的氧指数只要大于 21%（自然界空气中氧气的体积浓度），其在空气中就有自熄性。根据氧指数的大小，通常将纺织品分为易燃（LOI＜20%）、可燃（LOI＝20%～26%）、难燃（LOI＝26%～34%）和不燃（LOI＞35%）四个等级。

随着科技的进步和人们环保意识的增强，阻燃测试方法及阻燃分类标准进一步统一，新的阻燃法规在释热性、发烟性、燃烧产物毒性、熔滴指标等方面提出更为严格的要求，预示着阻燃剂的研发朝着环保、高效、安全、无毒的方向发展。

例如，我国《GB8624—2014 建筑材料及制品燃烧性能分级》中提到“对燃烧特性的内涵从单纯的火焰传播和蔓延，扩展到包括燃烧热释放速率、燃烧热释放量、燃烧烟密度以及燃烧物毒性等参数”。

《GB16807—2009 防火膨胀密封件》在老标准的基础上，修改了“耐酸性”“耐碱性”“耐水性”“防烟性能”等检测项目的指标要求，并增加了一些与实际应用密切相关的检测项目，如“产烟毒性”“发烟密度”“耐空气老化性能”等。防火膨胀密封件广泛应用于防火门、防火窗、防火卷帘、防火阀、防火玻璃隔墙等建筑构配件和建筑结构之中，能够有效提高建筑构件和建筑结构的防火、防烟性能。

《GB/T14656—2009 阻燃纸和纸板燃烧性能试验方法》将使我国阻燃纸和纸板燃烧性能试验方法同国际先进检验技术接轨。业界认为，美国材料与试验协会（ASTM）发布的 ASTMD777—1997（2002）《阻燃纸和纸板的燃烧性能标准试验方法》更具权威性和国际影响力，因此，《GB/T14656—2009 阻燃纸和纸板燃烧性能试验方法》在内容上主要参考了美国材料与试验协会标准修订而成。

二、防火安全法规及标准

阻燃剂作为防火安全中的一个重要力量，世界各国针对防火安全严格规定建材、电子电器、家具以及汽车设备中使用的材料必须符合相应的阻燃标准等级。中国针对防火安全中涉及阻燃剂方面的立法尚处于起步阶段，各个行业协会对产品的防火安全提出了相应的标准，关于防火安全相关的法律法规也正在逐步建立和完善。具体的法律法规有以下内容。

1. 中华人民共和国主席令第六号《中华人民共和国消防法》

2009 年 5 月 1 日起实施的《中华人民共和国消防法》明确提出，要求建筑构件、建筑材料和室内装修、装饰材料的防火性能必须符合国家标准；没有国家标准的，必须符合行业标准。人员密集场所室内装修、装饰，应当按照消防技术标准的要求，使用不燃、难燃材料。

2. 国家强制性标准 GB20286—2006《公共场所用阻燃制品及组件燃烧性能要求和标识》

2006 年，国家发布 GB20286—2006《公共场所用阻燃制品及组件燃烧性能要求和标识》，并于 2007 年 03 月 01 日起施行。该标准规定了公共场所用阻燃制品及组件的定义及分类、燃烧性能要求和标识等内容。该标准规定，我国公共场所使用的建筑制品、铺地材料、电线电缆、插座、开关、灯具、家电外壳，以及座椅、沙发、床垫中使用的保温隔热层及泡沫塑料必须符合相应的阻燃标准等级。公共场所是指提供公共服务或人员活动密集的设施和场所,例如商场、电影院、学校、医院、车站码头等,公安部第 39 号令和第 61 号令对公共场所的界定有明确说明。公共场所阻燃制品及组件共分为 6 大类,分别是阻燃建筑制品、阻燃织物、阻燃塑料/橡胶、阻燃泡沫塑料、阻燃家具及组件和阻燃电线电缆。

3.《阻燃制品标识管理办法(试行)》

为推动国家强制性标准 GB20286—2006《公共场所阻燃制品及组件燃烧性能要求和标识》的贯彻实施,加强对阻燃制品质量的监督管理,依据《中华人民共和国消防法》和《中华人民共和国产品质量法》,2007 年公安部消防局制定了《阻燃制品标识管理办法(试行)》。阻燃制品标识是指表明阻燃制品及组件的阻燃性能已按照有关规定经检验合格的标志,该办法已于 2007 年 5 月 1 日实施。制度要求新建或改建的公共场所,必须采用满足标准要求的阻燃制品。2008 年 7 月 1 日之后,凡是使用不符合 GB20286—2006《公共场所阻燃制品及组件燃烧性能要求和标识》的阻燃制品的,对该公共场所的消防验收或者开业前消防安全检查一律不得通过。

4. 建筑行业

GB50222—95《建筑内部装修设计防火规范》(2001 年修订版)。该标准于 1995 年发布实施,分别在 1999 年和 2001 年进行了局部条文的修订,但都没有发布新版本的规范。该标准对民用建筑和工业厂房的内部装修中用到的各类材料燃烧性能的等级划分和等级要求进行了规定。其中明确要求,经阻燃处理后的涂料、织物和聚乙烯、聚丙烯、聚氨酯和聚苯乙烯等化学材料达到一定的燃烧等级后才可以使用。民用建筑装修包括顶棚、墙面、地面、隔断的装修,以及固定家具、窗帘、帷幕、床罩、家具包布、固定饰物等,在工业厂房中包括顶棚、墙面、地面和隔断的装修。

表 11-1 装修材料燃烧性能等级表

等级	等级装修材料燃烧性能
A	不燃性
B1	难燃性
B2	可燃性
B3	易燃性

GB8624—2012《建筑材料及制品燃烧性能分级》。该标准明确了建筑材料及制品燃烧性能的基本分级为 A、B1、B2 和 B3 四级,采用了欧盟标准 EN 13501—1:2007 的分级判据,建立了与欧盟标准分级 A1、A2、B、C、D、E、F 的对应关系。

表 11-2 建筑材料及制品燃烧性能等级表

GB8624—2012 燃烧性能等级	欧盟标准等级
A	A1 A2
B1	B C
B2	D E
B3	F

GB 50016—2014《建筑设计防火规范》6.7 部分"建筑保温和外墙装饰"指出,"建筑的内、外保温系统,宜采用燃烧性能为 A 级的保温材料,不宜采用 B2 级保温材料,严禁采用 B3 级保温材料"。根据建筑的高度、类型和内外保温系统的不同规定了对应保温材料的燃烧性能等级。规范指出,阻燃或耐火电缆应符合国家现行标准《阻燃及耐火电缆塑料绝缘阻燃及耐火电缆分级和要求》GA 306.1 和 GA 306.12。

2009 年 09 月 25 日颁布了公通字[2009]46 号《民用建筑外保温系统及外墙装饰防火暂行规定》,该规定就民用建筑外部保温系统和外墙装饰的燃烧等级做出规定。要求民用建筑外保温材料的燃烧性能宜为 A 级,且不应低于 B2 级。对于有机保温材料而言,如 EPS、XPS 和聚氨酯硬泡经阻燃处理后可以达到 B2 级,从而满足我国建筑外保温材料的防火要求。

公消[2011]65 号《关于进一步明确民用建筑外保温材料消防监督管理有关要求的通知》。2011 年 3 月 14 日,在上海胶州教师公寓、沈阳皇朝万鑫大厦等连续发生建筑外保温材料火灾的情况下,公安部消防局紧急下发了该通知,通知要求"新标准发布前,民用建筑外保温材料采用燃烧性能为 A 级的材料"。

国发[2011]46 号《国务院关于加强和改进消防工作的意见》。该意见颁布于 2011 年 12 月 30 日,意见规定,新建、改建、扩建工程的外保温材料一律不得使用易燃材料,严格限制使用可燃材料,并要求加快研发和推广具有良好防火性能的新型建筑保温材料,采取严格的措施提高建筑外保温材料系统的防火性能,强调建筑室内装饰装修材料必须符合国家、行业标准和消防安全要求,将部分易燃、有毒及职业危害严重的建筑材料纳入淘汰范围。

中华人民共和国公安部令第 119 号《建设工程消防监督管理规定》(修订版)颁布于 2012 年 7 月 17 日,该法规对新建、扩建、改建等建设工程的设计、施工、监管等行为做出规定,包括对所使用建筑材料防火性能的要求以及项目进行过程中各单位在使用达到防火性能要求的建材方面的行为准则。

公消[2012]350号《关于民用建筑外保温材料消防监督管理有关事项的通知》。2012年12月3日，公安部消防局下发该通知，通知指出“考虑到国务院下发的《国务院关于加强和改进消防工作的意见》(国发[2011]46号)和公安部颁布的《建设工程消防监督管理规定》，对新建、扩建、改建建设工程使用外保温材料的防火性能及监督管理工作作了明确规定，公消〔2011〕65号《关于进一步明确民用建筑外保温材料消防监督管理有关要求的通知》不再执行”。

5. 汽车行业

GB 8410—2006《汽车内饰材料的燃烧特性》。该标准实施于2006年7月1日，规定了汽车内饰材料水平燃烧特性的技术要求及试验方法。内饰材料指汽车内饰零件所用的单一材料或层积复合材料，如坐垫、座椅靠背、座椅套、安全带、头枕、扶手、活动式折叠车顶、所有装饰性衬板、仪表板、杂物箱、室内货架板或后窗台板、窗帘、地板覆盖层、遮阳板、轮罩覆盖物、发动机覆盖物和其他任何室内有机材料，包括撞车时吸收碰撞能量的填料、缓冲装置等材料。标准要求内饰材料的燃烧速度不大于100 mm/min。

6. 纺织品

我国从20世纪80年代中期开始制定纺织品阻燃性能测试方法标准和纺织制品的阻燃产品标准，至今已颁布了三十余项涉及有关纺织品阻燃性能的国家标准。我国标准基本为生产和贸易型体系，更多在指导生产方面作用较大，在贸易方面的主导作用明显处于劣势。我国阻燃性标准目前以强制性标准和推荐性标准为主，没有法规上的要求。标准的更新速度和制定上还比较缓慢。如GA 504—2004阻燃装饰织物至今已有近十年未做修订，一些纺织品、服装的阻燃性能标准至今仍然空白(如儿童服装的阻燃标准)。

虽然我国对纺织品的阻燃要求主要针对公共场所内使用的织物、交通工具内饰物、防护服提出的，但如能真正贯彻执行，将对减少火灾损失产生积极作用。

第三节 阻燃剂禁限用法规

一、阻燃剂管理概述

目前，国际上化学品的管理有针对既有化学物质的风险评估及根据评估结果实行的相关限制政策，和新化学物质上市前的登记注册要求。前者如欧盟REACH要求1吨以上的现有化学物质进行注册、欧盟滚动行动计划(CoRAP)、欧盟高关注度物质清单(SVHC)，美国的毒性化学物质工作计划(TSCA work plan)，加拿大化学品管理计划(CMP)，以及韩国REACH要求的高关注物质注册(PEC);后者如中国的新化学物质管理办法(环保部7号令)。此外,针对某些特殊应用领域,出台了针对此类应用领域的登记注册和风险评估要求,如农药、医药、化妆品、食品添加剂和食品接触材料的审核登记。同时,针对需要地区或者全球协同管理的化学品,制定了各类公约,如斯德哥尔摩公约、《鹿特丹公约》等。

阻燃剂在为可燃材料提供安全性能的同时,有的也显示出了对人体健康和环境不利的一面。最近十几年来,大量的证据指出,某些阻燃剂,特别是个别有机溴系阻燃剂对环境和人类健康的威胁,由此引起人们对阻燃剂风险评估的全面重视。为了减少和避免有害化学品对人类健康和环境的不利影响,世界主要国家和地区在最近十年来纷纷加强了对阻燃剂生产、使用和处置的管理。突出表现为禁止和限制某些阻燃剂在一些产品中的应用,如电器电子产品、汽车、纺织品和家具等。

目前,世界各国没有针对阻燃剂的管理进行单一立法。阻燃剂作为一种化学品,针对它的环境和人体健康风险管理目前在上述提到的化学物质的管理法规框架内运行。

二、中国阻燃剂禁限用法规

1. 电器电子产品中的禁限用阻燃剂

2006年02月28日,原信息产业部发布《电子信息产品污染控制管理办法》,主要目的是为实现在中国境内使用、生产和销售的电子电器类产品中有毒有害物质的控制(禁止或限制),该办法于2007年03月01日起实施。限制和禁止使用的有毒有害物质包括六种:铅、汞、镉、六价铬、多溴联苯(PBB)、多溴二苯醚(PBDE)。其中,多溴联苯和多溴二苯醚为常用的两种阻燃剂,办法要求两者的含量在构成电子电器产品的各均质材料中,不得超过0.1%(质量分数)。中国从未生产过多溴联苯、八溴二苯醚,五溴二苯醚早在2004年已经不生产。世界上的主要阻燃剂生产企业已停止生产多溴二苯醚。

2016年1月6日,工信部发布《电器电子产品有害物质限制使用管理办法》,自2016年7月1日起施行。2006年2月28日公布的《电子信息产品污染控制管理办法》同时废止。

2. 汽车产品中的禁限用阻燃剂

GB/T 30512—2014《汽车禁用物质要求》,于2014年6月1日开始实施。该标准禁止国内汽车生产企业和汽车进口代理商在汽车产品的研发、生产、进口、销售等环节使用铅、汞、镉、六价铬、多溴联苯、多溴二苯醚。其中,多溴联苯和多溴二苯醚的含量在汽车及其零部件产品中每一均质材料中,不得超过0.1%(质量分数)。

3. 纺织品中的禁限用阻燃剂

针对纺织品中的阻燃剂使用，国内有两项推荐标准进行了限控，分别是GB/T 18885—2009《生态纺织品技术要求》和GB/T 24279—2009《纺织品禁/限用阻燃剂的测定》。前者参照国际环保纺织协会Oeko-Tex® Standard 100《生态纺织品通用及特殊技术要求》，对纺织品中的阻燃剂提出了禁用要求，各类纺织品中的禁用阻燃剂有三-(2，3-二溴丙基)磷酸酯、三-(氮环丙基)-膦化氧、多溴联苯、五溴二苯醚和八溴二苯醚5种。后者是针对前者禁止的5种阻燃剂在纺织品中的测定方法。两项标准均从2010年1月1日开始实施。

4. 环境标志产品技术要求

为贯彻《中华人民共和国环境保护法》，减少微型计算机、显示器产品在生产和使用过程中对环境和人体健康影响，保护环境而制定了HJ 2536—2014《环境标志产品技术要求 微型计算机、显示器》。该标准对微型计算机、显示器产品环境保护设计、产品生产阶段、产品中限用物质的限量、能耗、噪声、产品包装以及产品说明等方面提出了要求。其中，零部件中有害物质要求产品中质量大于25 g的塑料零件不得使用短链氯化石蜡(SCCPs)、中链氯化石蜡(MCCP)(对MCCP的要求从2015年7月1日开始执行)、六溴环十二烷(HBCD)，计算机主板所使用基材中不得使用六溴环十二烷。

5. 环境保护综合名录(2015年)

2015年12月，环保部发布《环境保护综合名录》(2015年版)。其中，与阻燃剂相关的列入“高污染、高环境风险”产品名录的有四溴双酚A、六溴环十二烷、含十溴二苯醚的防火涂料、含四溴二苯酚A的防火涂料、含六溴环十二烷的防火涂料、含八溴醚的防火涂料。

列入“双高”目录的产品，国家将不予综合利用增值税优惠、不予调高出口退税；将推动企业实施绿色采购，引导企业避免采购“双高”产品；结合推进生活方式绿色化，引导企业和公众减少对“高污染、高环境风险”产品的使用。

6. 联合国《关于持久性有机污染物的斯德哥尔摩公约》(POPs公约)

目前，《POPs公约》限制使用的化学品有24种，其中有4种阻燃剂：四溴二苯醚和五溴二苯醚、六溴二苯醚和七溴二苯醚、六溴联苯、六溴环十二烷。正在讨论增列为POPs的物质中有一种阻燃剂，即十溴二苯醚。目前实际受《POPs公约》管控的仍在生产和使用的阻燃剂只有六溴环十二烷。六溴环十二烷(HBCD)是一种在绝缘、纺织和电子领域常用的阻燃剂，列入《POPs公约》意味着其在全球范围内禁止使用。

2013年5月，联合国《关于持久性有机污染物的斯德哥尔摩公约》(简称《公约》)的缔约方大会第六次会议(COP6)审议并通过修正案，将HBCD增列入《公约》附件A中，要求缔约方在豁免期内逐步停止HBCD生产和使用；同时，修正案对HBCD在防火性EPS和XPS建筑板材生产的应用予以特定豁免，缔约方对豁免使用的HBCD的EPS和XPS产品进行标识，并对HBCD废物及污染场地进行识别和环境无害化管理与处置。2014年11月26日，修正案对《公约》159个缔约方自动生效；在中国交存批准、接受、核准或加入文书之后，即修正案报请全国人民代表大会常务委员会审议批准后，修正案将在中国正式生效。

2016年6月27日至7月2日，十二届全国人大常委会第二十一次会议在京召开。受国务院委托，陈吉宁部长向全国人大常委会作了关于提请审议批准《〈关于持久性有机污染物的斯德哥尔摩公约〉新增列六溴环十二烷修正案》议案的说明。7月2日，十二届全国人大常委会第二十一次会议批准了该议案。修正案将六溴环十二烷增列入《关于持久性有机污染物的斯德哥尔摩公约》的附件A(消除类)，禁止其生产、使用和进出口，并保留其生产及用于建筑物中的发泡聚苯乙烯和挤塑聚苯乙烯的特定豁免。

2016年12月26日，环境保护部、外交部等11部委联合发布关于《〈关于持久性有机污染物的斯德哥尔摩公约〉新增列六溴环十二烷修正案》生效的公告。公告要求从2016年12月26日起，禁止六溴环十二烷的生产、使用和进出口。但根据《关于持久性有机污染物的斯德哥尔摩公约》，以下情形除外：用于建筑物中发泡聚苯乙烯和挤塑聚苯乙烯的(主要作为阻燃剂)，在特定豁免登记的有效期内(2016年12月26日—2021年12月25日)，可生产、使用和进出口；用于实验室规模的研究或用作参照标准的，可生产、使用和进出口。据悉，《中国HBCD淘汰行动计划》也在制定中。

三、国际阻燃剂禁限用法规

1. 欧盟电器电子设备中限制使用某些有害物质指令(RoHS)

欧盟电器电子设备中限制使用某些有害物质指令(RoHS)限制和禁止使用的有毒有害物质包括六种：铅、汞、镉、六价铬、多溴联苯(PBB)、多溴二苯醚(PBDE)。其中，多溴联苯(PBB)和多溴二苯醚(PBDE)为常用的两种阻燃剂，指令要求两者的含量在构成电子电器产品的各均质材料中，不得超过0.1%(质量分数)。

2. 欧盟REACH《化学物质的注册、评估、授权和限制》

欧盟REACH被誉为世界最严格的化学品监管法规，其中并没有对阻燃剂或溴系阻燃剂的区别对待。截至2016年底，REACH的高关注物质候选清单涉及168种物质，其中与阻燃剂相关的只有2种：十溴二苯醚(DecaBDE)和六溴环十二烷(HBCD)。REACH的限制物质清单涉及62种物质，其中与阻燃剂相关的有：五溴二苯醚(HeptaBDE)、八溴二苯醚(OctaBDE)、三(2,3-二溴丙基)磷酸盐、多溴联苯(PBB)。REACH的高关注物质(SVHC)授权清单涉及31

种物质，其中与阻燃剂相关有两种物质：六溴环十二烷((HBCD)和三(2-氯乙基)磷酸酯(TCEP)，从 2015 年 8 月开始，六溴环十二烷只有经授权才能使用。REACH 待评估物质清单 CoRAP 上有 319 种物质，其中与阻燃剂相关的有 6 种：2,4,6 三溴苯酚(2,4,6-Tribromophenol)、三丁基磷酸酯(Tributyl phosphate)、十溴二苯乙烷(1,1‘-(ethane-1,2-diyl) bis[pentabromobenzene])、三苯基磷酸酯(TPP)、磷酸三甲苯酯(TCP)、四溴双酚 A 和三氧化二锑，其中三氧化二锑为无机阻燃剂。这些阻燃剂是否被 REACH 禁限要视评估结果而定。其中，2,4,6 三溴苯酚(2,4,6-Tribromophenol)由于在 REACH 下的注册者取消注册，现在已没有公司对该物质进行注册，于 2016 年 5 月终止评估，初步评估报告建议在今后如果有新的注册者的时候重启评估。

3. 欧盟玩具安全指令

2014 年 6 月 20 日，欧盟在其官方公报上发布了对玩具安全指令 2009/48/EC 附件二附录 C 的修订，该修订规定了玩具中 TCEP、TCPP 和 TDCP 的允许限值。欧盟各成员国需在 2015 年 12 月 21 日或之前根据修订后的指令的相关要求制定并发布相关法律法规，并于 2015 年 12 月 21 日开始施行相关法律法规。

TCEP 是一种磷酸烷基酯，被用作聚氨酯、聚酯树脂、聚丙烯酸酯以及其他聚合物中的阻燃增塑剂和黏度调节剂，广泛应用于建筑、家具和纺织行业。TCEP 属于 2 类致癌物质和 1B 类生殖毒性物质。通过儿童的吮吸和咀嚼行为，TCEP 很容易从玩具中释放出来。摄入 TCEP 会引起肾脏、肝脏和大脑毒性，损害健康和诱发癌症。TCPP 和 TDCP 是 TCEP 的卤代物，具有与 TCEP 类似的物理化学特性和毒理特征，因此，保健和环境科学委员会(SCHER)认为对 TCEP 的限制应同时应用于 TCPP 和 TDCP。

表 11－3 欧盟玩具安全指令 2009/48/EC 附件二阻燃剂限值

物质	CAS 编号	含量限值/(mg/kg)
TCEP	115-96-8	5
TCPP	13674-84-5	5
TDCP	13674-87-8	5

4. 挪威

2010 年 1 月 13 日，挪威污染控制局(SFT)发表了溴化阻燃剂行动计划的最新版本，该计划最早是在 2002 年发布的，旨在实现 2010 年的溴化阻燃剂排放大幅减少，到 2020 年彻底消除溴化阻燃剂的排放。该计划主要集中在五种溴化阻燃剂：五溴、八溴和十溴二苯醚、六溴环十二烷和四溴双酚 A(TBBPA)。挪威认为，虽然更多的溴化阻燃剂还没有足够的数据进行风险评估，基于已完成评估的数个溴化阻燃的环境和人体健康风险，出于谨慎考虑应该限制溴化阻燃剂的使用。

跟欧盟一样，挪威已禁止了五溴二苯醚、八溴二苯醚和十溴二苯醚的使用，该禁令包含在欧盟指令电器电子设备中限制使用某些有害物质指令（RoHS）中。在挪威的推动下，六溴环十二烷也已列入了斯德哥尔摩公约。

5. 美国

（1）华盛顿特区

华盛顿特区早在2011年起就禁止五溴二苯醚、八溴二苯醚和十溴二苯醚的使用。2016年3月17日，华盛顿市市长签署通过《致癌性阻燃剂修正案》，编号为L21-0108。法案中的所有条例将强制执行。

2018年1月1日起，在华盛顿特区禁止制造、销售及分销使用含有超过1 000 mg/kg Tris(1,3-dichloro-2-propyl)phosphate(TDCPP)磷酸三(1,3-二氯异丙基)酯和Tris(2-chloroethyl)phosphate(TCEP)磷酸三(2-氯乙基)酯的儿童产品和软垫家具，2019年1月1日以后禁止含有超过1 000 mg/kg TDCPP和TCEP的所有产品。但是，汽车和电子电器产品除外。“儿童产品”是指推广销售供12岁或以下的儿童使用的或可预见会被12岁以下的儿童大量使用的产品。“软垫家具”是指任何意图设计为在家中或者其他住所使用的由织物或者类似材质的材料包裹着弹性垫料的家具。

（2）华盛顿州

2016年4月华盛顿州州长签署2545号众议院法案，对儿童产品和软垫家具产品中的5种阻燃剂进行限制。此法案对原有法案RCW 70.240进行了修正，并将于2017年7月1日正式生效。

此法案正式生效之后，在华盛顿州内制造、分销和销售的儿童产品和软垫家具产品的任何部件含有以下阻燃剂的质量分数都不得超过1 000 mg/kg：

① Tris(1,3-dichloro-2-propyl)phosphate(TDCPP)磷酸三(1,3-二氯-2-丙基)酯；

② Tris(2-chloroethyl)phosphate(TCEP)磷酸三(2-氯乙基)酯；

③ Decabromodiphenyl ether(DecaBDE)十溴联苯醚；

④ Hexabromocyclododecane(HBCD)六溴环十二烷；

⑤ Tetrabromobisphenol A 四溴双酚 A(添加型，指在产品中以游离形式存在而不是以化学键合形式存在)。

另外，生态局打算将以下6种阻燃剂增加到儿童产品高度关注化学物质(CHCC)清单，届时CHCC清单列表物质将增加到72种。

① Isopropylated triphenyl phosphate(IPTPP)异丙苯基磷酸酯；

② (2-ethylhexyl)-2,3,4,5-tetrabromobenzoate(TBB)2-乙基己基-四溴苯

甲酸；

③ Bis(2-ethylhexyl)-2,3,4,5-tetrabromophthalate(TBPH)双(2-乙基己基-)-四溴苯甲酸；

④ Tris(1-chloro-2-propyl)phosphate(TCPP)磷酸三(1-氯-2-丙基)酯；

⑤ Triphenyl phosphate(TPP)磷酸三苯酯；

⑥ Bis(chloromethyl) propane-1, 3-diyltetrakis (2-chloroethyl) bisphosphate(V6)2,2-双氯甲基-三亚甲基-双[双(2-氯乙基)磷酸脂](V6)。

儿童产品包括:儿童玩具、化妆品、珠宝首饰;设计制作用于帮助儿童吮吸、出牙、促进睡眠、放松、喂食,或者供儿童穿着的服装类产品;便携式婴儿或者儿童安全座椅。

(3) 明尼苏达州

明尼苏达州州长于 2015 年 5 月 19 日签署了提案 SF1215,禁止部分阻燃剂在儿童产品或软垫家具(换尿布垫、睡衣、午睡垫、护儿枕等)中的使用。根据该提案要求,自 2018 年 7 月 1 日起,生产商或批发商不得在明尼苏达州生产或销售任何部件中下列阻燃剂含量超过 1 000 mg/kg 的儿童产品或软垫家具;自 2019 年 7 月 1 日起,这一要求同样适用于零售商。明尼苏达州限制使用的阻燃剂类型见表 11-4。

表 11-4 明尼苏达州限制使用阻燃剂

阻燃剂	CAS 编号
磷酸三(1,3-二氯-2-丙基)酯	13674-87-8
磷酸三(2-氯乙基)酯	115-96-8
十溴联苯醚	1163-19-5
六溴环十二烷	25637-99-4

在该提案的最初版本中,有十种阻燃剂被禁止使用,其中还包括四溴双酚A、锑、四溴邻苯二甲酸双(2-乙基己基)酯(TBPH)、2-乙基己基-四溴苯甲酸(TBB)、氯化石蜡和磷酸三(2-氯丙基)酯(TCPP),且限值是 100 mg/kg。

(4) 加利佛尼亚州

2013 年 4 月 12 日,美国一家非营利性组织与一家著名的儿童睡垫生产商达成一项禁止使用化学阻燃剂协议。该协议是加州 65 法案管控下首例针对阻燃剂化学物质的法定协议。协议要求供儿童及婴儿躺卧用的泡棉垫(例如休息用的垫子)不得检出以下化学阻燃剂。阻燃剂指含有任何磷或者卤素官能团,添加后达到阻止或者减缓火势蔓延的化学物质,包括但不限于附表中的化合物。加利佛尼亚州禁止使用的阻燃剂类型见表 11-5。

表 11-5 加利福尼亚州禁止使用的阻燃剂

阻燃剂	CAS 编号
磷酸三(1,3-二氯-2-丙基)酯(TDCPP)	13674-87-8
三(2-氯乙基)磷酸酯(TCEP)	115-96-8
磷酸三(2-氯丙基)酯(TCPP)	13674-84-5
2-乙基己基-四溴苯甲酸(TBB)	183658-27-7
2,3,4,5-四溴-苯二羧酸双(2-乙基己基)酯(TBPH)	26040-51-7
磷酸三苯酯(TPP)	115-86-6
2,2-双氯甲基-三亚甲基-双[双(2-氯乙基)磷酸酯](V 6)	38051-10-4
磷酸叔丁基苯二苯酯(MDPP)	56803-37-3
磷酸苯基(二叔丁基苯基)酯(DBPP)	65652-41-7
磷酸三(对-叔丁基苯)酯(TBPP)	78-33-1/28777-70-0
五溴联苯醚(PentaBDE)	32534-81-9
八溴联苯醚(OctaBDE)	32536-52-0
十溴联苯醚(DecaBDE)	1163-19-5

2015 年,美国加州提出提案 SB 763,拟要求在加州销售婴幼儿产品的生产商标明其产品中是否含有添加的阻燃剂。加州认定,婴幼儿产品不需要相关阻燃性标准。提案定义的阻燃剂包括任何有阻碍或防止火势蔓延的化学品或化学成分,包括但不仅限于卤素系阻燃剂、磷系阻燃剂、氮系阻燃剂和纳米级阻燃剂,以及其他法规指定为阻燃剂的物质。

(5) 佛蒙特州

佛蒙特州于 2013 年通过了一项修订消费品中的阻燃剂要求的法案(表 11-6)。该法案已于 2013 年 7 月 1 日生效。法案要求自 2014 年 1 月 1 日起,除零售商外,任何人不得制造或销售含 TCEP 或 TDCPP 且含量超过 0.1%(质量分数)的阻燃剂的儿童用品或住宅用软垫家具。自 2014 年 7 月 1 日起,任何零售商不得销售含 TCEP 或 TDCPP 且含量超过 0.1%(质量分数)的阻燃剂的儿童用品或住宅用软垫家具。此法案对塑料运输托盘中的 DecaBDE 含量也做出了相关限制。

表 11-6 佛蒙特州限制使用的阻燃剂

阻燃剂	CAS 编号
磷酸三(1,3-二氯-2-丙基)酯	13674-87-8
磷酸三(2-氯乙基)酯	115-96-8
十溴联苯醚	1163-19-5

在美国受控的阻燃剂见表 11-7。

表 11－7 美国禁限阻燃剂一览表

Flame retardant 阻燃剂	缩写	CAS 编号	美国州法令	加州 65 阻燃剂协议	其他常见受管控的阻燃剂
Polybrominated diphenylethers 多溴联苯醚	PBDEs	/	√	√	
Tris(1,3-Dichloro-2-Propyl)Phosphate 磷酸三(1,3-二氯-2-丙基)酯	TDCPP	13674-87-8	√	√	
Tris(2-chloroethyl)phosphate 三(2-氯乙基)磷酸酯	TCEP	115-96-8	√	√	
Tris(1-Chloro-2-propyl)phospha Te 磷酸三(2-氯丙基)酯	TCPP	13674-84-5	√	√	
2-ethylhexyl-2,3,4,5-tetrabromobenzoate 2-乙基己基-四溴苯甲酸	TBB	183658-27-7		√	
bis(2-ethylhexyl)-2,3,4,5-tetrabromaphthalate 2,3,4,5-四溴-苯二羧酸双(2-乙基己基)酯	TBPH	26040-51-7		√	
Triphenyl phosphate 磷酸三苯酯	TPP	115-86-6		√	
2,2-bis(chloromethyl)trimethylene bis(bis(2-chloroethyl)phosphate) 2,2-双氯甲基-三亚甲基-双[双(2-氯乙基)磷酸酯]	V6	38051-10-4		√	
4-(tert-butyl)phenyl diphenyl phosphate 磷酸叔丁基苯二苯酯	MDPP	56803-37-3		√	
Bis(tert-butylphenyl)phenyl phosphate 磷酸苯基(二叔丁基苯基)酯	DBPP	65652-41-7		√	
Tris(4-tert-butylphenyl)phosphate 磷酸三(对-叔丁基苯)酯	TBPP	78-33-1 and 28777-70-0		√	

续表

Flame retardant 阻燃剂	缩写	CAS 编号	美国州法令	加州65阻燃剂协议	其他常见受管控的阻燃剂
Tris-(2,3-dibromopropyl)-phosphate 三(2,3-二溴丙基)磷酸酯	TRIS	126-72-7			√
Tris-(aziridinyl)-phosphinoxide) 三-(1-吖丙啶基)氧化膦	TEPA	545-55-1			√
Polybrominated biphenyls 多溴联苯	PBBs	/			√
Tri-cresyl phosphate(including Tri-o-cresyl phosphate,Tri-m-cresyl phosphate,Tri-p-cresyl phosphate) 磷酸三甲苯酯(包括:磷酸三(邻甲苯)酯;磷酸三(间甲苯)酯;磷酸三(对甲苯)酯	TCP (including ToCP, TmCP, TpCP)	78-30-8 563-04-2 78-32-0			√
Tetrabromobisphenol A 四溴双酚 A	TBBPA	79-94-7			√
Hexabromocyclododecane 六溴环十二烷	HBCD	25637-99-4			√
Short Chained Chlorinated paraffins 短链氯化石蜡	SCCP	85535-84-8			√

第四节 典型争议阻燃剂介绍及阻燃剂发展趋势

一、十溴二苯醚(DecaBDE)

十溴二苯醚是一种通用的添加型阻燃剂,可广泛用于多种塑料/聚合物和纺织品中。十溴二苯醚用途广泛,终端用途各异,因此生命周期复杂。在塑料制品中,商用十溴二苯醚用于计算机和电视机等电气和电子设备的外壳、交通运输和航空领域,以及建筑和施工行业,如用于电线、电缆、管道和地毯等。在纺织制品中,十溴二苯醚用于商用纺织品中,主要供公共建筑和交通运输行业使用;在消防安全规定严格的国家,也用于家用家具纺织制品中。根据业界报告的全球需求数据,商用十溴二苯醚是 2001 年全球第二大溴化阻燃剂,也是市场上主要的多溴二苯醚混合物[5]。

十溴二苯醚具有潜在的健康和环境影响,因此长期受到科学界和监管机构的细致审查。目前国际、区域和国家各级已经针对十溴二苯醚独立开展了若干次环境和健康风险/危害评估。根据评估结果,多个国家采取了风险减少措施。

早在 1986 年,由于担心十溴二苯醚不完全燃烧可能导致溴化二噁英/呋喃的排放,德国化工协会自愿同意停止使用十溴二苯醚。后来在 2008 年,欧盟通过颁布“限制电气电子设备中的有害物质指令”,禁止在电气电子设备中使用十溴二苯醚。瑞士关于电气电子设备中十溴二苯醚使用的条例内容与欧盟“限制电气电子设备中的有害物质指令”一致。2008 年,挪威颁布的关于十溴二苯醚生产、进出口、使用及投放市场的全国禁令宣告生效,该禁令涵盖了十溴二苯醚除运输外的所有用途。

欧盟在 2002 年对十溴二苯醚进行过完整评估,并于 2004 年和 2007 年进行过两次修订,英国环保署在 2009 年和 2010 年进行了进一步评估,并于 2012 年认为其属于 PBT 类物质。2012 年 12 月,在英国的提议下被列入高关注度物质清单(SVHC)。2014 年 8 月,ECHA 提出将十溴二苯醚列入限制物质清单,并于 2015 年 8 月结束征求意见,由于欧盟旨在与联合国《关于持久性有机污染物的斯德哥尔摩公约》是否将十溴二苯醚列入的决议保持一致,因此到目前为止还没有决定是否将其列入限制物质清单。

在北美,加拿大率先于 2008 年对该物质实施限制,在《多溴二苯醚条例》下颁布了多溴二苯醚(包括十溴二苯醚)生产禁令。2010 年 8 月,加拿大环境部与加拿大卫生部联合发布了《多溴二苯醚风险管理战略》,其中重申了将加拿大环境中的多溴二苯醚浓度尽量减少至最低水平的目标。据此,加拿大与世界三家最大的多溴二苯醚生产商达成协议,三家生产商将自愿逐步停止向加拿大出口多溴二苯醚。这一自愿协议包括以下内容:2010 年底之前逐步停止用于电气电子设备的多溴二苯醚的出口和销售,2013 年底之前逐步停止用于运输和军事用途的出口和销售,2012 年底之前逐步停止其他所有用途的出口和销售。

2007 年始,美国华盛顿州、俄勒冈州、佛蒙特州、缅因州、纽约州、麻州等 12 个州陆续禁止在家居和软垫产品中使用多溴二苯醚,并要求在电子电器产品中逐步退出使用。2009 年 12 月,美国三家大型十溴二苯醚生产商承诺,从 2009 年开始逐步淘汰十溴二苯醚。这三家公司承诺,在 2012 年 12 月 31 日之前停止用于多数用途的十溴二苯醚的生产、进口和销售,并在 2013 年底之前停止将其用于所有用途。

在亚洲,中国、印度和韩国对该物质实行了有限度的限制。中国版“限制电气电子设备中的有害物质指令”的立法(《电子信息产品污染控制管理办法》)在进行修订时,对用于打印机、手机和固定电话机的十溴二苯醚的使用实行了限制。韩国在 2008 年实施了一项法律,内容涉及电子产品和车辆的生命终期及对此类产品的限制。其中,关于豁免、限值及受限物质的规定与欧盟“限制电气电子设备中的有害物质指令”中的相关内容一致。但未将十溴二苯醚列入《电子设备及汽车中的资源回收条例》下的聚合用途中的危险物质清单。

在印度,电子废物(管理和处理)条例于 2012 年 5 月生效。电子废物条例下的“危险物质限制”章节指出对电子设备中十溴二苯醚的使用实行限制。

二、六溴环十二烷(HBCD)

HBCD(hexabromocyclododecane,分子式:$C_{12}H_{18}Br_6$)是一种无色透明结晶或白色粉末,水溶度非常低,亲脂性高,挥发性低[6]。HBCD 作为阻燃剂,主要应用于聚苯乙烯隔热产品。大部分 HBCD(约 80%)被制成阻燃剂,用于建筑业的发泡聚苯乙烯(EPS)和挤塑聚苯乙烯(XPS)产品。HBCD 还应用于电气或电子配件中的高抗冲聚苯乙烯(HIPS)。此外,在坐垫面料、家具、床垫布和车座的高分子分散涂层剂中,也能发现 HBCD。2001 年,全球 HBCD 产量为 1.6 万吨,2011 年增加到 3.1 万吨,部分原因在于 HBCD 作为禁用的 PBDEs(多溴二苯醚)的替代物使用。

HBCD 很容易排放到环境中。因为其属于添加型阻燃剂,不与聚合物结合,它可以在其生命周期的任何阶段释放——从生产过程到最终产品,最后到废物处理阶段。HBCD 在空气中的排放主要源于其在 EPS 和 XPS 保温板中的应用;HBCD 在水中排放通常源于其在纺织行业中的应用。

HBCD 可在野生动物体内累积,包括鱼类、鸟类和哺乳动物。一般来说,处于食物链高位的海洋哺乳动物和食鱼鸟类污染程度最高,而且 HBCD 含量的上升是持续性的。收集于 1969—2008 年的资料表明,波罗的海海鸠的卵中,HBCD 的含量自 20 世纪 70 年代起每年增加 2.6%。即使在偏远的北极格陵兰岛,过去 25 年中,HBCD 在海豹脂肪中的含量也增加了。

由于 HBCD 广泛应用于各类产品中,人类接触到的 HBCD 来源于各种渠道。室内接触被认为是人体接触 HBCD 的重要途径,室内空气中的 HBCD 一般比室外高出 10 倍。此外,家庭和办公室灰尘中的 HBCD 浓度可达到非常高的水平,大多来源于建筑材料和纺织品。婴幼儿可能会在室内地板上玩耍时大量接触 HBCD。有研究显示,1~3 岁儿童接触的 HBCD 最多,新生儿与成年人的接触量小一些。HBCD 通过呼吸道和消化道吸收到人体内,在体内脂肪中堆积。通过母乳喂养,HBCD 可以转移给婴儿。瑞典一项研究表明,过去 20 年,瑞典哺乳期女性乳汁中 HBCD 浓度在稳步增加。

澳大利亚、加拿大和欧盟分别于2012年、2011年和2008年发布了针对HBCD的风险评估报告。从职业健康和消费者的暴露风险来看，虽然这三家在风险评估过程中采用的数据略有不同，最后的评估结论均认为HBCD对大众消费者的风险很低；职业风险评估的结论则由于HBCD在各国的暴露情况不同而有不同(例如澳大利亚不生产HBCD)。环境风险方面，三家的评估结论均认为HBCD属于PBT类物质，认为其对生态环境的风险较高。欧盟对HBCD的风险评估从1996年起由瑞典负责，于2008年5月发布最终评估报告。欧盟的评估报告认为其属于PBT类物质；认为其对生态环境存在危害性，将其分类为H410(对水生生物毒性极大并具有长期持续影响)；认为其对人体健康具有危害性，将其分类为H361(怀疑对生育能力或胎儿造成伤害)和H362(可能对母乳喂养的儿童造成伤害)。2008年10月，在瑞典的提议下被列入高关注度物质清单(SVHC)。2009年5月被列入授权物质清单，终止使用日期为2015年8月21日，申请豁免使用的截止日期为2014年2月21日。目前有13家挤塑聚苯乙烯的生产商申请了其在建筑物中应用的豁免，但欧盟委员要求申请人每三个月报告其替代产品(一种聚合阻燃剂)的市场情况和公司利用替代产品替代HBCD的进展情况。

2013年5月，联合国《关于持久性有机污染物的斯德哥尔摩公约》(简称《公约》)的缔约方大会第六次会议(COP6)审议并通过修正案，将HBCD增列入《公约》附件A中，要求缔约方在豁免期内逐步停止HBCD生产和使用；同时修正案对HBCD在防火性EPS和XPS建筑板材生产的应用予以特定豁免，豁免于2019年11月结束。缔约方对豁免使用的HBCD的EPS和XPS产品进行标识，并对HBCD废物及污染场地进行识别和环境无害化管理与处置。

三、四溴双酚A(TBBPA)

TBBPA是全球用量最大的溴化阻燃剂。被广泛用作反应型阻燃剂制造溴化环氧树脂、酚醛树脂和含溴聚碳酸酯，四溴双酚A充分反应并转化为印刷线路板(PCB)基材中环氧树脂的一部分；除了作为中间体可合成高分子量和高性能的溴系阻燃剂，也可作为添加型阻燃剂用于ABS和HIPS树脂中，用来制备电子电气产品的外壳。

欧盟在英国的牵头下对TBBPA进行了500多项危害性试验和研究报告，分别于2005年2月和2007年6月完成了其对人类健康及生态环境的评估，其结果于2008年6月发表于欧盟官方刊物上。评估结论为，TBBPA作为反应型溴化阻燃剂(如用于印刷电路板)，由于它已化学结合入被阻燃基材中，几乎不会产生危害性。作为添加型溴化阻燃剂(如用于ABS)，对人类健康产生的风险极低，对生态环境则需要关注TBBPA对水体、沉积物和陆生生物的风险。2014

年10月，ECHA建议将TBBPA加入REACH待评估物质清单CoRAP，将来其是否被REACH禁限要视最终的评估结果而定[7]。

四、阻燃剂的发展趋势

随着人们对生活水平不断提高的需要，越来越多的功能将集合在由高分子材料制成的交通和电子电气等设备上，高分子材料将承受更高的电流负荷和使用温度，同时在建筑和装饰材料上可燃性高分子材料的应用将进一步扩大，这些都将增加火灾发生的可能性，因此，防火法律法规预计将会日趋严苛，阻燃剂的使用将进一步增加，阻燃测试方法和测试设备为配合新法律法规或发展趋势也将会不断更新或产生[8]。

另一方面，人们对健康和环境保护的需要将促使各国政府加强对有毒化学品包括阻燃剂生产、使用的批准和监管。从以上各国的限制情况不难发现，被广泛禁止使用的阻燃剂多为溴系阻燃剂。因此，在媒体的宣传作用下，大众会很容易认为所有的溴系阻燃剂都不安全，都被禁止使用。事实上，到目前为止，没有任何国家和地区对全体溴系阻燃剂进行限制使用，现在正在生产和使用的70多种溴系阻燃剂中，也只有多溴联苯、多溴二苯醚和六溴环十二烷被广泛禁止使用。其他溴系阻燃剂均继续在汽车、建筑、电子产品等各大领域发挥巨大作用。

对于阻燃剂的安全性评价应该回归到整个化学品的安全性评价的科学范畴内，不能武断地认为所有的溴系阻燃剂或者卤系阻燃剂都是有害的，这种贴标签的做法是不科学的。此外，不同类型的阻燃剂拥有各自不同的优势，在选择时应根据具体应用领域进行科学判断。以电动汽车为例，汽车在启动瞬间电流极大，对电路板的阻燃要求非常高，目前只有溴系阻燃剂能够达到该部件对阻燃性能的要求，盲目追求无卤化将会埋下重大安全隐患。

从化学品风险评估的角度来看，绿色阻燃剂必须满足三个条件[9]：首先是非PBT物质（Persistent，Bio-accumulative and Toxic），即化学品在环境中不具有持久性、生物蓄积性和毒性，同时也应是非CMR物质（Carcinogenic，Mutagenic or Toxic for reproduction），即对人体没有致癌、致突变和生殖毒性方面的影响；其次，不管是在上游原料提取、生产运输或下游使用回收环节，在整个产品生命周期对环境的影响最小。最后，满足相关法规（包括防火安全法规和化学品监管法规）的要求和产品性能要求。

阻燃剂的可持续发展方向应该是非PBT、非CMR物质，而不是无溴或无卤。聚合型或大分子阻燃剂由于在结构上具有低毒性、非生物累积性，使之成为绿色环保阻燃剂热点发展方向之一。全球范围内大多数化学品监管法规，如欧盟的REACH和美国的《有毒物质控制法案》（TSCA）等都对聚合型结构或大分子化合物豁免，其理由是化合物只有被有机体吸收才会对生态造成不利影响，而平均相对分子质量大于 1 000 g/mol 的物质不易完整地被吸收并参与新陈代谢，因而避免了对环境和人体可能带来的负面危害。2014 年美国环境保护署(EPA)发布了一份聚苯乙烯保温材料用阻燃剂六溴环十二烷替代品的最终报告，建议用丁二烯苯乙烯溴化共聚物(丁苯溴化共聚物)替代六溴环十二烷，丁苯溴化共聚物就是符合绿色发展方向的大相分子质量聚合型阻燃剂，而且是卤系阻燃剂。

参考文献：

[1] 钱立军．新型阻燃剂制造与应用[M]．北京：化学工业出版社，2013.

[2] NFPA, Fires in the U. S, 2014. [EB/OL] http://www. nfpa. org/research/reports-and-statistics/fires-in-the-us.

[3] C. Chivas, E. Guillaume, A. Sainrat, V. Barbosa. Assessment of Risks and Benefits in the Use of Flame Retardants in Upholstered Furniture in Continental Europe Fire Safety Journal[J], 2009, 44(5): 801-80.

[4] EPA, Flame retardant alternatives for Hexabromocyclododecane(HBCD), 2014.

[5] 持久性有机污染物审查委员会第九次会议审议新近提议列入《公约》附件 A、B 和/或 C 的化学品：十溴二苯醚(商用混合物)[Z], 2013.

[6] 郭婧．替代品终将被替代[N]，中国环境报，2013.

[7] ECHA(European Chemicals Agency), Registered Substances Database[Z/OL], 2016. http://echa. europa. eu/information-on-chemicals/registered-substances.

[8] 姚强，庞永艳．国内外有关阻燃剂的法律法规及阻燃剂的发展方向[J]．塑料助剂，2014, 4(4): 1-10.

[9] 杜海鹰．阻燃剂管控现状及其可持续发展[J]．建设科技，2015(11): 21-23.

第十二章
电器电子产品

第一节　电器电子产品及 RoHS、WEEE 法规概述

一、RoHS 法规产生的背景

关键词：
电器电子产品 Electrical and Electronic Product
RoHS Restriction of Hazardous Substances in Electrical and Electronic Equipment
WEEE 指令 Waste Electrical and Electronic Equipment Directive
均质材料 Homogeneous Material

电器电子产品[1]：电器电子产品是指依靠电流或电磁场工作或者以产生、传输和测量电流和电磁场为目的，额定工作电压为直流电不超过 1 500 V、交流电不超过 1 000 V 的设备及配套产品。

均质材料：均质材料指的是无法进一步机械分割为更单纯的材料单元，如单一材质的塑料、玻璃、金属、纸张、木板、树脂及涂层等。

我们的现代日常生活早已离不开各种各样的电器电子产品，如手机、电视、电脑、冰箱等产品，而生产这些电器电子产品也离不开各种各样的化学材料，如塑料、玻璃、金属、涂料、黏合剂等各种化学材料。随着我们使用的电子电器产品的种类和数量越来越多，且更新换代的频率越来越高，废弃的电器电子产品及原材料所含的有毒有害化学物质对环境造成污染的风险也越来越大，同时对产品中本可以回收利用的材料直接焚烧或掩埋也会造成巨大的资源浪费。

为了控制和减少电器电子产品废弃后对环境造成的污染，促进电器电子产品原材料回收再利用，欧盟最早于 2003 年颁布了 2002/95/EC《关于在电器电子设备中限制使用某些有害物质的指令》[2]（简称 RoHS 指令）和 2002/96/EC《关于废弃电器电子设备的指令》[3]（简称 WEEE 指令），要求自 2006 年 7 月 1

日起，限制铅、镉、汞、六价铬、多溴联苯（PBB）、多溴二苯醚（PBDE）等六种有害物质在电器电子设备中的使用，并对废弃电器电子产品的回收、处理、回收再利用做出了规定。

RoHS 指令如今已经发展成为一个全球性的指令，并成为电器电子产品中有害物质限制法规的代名词，影响深远。很多国家如中国、美国、日本、韩国等都出台了类似欧盟 RoHS 指令的法规，开始限制特定有毒有害物质在电器电子产品中的使用，并鼓励电子电器产品回收和原材料再利用，减少资源浪费。不仅电器电子产品的生产商、进口商或经销商需要应对 RoHS，化学原材料的供应商也需要应对 RoHS。RoHS 通常要求电器电子产品中所含的每种均质材料都符合有害物质限量规定。一个普通的电子电气设备可能含有成百上千种均质材料，每种均质材料都必须达到 RoHS 要求，该设备本身才算符合 RoHS 要求。通常情况下，电器电子制造企业在采购原材料或部件时会要求其供应商先提供原材料或部件所含有毒有害化学物质信息及符合 RoHS 法规的证明或声明。

尽管还有很多其他法规（如欧盟 REACH 法规）对电器电子产品的安全性及电磁兼容性，产品强制认证（比如我国 3C 认证和欧盟 CE 认证）以及废弃电器电子产品的回收处理进行了管理，本章只重点介绍各个国家和地区的 RoHS 法规对电器电子产品中有害物质的限用及其标识要求。电器电子产品的原材料供应商不仅需要了解 RoHS，还需要了解其他法规及跨国企业客户的有害物质控制要求。电器电子产品的行业巨头如苹果、三星等公司的有害物质管控要求比 RoHS 等法律法规更严格，这部分内容可参见本书第十六章。汽车里使用的电器电子器件及材料要求参见本书第十三章。

第二节 中国的 RoHS 法规

一、中国 RoHS 法规简介与生产者责任延伸制度

我国最早于 2006 年由原信息产业部、发改委等多个部委出台了《电子信息产品污染控制管理办法》，确定了对电子信息产品中含有的铅、汞、镉、六价铬和多溴联苯（PBB）、多溴二苯醚（PBDE）等六种有害物质的控制采用目录管理分步走的方式，循序渐进地推进禁止或限制其使用。由于借鉴了欧盟 RoHS 指令，这部法规也被称为中国 RoHS 法规。2016 年 1 月工信部、发改委、质检总局、环保部等部委又联合颁布了新的《电器电子产品有害物质限制使用管理办法》[1]（简称《管理办法》），替代了老的《电子信息产品污染控制管理办法》[4]。新的《管理办法》自 2016 年 7 月 1 日生效，将管理产品范围从电子信息产品扩大到电器电子产品。与之配套实施的还有《电子电气产品中限用物质的限量要

求》[5]、《电子电气产品有害物质限制使用标识要求》[6]和《电子电气产品限用物质的检测方法》等多个国家或行业标准。

新的《管理办法》规定，电器电子产品生产者、进口者应当按照相关国家标准或行业标准，对其投放市场的电器电子产品中含有的铅及其化合物、汞及其化合物、镉及其化合物、六价铬化合物、多溴联苯(PBB)、多溴二苯醚(PBDE)以及国家规定的其他有害物质进行标注，标明有害物质的名称、含量及所在部件等信息，同时标注环保使用期限和产品可否回收利用。

《管理办法》对电器电子产品中有害物质的管理仍采用分两步走的工作思路，即第一步对适用范围以内的产品仅要求标注其中的有害物质相关信息，并遵从上述标识要求；第二步则要求已进入《电器电子产品有害物质限制使用达标管理目录》(简称《达标管理目录》)的产品符合有害物质限量规定。同时，国家还会对纳入达标管理目录的产品建立电器电子产品有害物质限制使用合格评定制度，具体规则另行制定。

《管理办法》多年的实施对我国在电器电子行业探索试行生产者责任延伸制度积累了宝贵的经验。该制度将生产者对其产品承担的资源环境责任从生产环节延伸到产品设计、流通消费、回收利用、废物处置等全生命周期，要求生产企业要统筹考虑原辅材料选用、生产、包装、销售、使用、回收、处理等环节的资源环境影响，在保障产品质量性能和使用安全的前提下，鼓励生产企业加大再生原料的使用比例，实行绿色供应链管理，加强对上游原料企业的引导，提供回收处置方式，同时强化生产企业的信息公开责任，将产品质量、安全、耐用性、能效、有毒有害物质含量等内容作为强制公开信息，面向公众公开。

鉴于我国在部分电器电子产品领域探索实行生产者责任延伸制度取得了较好效果，国务院于 2016 年 12 月发布了《生产者责任延伸制度推行方案》[7]，已确定对电器电子、汽车、铅酸蓄电池和包装物等 4 类产品实施生产者责任延伸制度，将通过完善法规标准、加大政策支持等手段来推行该制度。

二、适用范围与豁免

《管理办法》适用于中华人民共和国境内生产、销售和进口电器电子产品，但不适用于我国港、澳、台地区。新的《管理办法》不再采用列举的方式，而是将所有符合电器电子产品定义的产品及其配套产品纳入管理范围。将配套产品如电器电子产品中所含的组件、部件、元器件和材料也纳入管理范围，这就意味着用于生产电器电子产品的部件或原材料也需要符合《管理办法》规定。

《管理办法》不适用于用来进行电能生产、传输和分配的设备、用于军事用途的电器电子设备、用于特殊环境或极端环境的电器电子设备、用于出口的电器电子设备、暂时进口产品或进境维修但不销售的电器电子设备、用于科研/研发、测试用途的样机及用于展会展览等用途但不销售的样品、展示品等。除此之外，仅预安装到《管理办法》适用范围外产品中的电器电子产品，不属于《管理办法》的适用范围，如预定安装在汽车或飞机座椅上的显示屏、预定安装于发电设备上的通用元器件等[8]。

三、限用有害物质及限量

《管理办法》并没有直接设定电器电子产品中有害物质的限量，而是引用了国家标准《GB/T 26572—2011 电子电气产品中限用物质的限量要求》。GB/T 26572 规定了电器电子产品及配套产品中的铅及其化合物、汞及其化合物、镉及其化合物、六价铬化合物、多溴联苯(PBB)、多溴二苯醚(PBDE)的限量(表 12-1)。

表 12－1　GB/T 26572 中规定电器电子产品中有害物质限量

限制物质	限量/%(质量分数)
铅及其化合物	0.1
汞及其化合物	0.1
镉及其化合物	0.01
六价铬化合物	0.1
多溴联苯(PBB)	0.1
多溴二苯醚(PBDE)	0.1

根据《管理办法》，已列入《达标管理目录》的电器电子产品及其配套产品需强制符合以上有害物质限量规定。《达标管理目录》外的电器电子产品及其配套产品可推荐性地执行上述限量标准。目录外的产品如果所含有害物质超过以上限量，依然可以在国内正常生产、销售或进口，但必须按相关国家或行业标准对电器电子产品中所含有害物质信息及环保使用期限进行标注。

在检测电器电子产品是否符合《管理办法》对有害物质的限量规定时，需先将产品尽可能地拆分成各种均质材料，再分别对每种均质材料进行有毒有害物质含量测定。具体拆分和检测方法需要参考配套标准如《电子电气产品六种限用物质的测定》(GB/T 26125—2011，IDT IEC 62321:2008)和《电子电气产品中六价铬的测定原子荧光光谱法》(GB/T 29783—2013)。

四、有害物质信息标识及环保使用期限标识

《电子电气产品有害物质限制使用标识要求》(SJ/T 11364—2014)规定了电器电子产品中有害物质、环保使用期限和是否可回收利用的标识要求。其中，电器电子产品环保使用期限是指用户按照产品说明正常使用时，电器电子

产品中含有的有害物质不会发生外泄或突变，不会对环境造成严重污染或对其人身、财产造成严重损害的期限。电器电子产品的环保使用期限可由企业自行制定，也可参考行业指导意见。

如果产品中所有均质材料中有害物质含量不超过 GB/T 26572—2011 中规定的限量要求时，电器电子产品生产商或进口商应按图 12-1 中的绿色标识对产品进行标识，且可不必在产品说明书中标明有害物质含量表。绿色及字母 e 代表环保可回收的绿色产品。若产品中某种均质材料中含有有害物质，且超过限量时，生产商或进口商应按图 12-1 中的橙色标识对产品进行标识，并在产品说明书中按照部件来标识各种有害物质名称及含量（表 12-2），以更好地让回收处理企业了解产品各个部件中的有害物质信息。橙色可回收标志的圈内数字代表环保使用期限。

图 12－1　我国 RoHS 标识

表 12－2　中国 RoHS 用于声明部件中有害物质名称及含量的样表

部件名称	有毒有害物质或元素					
	铅(Pb)	汞(Hg)	镉(Cd)	六价铬(Cr^{6+})	多溴联苯(PBB)	多溴二苯醚(PBDE)
……	……	……	……	……	……	……

○：表示该有毒有害物质在该部件所有均质材料中的含量均在 GB/T 26572—2011 规定的限量以下。

×：表示该有毒有害物质至少在该部件的某一均质材料中的含量超出 GB/T 26572—2011 规定的限量要求。

企业可在此处根据实际情况对上表中打“×”的技术原因进行进一步说明。

SJ/T 11364—2014 并未对使用标识的颜色进行强制规定。绿色和橙色为推荐的颜色。生产者或进口者可以根据实际情况选用其他颜色进行标识，但标识规格应满足最小 5mm×5mm 最小尺寸要求。

不含有害物质的部件不强制要求在有害物质含量表中列出。上游原材料或零部件供应商一般不需要标注有害物质信息和环保使用期限，但有责任和义务为下游客户提供标识所需的全部信息，如自我声明、技术文档或检测报告等信息。

五、废弃电器电子产品的回收处理

《管理办法》以源头管理的方式对电器电子产品的设计和生产环节进行管理，减少和限制有害物质在电器电子产品中的使用。有关电器电子产品废弃以后的回收、处理、再利用由《废弃电器电子产品回收处理管理条例》[9]（国务院令第551号）和其他相关的法律法规来管理。我国正在完善废弃电器电子产品回收处理相关制度，设置废弃电器电子产品处理企业准入标准，并鼓励生产企业建立废弃电器电子等产品的新型回收体系，如依托销售网络建立逆向物流回收体系，选择商业街区、交通枢纽开展自主回收点等方式开展废弃电器电子产品回收。

六、中国 RoHS 与 3C 认证的关系

3C认证是China Compulsory Certification（中国强制性产品认证）的英文缩写，也是我国对强制性产品认证使用的统一标志。我国已列入强制性认证的产品目录里有多种电器电子产品，包括家用电器、通信设备、电动工具、开关等。这些产品必须经国家指定的认证机构认证合格，取得相关证书并加施3C认证标志后（图12-2），才能在我国境内出厂、进口和使用。目前3C认证不需要电器电子产品满足有害物质限量要求，以后可能将《电器电子产品有害物质限制使用达标管理目录》的产品必须符合国家有害物质限量规定作为这些产品通过3C认证的前置条件之一。

图12-2　我国3C认证标识

第三节　欧盟的 RoHS 法规

一、欧盟 RoHS 2.0 简介

欧盟于2011年颁布了2011/65/EU指令[10]，以取代2002年颁布的RoHS指令。新的指令也被称为RoHS 2.0。与老的RoHS指令相比，新的RoHS法规将管控产品范围扩大至除特殊豁免外的所有电子电气设备，如医疗设备和监控设备等。同时，新的法规将RoHS合规纳入CE认证范围。自2013年7月

起，所有纳入 RoHS 2.0 管理范围的电器电子产品在欧盟上市前必先取得 CE 认证。生产者在张贴 CE 标识时应确保产品符合 RoHS 要求并准备相应的声明和技术文档。

二、适用范围与法规

欧盟 RoHS 2.0 对电器电子产品的定义与我国是一致的，是指依靠电流或电磁场工作或者以产生、传输和测量电流和电磁场为目的，额定工作电压为直流电不超过 1 500 V、交流电不超过 1 000 V 的设备。这些产品包括大型家用电器、小型家用电器、信息和通信设备、消费类产品、照明设备、电器电子工具、玩具、休闲和运动设备、医用设备、监测和控制仪器等十几类产品。电器电子产品的零部件和原材料也需要符合 RoHS 2.0 的限量要求。

对于新纳入 RoHS 2.0 管理范围的电器电子设备类别，2011/65/EU 指令设定了过渡期(表 12-3)，以给生产商或进口商充分时间来应对新指令的要求。

表 12－3 欧盟 RoHS 2.0 新增产品类别及过渡期

新增产品类别	截止日期
医疗设备和监控设备及其零部件	2014 年 7 月 22 日
体外诊断医疗设备及其零部件	2016 年 7 月 22 日
工业监控设备及其零部件	2017 年 7 月 22 日
其他新纳入 ROHS2.0 管控的产品	2019 年 7 月 22 日

用于军事用途的电器电子设备、大型的工业固定设备、光伏面板以及预安装在交通工具上的电器电子设备(比如飞机)和电池等不在 RoHS 2.0 管理范围内。2011/65/EU 指令的附件Ⅲ和附件Ⅳ同时列有针对所有电器电子设备和专门针对医疗设备以及监视和控制设备的豁免应用清单，也被称为 RoHS 豁免清单。RoHS 豁免清单及豁免条款会随着科技水平的不断进步而不断更新。对于列入豁免清单的应用，企业可以暂不遵守有害物质限量要求，但应满足豁免条款规定的限值和用途，并在规定的豁免有效期内实现有害物质的减免和替代，部分豁免应用的示例见表 12-4。

表 12－4 欧盟 RoHS 2.0 中豁免应用举例

限用物质	豁免应用	豁免有效期
铅	电子电气终端成品和印刷电路板成品焊料中的铅的含量。前提是这些成品由于技术原因必须直接安装在曲轴箱或便携式内燃机引擎中的点火模块和其他电子电气引擎控制系统中	豁免至 2018 年 12 月 31 日

续表

限用物质	豁免应用	豁免有效期
铅	在光学应用中白色玻璃内使用的铅	—
镉	用在铝键合氧化铍上的厚膜浆料中的镉和氧化镉	—
汞	金属卤化灯中汞的含量	—
六价铬	在吸式电冰箱中作为碳钢冷却系统的防腐剂的六价铬的重量比可不超过0.75%	—

当一个材料中某一个或某几个有害物质的替代或消除是不可能的，或者其替代对环境、健康和消费者安全所造成的负面影响可能超过其对环境、健康和消费者安全的利益时，或者替代的可靠性得不到保证时，企业还可以提交新的RoHS豁免申请到欧盟委员会或申请延长已有的豁免材料或产品的豁免有效期。

三、限用有害物质及限量

2011/65/EU指令附件Ⅱ列有电器电子产品及零部件中受限制的有害物质的名称及限量，其中，铅及其化合物、汞及其化合物、镉及其化合物、六价铬化合物、多溴联苯(PBB)、多溴二苯醚(PBDE)的限量和我国一致。2015年6月4日，欧盟官方公报发布RoHS 2.0修订指令2015/863/EU[11]，正式将DEHP、BBP、DBP、DIBP四种邻苯二甲酸酯列入2011/65/EU指令附录Ⅱ 限制物质清单中。至此欧盟RoHS 2.0一共限制了10种有害物质在电器电子产品中的使用，其名称和限量见表12-5。

表12－5 欧盟2011/65/EU指令中规定的限用物质及限量

限制物质	限量/%(质量分数)
铅及其化合物(Pb)	0.1
汞及其化合物(Hg)	0.1
镉及其化合物(Cd)	0.01
六价铬(Cr VI)	0.1
多溴联苯(PBB)	0.1
多溴联苯醚(PBDE)	0.1
邻苯二甲酸二(2-乙基己基)酯(DEHP)	0.1
邻苯二甲酸甲苯基丁酯(BBP)	0.1
邻苯二甲酸二丁基酯(DBP)	0.1
邻苯二甲酸二异丁酯(DIBP)	0.1

对于 RoHS 2.0 新增的 4 种邻苯二甲酸酯，欧盟也设置了一个过渡期，给企业充分的应对时间。自 2019 年 7 月 22 日起，要求所有投放欧盟市场的电器电子产品(除医疗和监控设备)满足该邻苯二甲酸酯限制要求。自 2021 年 7 月 22 日起，要求医疗设备(包括体外医疗设备)和监控设备(包括工业监控设备)也需满足邻苯二甲酸酯限制要求。另外，电动玩具中邻苯二甲酸酯的含量还需要符合 REACH 法规的限制要求。

四、电器电子产品回收处理与 WEEE 标志

与我国一样，欧盟电器电子产品的回收及处理受不同的法规管理。这个法规就 2002/96/EC《关于废弃电器电子设备的指令》(简称 WEEE 指令)。RoHS 指令的目的是从设计和生产环节限制或减少有害物质在电器电子设备中的使用，而 WEEE 指令的目的则是促进这些电器电子废弃物的回收和再利用，并减少电器电子废弃物的处理。WEEE 指令要求市场上流通的电器电子设备的生产商承担起支付自己报废产品回收费用的责任，并要求电器电子设备的生产商在设备上加贴 WEEE 标志(图 12-3)。当设备尺寸太小或功能不适用时，该标志需加贴在产品说明书、包装及其他文档上。

图 12－3 欧盟 WEEE 标识

WEEE 标志由一个打叉的垃圾桶和加粗的下划线组成。该标志表示当最终用户打算丢弃此产品时不可与其他生活垃圾一同丢弃，而必须将该产品送到适当的设施，以进行回收和循环再利用。这样可以减少送至焚烧炉或进行填埋处理的电器电子废弃物数量。

五、电器电子产品包装材料中有害物质限量

欧盟还对电器电子产品包装材料中所含有害物质限量做出了规定。欧盟的 94/62/EC《包装废弃物限制物质指令》(Restricted Substances in Waste Packaging Directive)[12]限制了铅、汞、镉、六价铬在包装材料的使用，浓度限值均为 0.01%。该指令适用于所有在欧盟共同体市面有售的包装品，包括所有在工业、商业、办公室、商铺、服务行业、家居或任何其他层面使用或释放的包装废弃物。

六、欧盟 RoHS 与欧盟报废车辆回收指令（ELV）之间的关系

由于欧盟已有专门的报废车辆回收指令(ELV)来管理生产汽车所需的材料及零部件,用于生产汽车的电器电子材料或产品并不受欧盟 RoHS 管理。欧盟报废车辆回收指令(ELV)限制了 4 种重金属(铅、汞、镉、六价铬)在汽车中的使用,其中汽车中每一均质材料中铅、汞或六价铬质量分数不超过 0.1%,镉的质量分数不超过 0.01%。更多关于报废车辆回收指令(ELV)的内容见本书第十三章。

七、欧盟 RoHS 与电池指令的关系

电池不在欧盟 RoHS 管理范围以内。对于电池,欧盟有专门的 2006/66/EC《电池指令》(Battery Directive)及其修订法规 2013/56/EC,限制了铅、镉、汞在电池中的使用,并对电池标签做出了规定[13]。所有电池、蓄电池应带有划叉的带轮垃圾箱标志(见 WEEE 标志)。当电池中汞(Hg)含量超过 0.0005%(纽扣电池为 2%),或者镉(Cd)含量超过 0.002%,或者铅(Pb)含量超过 0.004%时,则划叉的带轮垃圾箱标志下应附加超过限量的那种金属的化学符号,并且化学符号所占的面积至少为划叉的带轮垃圾箱标志的四分之一。

第四节　其他国家和地区的 RoHS 法规

一、美国

美国在国家层面没有类似欧盟 RoHS 指令的法规,但在州层面有类似法规。2003 年加利福尼亚州通过并颁布了加州《电子废弃物再生法》(The Electronic Waste Recycling Act of 2003),并在加州健康与安全规范 25214.9—25214.10.2(Health and Safety Code sections 25214.9—25214.10.2)[14]中规定了特定电子屏幕及显示设备中有害物质的限量标准。该法案及其规范通常被称为“加州 RoHS”,于 2007 年 1 月 1 日生效。

与欧盟 RoHS 管理几乎所有电器电子设备不同的是,加州 RoHS 主要管理显示屏幕对角线长度大于 4 英寸的电子设备,如电视、电脑显示屏、DVD 播放器等。预装在汽车及大家电(如洗衣机、空调)上的显示设备不在加州 RoHS 管理范围内。另外一个不同的地方是加州 RoHS 仅限制铅、汞、镉和六价铬 4 种重金属物质在产品中的使用,限值要求与欧盟 RoHS 指令相同。加州 RoHS 要求法规管理范围内的产品制造商在每年 7 月 1 日之前向加州资源回收管理部门汇报前一年度在加州境内销售的产品的数量及产品中各种有害物质的估计数量。符合欧盟 RoHS 指令的电器电子产品一般可在加州市场销售。欧盟

RoHS 指令禁止销售，但在加州 RoHS 管理范围以外的产品，即使有害物质含量超过最大浓度值的要求，仍可以在加利福尼亚州销售。

2007 年 10 月，加州还通过了《加州灯具功率和毒害降低法》(California Lighting Efficiency and Toxics Reduction Act)[15]，规定从 2010 年 1 月 1 日起，任何人不得在加州范围内生产、销售或供应有害物质含量超过欧盟 RoHS 指令限值的指定的普通型灯具。有害物质包括铅、汞、镉、六价铬、多溴化联苯和多溴化联苯醚六种物质。在加州销售或制造普通型灯具的企业，在收到有毒物质管控部门的通知后，要求在 28 天之内提交相关技术文件或其他信息资料，证明其在加州销售或供货的普通型灯具符合欧盟 RoHS 指令的要求。

二、日本

日本经济产业省在 2006 年 4 月修订了《资源有效利用促进法》，要求电器电子产品制造商或进口商根据工业标准《电器电子设备特定化学物质标识标准》[16] (JIS C 0950 the marking for presence of the specific chemical substances for electrical and electronic equipment，J-MOSS)对电器电子设备中的特定有害物质进行标识，鼓励企业对产品中有害物质进行管理并使用更环保的材料。JIS C 0950 最早于 2005 年发布，并于 2006 年 7 月 1 日实施，2008 年 8 月 1 日起被 JIS C 0950：2008 取代。J-MOSS 也被称为日本 RoHS。

与我国 RoHS 不同，日本 RoHS 中所指的电器电子设备，仅限于个人计算机(包括显示器)、家用空调、电视、微波炉、烘衣机、电冰箱、洗衣机共七大类产品。日本 RoHS 并没有严格禁止铅汞、镉、六价铬、多溴化联苯和多溴化联苯醚 6 种有害物质在电器电子设备中的使用，而只是设定了产品中有害物质参考限量标准(表 12-6)，要求电器电子设备生产商、进口商或供应商根据产品中实际有害物质含量的不同来对产品进行不同的标识。

表 12－6　日本 RoHS 中有害物质参考限量标准

限制物质	参考限量标准/%(质量分数)
铅	0.1
汞	0.1
镉	0.01
六价铬	0.1
多溴联苯(PBB)	0.1
多溴二苯醚(PBDE)	0.1

如果产品中所含均质材料中所有有害物质含量均低于参考限量标准，或超

出参考限量标准的材料是豁免的，则企业可依据 J-MOSS 绿色标志指南自愿申请在产品、产品包装容器和产品说明书上加贴绿色 G 标识（图 12-4），且无需在网站或说明书上声明有害物质含量信息。如果产品中任何均质材料中存在某种或多种有害物质超过限量标准且该材料未被列为豁免的情况下，企业则需在产品、产品包装容器和产品说明书上加贴橙色 R 标识（图 12-4），同时还需在标识下方或者右侧表明所含有害物质的化学符号。同时企业还需在产品或公司网站上以列表方式标明产品各部件中有害物质含量情况。

图 12－4　日本 J-MOSS 标识

三、韩国

2007 年 4 月 2 日韩国国民议会通过了《电器电子产品和汽车资源回收法案》（The Act for Resource Recycling of Electrical and Electronic Equipment and Vehicles）[17]。该法案于 2008 年 1 月 1 日起正式实施，也被称为韩国 RoHS。韩国 RoHS 参考了欧盟 RoHS 指令、WEEE 指令和《关于报废汽车的指令》（ELV 指令）等 3 个环保指令的相关内容，限制了有害物质在电器电子产品和汽车中的使用，并促进废弃电器电子产品和汽车材料的回收利用。

韩国 RoHS 对电器电子产品的定义与欧盟和我国类似，限制了铅、汞、镉、六价铬、多溴联苯（PBB）、多溴二苯醚（PBDE）6 种物质在电器电子产品中的使用，限量与欧盟和我国一致。韩国 RoHS 还限制铅、汞、镉、六价铬在汽车上的使用，其限量与电器电子产品中重金属物质限量一致。

韩国 RoHS 要求电器电子产品生产商或进口商在韩国境内销售产品前提交 RoHS 合规自我声明到官方 ECOAS 网站上（www. ecoas. or. kr）或者在自己公司网站上发布合规声明。与日本和我国不同的是，韩国 RoHS 对电器电子产品中的有害物质没有标识要求。对于没有替代品的或者不能从产品中移除有害物质的产品会被豁免，具体豁免清单由韩国环境部制定。

四、中国台湾

台湾经济部标准检验主管部门（BMSI）2013 年 8 月了发布了推荐性当局标准 CNS 15663《电机电子类设备降低限用化学物质含量指引》[18]，鼓励企业限制铅、汞、镉、六价铬、多溴联苯（PBB）、多溴二苯醚（PBDE）6 种物质在电机电子类设备中的使用并对产品中有害物质进行标识。有害物质的限值与大陆一致。

这部标准也被称为台湾 RoHS。

尽管 CNS 15663 是一个推荐性标准，但是 BMSI 将 CNS 15663 的要求已纳入部分电器产品 BSMI 认证，即进入台湾地区的相关电器电子产品除满足电磁兼容性和安规两个方面的要求外，还需要强制满足 CNS 15663 中有害物质标识要求。BMSI 在 2016 年 6 月发布了更新的《应施检验电子类商品实施验证登录/型式认可逐批检验品目明细表》，已将 CNS 15663 合规的要求已纳入 BSMI 认证范围内的产品包括饮水机、自动资料处理机、投影机、网络多媒体播放器、电视机、监视器、影像复印机等多种电器电子产品[19]。

如果需要强制检验的电子类商品中有害物质含量超过 CNS 15663 规定的限量，该产品仍可通过 BSMI 认证，并在台湾地区销售，但是产品的生产商或进口商必须依据 CNS15663 第 5 节“含有标示”的要求清楚地在产品本体、包装、铭牌或产品的说明书上标识有害物质的存在情况(表 12-7)。对于那些选择在公司网站上公告有害物质存在情况的产品，则必须在产品本体、包装、铭牌或说明书上清楚标识公司的网址。

表 12－7　台湾 RoHS 中有害物质存在情况标识表

<table>
<tr><td colspan="7">设备名称：××××，型号单元：××××</td></tr>
<tr><td rowspan="2">单元</td><td colspan="6">有害物质化学符号</td></tr>
<tr><td>铅(Pb)</td><td>汞(Hg)</td><td>镉(Cd)</td><td>六价铬
(Cr^{6+})</td><td>多溴联苯
(PBB)</td><td>多溴二苯醚
(PBDE)</td></tr>
<tr><td></td><td></td><td></td><td></td><td></td><td colspan="2"></td></tr>
<tr><td>……</td><td>……</td><td>……</td><td>……</td><td>……</td><td colspan="2">……</td></tr>
<tr><td></td><td></td><td></td><td></td><td></td><td colspan="2"></td></tr>
</table>

○：表示该有害物质在该部件所有均质材料的含量均在 CN15663 规定的限量以下。

—：表示该有害物质所在的材料或部件在 CN15663 下是豁免的。

材料或部件实际有害物质含量超过 CN15663 规定的限量时，可标注为大于 0.1％或 0.01％(质量分数)。

对于已通过检验的电子类商品，企业需将商品检验标志加贴在产品本体上的一个显著位置。商品检验标识的识别码包括字母 R 或 T、指定的 5 位数代码以及有害物质的存在情况。识别码必须放在商品检验标志的下方或右边，并在识别码下一行以 RoHS 或 RoHS(××.××)标识有害物质的存在情况(图 12-5)。例如 RoHS(Pb，Hg)代表产品所含部件或材料含有的 Pb 和 Hg 含量超过了限制。

图 12-5 台湾电子类商品检验标识

参考文献:

[1] 工信部．工信部第 32 号令《电器电子产品有害物质限制使用管理办法》[Z],2016-01-06.

[2] European Parliament. Directive 2002/95/EC of the European Parliament and of the Council of 27 January 2003 on the restriction of the use of certain hazardous substances in electrical and electronic equipment[EB],2003.

[3] European Parliament. Directive 2002/96/EC of the European Parliament and of the Council of 27 January 2003 on waste electrical and electronic equipment(WEEE)[EB],2003.

[4] 原信息产业部．信息产业部令第 39 号《电子信息产品污染控制管理办法》[Z],2006-02-28.

[5] 中华人民共和国国家标准《GB/T 26572 电子电气产品中限用物质的限量要求》[S],北京:中国标准出版社,2011-05-12.

[6] 中华人民共和国电子行业标准《SJ/T 11364 电子电气产品有害物质限制使用标识要求》[S],北京:中国电子技术标准化研究院,2014-07-09.

[7] 国务院．国务院办公厅关于印发生产者责任延伸制度推行方案的通知[EB/OL],2016-12-25[2017-01-10]http://www. gov. cn/zhengce/content/2017-01/03/content_5156043. htm? from=timeline&isappinstalled=0.

[8] 工信部．关于实施《电器电子产品有害物质限制使用管理办法》的常见问题答疑[Z],2016-01-25.

[9] 国务院．国务院令第 551 号《废弃电器电子产品回收处理管理条例》[Z],2009-03-04.

[10] Directive 2011/65/EU of the European Parliament and of the Council of 8 June 2011 on the restriction of the use of certain hazardous substances in electrical and electronic equipment[EB],2011.

[11] Directive(EU)2015/863 of 31 March 2015 amending Annex II to Directive 2011/65/EU of the European Parliament and of the Council as regards the list of restricted substances [EB],2015.

[12] European Parliament and Council Directive 94/62/EC of 20 December 1994 on packaging and packaging waste[EB],1994.

[13] European Commission. Introduction to Batteries Directive[EB/OL]. 2016-07-22[2016-10-09]. http://ec. europa. eu/environment/waste/batteries/legislation. htm.

[14] US HEALTH AND SAFETY CODE SECTION 25214. 9-25214. 10. 2[EB/OL],[2016-10-09]. http://www. leginfo. ca. gov/cgi-bin/displaycode? section = hsc&group = 25001-26000&file=25214. 9-25214. 10. 2.

[15] California Department of Toxic Substances Control, Restrictions on the use of Certain Hazardous Substances in General Purpose Lights [EB/OL], [2016-10-09]. http://www.dtsc.ca.gov/HazardousWaste/UniversalWaste/RoHS_Lighting.cfm.

[16] JETAI. Introduction to J-MOSS[EB/OL], 2008-08[2016-10-09]. http://home.jeita.or.jp/eps/jmoss_en.htm.

[17] EcoFrontier. The Act for Resource Recycling of Electrical and Electronic Equipment and Vehicles[EB/OL], 2007[2016-10-09]. http://www.env.go.jp/en/recycle/asian_net/Country_Information/Law_N_Regulation/Korea/Korea_RoHS_ELV_April_2007_EcoFrontier.pdf.

[18] CNS 15663《电机电子类设备降低限用化学物质含量指引》[S]，台湾：经济标准检验局，2013-07-30.

[19] 台湾经济标准检验局公函[EB/OL]，2015-12-24[2016-10-09]. http://files.chemicalwatch.com/bsmi.pdf.

第十三章

汽车材料

第一节　报废车辆回收利用体系概述

一、欧盟 ELV 指令

关键词：
报废车辆回收指令 End-of-Life Vehicle(ELV)
再使用、再回收和再生利用(Reuse,Recycling and Recovery,简称 3R)

ELV:End-of-Life Vehicle 的缩写,欧盟委员会和欧洲议会为了保护环境,减少车辆报废产生的废弃物,制定的报废车辆回收指令。

3R:Reuse,Recovery and Recycling 再使用、再回收和再生利用。

再使用 Reuse[1]:废弃产品或其中的元器件、零部件继续使用或经清理、维修后直接用于原来用途的任何行为。

再生利用 Recycling:对废弃产品进行处理,使之能够作为原材料重新利用的过程,但不包括对能量的回收和利用。

回收利用 Recovery:对废弃产品进行处理,使之能够满足其原来的使用要求或用于其他用途的过程,包括对能量的回收和利用。

回收利用率 Recovery Rate:废弃产品(Waste Product)中能够被回收利用(Recovery)部分,包括再使用(Reuse)部分、再生利用(Recycling)部分和能量回收(Energy Recovery)的质量之和与已回收的废弃产品的质量之比。

(一)指令产生背景和过程

从 20 世纪 90 年代初期开始,欧盟的一些成员国政府开始考虑对报废车辆的零部件和材料再使用、再利用和回收利用,以达到保护环境和节约资源的目的。首先是法国和荷兰,由政府和机动车工业界之间签订双边协议,确定报废车辆再利用和回收利用的目标[2]。在1997年，欧洲委员会采纳了这一做法，对车辆和零部件的“再使用、再利用、再回收”（Reuse，Recycling and Recovery）制定更加清晰的目标，并且要求生产商对新车型计算回收利用率。2000年9月，欧洲议会和欧盟理事会正式采纳了各方提议，协调了各成员国的现有法规，并颁布技术指令2000/53/EC，简称ELV指令[3]（表13-1）。开始将报废车辆的回收利用纳入法制化的管理体系，后期对其进行不断补充和完善。2000/53/EC指令充分体现了生产者的延伸责任（Extended Producer Responsibility，EPR），要求汽车生产商对废弃产品承担延伸责任，即减量化责任、产品环境信息披露责任和回收利用与处理责任。

表13－1　欧盟ELV指令修订表

日期	内容
2000.9.18	《关于报废汽车的指令2000/53/EC》
2002.12.27	《2002/525/EC指令》，对2000/53/EC附录Ⅱ进行第一次修订
2005.9.20	《2005/673/EC指令》，对2000/53/EC附录Ⅱ进行第二次修订
2005.10.26	《关于型式认证中车辆可再使用性、可再利用性和可回收利用行的指令2005/64/EC》（RRR型式认证），对70/156/EEC指令修订，并成为70/156/EEC框架内的独立指令
2008.8.1	《2008/689/EC指令》，对2000/53/EC附录Ⅱ进行第三次修订，增补及取消部分豁免项目
2009.1.7	《2009/1/EC指令》，修订2005/64/EC的RRR型式认证规章，明确要求各整车企业要从整条供应链收集信息
2010.2.23	《2010/115/EC指令》，对2000/53/EC附录Ⅱ进行第四次修订
2011.3.31	《2011/37/EC指令》，对2000/53/EC附录Ⅱ进行第五次修订
2013.5.17	《2013/28/EC指令》，对2000/53/EC附录Ⅱ进行第六次修订
2016.5.18	《2016/774/EC指令》，对2000/53/EC附录Ⅱ进行第七次修订

（二）ELV指令的内容

ELV指令主要由13个部分组成，目标是为了防止车辆废弃物的产生，建立起收集、处理、再利用报废汽车的机制，以减少废弃物的处置。具体来说，它确定了报废汽车“再使用与再利用”（reuse and recycling）和“再使用与回收利用”（reuse and recovery）的两个阶段目标，并禁止或限制使用4种重金属（铅、汞、镉、六价铬）。主要内容有以下五点。

1. 有害物质管控

ELV 指令鼓励汽车生产企业以及材料和零部件的制造商在保证功能和性能的前提下，尽可能从车辆设计阶段就减少有害物质的使用，以便防止有害物质释放到环境中。同时，汽车生产企业要在新车的设计和生产中，充分考虑报废汽车及其部件和材料的拆解、再使用和回收利用，要采用易拆解和易回收的结构性设计，与材料和设备制造商共同提高车辆及其他产品回收材料的使用数量，以促进回收材料市场的发展。具体指出四种管控重金属（铅、汞、镉、六价铬），要求除豁免条款外，每一均质材料中铅、汞或六价铬质量分数不超过 0.1%；每一均质材料中镉的质量分数不超过 0.01%。

2. 回收利用目标

关于对汽车回收利用的要求，ELV 指令提出了两个阶段目标：在 2006 年 1 月 1 日前，欧盟所有报废车辆再使用率和回收利用率至少要达到 85%，再使用率和再利用率至少要达到 80%；2015 年 1 月 1 日前，所有报废车辆再使用率和回收利用率至少达到 95%，再使用率和再利用率至少达到 85%。图 13-1 为欧盟 ELV 指令回收利用管理要求时间表。

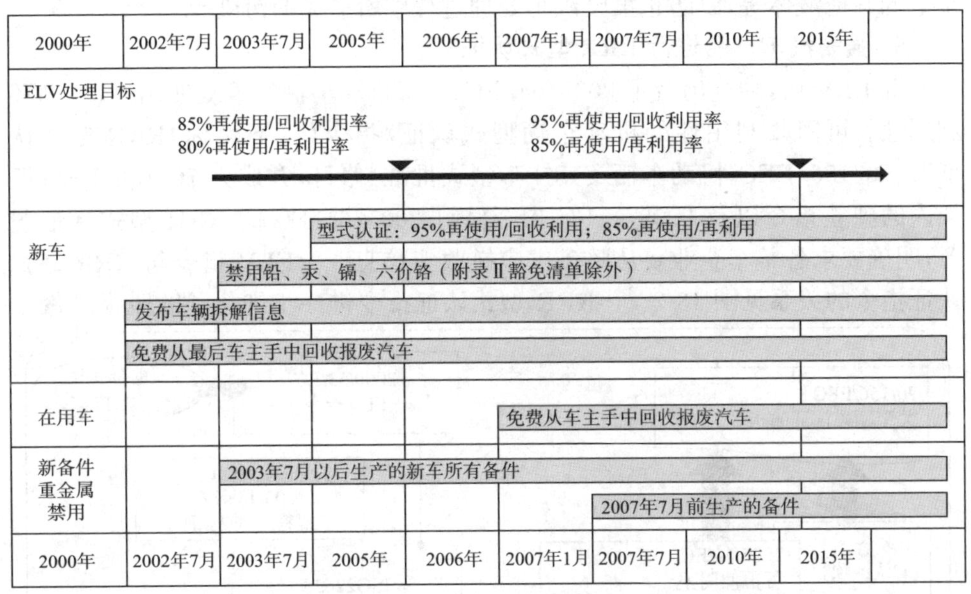

图 13-1 欧盟 ELV 指令回收利用管理要求时间表

3. 回收网络的建立

ELV 指令规定，相关行业（销售点、回收企业、保险公司、拆解企业、破碎企业、再生利用企业、处理企业）应采取必要措施，保证废车和二手车部件回收处理体系的建立。并建立一套体制来确保把出示拆解证明用作报废车辆注销的条件。对于 2002 年 7 月 1 日以后的新车及 2007 年 1 月 1 日以后的全部废车，各成员国应采取必要的措施确保报废车辆免费交给已获认证的回收处理企业回收，最终所有者不负担费用，而是由生产者担负全部或大部分的回收、处理费用。

4. 报废拆解的技术规定

正确拆解是提高报废汽车回收利用水平的重要途径和手段。ELV 指令规定，汽车生产企业在新车型投放市场后 6 个月内提供该车型的拆解信息，确保车辆报废后的高效拆解；采用与材料和设备制造商一致的编码标准，以便识别再使用和回收利用的部件和材料；要对汽车所用的材料（不宜分拣或对人体和环境有害的材料）种类、性质进行标识，以便分类、回收和处理。在后期具体操作中，有的企业已经要求在大于 20 mm 的塑料件上增加材料标识，这样可以方便拆解企业识别塑料零件，并进行分类回收。目前，各国所采用的标识规则主要是国际标准化组织和美国汽车工程师协会发布的相关标准[4]。同时，该指令还要求欧盟各国应在报废车辆存储、处理场所和拆解规范等方面提出最低技术要求。如报废处置期间，应拆除蓄电池和液化气罐，拆除有爆炸危险的部件（如气囊等），拆除含汞部件，分离、收集并保存燃料、各种油类、冷却液、防冻液及废车上的其他液体等，以防止报废汽车处理过程中所造成的污染[5]。

5. 强制汽车产品进行 RRR 型式认证

继 ELV 后，陆续出台了 2005/64/EC《关于机动车辆的重复使用性、可循环利用性及可回收利用性的机动车辆型式认证》指令（以下简称“RRR 型式认证”），70/156/EEC《机动车辆及其挂车型式批准》修订，并成为 70/156/EEC 框架内的独立指令以及 2009/1/EC 指令修订 2005/64/EC 的 RRR 型式认证规章，明确要求各整车企业要从整条供应链收集信息[6]。ELV 指令与 RRR 型式认证指令的关系见图 13-2[5]。RRR 型式认证指令进一步细化了欧盟报废汽车

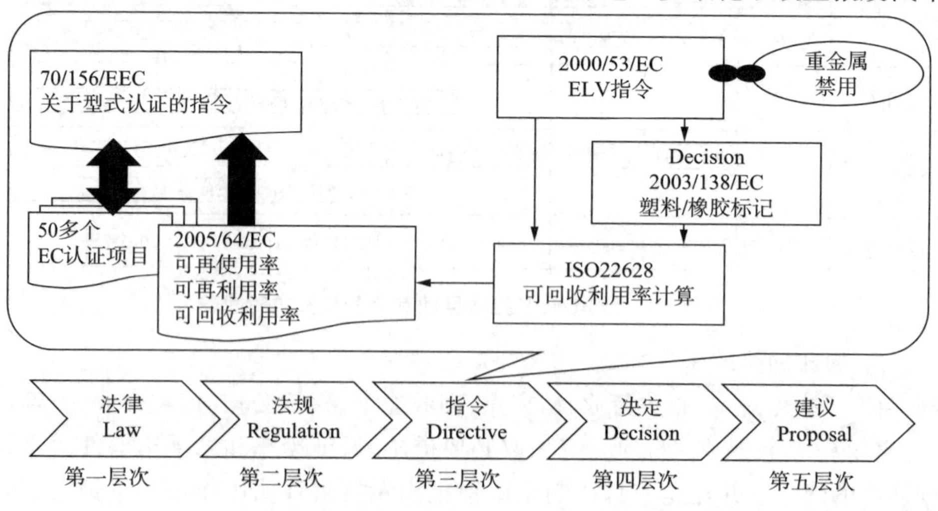

图 13-2　ELV 指令与 RRR 型式认证指令的关系[5]

回收利用管理的具体措施，规定自2006年12月15日起，各成员国须依据该指令规定开展车型型式批准工作，不得拒绝执行；自2008年12月15日起，对不符合该指令要求的车型要拒绝签发欧盟车型批准证书；自2010年7月15日起，新车生产所使用的各成员国签发的旧版符合性证书不再有效，拒绝登记、销售和使用不符合该指令规定的新车，以确保欧盟回收利用管理成效[5]。对此，欧洲汽车制造商协会（ACEA）编制了《已验证技术清单》（PTL），用于指导RRR的计算。

（三）欧盟各成员国对ELV指令的实施

自ELV指令颁布后，各欧盟成员国纷纷按照要求，先后出台了符合本国特点的报废汽车回收利用的法规。以下仅介绍几个主要欧盟国家的法规执行情况。

1. 德国报废汽车回收利用体系

德国有关报废汽车回收利用的法律最早源于1992年通过的《旧车限制条例》；1996年生效的《循环经济和废弃物法》也对报废汽车有所规定。2002年6月28日，根据欧盟报废汽车ELV指令和《旧车限制条例》，制定了《废旧车辆处理法规》，又根据欧盟的要求于2006年2月9日进行了修订。

德国实行联邦、州和地方（乡镇）三级联邦制管理，对报废汽车回收利用的管理主要涉及的部门及其主要任务如表13-2所示。

表13-2 德国对报废汽车管理的相关部门及其主要任务

相关部门	主要任务
联邦环境、自然保护与核安全部	主要负责汽车报废回收处理行业的相关法律制定
各联邦州及市县的环保部门	主要负责对报废车辆处理企业的监督
各地车管所	主要负责对报废车辆的注销
各地工商会	主要通过公开招募专家，对报废车辆处理企业的资格进行鉴定、审核、认证和监督
报废车辆接收点、回收点拆解厂	主要负责从车主手中回收报废车辆，并进行相应的处理
汽车生产厂家和进口商	设立专门的回收点，对自己品牌车或由本公司售出的车辆免费进行报废后的回收

德国的汽车生产企业与废弃物处理企业积极合作，致力于研究粉碎残余物的分离技术(如大众-Sicon工艺)，提高粉碎残余物的再生利用率，并已经取得了良好成效。如图13-3所示，为德国报废汽车典型处理程序。运用大众汽车-Sicon的技术处理，硬塑料、橡胶、纺织品、玻璃和金属废料可以取代初级原材料，从而有益于自然资源的保护。除了生态效益外，随着原材料价格的持续上涨，该技术也为二级原材料用户提供了在经济上具有吸引力的替代方法。目前大众汽车-Sicon工艺已经在欧盟大多数国家的市场中实施，并取得了不错的效果[7]。

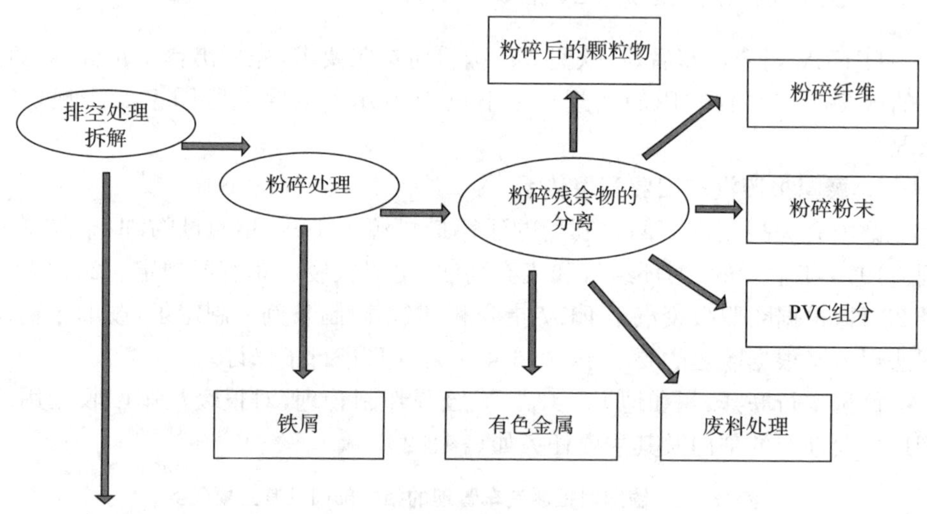

图13-3 德国报废汽车典型处理程序

2. 瑞典报废汽车回收利用体系

1975年，瑞典实施了一项汽车报废计划，该计划是通过设立汽车报废基金(Car Scrapping Fund)实现报废汽车的回收利用，但基金根据受益者支付原则由汽车消费者支付。

2000年，在欧盟ELV指令指导下，瑞典在原有的报废汽车回收利用框架内引入了延伸生产者责任制度(EPR)，构建以汽车生产商、拆解商、消费者和政府(汽车报废基金管理者)为主要主体的报废汽车回收利用体系，如图13-4所示[8]。

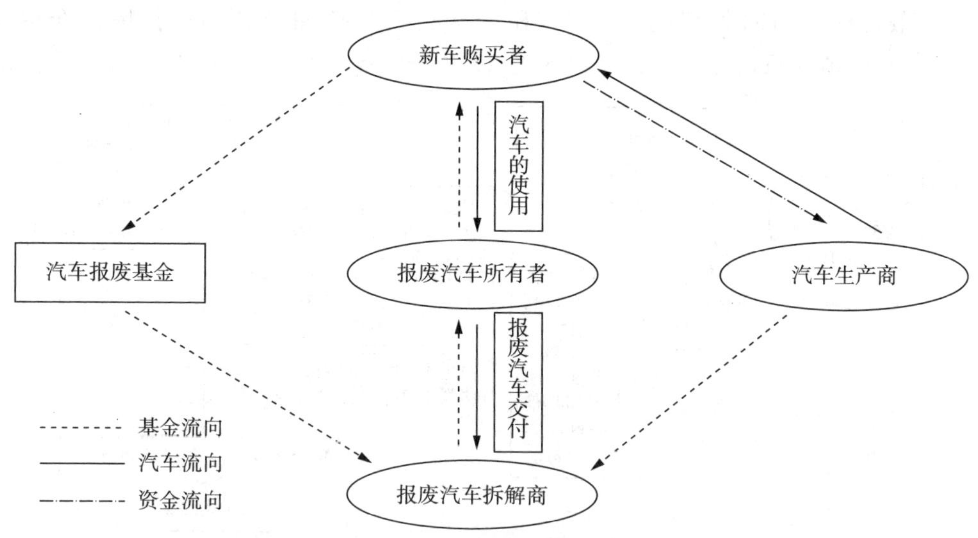

图 13-4 实施 EPR 后瑞典报废汽车回收利用体系

3. 俄罗斯报废汽车回收利用体系

俄罗斯在 2010 年 3 月 8 日推出乘用车“以旧换新”补贴政策，推动了老旧汽车的报废回收工作。目前，俄罗斯工业贸易部已经认证了 153 个适宜进行汽车回收利用的站点，每个站点拥有收集危险废弃物、黑色和有色金属及其无害化处理的许可证。欧盟 ELV 指令制定多年后，俄罗斯在汽车回收利用法规制定方面却还处于研究和探索阶段。目前，俄罗斯、白俄罗斯和哈萨克斯坦正在对与机动车安全回收利用要求有关的《关税联盟技术法规草案》进行探讨及征求意见。《关税联盟技术法规草案》中规定，M1 和 N1 类车辆的可再利用率至少应为 80%，可回收利用率至少应为 85%；对于其他车辆类别，可再利用率至少应为 85%；可回收利用率至少应为 90%；在实施时间上，适用于 M1 和 N1 类车辆的技术法规于 2014 年开始执行，适用于其他车辆类别的技术法规于 2020 年生效。此外该法规中还包括零部件标记要求和向回收拆解企业提供关于车辆拆解顺序信息等的要求[9]。

二、美国报废车辆回收利用体系

1991 年美国三大汽车公司（通用、福特、克莱斯勒）成立了车辆回收联盟 VRP（现称为美国汽车研究理事会，USCAR），规范报废汽车回收利用流程，建立资源型研究机制，共同出资研究报废汽车的回收利用技术。2001 年出版了《未来报废汽车回收利用指南》，明确了美国报废汽车回收利用率要在 2020 年达到 95%的目标（图 13-5）。该《指南》还预测：2020 年的报废汽车的材料包括 75%的金属、15%的塑料和 10%的其他材料，如玻璃、液体等。如图 13-5 所示，报废汽车的拆解占报废汽车的 10%，其中金属零部件的再使用和再制造占

5%,散装材料的回收利用占 5%。粉碎和材料分拣回收利用占报废汽车的 90%,其中填埋只占 5%[10]。

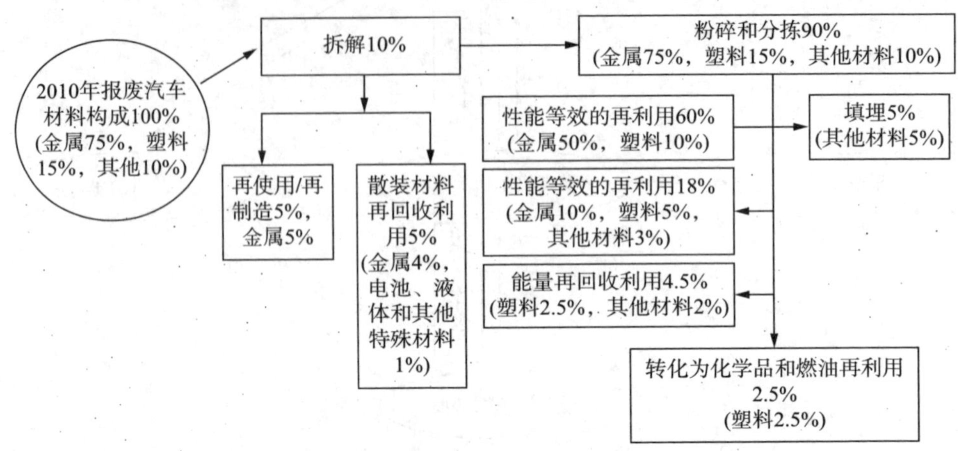

图 13-5 美国 2020 年报废汽车回收利用率目标[10]

虽然美国没有国家级的报废汽车回收利用法规,但是有关产品连带责任的法规,再加上完善的环境保护法规体系,严格限制了废弃物的填埋,将报废汽车所造成的环境污染降低到了最小限度。产品连带责任是指产品制造链中的部分或全部制造商和销售商要对生产销售危险产品或缺陷产品所造成损失负有连带的法律责任。这种连带责任包括三类:设计缺陷、制造缺陷和无提醒过失。美国与汽车回收利用管理相关的文件见表 13-3。

表 13-3 美国与汽车回收利用管理相关的文件

编号	文件	主要内容及目的
1	《产品责任法》	要求一个产品全生命周期的所有参与方都应分担责任,减小产品对环境的影响
2	《资源保护回收法》(1984)	控制有毒有害物质,包括生产、运输、处理、存储、处置有毒有害物质的过程
3	《国家环境政策法》(2000)	严格限制废弃物的填埋,最大限度地降低报废汽车所造成的环境污染
4	《固体废物处置法》(2002)	建立联邦政府、州政府和私营企业之间的合作关系,并鼓励采用替代、材料再生、合理再利用等先进技术,从而尽量减少废弃物的填埋,从固体废物中回收获取有价值的材料和能源
5	《有毒物质控制法》(2002)	严禁或限制危害人类健康、破坏环境的物质在生产中使用

续表

编号	文件	主要内容及目的
6	《国家机动车汞开关回收项目》(EPA,2006)	为减少汞蒸气进入大气,制定汞开关回收目标:到2017年80%~90%的汞开关得到回收

美国部分州政府特别关注对含汞车灯和开关的处理,并颁布了相应的技术法规。如:缅因州LD1921,佛蒙特州参议院法案181,康涅狄格公共法02-90,马里兰州众议院法案136,纽约法2004年第145章等。这些州立法都要求汽车制造商在产品上增加标签,明显标识含汞零部件的使用情况,并要求在报废汽车处置前预先拆除这些含汞零部件,以防止报废汽车在回收利用过程中造成二次污染[10]。

三、韩国报废车辆回收利用体系

近年来韩国的注册车辆总数整体呈现上升趋势,但上升速度较为缓慢,2012年达到1 887万辆,报废车辆的数量占注册车辆总数的4%左右。韩国政府2007年4月27日颁布了《电子电器设备和车辆资源回收利用法案》,并于2008年1月1日起正式实施。该法案主要包括两部分内容,即电子电器设备的回收利用及车辆的回收利用。

韩国的ELV法规主要包括两方面的规定。一个是前端预防性规定:(1)要求车辆中铅、汞和六价铬的质量分数低于0.1%,镉的质量分数低于0.01%;(2)生产企业应对产品进行可回收利用性设计,包括进行部件标识、设计更为易于分离和拆解的结构,并在产品的设计阶段进行产品自检,提高产品的可再利用性;(3)汽车生产企业应向拆解回收企业提供拆解技术信息,从而促进对报废汽车的有效回收利用。另一个方面规定是末端规定,要求在2009年1月1日至2014年12月31日,每辆车的实际回收利用率应达到85%以上,其中允许能量回收的部分为5%;自2015年1月1日之后,每辆车的实际回收利用率应达到95%以上,其中允许能量回收的部分为10%。报废汽车需分别进入拆解企业、粉碎企业、ASR回收企业(ASR-automobile shredder residue汽车破碎残余物)及制冷剂回收企业进行处理[11]。

四、日本报废车辆回收利用体系

在20世纪90年代的日本,一系列废弃物不法投弃事件的发生,使得汽车粉碎残渣(ASR)被定为有害废弃物,并规定ASR不能在稳定型垃圾填埋场处理,必须在管理型垃圾填埋场处理。这样处理费用的上升和资源的有限,迫切需要制定政策法规,提高再利用率[12]。日本《汽车回收利用法》于2002年7月12日在国会审议通过,于2005年1月1日开始实施。《汽车回收利用法》规定,汽车用户要交纳回收利用费,包括5项费用:ASR汽车破碎残渣、安全气囊、氟利昂处理费、资金管理费和信息管理费。通过征收回收再利用费增强消费者保护环境的意识。新的管理体系对粉碎残渣、氟利昂和安全气囊类三种物质规定了不同的回收要求。其中，汽车粉碎残渣(ASR)的回收采取质量回收和热量回收并用的方法。ASR的再利用目标是2005年回收30%(质量分数，相当于整车88%的实际再生利用率)，2010年50%(相当于整车92%的实际再生利用率)，2015年70%。当ASR回收率达到70%的时候，整车质量回收再利用率可达95%，与欧盟的目标相当。

在管理上，经济产业省、环境省负责研究制定指导报废汽车回收处理的政策法规，负责制定报废汽车回收处理行业(主要是拆解企业及粉碎企业)的准入要求；国土交通省及其下属各地方陆运支局实施对车辆和道路交通管理。另外，由各地方政府负责报废汽车回收处理行业的登记和准入审批。

日本汽车回收再利用促进中心，由日本汽车工业协会赞助，负责促进汽车回收再利用以及合理处理的调查和研究、普及和推广，信息提供、系统运行和管理、交流合作以及基于《汽车回收利用法》的资金管理、再资源化、信息管理等工作。

汽车再资源化协力机构，由12家日本国内汽车厂商以及日本汽车进口协会组成。其职责有：实现氟利昂类、安全气囊类废品的接收和再资源化(分解)，建立物流和回收再利用(分解)体制；向氟利昂类回收单位和汽车拆解厂支付回收费；向氟利昂类分解工厂、安全气囊类再资源化厂支付处理费，并进行业务监督和审计[13]。日本汽车回收利用管理体系如图13-6所示。

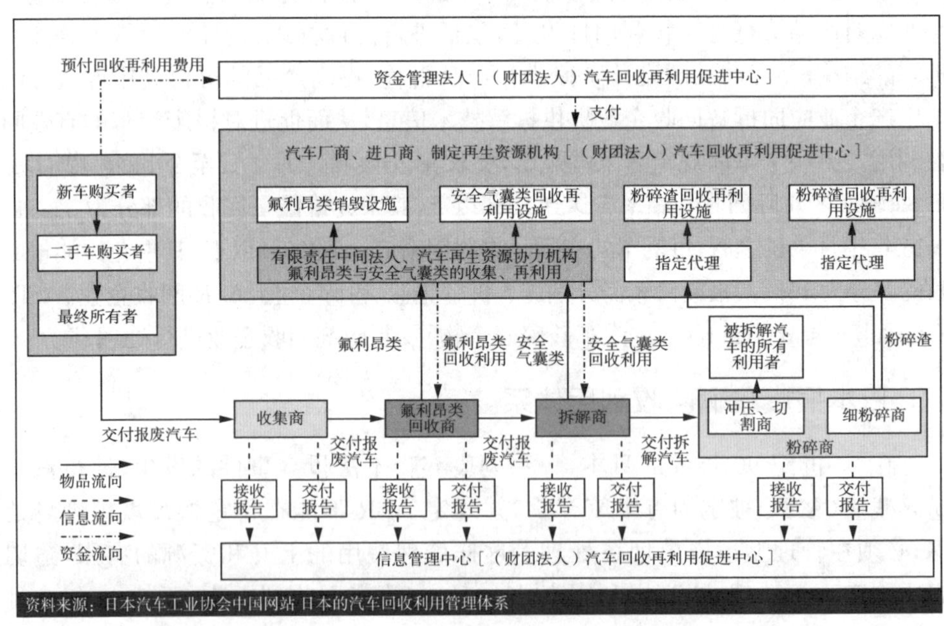

图13-6 日本的汽车回收利用管理体系

五、中国报废车辆回收利用体系

1. 汽车报废管理

国务院于 2001 年 6 月发布并开始实施《报废汽车回收管理办法》，对报废汽车回收企业资格认定条件、申请程序、个人或单位对报废汽车的责任、报废汽车回收过程及管理等做出了规定。

2013 年 5 月 1 日实施了《机动车强制报废标准规定》，对机动车强制报废的标准、各类机动车的使用年限、行驶里程等做了详细规定。

2004 年 5 月 1 日起施行的《道路交通安全法》第十四条规定：国家实行机动车强制报废制度，根据机动车的安全技术状况和不同用途，规定不同的报废标准。

另外，针对报废机动车拆解和破碎过程的污染防治和环境保护，2007 年 4 月 9 日，国家环境保护总局批准并由县级以上地方人民政府环境保护行政主管部门负责监督实施《报废机动车拆解环境保护技术规范(HJ348—2007)》。

2008 年实施的《报废汽车回收拆解企业技术规范》(GB 22128—2008)详细规定了报废汽车回收拆解企业的要求、作业程序、管理制度等。

目前，《报废机动车回收拆解管理条例》(征求意见稿)还规定了机动车生产企业、进口企业在报废机动车拆解活动中的责任，要求汽车生产、进口企业应当在新车型上市 6 个月内，向报废汽车回收拆解企业提供拆解指导手册及相关技术信息。同时，对回收拆解企业应当具备的条件、申请流程、技术规范等也做出了相应的规定。

从行政职能上来划分，我国商务部门、公安、工商行政管理部门在各自的职责范围内负责组织全国报废汽车回收利用(含拆解)的监督管理工作[14]。

2. 汽车回收利用管理

汽车回收利用标准体系主要包括回收利用、汽车禁限用物质、零部件再制造等几个领域。

2006 年 2 月 6 日，国家发改委、科学技术部和国家环保总局联合颁布了《汽车产品回收利用技术政策》。它明确提出了由汽车生产企业承担回收处理其产品的责任要求，规定生产企业要逐步提高产品的可回收性、禁用有害物质，并提出了明确的分阶段目标和时间节点要求，即从 2010 年起，所有国产及进口的 M2 类和 M3 类、N2 类和 N3 类车辆的可回收利用率要达到 85%左右，其中材料的再利用率不低于 80%；所有国产及进口的 M1 类、N1 类车辆的可回收利用率要达到 80%，其中材料的再利用率不低于 75%；同时，除含铅合金、蓄电池、镀铅、镀铬、添加剂(稳定剂)、灯用水银外，限制使用铅、汞、镉及六价铬。2012 年起，所有国产及进口汽车的可回收利用率要达到 90%左右，其中材料的再利用率不低于 80%。2017 年起，所有国产及进口汽车的可回收利用率要达到 95%左右，其中材料的再利用率不低于 85%[15]。

2015 年 6 月 9 日，工业和信息化部发布《汽车有害物质和可回收利用率管理要求》(第 38 号公告)。自 2016 年 1 月 1 日起，我国对总座位数不超过 9 座的载客车辆(M1 类)有害物质使用和可回收利用率纳入公告管理。在产车将于 2018 年 1 月 1 日执行。该《办法》对产品生态设计、有害物质要求、可回收利用率、管理模式、拆解技术等再次提出了具体要求。其中，可回收利用率目标与《技术政策》要求保持一致。

2004 年 11 月 1 日实施的《道路车辆可再利用性和可回收利用性计算方法》(GB/T 19515—2004)提出了对报废道路车辆处理的 4 阶段模式，即预处理阶段、拆解阶段、金属分离阶段和非金属残余物的处理阶段。根据标准给出的公式，利用通过上述 4 个阶段得到的数据，可以计算出车辆的可再利用率和可回收利用率。由于标准的执行受制于材料数据的采集及计算模型的不明确，直到 2012 年才要求车企申报所有车型的计算结果和说明[15]。该标准于 2015 年进行修订，名称改为《道路车辆可再利用率和可回收利用率计算方法》(GB/T 1915—2015)。

根据 GB/T26988—2011《汽车部件可回收利用性标识》要求，可回收利用的且质量超过 100 g 的塑料件、超过 200 g 的橡胶件等需要在显著位置标注可回收利用性标识。

2014 年 6 月 1 日实施的 GB/T 30512—2014《汽车禁用物质要求》再次提出对四种重金属和两种阻燃剂的限量标准，即铅、汞、六价铬、多溴联苯和多溴二苯醚的质量分数不得超过 0.1%；镉的质量分数不得超过 0.01%。该标准还列出了禁用物质的豁免清单。2016 年，工信部委托中国汽车研发中心组织行业成立课题组，以 2012 年“汽车产品限用有害物质和回收利用管理制度研究”成果为基础，继续深入开展 ELV 管理制度研究。有害物质管控范围将进一步扩充，石棉、多环芳烃(PAHs)、偶氮染料均在考虑范围内，并且该推荐性(GB/T)标准会修订为强制性(GB)标准，以促进汽车有害物质管控涉及汽车产品全生命周期，包括设计开发、选材、生产制造及销售售后，企业应构建完善的过程管理措施。

2009 年发布的《汽车零部件再制造试点管理办法》就再制造试点企业的管理、可再制造旧件的管理、再制造产品及市场流通的监督管理等 4 个方面做了规定。随后，针对拆解、分类、清洗等环节建立了一系列标准。对发动机、转向器等建立了技术规范。

2013 年，环保部发布《环境标志产品技术要求 轻型汽车》(HJ2532—2013)，于 2014 年 3 月 1 日起正式实施。该标准对轻型汽车的污染物排放、燃料消耗量、车内噪声、材料中有毒有害物质、车身涂装、可回收利用性和车内空气质量等方面提出了要求。规定汽车涂料中不得人为添加和使用苯、乙二醇甲醚、乙二醇乙醚、乙二醇甲醚醋酸酯、乙二醇乙醚醋酸酯、二乙二醇丁醚醋酸酯类挥发性有机化合物。也不得添加和使用汞、砷、铅、镉、锑和六价铬。轻型汽车的可回收利用率和可再利用率也需要满足以下要求(表 13-4)。

表 13－4 可回收利用率和可再利用率限值

项目	限值	
	第一阶段 (本标准实施之日起)	第二阶段 (2015 年 1 月 1 日)
可回收利用率/%	90	95
可再利用率/%	80	85

3. 车内空气质量管理

环保部于 2011 年 10 月 14 日批准于 2012 年 3 月 1 日起实施的乘用车内空气质量评价指南 GB/T 27630—2011 规定了车内空气中苯、甲苯、二甲苯、乙苯、苯乙烯、甲醛、乙醛、丙烯醛的浓度要求,给出了汽车车内各 VOC 污染物的限值标准[16]。2016 年 1 月 22 日,环保部公布新版《乘用车内空气质量评价指南(征求意见稿)》[17]。该推荐性国标预计变成强制性国标,并且相关 VOC 污染物的限值会进一步调整如下(表 13-5)。

表 13－5 VOC 污染物限值变化 (单位:mg/m^3)

序号	项目	2011 版	2016 版	调整趋势
1	苯	0.11	0.06	加严
2	甲苯	1.10	1.00	加严
3	二甲苯	1.50	1.00	加严
4	乙苯	1.50	1.00	加严
5	二甲苯	1.50	1.50	不变
6	甲醛	0.10	0.10	不变
7	乙醛	0.05	0.20	放宽
8	丙烯醛	0.05	0.05	不变

预计国内将进一步开展车内 VOC 管控,推动有毒有害物质替代,提升车内空气质量品质,贯彻落实中国制造 2025,规范我国汽车市场,促进技术升级的必要举措。

4. CCC 认证规则

中国质量认证中心是汽车产品 CCC 认证的第三方认证机构。CCC 认证分为整车 CCC 认证和零部件 CCC 认证。CCC 认证制度从 2002 年 5 月 1 日开始实施。

2008 年新修订的 CCC 认证规则要求各企业根据 GB/T19515—2004 计算出车辆的回收利用率,提供按照该标准进行计算的说明和结果。

国家认监委 2014 年第 31 号公告《国家认监委关于发布机动车辆及安全附件强制性产品认证实施规则的公告》,其中 CNCA-C11-01:2014《强制性产品认证实施规则 汽车》规定汽车的禁用物质应符合 GB/T 30512《汽车禁用物质要求》的要求。

第二节 信息系统简介

一、国际拆解信息系统 IDIS

1999 年,由数十家欧洲汽车制造商联合起来,共同支持开发了“国际拆解信息系统”(International Dismantling Information System, IDIS)。现在已有 25 家汽车制造商参与其中,主要包括来自欧洲、日本、韩国和美国的所有汽车制造商。汽车企业利用该信息系统,采用光盘和网站两种媒体形式公开发布汽车拆解信息,拆解企业可以从该系统获取数据,对报废车辆进行拆解前的降污化处理,并每年进行两次数据更新,保证回收利用企业免费得到相关数据。此外,注册者也可以从互联网上免费获得有关数据。

二、全球汽车申报材料清单 GADSL

目前,世界汽车巨头们为了更好地跟踪世界各国法规要求,组成了全球性的有关汽车零部件材料禁用协调组织,即全球汽车业联合会(Global Automotive Stakeholder Group, GASG)。该联合会由美洲、欧洲/非洲/中东、亚洲/太平洋地区三个区域的代表所组成。全球汽车业联合会通过搜集各国关于材料禁用的法规要求,整理出了一个统一的全球汽车申报材料清单(Global Automotive Declarable Substance List, GADSL)[18],并在此基础上创建了全球材料申报系统(IMDS),供汽车零部件生产厂家使用。

全球汽车申报材料清单对汽车产品所用的 85 类、2 000 多种材料提出了禁止使用和使用时申报的要求。形成这一全球汽车申报材料清单的目的是使汽车产品在全寿命周期内达到产品开发时所设定的质量、安全和报废汽车回收处理等目标,减少汽车产品对环境的影响,并能够持续改进。实现这一目标将可以高效、经济、环保地使顾客利益最大化。众所周知,在整个汽车产业链的研究开发和生产制造等过程中采用了许多材料,正确选择和使用这些材料,都将影响这一目标的实现。但全球汽车申报材料清单也仅仅涵盖了在销售时汽车的零部件或材料中含有的规定物质的相关申报要求。如果是单独销售的零部件，该规定也适用[4]。

该清单对物质的标注意义：

P——在所有应用中被禁止；

D/P——在某些应用中被禁止,但在所有其他情况下须申报；

D——在超出限值时必须申报物质,但并未被禁止使用在汽车部件中。

三、IMDS 和 CAMDS

全球材料申报系统(International Material Data System,IMDS)是一个全球性汽车工业的材料数据系统,是一个第三方进行材料成分认可的机构。网站地址为:http://mdsystem.com。它是欧盟各大汽车企业奥迪、宝马、欧宝、保时捷、大众、沃尔沃等联合美国福特、克莱斯勒等公司共同投资建立的。在全球材料申报系统中,所有用于汽车制造的材料都被存档并进行定期维护,并对所有材料进行拆卸解析,为相关组成成分的科学分析提供依据,并按照物质的危害级别对其进行分类。这样一来,汽车制造商能够轻松地履行由各国的技术法规、标准以及国际法规所规定的义务。同样的要求也适用于汽车零部件供应商。

目前,IMDS 系统的加入费用和每年的维护费用分别在 10 万欧元左右,对于中国的汽车企业而言还是一笔巨大的开支[19]。

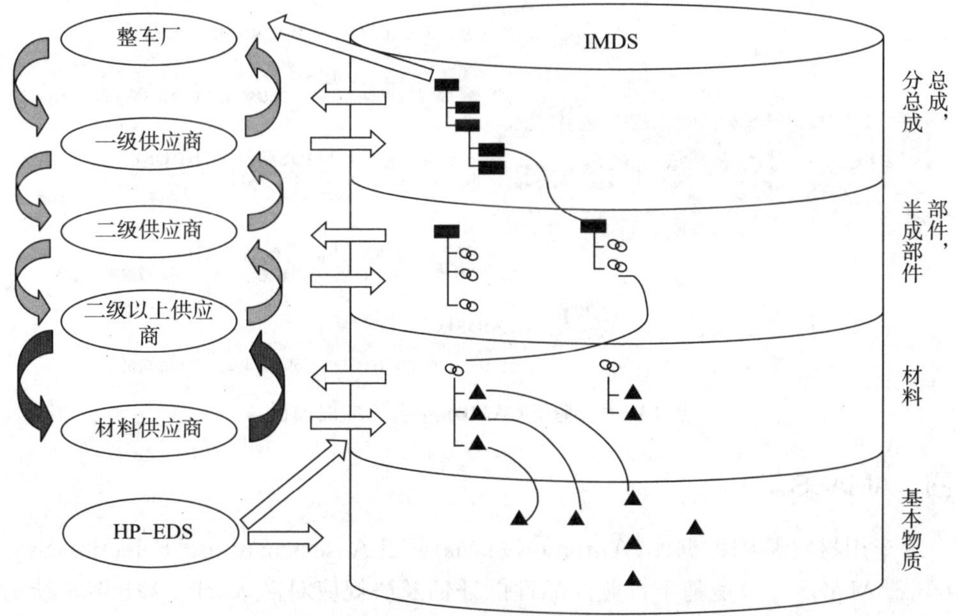

图 13-7 国际材料数据系统 IMDS 数据信息传递流程[20]

为了满足我国汽车回收利用法规的要求，协助回收利用政策标准有效实施，16 家国内整车企业与研究机构经过多年讨论，于 2009 年 7 月正式上线了 CAMDS 系统(China Automotive Material Data System，CAMDS)[21]。该系统可以创建原材料和组件单元的基本信息，并发送至下游用户，最后所有的信息将集中在整车厂，用于计算回收利用率和监控禁用和有害物质，从而帮助整车企业完成 RRR 型式认证。其主要应用包括：

(1) 各级零件供应商对产品材料数据的填报与提交等操作；

(2) 整车生产企业收集零部件材料数据信息，对权限范围内零部件产品的材料数据进行查询、浏览及接收确认等操作；

(3) 整车生产企业对汽车零部件产品的回收性进行管理；

(4) 整车企业对汽车零部件产品中禁用/限用物质的使用情况进行跟踪与管理；

(5) CAMDS 与其他产品数据系统或企业使用的 PDM(产品数据管理)、ERP(企业资源计划)系统之间的数据共享和交换。

中国汽车材料数据系统(CAMDS)已基本具备“基于汽车全产业链”材料数据采集及分析功能。截至 2016 年 12 月，已有 90 余家整车企业、30 000 余家零部件、300 家材料企业正式使用 CAMDS 平台，基于产业链完成整车材料数据申报、采集、分析和计算，以应对有害物质法规要求(图 13-8)。目前，以提升产品绿色设计和资源综合利用水平为目标，基于 CAMDS 平台搭建有害物质法规应对的整体解决方案已基本完成。

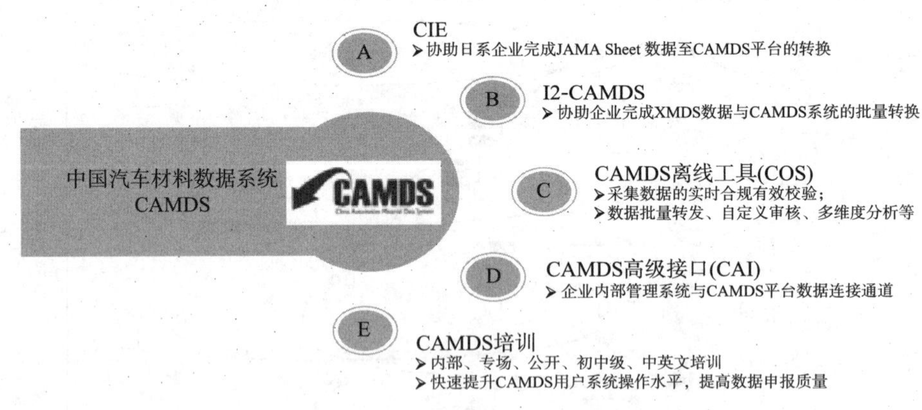

图 13-8　基于 CAMDS 平台已完成项目

四、AMASS

车用材料基础数据库(Automotive Material Assessment and Selection System，AMASS[22])是基于行业产品性能评估及法规应对需求，于 2014 年 8 月正式上线。在中国汽车研发中心牵头的车用材料技术工作组环保材料评定工作的支撑下，建设开发的集材料、环保法规符合性信息和车型设计开发支持性能数据等为一体的基础数据库。

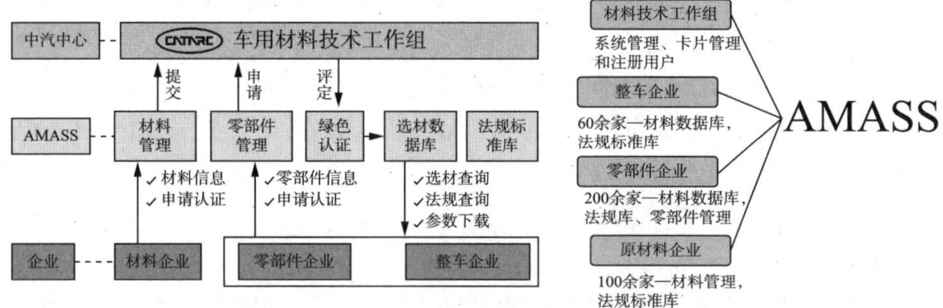

图 13-9 AMASS 基本组织架构

截至 2016 年 12 月，该数据库收集约 14 458 个材料，40 种曲线共计 33 724 条，分为金属、塑料、橡胶、胶黏剂、涂料五大类，提供材料数据管理、材料数据查看分析、高速拉伸专属模块、材料企业专属页面等功能，方便整车企业选用 AMASS 绿卡材料，满足禁用物质及 RRR 要求，支持可回收设计。使用用户有 60 余家整车，200 余家零部件及 100 余家材料企业。

五、C-ECAP

《中国生态汽车评价规程》(China Eco-Car Assessment Programme，C-ECAP[23])，于 2015 年 3 月由中国汽车技术研究中心推出，该评价系统基于全生命周期的理念，提出了在安全之外的“健康、节能、环保”三个方面对汽车产品进行生态性能评价，包括车内空气质量、车内噪声、有害物质、综合油耗、尾气排放五项基础评价指标，以及可再利用率和可回收利用率核算报告、企业温室气体排放报告和零部件生命周期评价报告三个加分项。该评价作为认证活动，受国家认证监督委监督，通过产品抽样、实车检测、公开发布的自愿性产品认证机制。

第三节 汽车质量管理体系标准

ISO/TS16949 是国际标准化组织(ISO)在 2002 年公布的“质量管理体系——汽车行业生产件与相关服务件的组织实施 ISO9001 的特殊要求”。

为了协调国际汽车质量系统规范，世界上主要的汽车生产商以及协会等，成立了国际汽车工作组(International Automotive Task Force，IATF)。该标准主要是由 IAFT 提交 ISO 国际标准化组织并发布。1999 年发布第一版，2002 年发布了第二版 ISO/TS16949：2002。2009 年，在 ISO9001:2008 的基础上修订了 ISO/TS16949：2009。

ISO/TS16949 基于 ISO9001，是一个国际汽车行业的技术规范。适用于汽车整车厂和其直接的零部件制造商。福特、通用和克莱斯勒三大汽车制造商首先宣布对供应商采取该规范。

ISO/TS16949 含有五大质量管理工具，包括统计过程控制（SPC）、测量系统分析（MSA）、产品质量先期策划（APQP）、潜在失效模式和效果分析（FMEA）和生产件批准程序（PPAP）。

参考文献：

[1] 中华人民共和国国家质量监督检验检疫总局．GB/T20861—2007 废弃产品回收利用术语[S]. 北京：中国标准出版社，2007.

[2] 贝绍轶等．汽车报废拆解与材料回收利用[M]. 北京：化学工业出版社，2012.

[3] Official Journal of the European Communities. Directive2000/53/EC of the European parliament and of the council of 18september 2000 on end-of-life vehicles[EB]. 2003-10-21[2013-03-10].

[4] 李名林．解读欧盟《关于报废汽车的技术指令》[J]. 汽车工艺与材料，2006(5)：38-42.

[5] 董长青．欧盟报废汽车回收利用管理经验值得借鉴[J]. 汽车工业研究，2011(1)：37-41.

[6] 胡雷，黄先国．浅析欧盟报废汽车回收利用管理经验[J]. 质量与标准化，2012(10)：49-51.

[7] 周孙锋，杜春臣．德国报废汽车回收利用体系对我国的启示[J]. 汽车工业研究，2012(5)：27-31.

[8] 乌力吉图，徐静．报废汽车回收利用体系：制度的演化——瑞典经验[J]. 前沿，2013(18)：93-94.

[9] 董长青，柴静．有关俄罗斯汽车回收利用问题的研究[J]. 汽车工业研究，2014(2)：29-31.

[10] 李名林．美国报废汽车回收利用体系探索[J]. 汽车工业研究，2007(2)：45-48.

[11] 柴静．韩国报废汽车回收利用法规及实施进展[J]. 汽车工业研究，2013(11)：27-29.

[12] 高扬，松本亨，徐鹤．日本 ELV(报废汽车)资源循环利用及其对中国的启示[C]//中国环境科学学会 20 学术年会．2010.

[13] Japan MIIT. Law for the recycling of end-of-life vehicles[EB]. [2013-03-03].

[14] 方志贤．我国报废汽车回收利用及零部件再制造相关政策和标准的综述[J]. 汽车零部件，2014(1)：81-85.

[15] 李玉刚，徐清魁，韦小华．我国汽车回收政策研究、预测及企业应对[J]. 经营管理者，2013(16)：217-218.

[16] 朱培浩，董长青等．我国汽车 VOC 检测标准法规现状、问题及措施[J]. 天津科技，2014(4)：31-33.

[17] 国家环境保护部．关于征求国家环保标准《乘用车内空气质量评价指南》(征求意见稿)意见的函[EB/OL]. MEP，2016-01-22[2016-12-20]. http://www.mep.gov.cn/gkml/

hbb/bgth/201601/t20160128_327055. htm.
[18] www. gadsl. org.
[19] 蒋军，林斗丽．中国汽车企业如何面对 ELV 指令[C]. 江苏省汽车工程学会学术年会．2010.
[20] 徐耀宗，董长青，宁森．欧盟汽车回收利用实施十年成效及经验借鉴[J]. 汽车工业研究，2013(6)：17-20.
[21] www. camds. org.
[22] http://amass. catarc. info.
[23] www. c-ecap. info/index. html.

第十四章

玩具、家具和服装类产品

第一节 玩具产品及法规概述

一、玩具产品概述

国际标准化组织(ISO)在2014年发布的ISO8124-1：2014《玩具的安全性 第1部分 机械和物理性能的安全性》(第四版)中，对玩具的定义是：设计或清楚地表明用于14岁以下儿童玩耍的任何产品或材料。中国国标GB6675、美国国标ASTM F963、欧盟EN71系列和日本的ST2002等国家标准对"玩具"的定义都与ISO对玩具的定义基本等同。

中国是全球最大的玩具制造国、出口国。中国制造的玩具由于廉价、功能多、美观而在世界玩具市场上占有相当大的份额，其中又以欧美玩具市场为重。根据国家商务部国别数据网公布的贸易数据报告，图14-1是2011—2015年中国出口到主要贸易伙伴(国家、地区和重要经济体)的"玩具、游戏品、运动品及其零件"出口现状和发展趋势。国家和地区按贸易额大小从上至下排列。

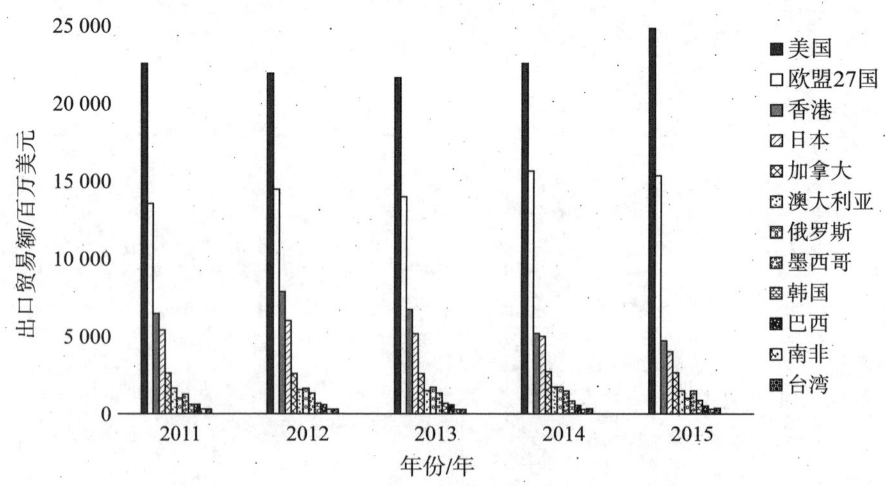

图14-1 中国出口到主要贸易伙伴的贸易额柱状图

根据中国出口到主要贸易伙伴的“玩具、游戏品、运动品及其零件”的出口额统计，玩具类产品是我国出口到主要贸易伙伴国的重要产品。玩具出口由于发达国家设置过于严格复杂的技术标准而导致出口增长缓慢。在实际操作中，不同国家政府通过关税和各种非关税壁垒限制进口，以保护国内产业免受外国商品竞争。

因此，我们要关注贸易伙伴乃至全球范围内玩具类产品的研发动向、标准发展趋势，关注该类产品的重要监管指标和限制含量，加强该类产品的生产监管，提高玩具行业的产品质量安全水平，是应对贸易伙伴方日益提升的出口门槛的解决方案，更是保障消费者特别是儿童安全健康的基本途径。

二、国际组织对玩具产品安全规定

在国际标准中，国际标准化组织（ISO）制定的ISO8124玩具安全系列标准和国际电工委员会（IEC）制定的IEC62115电动玩具安全标准是与玩具相关的最主要标准。此外，还有ISO8098儿童自行车安全标准和IEC下属的无线电干扰特别委员会（CISPR）制定的CISPR 14-1和CISPR 14-2电磁兼容标准等。

另外，国际玩具工业理事会（ICTI）推出了《国际玩具工业理事会商业运作规范》，通过对玩具厂商进行认证的方式，促使厂商以合法、安全和健康的方式进行生产运作。国际电工委员会（IEC）授权下的IECEE CB体系可以让电动玩具被国际市场广泛认可。

（一）ISO系列标准（ISO8124与ISO8098）

国际标准化组织（ISO）是一个世界性的国际标准化组织，成立于1947年，总部设于瑞士日内瓦，是世界上最大的非政府性标准化专门机构，由162个国家标准化团体组成。代表中国参加ISO的国家机构是国家质量监督检验检疫总局（AQSIQ）。ISO的宗旨是：在世界范围内促进标准化工作的发展，以利于国际物资交流和互助，并扩大知识、科学、技术和经济方面的合作。其主要任务是：制定国际标准，协调世界范围内的标准化工作，与其他国际性组织合作研究有关标准化问题。ISO的组织机构：ISO的主要机构有全体大会、理事会、技术管理局、技术委员会和中央秘书处，如图14-2所示。ISO的技术活动是制定并出版国际标准（International Standards）。ISO的工作涉及除电工标准以外的各个技术领域的标准化活动。在ISO的技术委员会中，负责制定ISO8124玩具安全系列标准的是ISO/TC181玩具安全技术委员会（Safety of Toys），负责制定ISO8098儿童自行车的安全要求的是ISO/TC149自行车技术委员会。

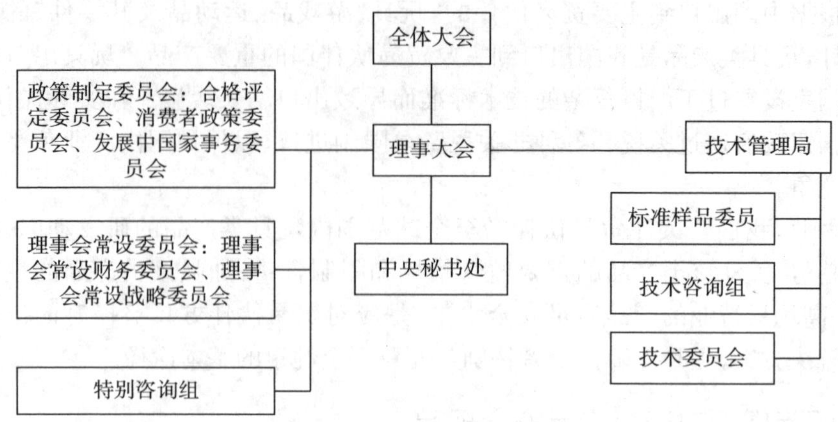

图 14-2 ISO 组织结构图

1. ISO/TC181 与国际玩具安全标准(ISO8124)

ISO/TC181 主要负责玩具在机械、物理、化学和易燃性方面安全的标准化工作，但不涉及电气方面。电动玩具的电气安全由 IEC 负责。ISO/TC181 负责的 ISO8124 玩具安全系列标准包括 7 个部分。

1) 第 1 部分：机械和物理性能的安全(Part 1: Safety Aspects Related to Mechanical and Physical Properties)

由 ISO 于 2014 年 12 月 17 日发布的第四版为目前的最新版本 ISO 8124—1 : 2014《玩具安全　第 1 部分　机械和物理性能的安全》。本部分的要求适用于所有玩具，也就是设计或清楚地表明或用于 14 岁以下儿童玩耍的任何产品或材料。

本部分对玩具的结构特性规定了可接受的判断标准(依据)，如尖锐、尺寸、外形、间隙(如：声响、小零件、锐尖和锐边、铰链间隙)，还有某些玩具各类特殊性能的可接受判断标准(例如：末端无弹性的弹射物的最大动能，某些乘骑玩具的最小夹角)。

本部分规定了从出生到 14 岁儿童各年龄组的玩具要求和测试方法。

本部分也要求了在某些玩具上或它们的包装注明合适的警告和使用说明。由于各国语言不同的问题，这些警告和说明书的文字未作规定，但是在附录 C 中给出了总体要求。

本部分未表明覆盖或包涵各种已考虑到的特殊玩具或玩具种类的潜在伤害。

例一：典型的锐尖伤害的例子就是针的性尖端。针的伤害已被玩具针线包购买者所认识，并且功能性锐尖伤害通过正常教育方式告知使用者，同时在产品包装上标有警告标志。

例二：玩具注射器也有使用方面的相关和已被认识的伤害(如：使用过程中

的不稳定性，特别是对初学者）具有构造特性的潜在伤害（锐边、夹持伤害等），参照 ISO8124 标准本部分的要求应减小到最小的程度。

2）第 2 部分：易燃性能（Part 2：Flammability）

ISO 于 2014 年 8 月 19 日发布了的最新版本 ISO8124—2：2014《玩具安全　第 2 部分：燃烧性能》，替代 ISO8124—2：2007。该标准规定了玩具中禁用的易燃材料、玩具接触火焰时的燃烧性能要求以及测试方法。该标准适用于以下玩具类别。

（1）可固定在头部的玩具：用头发及类似材料做的假胡子、假发、面具、兜帽、头饰等；

（2）可作为玩具的戏服；

（3）儿童可进入的玩具；

（4）软体填充玩具。

3）第 3 部分：特定元素的迁移（Part 3：Migration of Certain Elements）

ISO 于 2010 年 3 月 18 日发布的 ISO8124—3：2010《玩具安全　第 3 部分：特定元素的迁移》是目前的第 2 版本，取代了之前的 1997 版标准。该标准规定了玩具材料和玩具部件中可迁移元素（锑、砷、钡、镉、铬、铅、汞和硒）的最大限量要求、取样方法，以及测试试样的制备和提取程序。

玩具材料中可迁移元素的含量应符合表 14-1 规定的最大限量要求。

表 14－1　玩具材料中可迁移元素的最大限量要求

玩具材料	元素/（mg/kg 玩具材料）							
	锑（Sb）	砷（As）	钡（Ba）	镉（Cd）	铬（Cr）	铅（Pb）	汞（Hg）	硒（Se）
造型黏土	60	25	250	50	25	90	25	500
其他玩具材料（除造型黏土和指画颜料）	60	25	1 000	75	60	90	60	500
注：指画颜料特定元素的迁移见特定要求标准								

4）第 4 部分：家用秋千、滑梯及类似用途室内、室外活动玩具（Part 4：Swings，Slides and Similar Activity Toys for Indoor and Outdoor Family Domestic use）

ISO 于 2014 年 10 月 3 日首次发布 ISO8124—6：2010《玩具安全　第 6 部分：家用秋千、滑梯及类似用途室内、室外活动玩具》。本标准规定了预定供 14 岁以下儿童在其上面或内部玩耍的家用室内、户外活动玩具的要求和测试方法。本标准适用于秋千、滑梯、跷跷板、旋转木马、摇摆玩具、攀爬架、全封闭的儿童秋千座位和其他预定能承载一个或多个儿童体重的产品。

5）第5部分：玩具中某些元素总含量的测定方法（Part 5：Determination of Total Concentration of Certain Elements in Toys）

ISO于2015年6月2日首次发布的ISO8124—5：2010《玩具安全　第5部分：玩具中某些元素总含量的测定方法》，定义了玩具材料中某些元素含量的测定方法，并可用于决定是否根据ISO8124—3来进行元素迁移测试。

根据该标准的规定，在进行锑、砷、钡、镉、铬、铅、汞和硒的总含量分析之前，对玩具中的以下材料，需要取样并进行消化实验：

（1）在玩具的基体材料上形成或附着的所有材料层，包括色漆、清漆、生漆、油墨、聚合物或其他类似性质的物质；

（2）聚合和类似的材料，包括层压材料（含织物增强材料，但不包括其他纺织品）；

（3）纸和纸板；

（4）天然或合成纺织材料；

（5）金属材料；

（6）痕迹材料（如石墨材料的铅笔和液体墨水笔中）；

（7）柔韧的造型材料，包括建模黏土和凝胶；

（8）玩具中的涂料，包括手指油漆、清漆、漆和类似材料中的固体或液体形式；

（9）形成玩具的一部分或已拟游戏价值的包装材料；

（10）其他材料（包括可浸染色材料，如木材、纤维板、硬质纤维板、骨和皮）。

6）第6部分：玩具和儿童用品中特定邻苯二甲酸酯（Part 6：Certain Phthalate Esters in Toys and Children's Products）

ISO于2014年8月15日首次公布了ISO8124—6：2014《玩具安全　第6部分：玩具和儿童用品中特定邻苯二甲酸酯》。该国际标准是首个由中国牵头制定的国际玩具标准，是中国在玩具国际标准化领域取得的一个突破性进展。该标准主要是基于现有的中国标准GB/T 22048—2008《玩具及儿童用品-聚氯乙烯塑料中邻苯二甲酸酯增塑剂的测定》。

新标准第六部分详细描述了6种全球玩具和儿童产品立法法案中规管的邻苯二甲酸酯，分别为：DBP、BBP、DEHP、DNOP、DINP和DIDP等。

新标准适用于塑料、纺织以及涂层等相关的玩具和儿童产品。测试方法涉及使用溶剂二氯甲烷作为萃取介质，以及气相色谱分析方法。同时也验证了聚氯乙烯（PVC）、聚氨酯（PU）和一些代表性的涂料。

7）第7部分：指画涂料的要求与测试方法（Part 7：Requirements and Test Methods for Finger Paints）

ISO于2015年10月1日首次公布了ISO8124—7：2014《玩具安全　第7

部分:指画涂料的要求与测试方法》。该标准规定了用于指画涂料的物质与材料要求,并对指画涂料的标识、标签和容器做出了要求(表 14-2)。标准仅适用于指画涂料,不适用于面部或身体用的涂料。

表 14 - 2 指画颜料中可迁移元素的最大限量要求

玩具材料	元素/(mg/kg 玩具材料)							
	锑(Sb)	砷(As)	钡(Ba)	镉(Cd)	铬(Cr)	铅(Pb)	汞(Hg)	硒(Se)
指画颜料	10	10	350	15	25	25	10	50

2. ISO/TC149 与国际玩具安全标准(ISO 8098)

ISO/TC149 主要负责自行车及其零部件在术语、测试方法、性能和安全的要求和测试方法,以及互换性方面的标准化工作。ISO/TC149 下属的分技术委员会 SC1 负责 ISO 8098 标准的制定。

最新修订的 ISO 8098:2014《自行车 儿童用自行车的安全性要求》,生效日期为 2014 年 12 月 31 日,替代了 ISO 8098—2002。ISO 8098:2014《自行车 儿童用自行车的安全性要求》规定了用于儿童使用的完全组装或部分组装自行车的安全性能要求和测试方法。标准中将儿童自行车定义为:鞍座高度大于 435 mm小于 635 mm 的,通过后轮驱动的自行车。

对应于 ISO 8098,中国的国家标准是 GB14746—2006《儿童自行车安全要求》(等同采用了 ISO 8098:2002),欧洲对应的标准是 EN14765:2005《儿童自行车 安全性要求和试验方法》,美国对应的标准是 ASTM F 963:2008《玩具安全标准消费者安全规范》(Standard Consumer Safety Specification for Toy Safety)。

(二)IEC 系列标准(IEC 62115 与电磁兼容标准)

国际电工委员会(IEC)成立于 1906 年,是世界上成立最早的国际性电工标准化机构,负责有关电气工程和电子工程领域中的国际标准化工作。IEC 标准的权威性是世界公认的。ISO 和 IEC 都是法律上独立的团体,它们互为补充,共同建立标准化体系,并开展资源合作。IEC 负责电子电气相关领域的国际标准化工作,其他领域由 ISO 负责,两组织保持密切合作。

1. IEC 62115

在 IEC 的 TC 中,负责制定 IEC 62115 电动玩具安全标准的是 IEC/TC 61 家用和类似用途电器设备安全技术委员会。目前 IEC/TC 61 共有 42 个成员国,11 个观察国。中国是 42 个成员国之一。IEC 下设 5 个分技术委员会(Subcommittees)、5 个工作组(Working Groups)、8 个维护小组(Maintenance Teams)、1 个顾问小组(Advisory Groups)和 1 个编辑组(Editing Committee)。其中负责 IEC 62115 电动玩具安全标准的是 MT26。

2011 年 11 月发布的 IEC 62115:2011《电动玩具——安全》(第 1.2 版)是目前最新的版本。IEC 62115:2011 涉及至少有一种功能使用电的玩具的安全,相关的玩具包括组装型玩具(Constructional Sets)、实验型玩具(Experimental Sets),功能玩具(Functional Toys)(具有与成人使用的装置类似功能的玩具),电脑玩具(Computer Toys),以及视频玩具(Video Toys)(由一个屏幕和诸如操纵杆或键盘等触发方式组成的玩具,额定电压超过 24V 的单独屏幕不被认为是玩具的一部分)。

中国对应的标准是 GB19865—2005《电玩具的安全性》,中国技术上等同采用了 IEC62115:2003。欧盟对应的标准是 EN62115:2005/A12:2015"Electric toys-Safety",技术上等同采用了 IEC62115:2015。

2. 电磁兼容标准

部分电动玩具还涉及电磁兼容(EMC)方面的要求。电磁兼容性 EMC(Electro Magnetic Compatibility),是指设备或系统在其电磁环境中符合要求运行,并不对其环境中的任何设备产生无法忍受的电磁干扰的能力。因此,EMC 包括两个方面的要求:一方面是指设备在正常运行过程中对所在环境产生的电磁干扰不能超过一定的限值;另一方面是指器具对所在环境中存在的电磁干扰具有一定程度的抗扰度,即电磁敏感性。在国际电工委员会标准 IEC 对电磁兼容的定义为:系统或设备在所处的电磁环境中能正常工作,同时不会对其他系统和设备造成干扰。

EMC 国际标准的制定机构是 IEC 下属的无线电干扰特别委员会(International Special Committee on Radio Interference,CISPR)和电磁兼容技术委员会 IEC/TC 77 技术委员会。其中,与玩具相关的主要是 CISPR 分会 CIS/F 制定的干扰标准 CISPR 14-1 和 CISPR 14-2。

CISPR 14-1 是国际标准《电磁兼容性——家用电器、电动工具和类似装置的要求——第 1 部分:辐射》(Electromagnetic compatibility—Requirements for household appliances,electric tools and similar apparatus—Part 1:Emission)。该标准对家用电器、电动工具和类似器具的射频骚扰电平建立一个统一的要求,确定骚扰限值,描述测量方法并使运行条件和结果的分析标准化。目前最新的 CISPR 14-1 标准是发布于 2011 年 11 月 1 日的 IEC CISPR 14—1-2011。中国对应的标准是 GB4343.1—2009《家用电器、电动工具和类似器具的电磁兼容要求　第 1 部分:发射》,技术上等同采用了 CISPR 14:2005。

CISPR 14-2 是国际标准《电磁兼容——家用电器、电动工具和类似装置的要求——第 2 部分:抗扰性》(Electromagnetic compatibility—Requirements for household appliances,electric tools and similar apparatus—Part 2 Immunity)。该标准对标准规定范围内的产品电磁抗扰度建立一个统一的要求,并规定了抗

扰度的试验规范,提供了试验方法的基础标准,并规范了运行条件、性能判据和试验结果的表述。目前最新的 CISPR 14-2 标准是发布于 2015 年 3 月的 CISPR 14-2:2015。中国对应的标准是 GB4343.2—2009《家用电器、电动工具和类似器具的电磁兼容要求　第 2 部分:抗扰度》,技术上等同采用了 CISPR 14-2:2008。

(三)国际玩具工业理事会(ICTI)

国际玩具工业理事会(International Council of Toy Industries,ICTI)是一个由世界上不同国家/地区玩具行业协会组成的联合商会,成立于 1974 年。ICTI 创立主旨在于推广玩具制造业在会员国家地区之利益,减少或消除国际玩具贸易的障碍。国际玩具工业理事会主张玩具制造商要坚持三大原则。一是"三不用":不用未适龄童工、不用强迫劳工、不用囚工;二是"四不拘":不拘性别、不拘种族、不拘宗教、不拘社团归属;三是工厂奉守环保法规。非会员公司为会员公司承制产品,有关的供货合约也规定供货公司必须坚守这三大原则。ICTI 发起了一项名为商业守则的认证计划,各会员公司均须遵守国际玩具工业理事会的《商业行为守则》,以改善玩具制造业的形象及工作环境,目的在于使玩具厂能够向消费者保证他们的产品是在安全和人道的环境中制造出来的。经 ICTI 成功认证审核的玩具制造厂,将被授予 ICTI 认证证书,以表明其符合上述守则的条款。

ICTI 组织的宗旨如下:

(1) 促进各成员国玩具生产的利益;

(2) 作为定期研讨和信息交流的中心,促进玩具行业在重要问题和趋势方面的交流;

(3) 宣传玩具安全标准;

(4) 建立与玩具设计、玩具教育人士的关系;

(5) 降低或消除贸易壁垒;

(6) 培育与消费者和行业贸易代表的关系;

(7) 提出会议项目动议、执行理事会会议批准的项目。

ICTI 包括以下国家和地区的玩具贸易协会:澳大利亚、巴西、加拿大、中国、中国台北、丹麦、法国、德国、香港、匈牙利、意大利、日本、墨西哥、俄罗斯、西班牙、瑞典、英国和美国。其秘书处设在英国伦敦。具体成员信息见 ICTI 的官方网站"成员列表"栏目(http://www.toy-icti.org/)。ICTI 的出版物在网站(http://www.toy-icti.org/resources/helpfulpublications.html)上可以直接浏览。中国参加国际玩具工业理事会的协会为:中国玩具和婴童用品协会,详见其官方网站 http://www.wjyt-china.org/。

三、中国对玩具产品的安全要求

（一）法律法规

中国与玩具产品有关的法律法规主要是依据《中华人民共和国产品质量法》和《中华人民共和国进出口商品检验法》来制定的。玩具产品必须满足所有相关法律法规要求，才可进入中国市场。截至 2016 年 8 月，中国与玩具相关的法律法规如表 14-3 所示。

表 14－3　中国与玩具相关的法律法规

序号	名称	适用范围	颁布和实施日期	颁布机构	状态
1	中华人民共和国产品质量法	所有在我国生产、制造及销售的产品，包括玩具	1993 年 2 月 22 日公布，1993 年 9 月 1 日起实施；2000 年 7 月 8 日公布修正本，2000 年 9 月 1 日起施行	全国人民代表大会常务委员会	现行有效
2	中华人民共和国进出口商品检验法	是我国对进出口商品进行管理的法律。适用于对布绒玩具、竹木玩具、塑胶玩具、乘骑玩具、童车、电玩具、纸制玩具、类似文具类玩具、软体造型类玩具、弹射玩具、金属玩具等 11 类进出口玩具产品的管理	1989 年 2 月 21 日公布，1989 年 8 月 01 日正式实施；2002 年 4 月 28 日公布修正本，2002 年 10 月 1 日起实施；2013 年 6 月 29 日公布并实施	全国人民代表大会常务委员会	现行有效
3	中华人民共和国进出口商品检验法实施条例	是我国对进出口商品进行管理的实施条例。适用于对布绒玩具、竹木玩具、塑胶玩具、乘骑玩具、童车、电玩具、纸制玩具、类似文具类玩具、软体造型类玩具、弹射玩具、金属玩具等 11 类进出口玩具产品的管理	根据 2013 年 7 月 18 日《国务院关于废止和修改部分行政法规的决定》修订，于 2013 年 7 月 18 日修订并实施	中华人民共和国国务院	现行有效
4	中华人民共和国标准化法	适用于工业产品，包括玩具产品	1988 年 12 月 29 日公布，1989 年 4 月 1 日起实施	中华人民共和国全国人民代表大会	现行有效
5	中华人民共和国认证认可条例	适用于在我国境内从事认证认可的认证机构、认证活动、认可活动	2003 年 8 月 20 日公布，自 2003 年 11 月 1 日起施行	中华人民共和国国务院	现行有效

续表

序号	名称	适用范围	颁布和实施日期	颁布机构	状态
6	强制性产品认证管理规定	适用于国家统一规定的产品目录中的相关产品，包括玩具产品	新《强制性产品认证管理规定》于2009年7月3日发布，9月1日起实施	国家质量监督检验检疫总局	现行有效
7	玩具产品强制性认证实施规则	适用于童车、电玩具、塑胶玩具、金属玩具、弹射玩具、娃娃玩具6类产品	自2007年6月1日起强制实施	中国国家认证认可监督管理委员会	现行有效
8	进出口玩具检验监督管理办法	适用于在我国从事进出口玩具的生产、经营企业，及检验检疫机构	2009年3月公布，自2009年9月15日起施行；2015年11月23日《国家质量监督检验检疫总局关于修改〈进出口玩具检验监督管理办法〉的决定》修订	国家质量监督检验检疫总局	现行有效
9	进出口玩具检验管理规定	适用于布绒玩具、机械玩具、电动玩具、塑料玩具、充气玩具、木制玩具、童车以及列入《种类表》内的其他进出口玩具	于1996年5月27日颁布，颁布之日起生效	原国家进出口商品检验局	现行有效
10	儿童玩具召回管理规定	适用于儿童玩具	于2007年8月27日发布实施	国家质量监督检验检疫总局	现行有效
11	儿童玩具召回信息与风险评估管理办法	适用于儿童玩具	于2008年1月31日颁布实施	国家质量监督检验检疫总局	现行有效

为保障儿童玩具的安全与质量，保护儿童的人身健康安全，国家标准委对GB 6675—2003《国家玩具安全技术规范》进行了修订，形成了GB 6675—2014《国家玩具安全技术规范》国家标准1～4部分，并于2016年1月1日起强制实施。GB 6675—2014《国家玩具安全技术规范》是玩具的基本安全部分，适用于所

有玩具，包括：(1)基本规范(GB 6675.1)；(2)通用要求，包括但不限于机械与物理性能(GB 6675.2)、易燃性能(GB 6675.3)、特定元素的迁移(GB 6675.4)；(3)特定要求，是针对特定产品的要求。以上各部分，与GB 19685(适用于电玩具)，可互相结合参考使用。GB 6675—2014的1～4部分在参照ISO8124标准的基础上制定，主要技术指标与ISO 8124一致，但较ISO 8124增加了增塑剂的限制要求。

GB 6675.1—2014《玩具安全 第1部分：基本规范》是关于玩具的基本规范，标准明确了通用安全和不允许可能对儿童造成任何伤害的定性要求，同时根据国情提出的特定安全要求，如增塑剂的限量要求、仿真枪的限制要求等；该标准还明确了对于玩具安全标准强制执行的相关措施，包括国家强制性认证、监督抽查、召回等。

GB 6675.2—2014《玩具安全 第2部分：机械与物理性能》、GB 6675.3—2014《玩具安全 第3部分：易燃性能》、GB 6675.4—2014《玩具安全 第4部分：特定元素的迁移》是关于玩具机械与物理性能、易燃性能、特定元素迁移的通用安全要求，这三部分针对第一部分GB 6675.1的定性要求展开，包括了限量值和检测方法。

相比于被取代的标准GB 6675—2003，新标准GB 6675.1—2014有不少变化。

(1) 新标准适用范围更为明确。GB 6675.1—2014《玩具安全 第1部分：基本规范》明确该标准既适用于设计或预定供14岁以下儿童玩耍时使用的玩具及材料，也适用于不是专门设计供玩耍、但具有玩耍功能的供14岁以下儿童使用的产品，即供14岁以下儿童使用、具有玩耍功能的产品都应该满足本标准要求。

(2) 新标准GB 6675.1—2014增加了6种增塑剂(DBP、BBP、DEHP、DNOP、DINP、DIDP)的要求。该6种塑化剂限量值不得超过表14-4规定的限量要求。该限量值与欧盟的现行规定等同。

表14-4 限定增塑剂类别和限量要求

<table>
<tr><th>范围</th><th colspan="2">限定增塑剂类别及对应CAS</th><th>限量/%</th></tr>
<tr><td rowspan="3">所有产品，包括可放入口中的产品</td><td>邻苯二甲酸二丁酯(DBP)</td><td>CAS 84-74-2</td><td rowspan="3">三种增塑剂总含量≤0.1</td></tr>
<tr><td>邻苯二甲酸丁苄酯(BBP)</td><td>CAS 85-68-7</td></tr>
<tr><td>邻苯二甲酸二(2-乙基)己酯(DEHP)</td><td>CAS 117-81-7</td></tr>
<tr><td rowspan="5">可放入口中的产品</td><td>邻苯二甲酸二正辛酯(DNOP)</td><td>CAS 117-84-0</td><td rowspan="5">三种增塑剂总含量≤0.1</td></tr>
<tr><td rowspan="2">邻苯二甲酸二异壬酯(DINP)</td><td>CAS 68515-48-0</td></tr>
<tr><td>CAS 28553-12-0</td></tr>
<tr><td rowspan="2">邻苯二甲酸二异癸酯(DIDP)</td><td>CAS 26761-40-0</td></tr>
<tr><td>CAS 68515-49-1</td></tr>
</table>

(3) 新标准对声响的要求更为严格。为保护儿童尤其是婴儿的听力，GB 6675.2—2014《玩具安全　第2部分：机械与物理性能》将声响要求列为强制性要求，并加严了部分限值，如近耳玩具产生的连续声音的A计权等效声压级LpAeq不应超过65dB。

(4) 新标准新增了磁体和磁性部件要求。GB 6675.2—2014《玩具安全　第2部分：机械与物理性能》新增了磁体和磁性部件要求，以防止磁性材料或部件被儿童吞入而造成伤害。

(5) 新标准提高了对燃烧性能的要求。为防止玩具可能带来的燃烧伤害，GB 6675.3—2014《玩具安全　第3部分：易燃性能》增加了对易着火的"整体或部分为模压面具"和"头戴玩具上的飘拂物"的燃烧速度要求。同时针对软体填充玩具的尺寸规格规定了不同的测试方法，新测试方法能够更加精确地测试出玩具的燃烧速度，以确定玩具的安全燃烧性能。

(6) 放宽了有害物质的控制范围。GB 6675.4—2014《玩具安全　第4部分：特定元素的迁移》增加了对可触及涂层和可触及液体、膏状物和凝胶(例如液态油漆、造型化合物)的规定，以减少有害物质对儿童可能造成的伤害。

GB 6675—2014《国家玩具安全技术规范》同时具有标准和技术规范的性质，其全部技术内容为强制性的。GB 6675—2014既给出了对玩具安全的技术要求，又明确了国家对该规范将实行的强制执行手段以及不符合该规范的人或组织该负的法律责任。GB 6675.1—2014的第6章"实施与监督"明确对从事玩具科研、生产、经营的单位和个人，应严格执行本规范。不符合本规范的产品，禁止生产、销售和进口。同时对可能实施的三种管理方式——监督检查、安全认证、生产许可证予以明确。第7章对违反本规范的法律责任的有关要求作出规定，使得规范的监督管理有法可依。

(二)强制性认证

GB 6675.1—2014《玩具安全　第1部分：基本规范》提出了对于玩具安全标准强制执行的相关措施，例如国家强制性认证、监督抽查、召回等。针对玩具的认证可分为两大种类：玩具3C认证(适用于部分内销玩具)和玩具质量许可(适用于出口玩具)。

1. 什么是CCC认证?

"CCC认证"即3C认证，是强制性产品认证制度的简称(China Compulsory Certification)，我国政府为保护广大消费者人身和动植物生命安全，保护环境、保护国家安全，依照法律法规实施的一种产品合格评定制度，它要求产品必须符合国家标准和技术法规。强制性产品认证，是通过制定强制性产品认证的产品目录和实施强制性产品认证程序，对列入《目录》中的产品实施强制性的检测和审核。凡列入强制性产品认证目录内的产品，没有获得指定认证机构的认证证书，没有按规定加施认证标志，一律不得进口、不得出厂销售和在经营服务场所使用。

2. 玩具 CCC 认证简介

根据国家质量监督检验检疫总局、国家认证认可监督管理委员会 2005 年第 198 号公告，国家对部分玩具产品实施强制性产品认证，包括：童车、电玩具、弹射玩具、金属玩具、娃娃玩具、塑胶玩具六类玩具，从 2006 年 3 月 1 日起受理申请，2007 年 6 月 1 日起强制实施。国家认监委在其网站(http://www.cnca.gov.cn/)上发布了 2006 年第 6 号和第 8 号公告，分别公布了六类玩具产品强制性认证的实施规则和其指定的认证机构和检测机构。

被纳入首批玩具强制性认证范围的玩具产品目前只有上述六类，而承载儿童体重的玩具、软体填充玩具、竹木玩具、口动玩具、纸及纸板玩具、类似文具玩具、软性造型玩具七类玩具没有被纳入首批强制性认证范围，国家认监委拟对没有被纳入范围的这七类玩具产品推行自愿认证制度，待时机成熟后再纳入强制性认证范围。

3. 认证单元的概念

根据认监委公布的玩具产品强制性认证实施规则，同一委托人申请、同一工厂生产且符合实施规则中规定的单元划分原则的产品视为同一单元。实施规则中的单元划分原则，用于指导认证和检测机构将满足一定条件的(如加工工艺相同、结构外形和功能相近等)的玩具产品视为同一认证单元。对于同一认证单元的产品，因为大部分特性都相同或相近，所以不需要对其每一款都进行检测，只需要抽取其中最复杂的一款作为主检样品进行全项目的检测，再抽取其中若干款作为差异样品进行差异项目的检测。认证单元的划分以及主检和差异样品的检测规定大大减少了检测样品的款数，使企业强制性认证成本大大降低。

4. 认证模式与基本流程

玩具类产品强制性认证模式：(1)童车类产品，初始工厂检查＋产品抽样检测＋获认证后监督；(2)其他玩具类产品，型式试验＋符合性声明＋获证后监督。

玩具类产品强制性认证的基本流程：(1)童车类产品，认证申请→初始工厂检查→产品抽样检测→认证结果评价与批准→获证后监督；(2)其他玩具类产品，认证申请→型式试验→符合性声明→认证结果评价与批准→获证后监督。

5. 认证企业获得 CCC 认证的条件

根据实施规则规定，获得玩具 CCC 认证的生产企业必须具备以下条件。

(1) 型式试验产品测试应符合表 14-5 国家标准要求

型式试验是指申请人或企业将检测机构确定的各认证单元中的主检和差

异检测样品送给检测机构进行检测(六类首批认证的产品中只有童车是例外，不允许送样，必须由认证机构或其委派的人员抽样)。检测任务必须由任意一家国家认监委指定的检测机构来完成。

(2) 工厂质量保证能力符合《玩具类产品强制性认证工厂质量保证能力要求》的规定

《玩具类产品强制性认证工厂质量保证能力要求》中共包含以下九方面要求：职责和资源；文件和记录；采购和进货检验；产品开发、生产过程控制和检验；例行检验和确认检验；检验试验仪器设备；不合格品的控制；认证产品的一致性；包装、搬运和储存。这九方面的要求除“例行检验和确认检验”“认证产品的一致性”是强制性认证的特殊要求外，其他各方面的要求与 ISO 9000 标准的要求基本一致。

(3) 认证委托人、工厂向认证机构做出工厂质量保证能力及产品的符合性声明

实施规则要求型式试验合格后，认证委托人、工厂应向认证机构提交申请认证产品持续满足认证标准要求、工厂质量保证体系持续符合“玩具类产品强制性认证工厂质量保证能力要求”及相关认证要求的符合性声明。为方便认证委托人，认证产品质量保证符合性声明也可与申请资料同时提交。

玩具 CCC 认证型式试验标准如表 14-5 所示。

表 14－5　玩具 CCC 认证型式试验标准

<table>
<tr><th colspan="2">玩具类别</th><th>标准编号和名称</th></tr>
<tr><td colspan="2">电玩具</td><td>GB 6675—2014《国家玩具安全技术规范》
GB 19865—2005《电玩具的安全》</td></tr>
<tr><td colspan="2">塑胶玩具</td><td>GB 6675—2014《国家玩具安全技术规范》</td></tr>
<tr><td colspan="2">金属玩具</td><td>GB 6675—2014《国家玩具安全技术规范》</td></tr>
<tr><td colspan="2">娃娃玩具</td><td>GB 6675—2014《国家玩具安全技术规范》</td></tr>
<tr><td colspan="2">弹射玩具</td><td>GB 6675—2014《国家玩具安全技术规范》</td></tr>
<tr><td rowspan="6">童车类</td><td>儿童自行车</td><td>GB 14746—2006《儿童自行车安全要求》</td></tr>
<tr><td>儿童三轮车</td><td>GB 14747—2006《儿童三轮车安全要求》</td></tr>
<tr><td>儿童推车</td><td>GB 14748—2006《儿童推车安全要求》</td></tr>
<tr><td>婴儿学步车</td><td>GB 14749—2006《婴儿学步车安全要求》</td></tr>
<tr><td>玩具自行车</td><td>GB 6675—2014《国家玩具安全技术规范》</td></tr>
<tr><td>电动童车</td><td>GB 6675—2014《国家玩具安全技术规范》
GB 19865—2005《电玩具的安全》</td></tr>
<tr><td colspan="2">其他玩具车辆</td><td>GB 6675—2014《国家玩具安全技术规范》</td></tr>
</table>

6. 玩具CCC认证制度与出口玩具质量许可制度的关系

为推动玩具CCC认证制度的有关工作，2007年3月19日，国家认监委下发了国认证函[2007]30号“关于推动玩具产品强制性认证有关工作的通知”一文，该文规定：“对申请玩具出口商品质量许可(注册登记)产品，如已经获得玩具强制性产品认证证书，各地出入境检验检疫机构原则上可换发玩具出口商品质量许可(注册登记)证书，其中对产品检测标准有差异的，可部分承认强制性产品认证测试结果并补做差异试验；可通过资料审查或现场核查的方式承认企业CCC认证工厂检查的结果……对于申请玩具强制性认证产品，如果产品已获得出口产品质量许可证，指定认证机构在认证时原则上可采用出口质量许可证的结果，其中对于产品检测标准有差异的，可部分承认出口质量许可证的测试结果并补做差异试验；对于初始工厂检查，可根据实际情况通过资料审查或现场审查的方式承认出口质量许可证的审查结果。”

（三）中国台湾的相关规定

台湾地区在玩具相关产品的地方标准包括：

(1) CNS 4797玩具安全(一般要求)；
(2) CNS 4797—1玩具安全(耐燃性要求)；
(3) CNS 4797—2玩具安全(毒物学上要求)；
(4) CNS 4797—3玩具安全(结构上要求)；
(5) CNS 4797—4玩具安全(化学或相关科学实验套组要求)；
(6) CNS 4797—5玩具安全(非实验套组之化学玩具套组)；
(7) CNS 4798玩具安全检验法(总则)；
(8) CNS 14276—1998电动玩具的安全要求；
(9) CNS 15138.1—2012塑料制品中邻苯二甲酸酯类塑化剂试验法；
(10) CNS 12940手推婴幼儿车安全标准。

（四）中国香港的相关规定

《玩具及儿童产品安全条例》由香港商务与经济发展局(Commerce and Economic Development Bureau)制定。香港的《玩具及儿童产品安全条例》最早于2013年制定，2014年7月和2016年1月分别进行了修订，修订后的“条例”与现行国际标准或主要经济体的最新标准，如ASTM F963、ICTI或EN71等，在技术内容上保持一致。最新的修订版于2016年10月1日起实施。

香港的《玩具及儿童产品安全条例》规定，任何人不得制造、进口或供应任何不符合该条例所列安全标准的玩具及指定儿童产品，其中涉及产品有八类儿童产品，即婴儿假奶嘴、婴儿学行车、家用儿童安全栏栅、家用婴儿床、儿童绘画颜料、家用儿童游戏围栏和儿童推车等。修订后的“条例”规定了4岁以下儿童用玩具或产品塑化材料中6种形式的邻苯二甲酸酯的限量要求，如表14-6所示。根据新条例定义，要强制执行额外的识别标志，妥善保管、使用、消费或处理玩具和儿童产品的警告或警示标签；并且明确了违反条例规定的处罚规则。《玩具及儿童产品安全条例》的中英文版本可以从香港的政府网站获取（www. gov. hk）。

表14-6　香港玩具和儿童产品安全对邻苯二甲酸酯的限量要求

<table>
<tr><th>邻苯二甲酸酯分类</th><th>邻苯二甲酸酯</th><th>范围
（可接触塑化剂）</th><th>4岁以下儿童用产品的功能</th><th>要求</th><th>生效日期</th></tr>
<tr><td rowspan="3">1</td><td>BBP</td><td rowspan="3">玩具，
4岁以下儿童用产品</td><td rowspan="6">用于：喂食、卫生、放松、吮吸、睡眠</td><td rowspan="3">≤0.1%（总量）</td><td rowspan="6">2014年7月1日</td></tr>
<tr><td>DBP</td></tr>
<tr><td>DEHP</td></tr>
<tr><td rowspan="3">2</td><td>DIDP</td><td rowspan="3">可被4岁以下儿童放入口中的玩具或儿童产品</td><td rowspan="3">≤0.1%（总量）</td></tr>
<tr><td>DINP</td></tr>
<tr><td>DNOP</td></tr>
</table>

四、欧盟对玩具产品的安全要求

（一）欧盟玩具安全指令（2009/48/EC）

由于消费者对玩具安全的日益关注，欧盟于2011年7月20日正式实施了《欧盟新玩具安全指令》，该指令被行业界认为在物理、化学、机械、电气、卫生等诸项领域里做出了“世界上最严格的规定”。该指令在原指令88/378/EEC的基础上做了大量更新。新指令生效后，原指令88/378/EEC将废止（化学要求除外）。根据规定，欧盟27个成员国须于2011年1月20日前根据《欧盟新玩具安全指令》（2009/48/EC）修订国家法规、执行和制定行政规定，并于2011年7月20日起推行该措施。该指令对玩具的制造、进口以及销售环节明确了更细致也更广泛的责任，实行“可追溯制”，任何玩具必须标有厂名、地址和生产数量信息。同时，要求欧盟27个成员国政府对玩具安全共同从源头、从边境海关进行严密的监督和控制，防止危险玩具流入欧盟市场。据此，违反该指令的企业将受到罚款、召回产品的处罚，情节严重的还将被追究刑事责任。

欧盟是仅次于美国的世界第二大玩具市场。欧盟境内的五大玩具市场分别是法国、德国、意大利、西班牙和英国，共占据了欧盟73%的玩具市场份额。在欧盟市场上，最为畅销的玩具依次为低龄儿童玩具、拼图或其他益智玩具、玩具娃娃、户外玩具、童车、积木玩具。

《欧盟新玩具安全指令》(2009/48/EC)要求玩具不能对儿童健康构成任何危险,不能对儿童人身有任何伤害。《欧盟新玩具安全指令》(2009/48/EC)规定:

(1) 新玩具在投放欧盟市场之前,必须对玩具的安全性和适用儿童范围进行评估和检测;

(2) 在欧盟市场销售的玩具必须具备欧盟认定的安全标识,制造商需要对其产品符合欧盟的安全要求进行申报;

(3) 制造商在获得欧盟认定的安全标识之前,必须对其产品建立完整的技术档案,尤其涉及化学原料的使用;

(4) 进口商必须检查制造商提供的安全信息;

(5) 所有玩具必须清晰标示适用儿童的年龄段。

《欧盟新玩具安全指令》(2009/48/EC)对玩具的重金属含量执行更严格的标准,玩具应符合欧盟 REACH 法规;化妆品玩具应符合指令 76/768/EEC 的要求。如果玩具含有 76/768/EEC 附件Ⅱ中列举的 11 种致敏性芳香物质,当含量超过质量的 0.01%,应在玩具上注明;对特定重金属的限制由 8 种增加到 19 种,禁止在玩具中使用可能致癌、改变基因信息或导致改变基因信息或导致不育的化学原料,明确限制在玩具中使用能够造成过敏反应的 66 种芳香物质,其中 55 种被完全禁用,禁止在玩具和奶瓶中使用严重损害肝肾的增塑剂,禁止在玩具中使用易燃涂料,禁止在玩具中使用损害神经系统和内分泌系统以及影响儿童成长发育的化学阻燃剂;36 个月以下儿童使用的玩具或与嘴部接触的玩具中不得含有亚硝胺(Nitrosamines)和亚硝基胺(Nitrosatable)物质。

为防止儿童由于失误发生自我伤害的意外事故,《欧盟新玩具安全指令》(2009/48/EC)还对玩具与食品的混合销售做出限定,共用的外包装必须清楚标有"内含玩具"的警示,混搭在食品中的玩具必须有独立包装以示区别;玩具不得牢固地黏附于食品。另外,对童桌童椅的稳定性也有具体规定。

《欧盟新玩具安全指令》(2009/48/EC)规定,适用于 3 岁以下幼儿的玩具禁止使用容易被误吞的小零件、小部件。供 36 个月以下儿童使用的玩具必须被设计和制作为可以清洁的。依照这一规定,纺织品制作的玩具必须是可以洗涤的,除非玩具含有浸泡后可能被损坏的机械装置。同时,玩具在依照法规和生产商的指南清洗后,仍须满足安全要求。

在对玩具清洁之后,生产商应分析玩具是否存在第 18 条列举的所有危害,包括健康危害,以及对所有这些危害的潜在接触性进行评估。同时,作为第 18 条生产商必须进行的安全评估的一部分,生产商须考虑玩具在洗涤后哪些安全性能会受到影响,并且在适用的情况下,可以在洗涤后进行相关测试以进行评估。

欧盟委员会与玩具相关指令和法规还包括以下内容。

(1) Council Directive(88/378/EEC):Approximation of the Laws of the Member States Concerning the Safety of Toys《涉及玩具安全性成员国近似法律条文》(1990-01-01生效);

(2) Council Directive(87/357/EEC):Dangerous Imitations Directive《危险模拟类产品指令》;

(3) Council Directive(93/68/EEC):Rules for the Affixing and Use of the CE Conformity Marking《CE合格标志的使用以及依附于此的规则》;

(4) Council Directive(89/336/EEC):《欧盟电磁兼容性EMC指令》(1995-12-31—2009-07-21有效),适用产品范围为电玩具;

(5) Council Directive(2001/95/EC):《欧盟通用产品安全指令》(2004-01-25生效),适用产品范围为除特别法管辖以外的所有产品,涉及玩具、体育用品、打火机、纺织服装、家具等大多数日用品;

(6) Council Directive(1999/5/EC):《欧盟无线及电信终端设备指令》(2000-04-08生效),适用产品范围为无线电遥控玩具;

(7) Council Directive(2002/525/EC):《欧盟电池和蓄电池指令》(2006-01-01生效),适用产品范围为自带电池的儿童玩具、带蓄电池的电动童车玩具;

(8) 欧盟REACH法规:《化学品的注册、评估、授权和限制》(2017年6月1日生效),适用产品范围为投放欧盟市场的所有化学品,包括玩具、服装、纺织品等;

(9) Council Directive(76/769/EEC):《关于统一各成员国有关限制销售和使用某些有害物质和制品的法律法规和管理条例的理事会指令》,适用产品范围为所有产品,包括玩具;

(10) 1999/0238/COD及1999/815/EC:《欧盟邻苯二甲酸酯增塑剂指令》,适用产品范围为所有塑料或含有塑料的玩具及其他儿童用品;

(11) Council Directive(2002/61/EC):《欧盟禁用有害偶氮染料指令》(2003-09-11生效),适用产品范围为涉及纺织品、革制品,其中有布制或皮制玩具,包含带有布制或皮制服装的玩具;

(12) Council Directive(2003/03/EC):《欧盟禁用蓝色偶氮染料指令》(2004-06-30生效),适用产品范围为可能与人体皮肤或口腔长期接触的纺织皮革制品,包括纺织品制或皮制玩具及带有纺织品或皮制外套的玩具;

(13) 79/663/EC,83/264/EEC,2003/11/EC:《欧盟禁用两种含溴阻燃剂指令》(2004-08-15生效),适用产品范围为含纺织品的玩具、家具布和各种床上及室内装饰织物;

(14) Council Directive(2011/65/EU):《欧盟关于在电气电子设备中限制

使用某些有害物质指令》(2011-07-21 生效),适用产品范围为指令管辖以下 8 类产品中交流电不超过 1 000 V,直流电不超过 1 500 V 的设备。①大型家用器具;②小型家用器具;③信息技术和远程通信设备;④用户设备;⑤照明设备;⑥电气和电子工具;⑦玩具、休闲和运动设备;⑧自动售货机;

(15) 包装回收标志,适用产品范围:玩具包装;

(16) Council Directive(94/27/EC):《镍释放指令》(1999-01-20 生效),适用产品范围为儿童产品,包括玩具或儿童衣物上的金属铆钉、按钮、紧固物、拉链及金属牌及标示物等;

(17) 91/338/EEC,1999/51/EC:《镉含量指令》(1991-07-12 生效),适用产品范围为塑料玩具;

(18) 91/173/EEC,1999/51/EC:《五氯苯酚指令》(2000-09-01 生效),适用产品范围为涉及五氯苯酚的玩具产品,主要是木质玩具及含有纺织品、皮革的玩具;

(19) 89/667/EEC,1999/51/EC:《有机锡(TBT)化合物指令》(2000-09-01),适用产品范围为有机锡在玩具制造中(主要用作纺织品/木材/皮革/塑料等材料)的抗菌防腐剂;

(20) 欧盟国家有关甲醛控制方面的法规,适用产品范围:木制玩具、含纺织品的玩具。

(二) EN 标准

EN 是欧洲标准(European Norm)的简称。欧洲最主要的标准制定机构是 CENELEC 和 CEN 以及它们的联合机构 CEN/CENELEC。CENELEC 主管电工技术的全部领域,而 CEN 则管理其他领域。

由 CEN(欧洲标准化委员会)发布的 EN71 系列标准是欧盟制定的重要玩具产品标准,具体包括以下内容。

(1) EN71—1:2000 Specification for Mechanical and Physical Proprieties(机械和物理性能规范),本标准适用于:不发声玩具、发声玩具、耳机发声玩具、玩具柜的 7 000 次开关测试、乘骑玩具、口动玩具。

该部分主要包括跌落检测、小零件检测、锐利边缘检测、拉力检测、压力检测、线缝检测、耳鼻眼拉力、扭力检测等。

(2) EN71—2:2011+A1:2007 Flammability(易燃性),本标准适用于成品和绒毛织物或绒毛材料。

(3) EN71—3:1995 Specification for Migration of Certain Elements+A1:2000[BS 5665—3:1995](某些元素的迁移性规范),本标准适用于:有毒金属溶出测试(8 种有毒金属元素测试结果),包括铅、汞、镉、铬、砷、硒、钡、锑。

(4) EN71—4:2009 Experimental Sets for Chemistry and Related Activities(化学和相关项目用试验装置)。

(5) EN-71—5:1993+A2:2009 Chemical Toys(Sets)Other than Experimental Sets[BS 5665—5:1993][不同于试验装置的化学玩具(装置)]。

(6) En71—7:2002 Safety of Toys for Finger Paintings(手指绘画玩具安全性),本标准适用于:着色剂;防腐剂;结合剂,添加剂,保湿剂,表面活性剂,成分评估;数种元素的转移量;主要芳香胺含量;乙醇;酸碱;产品信息及包装容器。

(7) EN71—8:2011 Safety of toys-Part 8:Activity toys for domestic use(玩具安全性第8部分:家用活动玩具)。

(8) EN 71—9:2005+A1:2007 Organic chemical compounds(有机化学品)。该标准规定了以下暴露方式存在于每种玩具或玩具材料中的有毒化合物的迁移总量:与嘴接触、摄取可能、皮肤接触、眼接触、吸入。标准范围之内的产品包括了为3岁以下儿童设计的玩具(因这些玩具有可能被儿童放入口中咀嚼)和为年龄大些的儿童设计的产品(这些产品有可能接触到儿童的嘴、皮肤或被儿童吸入)。标准范围内的具体产品或玩具部件包括:

① 有可能被3岁以下儿童放入口中咀嚼的玩具;

② 3岁以下儿童用手玩耍的、重量应小于等于150g的玩具或易接触的玩具部件,为3岁以下儿童设计的玩具及易接触到的玩具物件;

③ 口动玩具的口腔接触部件;

④ 儿童能进入的玩具;

⑤ 作为玩具使用或玩具中应用的构图装置部件;

⑥ 户内使用的玩具和易接触到的玩具部件;

⑦ 户外使用的玩具和易接触到的玩具部件;

⑧ 仿造食物设计的玩具或玩具部件;

⑨ 可能留下痕迹的固体玩具材料;

⑩ 玩具中易接触到的有色液体;

⑪ 玩具中易接触到的无色液体;

⑫ 模型陶土、玩具陶土或类似产品,除EN 71-5标准中提到的化学玩具;

⑬ 气球制造部件;

⑭ 附有黏性剂的模仿图腾;

⑮ 模仿首饰;

⑯ 受限物质涉及的范围特别广,包括阻燃剂、着色剂、芳香胺、单体物质、溶剂迁移、可吸入溶剂、木材防腐剂(室内和室外的)、其他的防腐剂和增塑剂。

(9) EN 71—10:2005 Organic chemical compounds:Sample preparation

and extraction(有机化学品:样品制备和萃取)。

(10) EN 71—11:2005 Organic chemical compounds:Methods of analysis(有机化学品:分析方法)。

(11) 由 CENELEC(欧洲电工标准化委员会)发布的 EN 62115 标准是关于电动玩具产品的标准:EN 62115:2005/A2:2011/AC:2011 Electric toys-Safety(参见:IEC 62115 Edition 1.2:2011-02)(电动玩具:安全性)。EN 62115 等同采用了国际电工委员会的 IEC62115 标准。利用电力为其次要功能提供动力的玩具适用于本标准(如内置照明灯的玩具娃娃屋,则适用于本标准)。凡是额定电压高于 24V 的产品,被认定不属于玩具类产品,因此不适用于本标注。EN71 系列标准与 EN 62115 标准互相补充。

(三)监管和召回

欧盟与玩具相关的监管机构包括欧盟委员会与成员国两个层面。在委员会层面,企业总司负责玩具相关的指令立法工作,消费者保护总司负责欧盟非食品类商品快速报警系统(RAPEX)的运行;各成员国主要负责玩具指令的转换和实施(指令实施机构),以及对不安全玩具采取具体的市场监管措施(监管机构)。此外,还有欧盟境内与玩具相关的公告机构(Notified Body)。

一些在市场上出售的商品,由于设计和制造方面的原因,存在着可能对消费者的健康和安全构成威胁的因素。对于这类商品,欧盟各成员国有关部门会分别采取措施进行处理。为了便于各成员国与欧盟委员会之间就危险商品处理情况进行快速沟通,也便于消费者及时了解危险商品的情况,欧盟委员会在 2001 年设立了一个全欧盟范围内的非食品类商品快速报警系统(RAPEX)。欧盟非食品类商品快速报警系统(RAPEX)的运行由消费者保护总司负责,协调和组织对不安全玩具的市场监管。

RAPEX 针对的是“消费品”。“消费品”通常包括玩具、儿童用品、电子产品、打火机、化妆品、机动车辆、迷你摩托车、家具、装饰物品、激光指示器、燃气器具和供热设备以及娱乐用船只等。

整个 RAPEX 系统的运作程序比较简单。一般来说,某个成员国的消费者、生产商、经销商,或是该国的市场监管部门,发现某种产品在安全上有问题,一经核实,便立即通过 RAPEX 通知欧盟委员会下设的消费者保护司,再由欧盟委员会通知其他成员国的市场监管机构。这些信息对消费者都是公开的,以便让消费者及时了解危险品产品的名称和处理情况。

凡被列入“黑名单”通报的产品,有关部门下令撤出市场,被有关部门没收,责令回收。一旦生产商或分销商发现产品可能会对使用者构成威胁,必须立即向有关监管部门提出警示,收回有关产品;生产商或分销商若不肯收回产品或忽视产品构成的危险，将会受到处罚；被召回或被撤除市场的产品不得再转销非欧盟的任何第三国。

五、美国对玩具产品的安全要求

（一）美国试验与材料协会（ASTM International）

ASTM是美国材料与试验协会（American Society for Testing and Materials）的英文缩写。该技术协会成立于1898年。ASTM的工作重心是研究和制定材料规范和试验方法标准，包括各种材料、产品、系统、服务项目的特点和性能标准，以及试验方法、程序等标准。ASTM是美国最老、最大的非营利性的标准学术团体之一，它是发达国家技术领先标准制定组织的代表，一直活跃在消费品安全标准化领域。

ASTM于1973年成立了F15消费品技术委员会，其职责是制定有关消费品的安全标准和性能标准，包括规范、指南、检测方法、分类、规程和术语。该技术委员会有来自全球各地的900多名会员，包括消费品安全委员会（CPSC）的成员、消费者、安全维护人员、零售商、研究人员、医学专家、学者、检测实验室和消费品行业代表等。F15技术委员会下设51个分技术委员会，分别负责青少年产品、玩具、运动场设备、蜡烛、游泳池安全设施等不同领域的标准制定工作。

F15消费品技术委员会的消费品范畴涵盖家具、易燃物品、婴幼儿用具、公共娱乐设施玩具等产品，关注的安全隐患包括：产品设计中的隐患（物理性，如双层床脚柱可能具有勒死风险），材料安全隐患（化学特性——有毒物质是否超标，如儿童乙烯制品中的铅含量）。在F15的51个分委会中，与儿童消费品安全有直接关系的有19个分委会，占分委会总数量的37.3%；和玩具与娱乐设施安全有直接或间接关系的分委会共有15个，占分委会总数量的29.4%。足见在ASTM的消费品标准制定中，玩具产品安全是关注的首要重点。

ASTM F963标准《玩具安全性消费者安全标准规范》由F15消费品技术委员会负责定期审查与更新。ASTM F963标准《玩具安全性消费者安全标准规范》是美国玩具安全法案的重要部分，所有在美国出售的玩具都要符合ASTM F963的要求。玩具安全法案是由美联邦政府参议院于2008年3月6日通过并经总统签署。ASTM F963标准不但包含联邦法律要求的相关安全措施，还包括额外的指导方针和试验方法，它们是用来防止由于吞咽、锐边以及其他潜在危险带来的伤害。

ASTM F963《玩具消费者安全性规范标准》（Standard Consumer Safety Specification for Toy Safety）于2012年初重新修订，归属技术委员会（TC）为F15.22玩具安全性分技术委员会（Toy Safety）。美国消费品安全委员会（CPSC）接受本次标准的修订，新标准ASTM F963—2011取代2008年版，并在

2012 年 6 月 12 日启动，纳入到美国联邦法规(CFR)。

（二）美国玩具工业协会（TOY-TIA）

美国玩具工业协会[Toy Industry Association, Inc. , TIA(TM)]创建于 1916 年，前身是美国玩具学会(American Toy Institute)，是由美国玩具、游戏和儿童娱乐产品的制造商和全国性行业协会组成，总部设在纽约。它的 300 多个企业会员销售额累计占行业销售总额的 85%。TIA 会员包括玩具检测实验室、设计公司、玩具发明者。政府、玩具行业、媒体和消费者承认 TIA 是代表美国玩具业的权威机构，其制定的标准主要为满足如机器三轮车，儿童用产品的油漆表面等的安全要求。

从 1996 年开始，美国玩具工业协会与中国国家质检总局联合，将原来在美国举办的“玩具与工厂安全研讨会”转移到中国举办，截至 2005 年，先后在广州、上海、深圳举办了 10 次研讨会。目前，中国是世界最大的玩具出口国之一，而美国市场上的玩具大都从中国进口，美国玩具行业大部分工序已经转移到中国，特别是广东省成为我国出口玩具最主要的生产基地，出口额占我国玩具出口总额的 70%，而深圳更是这个生产基地的中心，出口额排名全国第一。

美国玩具工业协会的联系方式如下。

地址：1115 Broadway Suite 400 New York, NY 10010

电话：(212)675 1141 * 204

传真：(212)633 1429

电子邮件：info@toyassociation. org

网址：http://www. toyassociation. ory/

由美国玩具工业协会制定的标准，名称为：美国玩具工业协会(TOY-TIA)标准与规章(Standards and Regulations)。

标准编号：被美国国家标准学会 ANSI 采用的标准，采用 ANSI 的标准编号体系，即 ASNSI+分类符号(字母)+数字符号+发布年份。

检索途径：TOY-TIA 网站主页设有快捷检索(Search)，支持基于主题词的模糊检索。主页上还有高级检索(Advanced Search)链接，支持主题词检索。检索数据库范围涵盖网站资源、学会资源、Toy 行业基金会资源、出版物和专利等。

美国国家标准系统网络(http://www. nssn. org)，利用检索工具“search for standards”的检索页面，可输入标准号、题名、主题词、组织缩写等字段查询。

TOY-TIA 出版社(Press Room)还出版统计报告(可免费下载)、行业声明、玩具安全类图书、综述报告(可免费下载)、经典玩具清单、热门玩具清单等。

（三）美国消费品安全委员会（CPSC）

CPSC(Consumer Product Safety Committee, www. cpsc. gov)是美国消费

品安全委员会的缩语，主要职责是对消费者产品使用的安全性制定标准和法规并监督执行。CPSC 成立于 1972 年，是依据《消费品安全法案》(CPSC)设立的一个独立的联邦监管机构。制造商、进口商、分销商和零售商必须对检测不安全的产品做书面报告，只有获得安全标志的产品才准许进入市场。CPSC 现有的目录上管理着 15 000 种不同的产品，主要是用于家用电器、儿童玩具、烟花爆竹及其他用于家庭、体育、娱乐及学校的消费品。但车辆、轮胎、轮船、武器、酒精、烟草、食品、药品、化妆品、杀虫剂及医疗器械等产品不属于其管辖范围内。

CPSC 的监管手段有：(1)罚款；(2)电视媒体曝光；(3)必要时，追回其有问题的产品；(4)诉讼法律程序。

CPSC 每年都要在市场上抽检一定数量的产品，尤其是儿童产品(如玩具等)，调查因使用这些产品造成的伤害事件。CPSC 还公开产品安全性问题的投诉电话、电子邮件地址、投诉表格等提交渠道，鼓励美国公民参与对市场上出售的消费品进行监督，同时鼓励企业对自己的产品进行监控。一旦发现有潜在伤害性或以造成安全或环保问题的产品，经调查确认，即与制造商或经销商联合发布“召回”公告，以杜绝事故隐患。

CPSC 关于玩具类产品的法规有：

(1) CPSA(Consumer Product Safety Act)《消费产品安全法案》。它是 CPSC 的保护条例。

(2) FHSA(Federal Hazardous Substances Act)《联邦危险物品法案》。这个法案要求那些有一定危险性的家用产品在其标签上标出警告提示，提示消费者这种潜在的危险，并指示他们在这些危险出现时如何保护自己。任何有毒的、易腐蚀的、易燃的、有刺激的产品以及能够通过腐烂、加热或其他原因产生电的产品都需要在标签中警示出来。如果产品在正常使用中以及被儿童触摸时易引起人身的伤害及发生疾病，也应在标签中标识出来。

(3) PPPA(Poison Prevention Packaging Act)。PPPA 是危险物品包装法案的简称，它要求有些家用电器必须有儿童保护包装以避免儿童受到伤害。此包装法案要求产品的设计既能防止 5 岁以下儿童在一定时间内打开产品，又能方便成人正常开启。由于考虑到老人及残疾人也可能在打开这类产品的包装时有困难，法案允许该产品使用一种非标准尺寸的包装出现在日杂店的柜台上，上面应贴有警示标志表明该产品不能在家庭中被儿童轻易拿到。在医生处方或患者有特殊要求时，法定的处方药可以不使用儿童保护包装。

(4) CPSC RSA(Refrigerator Safety Act)《冰箱安全法案》。它要求在遇到特殊情况时，产品的机械结构(通常是磁性的碰锁)能够保证门能从里面打开。这种特殊情况会在儿童玩耍、爬进已废弃的或没有小心储存的冰箱中时出现。

(5) CPSC CPSIA/HR4040《消费品安全改进法案(CPSIA/HR4040)》。该

法令是自 1972 年消费品安全委员会(CPSC)成立以来最严厉的消费者保护法案。新法案除了对儿童产品中铅含量的要求更为严格外,还对玩具和儿童护理用品中的有害物质邻苯二甲酸盐的含量做出新的规定。此外,该法案还要求建立消费品安全公共数据库,以及要求某些儿童产品在被进口到美国前必须获该委员会认可的独立第三方实验室出具的测试报告。

CPSC CPSIA 影响着美国所有生产、进口、分销玩具、服装和其他儿童产品及护理品的相关行业。所有制造商应该保证其产品符合该法案的所有规定、禁令、标准或者规则,在邻苯二甲酸盐含量中,DEHP、DBP、BBP 及 DINP 已被永久禁止使用。

CPSC CPSIA 对含铅或带有含铅涂料儿童产品的要求:对儿童产品所有部件的铅含量实行分阶段限制,要求在 3 年期限内,最终将产品任何可接触部分总铅含量的限值由不得超过重量的 0.06%降至不得超过重量的 0.01%。

CPSC CPSIA 对儿童产品可追溯标签的要求:法规生效 1 年后起(2009 年 8 月 14 日),儿童产品的制造商必须在其产品及相关包装上加贴永久性清晰醒目的标志,使消费者可以辨别和确定制造商的名称、生产日期和产地,以及其他相关生产信息,从而确保产品的可追溯性。除非该产品符合该法规或标准适用的安全要求或标准,严禁消费品广告或所述产品的标签及包装包含消费品安全法规或自愿性消费品安全标准方面的指称信息。

第二节　家具产品及法规概述

一、家具产品概述

家具是大宗耐用消费品,只要有人的存在和活动就有对家具的需求。随着社会的进步、生活水平的提高,人们越来越注重家具产品的安全卫生性能。

用于制造家具的材料主要有木材、人造板、塑料、玻璃、金属、皮革及胶黏剂、涂料等。主要制造工艺有切削、胶合、涂饰、贴面等。不同材料不同制造工艺制作成的有害物质也各不相同。

二、中国家具行业的法规状况

国家家具标准化技术委员会负责中国家具标准的起草与修订。家具国家标准和行业标准覆盖的产品范围有木制家具、金属家具、软体家具、家具用皮革、人造板及其制品、木器涂料、胶黏剂、纺织品和家具五金配件等原辅材料。标准涉及的内容和范围有家具产品的分类和名词术语,家具外观性能、家具表面理化性能、家具力学性能的质量要求、家具有害物质限量、抗引燃性等。

国家强制性标准 GB5296.6—2004《消费者使用说明　第 6 部分:家具》于

2004 年 10 月 1 日正式实施，是中国第一部关于家具消费品的强制性标准，该标准结合了 GB18580—2001《室内装饰装修材料　人造板及其制品中甲醛释放限量》、GB18581—2001《室内装饰装修材料　溶剂型木器涂料中有害物质限量》、GB18583—2001《室内装饰装修材料　胶黏剂中有害物质限量》、GB18584—2001《室内装修材料　木家具中有害物质限量》等多个与家具相关的强制性国家标准。按照标准要求，2004 年 10 月 1 日之后制造的家具均须按规定同步提供有关生产日期、材料、性能、型号、结构、规格、安装、使用、保养、主要技术参数和故障出现及排除等专案的标签和实用说明书，要求今后市场上出售的家具必须符合国家有关安全、健康、环保方面的法律、法规和标准规定，并对家具所用材料、涂料实际含有的有害物质或放射性等控制指标给予说明。

国家强制性标准 GB18584—2001《室内装饰装修材料木家具中有害物质限量》规定了室内使用的木家具产品中有害物质的限量要求、试验方法和检验规定，规定了木家具中的可溶重金属元素和甲醛释放量的限制要求，它适用于室内使用的各类木家具产品。有害物质限量要求见表 14-7。

表 14－7　有害物质限量

项　目		限量值
甲醛释放量/(mg/L)		≤1.5
重金属含量(限色漆)/(mg/kg)	可溶铅(Pb)	≤90
	可溶镉(Cd)	≤75
	可溶铬(Cr)	≤60
	可溶汞(Hg)	≤60

国家强制性标准 GB 17927—2011《软体家具弹簧软床垫和沙发抗引燃特性的评定》，规定了国家对软体家具及其原材料的防火阻燃要求，这部分是引用了 ISO8191—1 中的一个点火源(引燃的香烟)进行测试、评定。

国家强制性标准 GB 20400—2006《皮革和皮毛 有害物质限量》适用于日用皮革和皮毛产品，它规定了皮革、皮毛产品中有害物质限量及其监测方法，见表 14-8。

表 14－8　家具用皮革的有害物质限量值

项　目	限量值		
	A 类	B 类	C 类
可分解有害芳香胺染料/(mg/kg)	≤30		
游离甲醛/(mg/kg)	≤20	≤75	≤300

注：A 类为婴幼儿用品；B 类为直接接触皮肤类的产品；C 类为非直接接触皮肤的产品。

国家强制性标准 GB18580—2001《室内装饰装修材料 人造板及其制品中甲醛释放限量》，规定了室内装饰装修材料用各种人造板及其制品中甲醛释放量的限制要求，具体见表 14-9。

表 14－9　人造板及其制品中甲醛释放量试验方法及限量值

<table>
<tr><th>产品名称</th><th>试验方法</th><th>限量值</th><th>使用范围</th><th>限量标志</th></tr>
<tr><td rowspan="2">中密度纤维板、高密度纤维板、刨花板、定向刨花板</td><td rowspan="2">穿孔萃取法</td><td>≤9mg/100g</td><td>可直接用于室内</td><td>E1</td></tr>
<tr><td>≤30mg/100g</td><td>必须饰面处理后可允许用于室内</td><td>E2</td></tr>
<tr><td rowspan="2">聚合板、装饰单板铁面胶合板、刨工木板</td><td rowspan="2">干燥器法（9～11L）</td><td>≤1.5mg/L</td><td>可直接用于室内</td><td>E1</td></tr>
<tr><td>≤5.0mg/L</td><td>必须饰面处理后可允许用于室内</td><td>E2</td></tr>
<tr><td rowspan="2">饰面人造板（包括浸渍纸层气候精致压木质地板、实木复合地板、竹地板、浸渍胶膜纸饰面人造板）</td><td rowspan="2">干燥器法（40L）</td><td>≤0.12mg/m³</td><td rowspan="2">可直接用于室内</td><td rowspan="2">E1</td></tr>
<tr><td>≤1.5mg/L</td></tr>
</table>

国家强制性标准 GB18581—2001《室内装饰装修材料 溶剂性木器涂料中有害物质限量》，规定了室内装饰装修材料用溶剂型木器涂料中的有害物质限量要求。具体技术要求见表 14-10。

表 14－10　溶剂型木器涂料中有害物质限量技术要求

<table>
<tr><th rowspan="2" colspan="2">项目</th><th colspan="3">限量值</th></tr>
<tr><th>硝基漆类</th><th>聚氨酯漆类</th><th>醇酸漆类</th></tr>
<tr><td colspan="2">挥发性有机化合物（VOC）/（g/L）</td><td>≤750</td><td>光泽（60）≥80.600
光泽（60）<80.700</td><td>≤550</td></tr>
<tr><td colspan="2">苯/％</td><td colspan="3">≤0.5</td></tr>
<tr><td colspan="2">甲苯和二甲苯总和/％</td><td>≤45</td><td>≤40</td><td>≤10</td></tr>
<tr><td colspan="2">游离甲苯二异氰酸酯（TDI）/％</td><td>—</td><td>≤0.7</td><td>—</td></tr>
<tr><td rowspan="4">重金属（限色漆）/（mg/kg）</td><td>可溶性铅</td><td colspan="3">≤90</td></tr>
<tr><td>可溶性铬</td><td colspan="3">≤75</td></tr>
<tr><td>可溶性镉</td><td colspan="3">≤60</td></tr>
<tr><td>可溶性汞</td><td colspan="3">≤60</td></tr>
</table>

国家强制性标准 GB18583—2001《室内装饰装修材料胶黏剂中有害物质限量》，规定了室内装饰装修材料用胶黏剂中有害物质限量的要求。具体有害物质限量值见表 14-11。

表 14 - 11　溶剂型胶黏剂中有害物质限值

项目	指标		
	橡胶胶黏剂	聚氨酯类胶黏剂	其他胶黏剂
游离甲醛/(g/kg)	≤0.5	—	—
苯/(g/kg)	≤5		
甲苯和二甲苯/(g/kg)	≤200		
甲苯二异氰酸酯/(g/kg)	—	≤10	—
总挥发性有机物/(g/L)	≤750		

注：苯不能作为溶剂使用

水基型胶黏剂中有害物质限量值应符合表 14-12 的规定。

表 14 - 12　水基型胶黏剂中有害物质限量值

项目	指标				
	缩甲醛类胶黏剂	聚乙酸乙烯酯胶黏剂	橡胶类胶黏剂	聚氨酯类胶黏剂	其他胶黏剂
总挥发性有机物/(g/L)	≤50				
游离甲醛/(g/kg)	≤1		≤1	—	≥1
苯/(g/kg)	≤0.2				
甲苯和二甲苯/(g/kg)	≤50				

三、欧盟家具行业的法规状况

欧洲与家具有关的限制指令主要包括：76/769/EEC、2001/95/EC、89/106/EC 等。

76/769/EEC 是 1976 年欧盟理事会通过的“关于统一各成员国有关限制销售和使用某些危险材料及制品的法律法规和管理条例的理事会指令”。该指令覆盖包括玩具、家具产品在内的所有产品。随着科学的进步和人类对化学物质的认识的增加，指令已经先后经历 20 多次修改，限制使用的有害物质种类也在不断增加。对该指令的修订是由欧盟理事会通过某一修订制定而对 76/769/

EEC 指令的附录部分增加或者修改限制物质的内容来实现的。欧盟各成员国会在欧盟指令发布后转化为自己国家的法令或者法规。76/769/EEC 限制的有害物质范围很广，包括有机或者无机的化学物质，例如多氯联苯(PCB)、多溴联苯(PBB)、禁用偶氮染料、阻燃剂、镍释放、镉含量、五氯苯酚、有机锡等都先后被加入到该指令中。

2001/95/EC 指令(General Product Safety Directive)是欧盟一般产品安全指令。该指令于 2006 年 7 月 22 日由欧盟委员会发布，用以取代以前欧洲标准化组织公布的所有官方标准清单，覆盖的产品涉及运动设备、童装、奶嘴、打火机、自行车、家具(包括折叠床)等产品。根据该指令的规定，生产商有责任确保在市场上销售的产品均属安全。这项规定适用于在市场销售的所有产品，或以其他方式向消费者供应的一切产品。

89/106/EC 是欧盟建筑产品指令。指令中对建筑产品的定义是：任何以永久性方式包括在建筑工程内的任何产品，建筑工程包括建筑物和土建工程。指令的基本要求涉及 6 个方面：机械强度和稳定性、消防安全、卫生、健康及环境、使用中的安全、噪声防护、节能与保温。EC 各成员国都已在 1991 年 6 月 27 日前将该建筑产品指令纳入各自的国家法规中。目前，EC 成员国设立了与之相应的建筑产品的试验与认证机构。由某一成员国签发的合格证书为 EC 各国所认可。合格证书表明了产品的安全、可居住性、安装、适用性、质量、耐久性和维护等性能符合有关要求，是可接受的。合格证书是发给企业生产的某一产品，该产品应接受独立的质量控制监督。生产企业有责任保证指令的所有条款获得彻底实施。依据建筑产品指令制定的 CNE 与 ELEC 标准，其产品的认证应符合 EC 型式试验和认证的有关政策。CE 认证为厂家的一致性评估提供了具体的程序和模式。模式的选择依照 EC 有关的要求而定，产品符合要求的声明一般情况下由指定机构提供，个别情况亦可由企业自定。一旦满足了要求，产品就可以获准使用 EC 合格标识(CE)。依据 89/106/EC 指令，地板类产品出口到欧盟国家需要通过欧洲的强制性 CE 认证，其中实木地板的强制执行日期为 2008 年 3 月 1 日起，强化地板的强制执行日期为 2007 年 1 月 1 日起。

除了欧盟的限制性指令外，为鼓励在欧洲地区生产及消费“绿色产品”，欧盟于 1992 年出台了生态标签体系。因该标签呈一朵绿色小花图样，获得生态标签的产品也常被称为“贴花产品”。欧盟生态标签制度是一个自愿性制度。欧盟对生态家具的限制物质包括：禁用偶氮染料；五氯苯酚；阻燃剂；甲醛；其他杀虫剂，分散染料；pH；重金属含量。

四、美国家具行业的法规状况

1. 美国对木制品和家具的技术法规规定如表 14-13 所列。

表 14-13 美国对木制品和家具的技术法规规定

法规名称	法 规号
金属家具的美国联邦法规	40CFR Part 63 RRRR
木质建材表面涂层有毒气体污染物的国家释放标准	40CFR Part 63 QQQQ
木家具有毒气体污染物质释放标准	40CFR Parts 9 &63
胶合板与复合木质产品中有毒气体污染物释放标准	40 CFR Parts 63 DDDD

2. 美国住房与城市发展部(HUD)对木制品和家具用原材料的甲醛释放标准，如表 14-14 所列。

表 14-14 人造板及其制品、家具用原材料的甲醛释放标准

产品类型	要求 /(mg/kg)	承载率 /(m^2/m^3)	标准
刨花板(所有级别，除了地板)	0.3	0.425	ANSI A208.1—1999
地板等级刨花板、衬垫材料	0.2	0.4	ANSI A208.1—1999 ANSI/HPVA EF—2002
MDF 中密度纤维板	0.3	0.26	ANSI A208.2—2002
硬木制胶合板(除了壁板)	0.2	0.425	ANSI/HPVA HP—1—2004
壁板(硬木制胶合板)	0.2	0.95	ANSI/HPVA HP—SG—1996

3. 美国加州木制品中甲醛限制的法规，如表 14-15 所列。

美国加州空气资源管理委员会(CARB)于 2008 年 4 月通过了“有毒物质空气传播控制措施(Airborne Toxic Control Measure，ATCM)”，以减少木制品的甲醛释放量。这项法规成为了全球对复合木制品甲醛释放量最严格的生产标准，而且必须通过第三方认证，并清楚地打上标记，以表明符合加州的要求。所有进口和国产的产品均受此法规管制。

含有甲醛的胶黏剂和树脂是空气中产生甲醛的主要原因。木材工业中经常使用含甲醛的胶黏剂或树脂。

该法规适用的木质人造板产品包括：硬木胶合板、刨花板、中密度纤维板，以及由上述材料制造的制成品、家具、木制玩具等。该法规也规定了木制品甲醛的测试方法。

表 14-15 美国加州木制品甲醛新规范要求

实施时间	硬木胶合板	硬木胶合板	粒片/刨花板	中密度纤维板（厚度≥8mm）	薄中密度纤维板（厚度<8mm）
第一阶段(P1)规范					
2009 年 1 月	0.08 mg/kg	—	0.18 mg/kg	0.21 mg/kg	0.21 mg/kg
2009 年 7 月	—	0.08 mg/kg	—	—	—
第二阶段(P2)规范					
2010 年 1 月	0.05 mg/kg	—	—	—	—
2011 年 1 月	—	—	0.09 mg/kg	0.11 mg/kg	—
2012 年 1 月	—	—	—	—	0.13 mg/kg
2012 年 7 月	—	0.05 mg/kg	—	—	—

第三节 服装类产品法规概述

一、行业协会的管制

美国服装和鞋履协会（American Apparel & Footwear Association，AAFA），是美国服装、鞋类及缝纫产品行业贸易协会，于 2000 年 8 月由美国服装生产协会（AAMA）和美国鞋类工业协会（FIA）合并而成，涵盖了全球领先的 1 000 多个品牌。

自 2007 年夏季起，AAFA 首次发布了专门针对服装类产品用化学品的“限用物质清单（Restricted Substance List，RSL）”，其来源是全球各国政府的法律法规或强制性标准。RSL 涵盖了对服装、家纺和鞋类终产品中限用化学品的要求，但不包含对在生产这些终产品的过程中，工厂使用的某些化学品的要求，也不涵盖玩具、车用纺织品或其他工业纺织品等领域。

AAFA 每半年左右更新一次 RSL。2015 年 6 月公布的第 16 版，包括 250 多种化学物质，并引用了最严格的政府法规或法律要求。更新的 RSL 作为行业有害物质管理工具，有助于全球供应链、美国服装与鞋类业对生产过程中化学品进行管理。更新 RSL 清单的另一重要原因在于 AFAA 应美国联邦政府、州政府要求及在各环保组织的推动下，全球环境和贸易面临更复杂的有毒有害化学品对人类安全与健康的挑战。AAFA 对 RSL 的收集、整理以及定期的更新，为纺织印染相关企业的化学品管控提供了准确有效的技术信息，RSL 顺应现今复杂有害物质管控要求并与其保持一致。

除了 RSL 外，AAFA 还向会员提供“非法定 RSL”，它包含了未被各国政府监管或未证实有毒害，但应当引起服装行业关注的化学品，以便各会员企业加以重视或自行管控。

国际服饰及鞋类限用物质清单管理工作小组（Apparel and Footwear International RSL Management Group，AFIRM），是由一些公司集合了产品化学、安全、法规和其他服装和鞋类行业的专家，于 2004 年成立，成员包括阿迪达斯、西雅衣家、GAP、H&M、胡戈·波士、利维·斯特劳斯、NewBalance、耐克、Pentland、PUMA、s. Oliver、天伯伦、VF 等。AFIRM 的使命是减少服装和鞋类产品供应链中有害物质的使用以及其影响，让整个供应链了解有关 RSL 和化学安全的知识，确保消费者和工人免受有害物质的影响，确保清洁环境。AFIRM 通过收集各成员公司的限用物质清单，从而整理出统一的 RSL，在 2008 年发布了首版 RSL，并于 2012 年 3 月进行了更新，反映了各品牌 RSL 中限用物质最严格的限值，及其与这些限用物质相对应的样品制备和检测方法。同时，AFIRM 还发布有 RSL 供应商实施工具包，包含有管控意义、存在的风险及管控流程、限用物质背景信息、供应链教育、实验室检测及 RSL 如何实施等，以方便各级供应商通过该工具包，对整个服装和鞋类供应链进行管控，清除其中的限用物质。

上述这两个行业协会发布的 RSL，是针对服装原料和终产品中所含有的化学品的管控，但不是针对生产服装原料和终产品所使用的化学品的管控。因此，包括阿迪达斯、NewBalance、耐克、PUMA 以及国内的李宁等 21 家全球领先的服装品牌一起发起成立了危险化学品零排放（Zero Discharge of Hazardous Chemicals Programme，ZDHC）项目，以引领全行业于 2020 年，在所有产品的供应链中的所有排放途径中，达到有害化学物质的零排放。为实现此目的，ZDHC 于 2011 年 11 月公布了联合路线图，向着零排放迈出了第一步。2014 年 6 月，ZDHC 更新了联合路线图，首次发布了生产限用物质清单（MRSL）。MRSL 列出了在服装生产和相关工艺中可能使用并排放到环境中的有害物质，而不仅仅是在服装中会出现的有害物质。MRSL 以清单的方式，列出了在生产中可能使用到的有害物质，给出了这些有害物质在生产中的潜在应用，包括作为清洁剂、柔顺剂、染色剂、溶剂、防腐剂、整理剂、黏合剂、稳定剂、印花剂、涂层等；MSRL 禁止这些有害物质在服装原料和成品中的有意使用，限定了其在化学制剂中的浓度，并提供了适用的实验室检测方法。这些限制禁止了限用物质的有意使用，但允许生产过程中合理的杂质残留，相关的化学制剂制造商可始终达到这些限值的要求。通过此方式，ZDHC 的 MRSL 将帮助品牌商及其供应链和更广泛的行业采用统一的方法，控制在服装和制鞋业中用于处理纺织品和装饰材料的有害物质，但请注意，目前并不涵盖皮革和金属镶边领域，而是在将来的更新版中，通过与 LWG 和 Tegewa 等品牌的合作，加入针对皮革类产品用化学品的要求。

另外，其他国际组织，如国际环保纺织协会（International Association for Research and Testing in the Field of Textile Ecology，OEKO-TEX®），是由来自欧洲和日本的16家知名纺织品研究和检验机构联合设立。自20世纪90年代起，它发布了OEKO-TEX®标准100，作为统一的监管、检验和认证体系，供纺织和服装工业企业对织品中可能存在的有害物质进行检测和评估，以及为消费者提供可信赖的产品标签，并不断更新。对于符合OEKO-TEX®标准100的纺织品和服装，可授予OEKO-TEX®认证标签。虽然OEKO-TEX®标准100主要针对的是织品，不适用于化学品、助剂和染料，但该标准列出了织品中可能存在的各种有害物质，如重金属、甲醛、农药、多氯酚、邻苯二甲酸酯、多环芳烃等，及其在不同产品类别中的限值。经OEKO-TEX®实验室检测的产品，只有不超过该限值，才有可能获得认证。同时，OEKO-TEX®还会对那些与织物材料交联而成为其中一部分或在服装成品加工的后续步骤使用的化学试剂，包括生物杀灭剂和阻燃剂，进行安全性评估，对评估安全的化学试剂命名为"活性化学产品"并列入列表中。OEKO-TEX®要求经认证的产品中不得含有生物杀灭剂和阻燃剂，除了这些已经安全评估且列入列表的。

除此之外，RAL的"蓝天使环保认证"、针对织物和皮革但不包括鞋类的"Nordic Swan认证"、专门针对鞋类的捷克共和国的"环境友好产品Ecolabel认证"、日本的"ECO标记认证"、新西兰的"环境友好新西兰认证"以及针对低污染皮革的"SG-label认证"等世界各国针对服装行业的"生态标签认证（Ecolabel）"体系，其认证程序和对有害化学品的管理方式也和OEKO-TEX®比较相似，故在此不一一累述。

二、各主要品牌的管制

除了上述行业协会和组织的管制外，各大服装品牌，也对其服装产品中所含的有害化学品进行限定，主要通过供应商调查问卷的方式进行调查，并辅以实验室质量检测的方法进行管控。比如PUMA，就建立有自己的RSL，对皮革、聚合物和织物中的有害化学物质分别进行禁止或限制，并给出了对应的检测方法，且某些有害化学物质虽然低于限值但若超过某特定值时仍需进行通告。而阿迪达斯则是针对不同人群服装的抽提液，限定了有害物质在这些抽提液中的限值和通告浓度，并给出了针对这些有害物质的抽提和检测手段。

三、近期法规更新

美国纺织服装和鞋协会AFFA发布第17版限用物质清单（RSL），涵盖了全球成品家纺、服装、鞋类产品中禁止或限制使用的化学品或物质。

第 17 版 RSL 清单共罗列了 12 类超过 250 种化学品，反映了各国对服装、鞋类和成品家纺产品中禁用或限制物质管控法规或法律的新增或修订。本次发布的版本相对第 16 版而言主要有以下几个变化。

(1) 对芳香胺类物质的测试方法进行了更新；

(2) 根据欧盟 POP 法规的修订案(EU)2015/2030，阻燃剂物质新增对短链氯化石蜡(SCCPs)的限量要求，物品中限量 0.15%，物质及配制品限量 0.1%；

(3) 金属类物质新增欧盟 REACH 法规附件 XVII 对铅的限制要求：总铅 500 mg/kg，释放量≤0.05(g/cm^2)/h 或 0.05(μg/g)/h；

(4) 新增皮革中甲醛的测试方法 GB/T 19941—2005；

(5) 邻苯类物质新增一项 SVHC 要求：CAS，68515-51-5 邻苯二甲酸二(C6-C10)烷基酯；CAS，68648-93-1(癸基，己基，辛基)酯与 1,2-邻苯二甲酸的复合物；以上两个物质只有在邻苯二甲酸二己酯(EC201-559-5)含量≥0.3%时，才被判为 SVHC 物质。

除此之外，本版 RSL 还对杂项进行了多项删除，同时将旧版本的附录Ⅰ、附录Ⅱ和附录Ⅲ进行了修订和重组，新版本中现在只有附录Ⅰ(有报告要求的法规)和附录Ⅱ(有标签要求的法规)。

四、中国法规现状

具体内容参见 GB 18401—2010 国家纺织品产品基本安全技术规范。

五、最新法规动态

据悉，越南工商部曾于 2015 年 11 月发布 37/2015/TT-BCT 公告，关于纺织品中甲醛和来自偶氮染料的芳香胺的限量修订，而根据新规，截至 2016 年 6 月 30 日新规过渡期结束，从 2016 年 7 月 1 日起，出口越南纺织品的甲醛和芳香胺要满足新限量的要求。

37/2015/TT-BCT 号公告要求在越南市场上销售的纺织品，除未经完整处理的纱及毛线胚料外，供 36 个月以下儿童使用的纺织品，甲醛残留量应≤30 mg/kg，与皮肤直接接触的纺织品，甲醛残留量应≤75 mg/kg，非皮肤接触的纺织品，甲醛残留量应≤300 mg/kg，纺织品中芳香胺的残留量不得超过 30 mg/kg。

值得注意的是，产品获得的其他国家证明书及生态标签如 OEKO-Tex® 等仅适用文件查核，不能作为符合越南标准的凭证。

甲醛和禁用偶氮染料是纺织品中的常见有害化学物质，纺织品中如存在过量甲醛，皮肤直接接触甲醛，可引起皮炎、色斑等，经常吸入少量甲醛，能引起慢性中毒等症状。部分含偶氮染料纺织品与人体皮肤长期接触后，会形成致癌的芳香胺化合物,诱发人体病变。

参考文献:

[1] 中国玩具协会 . 中国玩具法律法规[EB/OL]. 2010-10-28[2012-05-24]. http://www. cntc-lab. com/gb/home/Details. aspx? CateID=005010&ID=243.

[2] 国家质检总局检验监管司 . 玩具安全测试及法规[M]. 北京:中国标准出版社,2007.

[3] 中华人民共和国国家质量监督检验检疫总局 . GB 6675-2003 国家玩具安全技术规范[S]. 北京:中国标准出版社,2003.

[4] 香港商务及经济发展局 . 玩具及二酮产品安全规则[EB/OL]http://www. customs. gov. hk/filemanager/common/pdf/pdf_ publications/pamphlet/cgsr_ and_ tcpsr. pdf.

[5] 港拟修订玩具及儿童产品安全条例[EB/OL]. 法律教育网 . 2013-01-29[2012-05-24]. http://www. chinalawedu. com/new/201301/caoxinyu2013012916081279477238. shtml.

[6] 王晓郡 . 欧盟推出玩具安全"世上最严规定"[EB/OL]. 新华网 . 2011-8-30[2013-05-15]. http://news. xinhuanet. com/fortune/2011-08/30/c_121929711. htm.

[7] 沈怡,陈佳亮 . 欧盟玩具安全新指令 生产商如何应对"大考"[EB/OL]. 2011-08-05[2013-05-15]. http://www. eqn. com. cn/news/zggmsb/disan/450255. html.

[8] The European Parliament and of the Council. Directive2009/48/EC of the European Parliament and of the Council of 18 June 2009 on the safety of toys[EB/OL]. (2009-06-18)[2012-05-03]. http://eur-lex. europa. eu/LexUnServ/LexUriServ. do? uri=OJ:L:2009:170:0001:0037:en:PDF.

[9] 香港贸易发展局 . 最新欧盟玩具指令 2009/48/EC 内容解释[EB/OL]. (2010-08-30)[2013-05-23]. http://product-industries-research. hktdc. com/businessnews/article/%E7%8E%A9%E5%85%B7%E5%8F% 8A%E9%81 %8B% E5%8B%95%E7%94%A8%E5%93%81%E6%9C%80%E6%9C%80%E6%96%B0%E6%AD%90%E7%9B%9F%E7%8E%A9%E5%85%B7%E6%8C%87%E4%BB%A42009-48-EC%E5%85%A7%E5%AE%B9%E8%A7%A3%E9%87%8B/psls/tc/1/1X000000/1 X074QP5. htm.

[10] European Commission. European standards Toys safety[EB/OL]. (2012)[2013-05-23]. http://ec. europa. eu/enterprise/pulicies/european-standards/harmonized-standards/toys/.

[11] 陈胜 . 欧盟玩具召回制度[EB/OL]. 2011-03-29[2012-12-06]. http://www. tbtmap. cn/pot-tal/Contents/Channel. 2125/2008/0901/34727/content_34727. jsf? ztid=2140.

[12] ASTM International. ASTM F963-08 Standard Consumer Safety Specification for Toy Safety[S]. US:ASTM International,2008.

[13] CPSC. Consumer Product Safety Improvement Act of 2008[EB/OL]. http://www. cpsc. gov/cpsia. pdf.

[14] ASTM International. Committee F15 on Consumer Products[EB/OL]. http://www. astm. org/COMMIT/COMMITTEE/F15. htm.

[15] ASTM International. ASTM F2601-09 Standard Specification for Fire Safety for Candle Accessories[S]. US: ASTM International, 2009.

[16] ASTM International. ASTM F2417-09 Standard Specification for Fire Safety for Candles [S]. US: ASTM International, 2009.

[17] ASTM International. ASTM F2666-07 Standard Specification for Aboveground Portable Pools for Residential Use[S]. US: ASTM International, 2007.

[18] ASTM International. ASTM F2517-09 Standard Specification for Determination of Child Resistance of Portable Fuel Containers for Consumer Use[S]. US: ASTM International, 2009.

[19] ASTM International. ASTM F2898-11 Standard Test Method for Permeability of Synthetic Turf Sports Field Base Stone and Surface System by Non confined Area Flood Test Method[S]. US: ASTM International, 2011.

第十五章
产品应用环境标志

第一节　环境标志介绍

一、环境标志的产生

环境标志:环境标志是一种证明性标志,表明获准使用该标志的产品不仅质量合格,而且在生产、使用、处理、处置过程中适应环境保护要求,与同类产品相比,具有低毒少害、节约资源等环境优势。

生态标签:狭义的生态标签指欧盟、日本等地区或国家规定的促进环境和生态保护的自愿性产品标志,广义的生态标签与环境标志制度等同。需要注意的是,环境标志或生态标签制度旨在保护自然环境和生态环境,不同于旨在直接保护消费者健康的产品安全标签,虽然两者互有渗透,有的环境标志间接保护人体健康或向直接保护人体健康方向拓展。

自 20 世纪 70 年代以来,随着全球环境问题的日益加剧,环境问题开始逐渐引起各国公众的关注,公众的环境意识开始觉醒并日益提高,全球环境保护的呼声此起彼伏,环境保护工作也逐渐开展并日益深入,世界开始逐渐进入到保护环境、尊重自然、促进可持续发展的时代。可持续发展时代来临的一个典型表现便是人类的生产和消费模式开始发生巨大变化,这首先表现在西方发达国家民众消费模式的转变上。发达国家的民众已经实现温饱,生活的基本需要得到了满足,因而开始追求更高的生活品质以及更健康的生活目标,体现在消费方面,便是开始寻找一些具备产品安全性、环境友好性的绿色产品,这种需求很快就掀起了一股绿色消费之风。基于企业和消费者的天然联系,很多企业迅速感受到这种市场需求,他们在自己的产品上标注“绿色”“无害化”“可生物降解”等环保倾向性字眼,希望通过这种方式来适应和满足消费者的消费需求。这种做法对消费者的影响是十分明显的,根据调查,很多发达国家的消费者都愿意购买和使用具有产品安全性、环境友好性的产品,即便是可能要为此花费更大的代价。市场是企业的风向标，许多消费品生产商开始发布绿色广告来表明自己的产品具备环境友好性，竞争更大的市场份额；为消费品生产提供原材料的化学品制造商也顺应潮流，为注重健康、环保的下游客户提供生态友好、健康环保的原材料。对于消费者而言，他们被包围在大量的绿色广告中，如何选择出真正有利于环境的产品却一时之间很难做出正确的判断。若任由这种情况长期发展下去，会挫伤企业对于环境友好性产品的研发和生产进行投资的积极性，因为即使他们生产了对环境、健康有利的产品，在市场竞争中也不一定具有良好的说服力从而能占有优势。如果有一种客观、中立的制度来帮助消费者辨认出真正的绿色产品，同时使真正注重环境友好、品质安全产品的生产者受益，将大大有利于市场主体的信息对称和市场行为的方向引导，促进市场效率和环保、健康的真正实现。在这种情形之下，环境标志应运而生。

自 1977 年德国最早开始推行“蓝色天使”环境标志计划后，加拿大、日本、法国、挪威、美国等国家也先后组织实施了环境标志计划。目前为止，世界各国都相继开始推广实施，环境标志日益形成国际化的发展趋势。根据生态标签研究组织 Ecolabel Index 的跟踪，截至 2016 年 11 月 6 日，全球共有 465 种生态标签或环境标志在应用[1]。

全球环境标志网络组织(GEN)是一个国际性非政府组织，由第一类环境标志执行单位组成，创始于 1994 年。其组织标志设计是以红色卫星线形成的网络，环绕着一个绿色的地球，结合地球外围之文字，说明 GEN 是来自全球各地环保标章。该组织曾对中国环境标志计划进行全球环境标志国际合作体系同行评审，包括产品种类的选择、标准编制、相关方协商、符合与验证、透明性、公正性、保密性、信息交流、多边互认、人员能力、质量保障等多方面。

二、环境标志的基本类型

国际标准化组织(International Organization for Standardization，ISO)，是世界上最大的非政府性标准化专门机构，是国际标准化领域中一个十分重要的组织。继 1992 年在巴西召开的联合国环境与发展大会后，ISO 于 1993 年 6 月成立了 ISO/TC207 环境管理委员会，正式开展 ISO14000 系列标准制定工作。ISO14000 是一个系列的涉及环境管理的标准系统，对国际环境领域内的一些焦点问题进行了探索和尝试，包括环境审核、环境标志、生命周期评价等。ISO14020 系列环境标志标准是其中一个组成部分。截至目前，已具备四项颁布的环境标志标准，分别是 ISO14020(环境管理、环境标志和声明、通用原则)、ISO14021(环境管理、环境标志的声明、自我环境声明)和 ISO14024(环境管理、Ⅰ型环境标志、原则和程序)，以及 ISO14025(环境管理、环境标志和声明、Ⅲ型环境声明)，在ISO标准框架内确立了环境标志的基本类型：Ⅰ型环境标志、Ⅱ型环境标志和Ⅲ型环境标志。

（一）Ⅰ型环境标志

Ⅰ型环境标志计划是一种以自愿为基本准则的第三方认证计划，在经过第三方认证后颁发许可证授权产品或服务使用环境标志证书，表明在特定的产品或服务种类中，基于生命周期考虑，该产品或服务具有环境优越性。Ⅰ型环境标志也称第一类环境标志。

ISO14024标准规定了用于制定Ⅰ型环境标志的原则和程序，包括环境标志的产品种类如何选择确定、产品的环境特性如何认定以及相关的认定标准，还有关于环境标志具体的认证程序等。

（二）Ⅱ型环境标志

Ⅱ型环境标志是一种自我环境声明，也就是一种没有经过独立第三方认证，由该商品或服务从制造到进入零售环节的流通渠道中任何能获益的企业基于对产品或服务的自我认识而自行做出的环境声明。由于Ⅱ型环境标志是不经第三方认证的自我声明，因此ISO14021对其进行了规范。

(1) 声明均适用的通用要求，所有标准必须遵守的基本原则包括：第一，遵循ISO14020中所规定的原则；第二，不得使用含糊的或不具体的声明，或泛泛地暗示某产品对环境有益或无害的环境声明，诸如“对环境安全”“无污染”“对地球无害或少害”“绿色”“自然之友”之类；第三，谨慎使用“无……”字样的声明，只有当所指污染物质的含量不高于规定含量或背景值时才能使用带有“无……”字样的声明；第四，不得使用“可持续性”的声明，可持续性涉及的概念非常复杂并有待进一步研究，目前尚不存在确定的方法来测定可持续性或确认它的实现；第五，解释性说明的使用，如果仅使用自我环境声明有可能产生误解，就必须附加解释性说明。只有当在一切可预见的情况下，环境声明不加限定仍有效时才允许不附加解释性说明。

(2) 围绕上述几个原则的18条具体要求：首先，非误导性的，准确的；第二，必须是具体和成熟的；第三，仅适用于适当的环境或条件下，并且是必要的，与具体的产品相关的；第四，必须指定该声明适用于一个因素，整个产品，在产品或者其包装上或服务的一部分；第五，环境因素或环境改善的声明必须是具体的；第六，不得用不同的术语重复陈述相同的环境变化，以表示它可以带来多方利益；第七，应不会导致错误的解释；第八，除了最终产品的正确描述，还必须考虑到所有相关因素，也就是在产品的生命周期，不会出现一个影响的可能性在减少而同时另一个影响的可能性在增加(不一定意味着应该进行生命周期评估)；第九，产品没有经独立第三方认证的，不得做出相关意思的暗示；第十，不得直接地提示或暗示产品具有几乎不实际的环境改善，或其他夸张的说法；第十一，不得作出看起来似乎真实，但因为省略有关的事实，可能使购买者会产生误解或对购买者进行误导的陈述；第十二，只能涉及存在于产品生命周期中的环境因素的影响；第十三，环保声明和解释说明必须能够作为一个整体来阅读，解释说明应放置在声明的附近；第十四，对比性的声明必须是具体的，并指定比较的基础，必须使用相同的功能单位；第十五，如果是基于过去没有被发现的因素，其表达不得使其误以为它是基于最近的产品或过程的改进；第十六，在声明中不得以产品类型中没有存在过的某些物质或性质作为表述的基础；第十七，如果技术、有竞争力的产品或其他情况出现变化，必须重新评估，并进行必要的更新；第十八，必须针对相应的环境影响区(只要该生产过程发生于有环境影响的区域)。

(三)Ⅲ型环境标志

Ⅲ型环境标志是一个量化的产品性能和环境信息的数据清单，它是由企业提供的一种产品和服务的信息公告，是经由独立第三方认证机构依据ISO14025 环境标志国际标准进行严格认证，以证明其真实性的一种量化的环境信息。Ⅲ型环境标志主要是针对专业的购买者，这与Ⅰ、Ⅱ型环境标志主要针对普通消费者存在不同。

第二节　中国环境标志

一、中国环境标志

1993 年 3 月 31 日，原国家环境保护总局颁布“关于在我国开展环境标志工作的通知”，标志着我国正式启动了环境标志计划。我国最早实行的是Ⅰ型环境标志，并且由中国环境标志产品认证委员会对其进行工商注册，申请成为证明性商标，标在产品或其包装上的标签，表明该产品不仅质量合格，而且在生产、使用和处理处置过程中符合特定的环境保护要求。图形由中心的青山、绿水、太阳及周围的十个环组成。图形的中心结构表示人类赖以生存的环境，外围的十个环紧密结合，环环紧扣，表示公众参与，共同保护环境；同时十个环的“环”字与环境的“环”同字，寓意全民联合共同保护人类赖以生存的环境。该标志也被称为“十环标志”。根据 2003 年国务院《认证认可条例》要求，原国家环保总局发布了《关于中国环境标志产品认证工作有关事项的公告》，对环境标志认证机构进行调整，从 2003 年 10 月起，由中环联合(北京)认证中心有限公司即环境保护部环境认证中心作为中国唯一机构对环境标志产品进行认证。至今,中国环境标志产品覆盖近百个产品类别,从文具、办公用品、涂料、黏合剂、建筑材料、消耗臭氧层替代品、电子电气、塑料制品、木制品、皮革、卫生杀虫剂、陶瓷、包装制品、石膏制品、汽车等。中国环境标志在认证方式、程序等均按 ISO14020 系列标准规定的原则和程序实施,与德国、韩国、日本、澳大利亚等签订了环境标志互认合作协议,帮助中国企业跨越绿色贸易壁垒。2002 年、2014 年《中华人民共和国政府采购法》相继将促进环境保护纳为政府采购的目标之一。2006 年中华人民共和国财政部、原国家环保总局发布《关于环境标志产品政府采购实施的意见》,规定各级国家机关、事业单位和团体组织用财政性资金进行采购的,要优先采购环境标志产品。财政部、环保部定期发布"环境标志产品政府采购清单",至 2016 年 6 月已发布 18 期。2004 年财政部、国家发展和改革委员会制定了《节能产品政府采购实施意见》,要求财政性资金进行采购的,应当优先采购节能产品,逐步淘汰低能效产品,并定期联合发布"节能产品政府采购清单",其中部分为强制采购、部分为优先采购,至 2016 年 1 月,该清单已颁布 19 期。按文件要求,同时列入"环境标志产品政府采购清单"和"节能产品政府采购清单"的产品,优先于只获得其中一项认证的产品。

二、中国环境标志产品标准举例

前文有关法规标准的论述中已经从特定产品角度介绍了诸多环境标志产品标准,如多个涂料环境标志产品标准、HJ 2536—2014《环境标志产品技术要求 微型计算机、显示器》、HJ2532—2013《环境标志产品技术要求 轻型汽车》等。2012 年环境保护部发布的 HJ2515—2012《环境标志产品技术要求-船舶防污漆》标准[2],旨在减少船舶防污漆在生产和使用过程中对环境和人体健康的影响。该标准对船舶防污漆中的禁用物质、有害物限量和使用说明书做出了要求,规定了船舶防污漆类环境标志产品的术语和定义、基本要求、技术内容及检验方法,适用于各类船舶防污漆。该标准列出了船舶防污漆中禁用的物质,包括乙二醇醚及其酯类、烷烃类、酮类、卤代烃类、醇类、硅酸盐类(石棉类)等六大种类的具体禁用物质。其对挥发性有机化合物(VOC)、甲苯+二甲苯+乙苯、苯以及可溶性重金属等有害物质的限量也进行了明确规定。对船舶防污漆中的活性物质,该标准明确提出禁止使用滴滴涕(DDT)、汞,同时对锡的总含量以及铜离子渗出率(稳定状态)进行了具体规定,要求产品中的活性物质应为低风险物质,并提供船舶防污漆中低风险活性物质清单和船舶防污漆中活性物质海洋环境风险评估方法,企业在使用不在清单范围内的活性物质时应对比进行评价。

2016 年,环境保护部发布国家环境标准《环境标志产品技术要求 塑料包装制品》(征求意见稿)[3],基于 HJ/T 209—2005《环境标志产品技术要求 包装制品》,参考 GB 28018—2011《生物分解塑料垃圾袋》、GB/T 20197—2006《降解塑料的定义、分类、标识和降解性能要求》和 GB/T 18455—2010《包装回收标志》等标准,适用范围聚焦于占包装四大材料仅四分之一的塑料包装制品,虑及塑料的重点环境影响因素在使用和废弃阶段,对塑料包装制品的原材料、生产过程、降解性能、生物碳含量、印刷、标签和储存等方面做出重要调整,促进塑料包装产品在应用范围快速发展的同时走向绿色化、轻量化、高性能化。修订稿要求原材料和生产过程不使用热固型塑料和发泡塑料作为原材料;生产过程不适用偶氮染料;生产过程不添加 GB/T 21928—2008 中规定的邻苯二甲酸酯类增塑剂;产品凹版印刷过程应符合 HJ 2539—2014《环境标志凹版印刷标准》的要求;产品中重金属铅、镉、汞、六价铬及其化合物、多溴联苯、多溴二苯醚、溶剂残留等应符合 GB/T 10004—2008《包装用塑料复合膜、袋干法复合、挤出复合》的要求;可降解类塑料应符合 GB/T20197—2006 中降解性能的要求;不可降解类塑料中生物碳含量应大于 20%,且焚烧时废气中有害物质排放量应符合 QB/T4012—2010 中 5.2.8 的要求;聚氯乙烯(PVC)产品中氯乙烯单体含量应符合 GB9681 的要求,聚苯乙烯产品中苯乙烯单体含量应符合 GB9692 的要求。本标准不取代药品、食品领域塑料包装质量和安全标准,如 GB9683《复合食品包装袋卫生标准》、GB/T 28118—2011《食品包装用塑料与铝箔复合膜、袋》、YBB 00132002《药品包装用复合膜、袋通则》等。

2017 年 6 月,全国造纸工业标准化技术委员会组织起草了《绿色产品评价 纸和纸制品》推荐性标准报批,针对与消费者关系密切的生活用纸及制品,以及装饰用纸。主要技术内容根据 GB/T 33761《绿色产品评价通则》,技术内容包括资源属性、能源属性、品质属性等,品质属性中涉及化学物质限值,如丙烯酰胺参照 2015 版《化妆品安全技术规范》驻留类产品要求规定为小于或等于 0.5 mg/kg,生活用纸参照欧盟生活用纸生态标签要求,应无可迁移性荧光物质,可吸附性有机卤素(AOX)参照 GOTS3.0《全球有机纺织品标准》限量值为小于或等于 5.0 mg/kg,还根据欧盟《关于厨用纸巾和餐巾纸的政策综述》及生态标签要求规定了五氯苯酚、重金属、甲醛、多氯联苯、乙二醛和可分解致癌芳香胺的含量限制。生活用纸制品和装饰用纸等也参照欧盟政策和生态标签、韩国自律安全确认安全基准、美国 2008 年《消费者安全改进法》等作出类似的限值规定。2017 年造纸标委会还制定了推荐性标准《生活用纸和纸制品 化学品及原料安全评价管理体系》报批,要求对原料供应商进行评价,对化学品原料安全性进行评价,还包含了生活用纸和纸制品中的化学品建议清单。

三、中国其他产品标志和认证制度

中共中央、国务院 2015 年 9 月发布的《生态文明改革方案》中提出了“建立统一的绿色产品体系。将目前分头设立的环保、节能、节水、循环、低碳、再生、有机等产品统一整合为绿色产品,建立统一的绿色产品标准、认证、标识等体系”的具体要求。2016 年 12 月国务院办公厅印发《关于建立统一的绿色产品标准、认证、标识体系的意见》,国家标委会成立绿色产品评价体系总体工作组积极组织相关工作。下文对国内常见产品标志和认证作简要介绍。

GB/T 16288—2008《塑料制品的标志》等同采用 ISO11649—2000《塑料制品的标识和标志》,引入 7 类塑料编码制度。GB/T 18455—2010《包装回收标志》则用两个不同方向的箭头表示可重复使用,用三角循环箭头表示可回收再生,与前者结合成为塑料包装回收标志。对于公众而言,最常见的就是塑料包装瓶底部通常可以发现这些标志,无须了解塑料化学名称即可适当分类循环利用。其中代码从第 1 类到第 7 类分别表示为 PET(聚对苯二甲酸乙二醇脂),HDPE(高密度聚乙烯),PVC(聚氯乙烯),LDPE(低密度聚乙烯),PP(聚丙烯),PS(聚苯乙烯),其他类如 PC(聚碳酸酯)、PA(聚酰胺)等,其中第 5 类聚丙烯适用于微波炉加热用器皿。

节能产品是指符合与该种产品有关的质量、安全等方面的标准要求,在社会使用中与同类产品或完成相同功能的产品相比,它的效率或能耗指标相当于国际先进水平或达到接近国际水平的国内先进水平。节能产品认证是依据相关的标准和技术要求,经节能产品认证机构确认并通过颁布节能产品认证证书和节能标志,证明某一产品为节能产品的活动。节能产品认证由企业或代理商自愿向中国节能产品认证中心申请。

能源效率标识是指用能产品能源效率等级等性能指标的一种信息标识,属于产品符合性标志的范畴。根据 2005 年《能源效率管理办法》,“中国能效标识”(China Energy Label)包括以下基本内容:生产者名称或者简称、产品规格型号、能源效率等级、能源消耗量、执行的能源效率国家标准编号。能效标识直观地明示了用能产品的能源效率等级、能源消耗指标以及其他比较重要的性能指标,产品的能源效率等级越低,表示能源效率越高,节能效果越好,越省电。能源效率标识是一种强制性制度,对纳入监管的产品,若没有标识不准上市销售。

2002 年,经国家认监委批准,国家经贸委、建设部、水利部等有关部门启动节水产品认证工作,依据相关的标准和技术要求,经企业自愿申请,节水产品认证机构确认并通过颁布节水产品认证证书和节水标志,证明某一认证产品为节水产品。目前,节水产品认证涵盖工业、农业、城镇生活和非常规水资源利用等 4 个领域 37 类产品。通过节水产品认证的产品可进入政府采购节能清单,享受优先采购等激励政策。

食品和农产品领域,有机农产品更加注重生产过程,在其生产和加工中绝对禁止使用农药、化肥、激素、转基因等人工合成物质;无公害农产品和绿色食品(A级)允许有限制地使用限定的农药、化肥等人工合成的物质。绿色食品和无公害农产品对终产品都有明确的质量与安全要求,有机农产品没有明确给出,只要求在检测时参照相关的卫生标准执行。绿色食品还特别强调产品的优质和营养的问题,有机农产品和无公害农产品未涉及这些。国家质量监督检验检疫总局在2010年修订的《有机产品认证管理办法》中规定有机产品认证标志。绿色食品标识是我国特有,由中国绿色食品发展中心制定并在国家工商局注册的质量认证商标。无公害农产品采用由农业部和国家认证认可监督管理委员会联合制定的全国统一的标志。

四、中国环境标志和产品认证制度发展

中共中央、国务院2015年9月发布的《生态文明体制改革总体方案》中提出了"建立统一的绿色产品体系。将目前分头设立的环保、节能、节水、循环、低碳、再生、有机等产品统一整合为绿色产品,建立统一的绿色产品标准、认证、标识等体系"的具体要求。

为贯彻落实《生态文明体制改革总体方案》,2016年12月,国务院办公厅发布《关于建立统一的绿色产品标准、认证、标识体系的意见》,提出如下基本原则:坚持统筹兼顾,完善顶层设计;坚持市场导向,激发内生动力;坚持继承创新,实现平稳过渡;坚持共建共享,推动社会共治;坚持开放合作,加强国际接轨。意见要求统一绿色产品内涵和评价方法;构建统一的绿色产品标准、认证、标识体系;实施统一的绿色产品评价标准清单和认证目录;创新绿色产品评价标准供给机制;健全绿色产品认证有效性评估与监督机制;加强技术机构能力和信息平台建设;推动国际合作和互认。最终按照统一目录、统一标准、统一评价、统一标识的方针,将现有环保、节能、节水、循环、低碳、再生、有机等产品整合为绿色产品,到2020年初步建立系统科学、开放融合、指标先进、权威统一的绿色产品标准、认证、标识体系,健全法律法规和配套政策,实现一类产品、一个标准、一个清单、一次认证、一个标识的体系整合目标。

第三节　其他国家和地区环境标志

一、德国

德国的环境标志称为"蓝色天使",开始于1977年,是世界上最早的环境标志。蓝色天使在德国的开始和推行由政府机构和民间组织共同进行。其中,政府机构为德国联邦环境署(FEA),民间组织为环境标志评审委员会(ELJ)和质量保证与

标志协会(RAL)。这三个机构各自有不同的职能和分工,彼此合作,共同完成蓝色天使计划。与中国的环保部一样,联邦环境署负责宏观计划、政策支持,提出一些建议、起草技术和标准草案,如评审产品种类的建议、起草技术报告和标准草案等。环境标志评审委员会主要负责蓝色天使产品种类的选择,以及最后确定蓝色天使所涉及的相关技术标准。质量保证与标志协会则是在蓝色天使中负责认证管理的具体机构。它接受希望获得蓝色天使的工商业企业的申请,对符合相关标准的授予蓝色天使,与其签订使用合同,并监督管理合同的使用。为了蓝色天使的科学性,不论是环境标志评审委员还是质量保证与标志协会都十分强调其成员构成的广泛性,以获得广泛的社会基础,从而保证环境标志决定的中立性和科学性。环境标志评审委员由 11 名成员组成,其成员包括来自社会各界的代表,例如德国教会、环境科学机构、德国消费者协会、工业联合会、德国地方政府和新闻传媒等领域。质量保证与标志协会是一个非营利性机构,其由 140 家私人组织构成,其委员会委员的组成也来自于社会不同阶层,如贸易协会、消费者组织、贸易联合会和政府等。

蓝色天使的具体实施主要包括四个步骤:首先是对于环境标志产品类别的建议,原则上任何人都可以向联邦环境署提出相关建议。联邦环境署收集到这些建议后,进行归纳汇总,然后转交给环境标志评审委员会。环境标志评审委员会根据这些建议选择出初步的产品类别以供进一步研究和讨论。其次,联邦环境署向环境标志评审委员会提出标志草案和相关的技术标准,并由质量保证与标志协会组织社会各界专家进行听证。再次,评审委员会经过这些建议、讨论、听证后,对标志草案做出最终的是否接受的决定。最后,在标志草案被最终接受后,则成为最终的行为规范。工商业的企业如果希望获得蓝色天使标志,则向负责具体工作的质量保证与标志协会提出申请。经过相关的具体程序的评估后,如果确实满足标志的标准,则由质量保证与标志协会批准其申请并授予其蓝色天使标志。从总体上来看,以上阶段主要就是两个过程:选择具体产品种类和确定标准,进行标志的认证申请[4]。

二、北欧白天鹅计划

北欧部长级委员会于 1989 年 11 月实施“北欧白天鹅”环境标志计划,参与的国家有丹麦、芬兰、冰岛、挪威和瑞典等。该标志以绿色背景下北欧委员会的白色天鹅为象征,上部有“环境标志”字样,下面是选择理由的简短描述。北欧白天鹅标志是全世界第一个实现区域性统一的环境标志系统。白天鹅标志致力于实现三个宗旨:一是作为消费者的引导,帮助他们选出真正的环境友好性产品;二是鼓励企业实行清洁生产;三是将市场化手段作为强制性的环境法律规范的补充。

从管理机构上来看，参与白天鹅标志的各国国内都设有一个国家委员会管理标志的具体实施情况，每个委员会派出代表组成环境标志北欧共同体，该共同体则是白天鹅标志的最高权力机构。各国国家委员会根据自己国家的具体情况，提出环境标志产品选择和产品标准的建议，然后将建议提交给共同体，由共同体做出最后的决定。共同体在议事的过程中采用投票制的方式，每个国家享有平等的一票。如果没有一致通过的话，则可以将有争议的问题提交给北欧委员会做决定。

从标志的效力上看，白天鹅能在所有参与了该标志的国家内无限制通行。在认证的过程中，各国的企业都是向其本国的机构提交申请，完成认证过程。在白天鹅标志的产品标准方面，由于参与的各国各方面条件存在一定的差异性，可能存在一定的争议。但是，白天鹅的倾向非常明显，那就是所设定的产品环境标准要高于各国的最高标准。这当然是出于保护环境的目的，显然，由于这一倾向性，各国也是完全基于自愿原则考虑是否参与该标志。

北欧白天鹅计划的资金来源于国会津贴和获得生态标签产品的企业交纳的费用(产品年销售额的 0.4%)。机构的运作属于非产业和非营利性机构。截至 1999 年底，这项计划已有 58 个产品类别，1 200 多种标志产品上市。

三、欧洲之花计划

欧盟的区域性统一生态标签是在 1992 年出台的。其标志的图样是一朵绿色的小花，因此被称为“欧洲之花”，而获得了欧洲之花的产品也会被称为“贴花产品”。欧洲之花的中央主管机构是生态标签委员会(European Union Eco-labelling Board，EU-EB)，该委员会由各成员国标志管理机构和咨询论坛的成员组成。其中咨询论坛的代表是来自于非官方的各界人士，包括企业代表、消费者代表、环保人士代表、贸易联盟代表等。同时，各成员国也都会设有相应机构来处理欧洲之花在其国内的管理活动。

在申请的过程中，欧洲之花采用了一种比例化的方式来进行标志的授予，这是它与其他环境标志不同的地方。它按照对环境的有害性影响的大小，将同一种类的不同产品进行排名，只对排在前面 10%～20%的产品授予标志。这是一种明显的选拔式方法，其目的也非常明显，就是找到那些有益于环境或对环境无害、少害的产品，对其给予表彰和鼓励，以此作为措施来推动其他各种产品的生产厂家向他们学习，进一步在产品的设计和生产上考虑环境保护的因素。这种选拔式的授予方式十分有效，它是对消费者的指引和提示，说明该产品是符合相关环境标准并经过检测的，让消费者放心进行消费，也是鼓励消费者绿色消费的措施。同时,这种排名使各种产品对环境影响的程度一目了然,更方便消费者进行产品性能与价格方面的对比。

欧洲之花是一个自愿性计划,并不要求所有的欧盟成员都必须参加。因此,欧盟有些成员国使用不同于欧盟统一规定的环境标志。例如德国认为其蓝色天使的标准比欧洲之花的标准更有利于环境,因而其依然使用蓝色天使标志。北欧也使用北欧统一的白天鹅标志。这种情况下,存在欧洲之花与这些不同标志之间如何进行协调、其在流通方面是否有限制的问题。2000 年,欧盟出台了相关的规定,认可了其各成员国国内的环境标志。但有一个前提条件,那就是其产品的环境标准应该与欧洲之花的标准基本一致。在流通效力上,欧洲之花依然可以随意在欧盟体系内畅通无阻。

四、奥地利

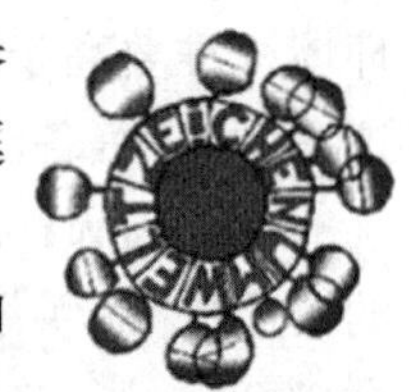

奥地利于 1991 年开始了其环境标志。相比其他国家,参与奥地利环境标志管理的组织比较多,涉及环境、青年和家庭部、消费者信息协会、ARGE 质量工作协会和环境标志委员会。其中环境、青年和家庭部是政府行政机构,消费者信息协会和 ARGE 质量工作协会是两个民间组织,ARGE 质量工作协会是一个认证机构。环境标志委员会主要是作为环境、青年和家庭部的一个技术支持和咨询机构。其组成成员都是来自于不同领域和阶层的义务成员,人员共 15 人。其中有 3 人是环境科学领域的专家,还有另外 12 人则来自各种不同的领域。在奥地利环境标志计划中,环境标志委员会通常做出相关建议,环境、青年和家庭部部长根据其建议再进行决定。

五、法国

法国 NF 环境标志(Norme Francaise Environnement Mark)是一个得到全国公众认可的生态项目。它具有两个功能:第一,向社会提供可靠的产品环保信息;第二,识别和奖励那些在生产过程中考虑环保因素的公司。标签计划启动于 1989 年,但由于遭到行业的反对,直到 1992 年才得以实施。NF 环境标志的管理机构是法国标准化协会(AFNOR)。目前,有六大类 300 多种产品可以授予 NF 环境标志。各商业团体、技术专业团体、各联合会均可以提出标志产品类别。生态产品认证委员会首先决定是否对提议做进一步的调查。该委员会隶属 AFNOR,由来自环境、消费者协会和工业组织的代表组成,具有广泛的基础。如果该建议被认为值得调查,该委员会指派一名专家准备产品类别的范围和标准。与德国计划一样,其确定产品标准是采用矩阵分析方法,它的评价贯穿于产品的整个生命周期。政府赋予 AFNOR 起草产品类别范围和标准的责任，因此 AFNOR 可以修改或无视该委员会提议。确定产品类别的提议最后由政府主管部长批准。

六、荷兰

20 世纪 80 年代的荷兰，环境问题越来越受到人们的重视。荷兰住宅、自然规划和环境部及经济事务部于 1992 年创立了环境检查基金会并由其创建了荷兰生态标签（The Netherlands Stichting Milieukeur），1995 年环境检查基金会开始制定食品生态标签标准，随后农业、自然管理及食品质量部介入生态标签管理，并在环境检查基金会中占有一席之地。基金会由来自政府、消费者、生产商、零售商、贸易及环境组织的代表组成。尽管欧盟已有生态标签，但作为欧盟成员国之一的荷兰，仍然进行自己的生态标签项目，旨在向本国市场提供更好的产品和服务。在业务上，环境检查基金会与欧盟保持联系。

七、瑞典

“TCO”一词源于瑞典语，英文则译作“The Swedish Confederation of Professional Employees”，简称瑞典劳工联盟。1991 年，TCO 开始关心本国民众的电脑应用环境。从 TCO’95 开始，TCO 这个行业标准就在全球蔓延开来。TCO 认证是一整套质检体系，涉及计算机、移动电话、办公家具 3 大类产品。2004 年 TCO 启动的 TCO’04 办公家具认证，适用于各种传统办公桌椅和电控办公桌椅。在人类功效学（尺寸及功能、安全、稳定及力度、使用方便、材料性能）、辐射（电磁辐射、化学放射）、生态环境（生产及维护、有损环境的物质、回收）等方面办公家具提出了严格的要求。

瑞典自然保护协会建立了称为“好的绿色采购”或者“好的环境选择”产品认证制度，关注广泛使用、对环境有影响的产品，如未漂白的纸张、无汞电池、环境适应好的洗衣剂等。同时该标志也适用于电力供应、运输服务等。

Bra Miljöval

八、加拿大

加拿大是继德国之后第二个创立环境标志的国家。1988 年，加拿大环境部宣布实施“环境选择”计划。与德国不同的是，加拿大的环境标志完全由政府机构承担了相关的管理工作。在加拿大环境保护部下设有一个秘书处，这个秘书处就是负责加拿大环境选择标志的主管工作的机构。该秘书处和相关的技术部门共同制定一些原则性的规范，提出环境标志产品类别的建议。这些建议经过加拿大环境部长任命的人员组成的咨询委员会经过评审后做出最后决定。同样是为了环境标志的中立性和科学性，咨询委员会的成员组成非常广泛，来自社会各个不同领域。最后，由秘书处根据咨询委员会做出的最后决定具体负责向工商业企业发放环境标志证书，并且要负责这些企业对环境标志的具体使用情况进行监管。

加拿大环境选择具体实施过程和德国蓝色天使非常相似，尽管表现在具体阶段和步骤上可能有一些差异，但基本上也是两个大的阶段：选择具体产品种类和确定标准，然后进行标志的认证申请。加拿大的独创性做法是增加了公众讨论的过程，即在产品标准草案由咨询委员会复审的过程中，设立了一个公众讨论的必经程序，需要持续60天。这给了公众一个明确的渠道和充分的时间来参与环境标志计划，表明了公众在各种环境法律制度乃至环境法制发展中参与度的增加。加拿大环境标志的授予采取比例制，只有20%的产品可以被认证。

九、美国

1988年，美国塑料工业协会(SPI)制订了从1到7号的塑料识别码制度，结合通行的三角循环利用标志被称为塑料回收标志。ISO11649—2000《塑料制品的标识和标志》借鉴其识别方式，被国际上广为采纳为塑料回收编码标志。

1989年，以盈利性非政府机构方式创立的环境标志 Green Seal(绿标签，亦译绿印章)在美国有着较大的影响力。绿标签项目中部分产品认证标准被绿色建筑标准 Leadership in Energy and Environmental Design(LEED)接受成为其认证标准的一部分。与其理念相适应，绿标签为诸多产品认证授予标识，与我国环境标志相同的类别包括家用洗涤剂、涂料、黏合剂、冰箱、冷冻柜、洗衣机、燃气灶、家用空调系统等等。该标志独具两大特点：一是重视再生产品，如再生打印墨盒、再生机油以及可重复使用的物品袋、节水装置、各类纸张、快餐包装、住宿设施、办公器具等以节约资源促进再生利用的产品；二是对服务业发放环境标志，包括绿色酒店、便捷车辆保养等。

1990年，“为环境而设计(Design for the Environment，DfE)”项目作为非法规要求的自愿性项目在美国产生，关注商业产品设计和制造中的化学品对人类健康和环保及经济因素的影响，并由此发展了生命周期评估等技术资料。DfE逐渐将评估有限管制的化学品的替代品，和认可积极制造含有更安全的化学品的公司作为两个关注领域。20世纪后，DfE发展了基于其“更安全的化学品”的认证计划，帮助消费者和商业买家区分对人、家庭和环境更安全的产品。2015年，DfE产品标签更名为“更安全的选择(the Safer Choice)”标签[5]，作为EPA

实施的自愿合作项目，目前数千个认证产品包括油漆、清洁剂、洗衣用品等。EPA 同时维护一个 The Safer Chemical Ingredients List（SCIL），按使用功能列出经评估比传统成分更安全的化学品。

商业机构 UL（Underwriters Laboratories）也建立了 ECOLOGO 自愿产品认证制度，基于科学检测或者审计，从生命周期中材料、能源使用、制造和运行、健康与环境、产品性能、产品安全监管等多个方面的绩效给以评估，认证产品范围广泛。

1992 年美国环保署和能源部联合创建的节能产品认证计划 Energy Star，后来逐渐发展成为国际标准，澳大利亚、新西兰、加拿大、日本、欧盟等国家和地区相继采纳。

十、澳大利亚

澳大利亚良好环境选择标签（Good Environmental Choice）由澳大利亚环境标签协会（AELA）负责管理，始于 2001 年 11 月，专门授予那些符合或超过环保性能标准的产品。由于“良好环境选择标签”在成本和科学技术上更胜一筹，深受消费者喜爱，在市场环境上更有优势。这项计划的根本目的在于向消费者提供清晰、可靠的产品和服务环境性能信息，以影响市场的发展方向。迄今为止，可申请澳大利亚环境标签认证的产品共有 32 类。

十一、新西兰

新西兰环境标志计划称为环境选择（Environmental Choice），由 TELARC 负责，TELARC 是“新西兰质量保障、试验测试和工业设计鉴定局”的简称。该机构的委员会由政府任命，独立开展工作，管理着新西兰设计标准和质量标准。到 2006 年，其标志计划已建立一个工作组，成员来自 TELARC、环境部、消费者协会（民间的、非营利性的消费者监督组织），主要任务是建立“环境选择管理咨询委员会（ECMAC）”。TELARC 的委员会根据来自 ECMAC 的建议做出标志计划的有关决定。该计划的实施过程与加拿大环境标志计划相似，ECMAC 初步决定产品类别，专家小组决定产品标准，产品类别和标准最后报 TELARC 批准。生产者自愿申请标志，并支付使用费。与澳大利亚标志计划紧密合作是该计划的一条基本原则。为此，成立了澳大利亚与新西兰环境委员会。该委员会由新西兰环境部长、澳大利亚联邦政府和多个州政府的代表组成。

十二、日本

日本于 1989 年开始实施“生态标签”，其主要的管理机构是日本环境协会。日本环境协会下设有促进委员会和专家委员会，这两个委员会主要负责日本环境标志的工作。日本环境协会并不是一个政府机构，但是隶属于日本环境署管理。促进委员会和专家委员会具有不同的职能，两者进行分工合作，共同实现对环境标志的管理。促进委员会的主要作用是进行决策，负责一些原则性规划的制定，包括环境标志产品种类的确定及相关标准的确定。其全部成员有 9 个人，来自不同的社会领域，如消费者领域、工商业企业领域、环保部门领域、国家环境研究所、地方政府等。与促进委员会相比，专家委员会的构成更加偏重技术性，其组成人员主要是来自不同领域的一些技术专家。专家委员负责环境标志的标准是否真正符合环境保护的要求。

日本环境标志的具体实施过程相比德国和加拿大更为简洁。任何人都可提出申请标志的产品种类建议，由促进委员会收集相关建议后决定是否进行批准。如果批准了该产品种类，则在专家委员会的配合下建立相关标准。如果该标准是之前已经存在的，那么促进委员会会要求提出申请的工商业企业提供更多有价值的信息以证明申请者的产品或服务是满足相关标准的，或者也可以提交给相关第三者机构组织检测。

十三、韩国

韩国生态标签计划始于 1992 年，以 ISO14024 生态标签和声明为基础，目的在于鼓励企业和消费者参与环境计划，从而实现可持续的生产与消费。到 2005 年 8 月为止，已有 107 类产品可申请认证，其中包括木质办公家具、木质厨房桌板、楼宇嵌入式木质产品、床等产品。

十四、新加坡

新加坡绿色标签计划于 1992 年成立，由新加坡环境理事会(SEC)管理，认证产品包括建筑材料、清洁剂、照明器材、办公室用品与设备、电器、太阳能产品、内饰品、个人护理用品、汽车轮

胎、再生纤维等。

十五、台湾地区

台湾环保标章计划是1992年由台湾环境保护署(EPA)发起的自愿性环境标签计划，其主要目的是减少污染以保护自然资源，加强资源的循环利用；指导消费者购买绿色产品，鼓励制造商设计和提供有益于环境的产品。环保标章中绿色代表绿色消费，绿色球体代表一个清洁无污染的地球。整个图案是模仿台湾地形图设计的，它是以一片绿色树叶包裹着纯净不受污染的地球为图案，象征着台湾为保护环境而做出的承诺。台湾环保标章目前由私有机构——环境和发展基金(EDF)管理。

十六、香港地区

右图所示的香港环保标志计划是一个独立的自愿参与计划，由香港环境保护总会(HKFEP)主办，附在产品或其包装上，是产品的“证明性商标”。香港环保标志尽量等效采用国际标准；如无国际标准，则采用中国国家标准或其他具有国际水平的标准。香港环保标志适用的优先产品有16种，包括涂料、陶瓷、黏合剂、洗洁剂等。

右图为香港环保促进会(Green Council)的环保标签计划，独立自愿参与，重点参考生命周期分析LCA方法，确保评审原材料、生产、分销、使用、废弃等过程中的环保影响，并参考香港政府能源效益标签计划，对纸产品、塑料产品、文具等十大类产品授予产品认证。

十七、其他环境标志

还有众多国家和地区已经建立了环境标志制度，如泰国、印度尼西亚、菲律宾等。

此外，在一些特定产品领域存在专门的、为环境保护或产品安全而设立的产品认证制度，如FSC标志由Forest Stewardship Council(森林管理委员会)评估、授权和监控认证主体，认证者特别承诺接受FSC的目标和准则以及在他们的认证工作中反映这些目标和准则，致力于促进全球社会责任的森林管理，购买带有FSC认证标志的木制产品，可以避免买到来源于濒危树种或非法砍伐的产品，向消费者保证了产品来自于能满足当代和后代社会、经济、生态需求的森林。全球约有80个国家的一亿多公顷森林得到了FSC认证。在任何情况下，认证过程都是由林主和经营者自愿发起的，他们只要求认证机构提供相关服务。FSC的目标是通过制定世界范围内广泛认可的标准和相关的森林管理原则，以促进对环境负责、对社会有益和在经济上可行的全球森林经营活动。蓝色MSC生态标签是一条鱼和一个勾型图案的融合，MSC缩写代表着Marine Stewardship Council(海洋管理委员会)，它适用于野生捕捞的渔场，确保遵循捕捞活动应该维持在一个允许鱼群可持续繁衍的水平；捕捞作业应该受到良好管理以便维持生态环境的结构、生产率、功能以及生态多样化；渔场必须遵守所有当地、国家以及国际法律，并且必须有一个适当的管理系统应对不断变化的情况，维持可持续性。

第四节　其他鼓励实施的产品有害物质控制政策

2007年开始，环境保护部组织开展"环境保护综合名录"制订工作。2015年版名录共包含两部分：一是"高污染、高环境风险"(简称"双高")产品名录，包括837项产品；二是环境保护重点设备名录，包括69项设备。其中，"双高"产品包含了50余种生产过程中产生二氧化硫、氮氧化物、化学需氧量、氨氮量大的产品，30多种产生大量挥发性有机污染物(VOCs)的产品，近200种涉重金属污染的产品，500多种高环境风险产品。环境保护部根据综合目录推动和配合有关部门出台了一系列环境经济政策：一是将涉重金属高污染的电池、挥发性有机污染物含量较高的涂料产品纳入消费税征收范围；二是对"双高"产品不予综合利用增值税优惠，不予调高出口退税，甚至禁止加工贸易；三是推动金融机构按照风险可控、商业可持续原则，严格对生产"双高"产品企业的授信管理；四是推动企业实施绿色采购，引导企业避免采购"双高"产品；五是结合推进生活方式绿色化，引导企业和公众减少对"高污染、高环境风险"产品的使用。这些政策措施都有利于充分体现"双高"产品生产和消费过程中的环境损害成本，利用市场机制遏制其生产、使用和出口[6]。

2012年工业和信息化部与科技部、环境保护部共同发布《国家鼓励的有毒有害原料(产品)替代品目录》(本章以下简称《目录》)，旨在引导企业选择和使用低毒低害和无毒无害原料，减少最终产品中有毒有害物质的含量，促进企业绿色发展，如用于PVC的替代铅盐稳定剂的钙锌复合稳定剂，2011年市场占有率为2%，至2014年市场占有率增至10%，增长了4倍，大大降低了塑料制品中重金属铅的含量。工信部门将充分利用绿色制造、清洁生产、技术改造、工业转型升级资金、专项建设基金、绿色信贷等资金渠道，为目录中替代品的应用提供政策支持。2016版《目录》共有替代品74项，其中研发类8项、应用类15项、推广类51项，如在含氟树脂合成中用全氟-2，5-二甲基-3，6-二氧壬酸及其胺盐替代全氟辛酸及其铵盐(PFOA);推广成分为多不饱和脂肪酸及其取代物的多不饱和脂肪酸衍生物类表面活性剂,不再使用烷基酚聚氧乙烯醚类(APEO)表面活性剂;在聚苯乙烯发泡阻燃中用丁二烯-苯乙烯溴化共聚物替代六溴环十二烷;在橡胶制品中用环烷油、植物沥青和芳烃抽出油替代含 PAHs 芳烃油等。新版《目录》官方下载地址为 http://www.miit.gov.cn/n1146285/n1146352/n3054355/n3057542/n3057545/c5346171/part/5346223.pdf,主要进行了如下修订[7]。

(1) 目录内容调整。对已达到推广应用目的的替代品,不再列入《目录》,同时增加新申报替代品。随着近几年技术的不断进步,2016 版《目录》共新增替代品 33 项,占全部替代品的 44%。

(2) 目录结构调整。增加了一列"替代品的主要成分"的指标,以帮助企业更清楚地了解实施替代后对有毒有害物质的削减情况,更有效地进行相关替代技术改造。对重点关注的物质类型进行调整,如 2012 版《目录》中的农药替代品均归入有机污染物替代品中,减少替代品大类,简化了目录的结构。

(3) 替代品适用范围调整。对部分替代品的适用范围进一步明确,使其与产业应用范围更相符。

参考文献:

[1] 全球生态标签目录网站 Ecolabelindex[EB/OL],[2016-11-06]. http://www.ecolabelindex.com.

[2] 环境保护部. HJ2515-2012 环境标志产品技术要求　船舶防污漆[S/OL],2012-07-17[2016-11-06]. http://kjs.mep.gov.cn/hjbhbz/bzwb/other/hjbz/201207/W020120717383063293554.pdf.

[3] 环境保护部. 环境标志产品技术要求 塑料包装制品(征求意见稿)编制说明[S/OL],2016-06-23[2016-11-06]. http://www.zhb.gov.cn/gkml/hbb/bgth/201606/W020160623343035193363.pdf.

[4] 李在卿. 中国环境标志认证[M]. 中国标准出版社,2008:7.

[5] US EPA. History safer choice and design environment[EB/OL],[2016-07-27]. https://www.epa.gov/saferchoice/history-safer-choice-and-design-environment.

[6] 环境保护部. 环境保护综合名录(2015 年版)[EB/OL],2015-12-31[2017-01-05]. http://www.zhb.gov.cn/gkml/hbb/qt/201512/t20151231_320845.htm.

[7] 工业与信息化产业部. 工信部解读国家鼓励的有毒有害原料(产品)替代品目录(2016 年版)[EB/OL],2016-12-26[2017-01-05]. http://www.gov.cn/zhengce/2016-12/26/content_5153161.htm.

第十六章
跨国企业禁限用物质清单及有害物质管控要求

第一节　跨国企业禁限用物质清单背景介绍

一、背景介绍

随着人们对产品中有毒有害化学物质对环境和人体健康的负面影响的担忧不断增加，各国政府近年来纷纷出台了各种环保法律法规、标准。典型的环保法规如欧盟 RoHS 指令、REACH 法规等环保法规及各国不同的有害物质管控要求，给跨国企业的运营和合规带来了严峻挑战。跨国企业一般产品种类繁多、市场广泛、供应商众多，需要同时应对各个国家和多个行业的环保法规，而不仅仅是应对单一指令或单一国家的法规。另外，法规的不断更新和产品中限用物质的不断增加给跨国企业产品中有害物质的控制带来了很大的压力。

为了确保产品符合全球的有害物质禁限用法规要求，跨国企业通常制定了自己的产品有害化学物质禁限用清单或标准，同时将有害物质管控融入物料采购、供应商管理和生产过程中。这些有害化学物质禁限用清单或标准主要来源于全球的环保法规，但不限于法规本身。由于跨国企业对社会经济有很大的影响且公众期望跨国企业承担更大的社会责任，很多跨国企业在制定产品中有害化学物质禁限用清单过程中会采取防范为主的原则，将尚未受到法律法规管控却对环境和人体健康有潜在负面影响的物质也纳入管控范围以内，导致跨国企业的有害物质管控要求严于法律法规。

供应商在销售化学品和原材料时不仅需要符合官方的环保法律法规，还需要了解跨国企业客户的有害物质控制要求并严格遵守。本章着重介绍了苹果、三星、沃尔玛、宜家等知名跨国企业的禁限用物质清单及有害物质管控要求，同时简单介绍了日本产业协会制定的产品中有害物质管理指南，以帮助上游化学品及原材料供应商开发出更加绿色的产品，满足客户要求并赢得市场竞争。

第二节 跨国企业禁限用有害物质清单及管控要求

一、苹果公司

苹果公司的《受管制物质细则》(Apple-Regulated Substances Specification,文件号069-0135-J)[1]详细列明了在产品、包装和生产过程中限用或禁用的众多物质。苹果的供应商行为准则要求所有供应商遵循《受管制物质细则》。受管控的物质清单来源于国际上的法律法规或指令、各主管当局或生态标签的要求以及苹果公司自己的政策。苹果公司通过对供应商的工厂进行审计、第三方独立实验室对产品及原料进行检测、自己的实验室来确认检测结果,确保最终产品及采购的原材料符合《受管制物质细则》。

《受管制物质细则》将有害化学物质分为 3 大类进行来管理。这 3 类物质分别是产品中限制使用的有害物质、需要报告的有害物质及将来限用的物质和生产过程中限制使用的物质。对于部分有害物质,苹果公司强制要求供应商提供有资质的实验室出具的检测报告。

除此以外,苹果公司还强制要求供应商披露部件或材料完整的化学组成信息(Full Materials Disclosure,简称 FMD)。苹果还制定了专门的信息披露规范。苹果公司会对供应商通过 FMD 门户网站提交的数据进行分析,包括对比同一供应商或供应商所处的行业的标准数据和/或其他供应商提交的相同类型的零件或材料的数据,来确保提交数据的准确性。

(一)产品中限制使用的物质

《受管制物质细则》第 3 部分列明了在苹果公司产品、配件及包装材料中限制使用的有害物质的名称、CAS 号、限量、范围及参考依据。《受管制物质细则》所列的部分限用物质见表 16-1,完整清单见细则。

表 16-1 苹果公司产品中限制使用的物质

有害物质	CAS 号	限量/(mg/kg)	限制范围	依据
三氧化锑	1309-64-4	1 000	所有材料	苹果政策
欧盟 REACH 附件 XVII 限制物质清单	见欧洲化学品管理局网站	见法规要求	所有材料	REACH 1907/2006 及其修订
砷及其化合物	7440-38-2	2	木制产品	REACH 1907/2006 及其修订
		50	所有材料,除了半导体(如底物和掺杂剂)和金属	REACH 1907/2006 及其修订

续表

有害物质	CAS号	限量/(mg/kg)	限制范围	依据
		1 000	金属	REACH 1907/2006 及其修订
镉及其化合物	7440-43-9	20	电池	2013/56/EU 欧盟电池指令 IEEE 1680
		50	其他材料	2011/65/EU 欧盟RoHS指令 中国 GB/T 26572
		100(镉+六价铬+汞+铅)	包装材料	94/62/EC 欧盟包装指令
双酚 A	80-05-7	不得使用	热敏纸	苹果政策
邻苯二甲酸酯	见细则附件	总含量不超过1 000	所有材料	加州65号提案 欧盟 REACH 1907/2006
多环芳烃	见细则附件	单一物质不超过1,总量不超过10	预期与最终消费者皮肤接触超过30 s以上的材料或部件	德国GS认证 EC/1272/2013

（二）需要报告的物质及未来会限用的物质

《受管制物质细则》第4部分中列出了需要报告的有害物质及苹果公司将来计划淘汰或限用的物质(表16-2)。供应商所提供的原材料中若含有需要报告的物质,需要向苹果公司报告。在某些情况下,报告是必需的,例如当一个均质材料中的有害物质含量超过表中列明的报告限量时。虽然表16-2中这些物质暂时没有被限制使用,但它们均是苹果公司拟淘汰或将来减少使用的物质。苹果公司未来在对细则的修订中可能会对这些物质的使用进行限制。苹果公司还在表中注明了各种有害物质的淘汰优先级。

表 16－2　苹果公司产品中需要报告的物质及未来会限用的物质

有害物质	CAS号或物质清单	限量/(mg/kg)	淘汰优先级
苯	71-43-2	1 000	1
含氯有机溶剂	见细则附件详细物质清单	1 000	1

续表

有害物质	CAS号或物质清单	限量/(mg/kg)	淘汰优先级
甲苯	108-88-3	1 000	1
双酚 A	80-05-7	可以检测到的游离双酚 A	2
加州 65 号提案物质清单	http://oehha.ca.gov/proposition-65/proposition-65-list	可以检测到的水平	2
REACH 高关注物质候选清单	http://echa.europa.eu/candidate-list-table	1 000	2
华盛顿州儿童用品高关注物质清单	http://apps.leg.wa.gov/WAC/default.aspx? cite=173-334-130	可以检测到的最低限量(如有意添加),若为污染物,限量为 100	2
羟乙基乙二胺	111-41-1	可以检测到水平	3
钴及其化合物	7440-48-4	1 000	3
二苯胺取代物	见细则附件详细物质清单	可以检测到的水平	3
纳米材料	某些特殊材料	可以检测到的水平	3
溴丙烷	106-94-5	可以检测到的水平	3
有辐射性的物质	—	可以检测到的水平,任何超过背景值的辐射都需要报告并得到苹果公司批准	3

(三)生产过程中限制使用的物质

《受管制物质细则》中第 5 部分还列出了在制造苹果产品的组件或材料的生产过程中应限制使用的有害物质,如苯、*N*-甲基吡咯烷酮、含氯有机溶剂、正己烷等挥发性有机溶剂和消耗臭氧层的物质。根据苹果供应商行为准则,供应商还应识别、评估和管理职业健康和安全隐患,通过工程控制等手段减少化学品暴露,给工人提供适当的防护设备和培训,以确保符合第 5 部分所列化学品的职业接触限值要求。

(四)强制开展的有害物质检测

对于部分有害物质和特定材料(表 16-3),苹果公司强制要求供应商提供有资质的实验室出具的检测报告,作为合规的证明。

表 16 - 3 苹果公司要求强制开展的有害物质检测

有害物质	要求测试的材料	测试方法
砷	玻璃	总酸消解＋ICP-MS
铍	所有均质材料，除了下列材料：胶黏剂/环氧树脂；玻璃；油墨；植物或动物材料(例如，羊毛、棉花、皮革)；油漆/涂料；纸；包括塑料和泡沫材料的聚合物材料 对于金属、合金和焊料，如果已提供完整的材料组成信息，可以提交一个认证的轧机测试报告用于代替测试报告	US EPA 3050B US EPA 3052 Others 其他苹果批准的方法
溴、氯	所有均质材料，除了金属和陶瓷	EN 14582 US EPA SW-846 5050/9056 其他苹果批准的方法
铅、汞、镉、六价铬和多溴联苯(PBBs)、多溴二苯醚(PBDEs)	所有均质材料。金属和玻璃不需要测试多溴联苯(PBBs)和多溴二苯醚(PBDEs)	IEC 62321 其他苹果批准的方法
全氟辛烷磺酸及其盐(PFOS)、全氟辛酸及其盐(PFOA)	油墨和油漆	DIN CEN/TS 15968
苯、含氯有机溶剂、正己烷、*N*-甲基吡咯烷酮和甲苯	生产过程中所有可能用到的清洁剂和脱脂剂	溶剂萃取后通过 GC-MS 或者 HPLC-MS 分析，或采用 EN 14582 方法分析总氯

二、三星公司

三星公司关于对环境有影响的物质的管控标准(Standards for Control of Substances Concerning Product Environment，文件号 0QA-2049)[2]详细列明了产品、包装和原材料中限用或禁用的众多物质。三星公司的供应商行为准则要求所有供应商遵循该环境物质管控标准。

三星公司将产品和原材料中受管控的有害物质分为 4 类，并对不同类别的物质设置了不同的规定。对于包装材料和电池，该标准单独列出了有害物质限量。

(1) Ⅰ类：受欧盟 RoHS 指令管控的物质。这些物质严格限制在电器和电子设备(EEE)中使用。

(2) Ⅱ类：受 RoHS 指令以外的法规或国际公约管理控制的物质。这些物质限制在特定材料或产品中使用。

(3) Ⅲ类：对环境或健康存在潜在负面影响，三星采用自愿逐步淘汰方式管理的物质。

(4) 其他：需要监控的物质。这些物质预期在未来会被进行管控。

三星公司要求供应商需提供书面的产品环境保证书，保证已遵守三星公司对环境有影响的物质的管控标准，同时还要求其提供对Ⅰ类物质的精确测试分析数据。对于Ⅱ类和Ⅲ类物质，供应商可先不提供精密测试分析数据，但当三星公司要求时，应提供精确分析数据，以证明部件或材料符合三星公司环境物质控制标准里的限量规定。

(一) Ⅰ类和Ⅱ类物质

Ⅰ类和Ⅱ类物质属于强制禁止和限制在三星产品中使用的物质(表 16-4)。Ⅰ类物质来源于欧盟 RoHS 指令，包括以铅、镉、汞、六价铬为代表的重金属元素，以多溴联苯、多溴二苯醚为代表的溴化阻燃剂，和某些邻苯二甲酸酯，然而三星公司给出的限量比欧盟 RoHS 指令更为严格。例如，欧盟 RoHS 指令里镉及其化合物在所有均质材料里的限量为 100 mg/kg，而三星公司对镉的限量为有机材料里含量不超过 5 mg/kg，无机材料里含量不超过 80 mg/kg。Ⅱ类物质主要来源于欧盟 REACH 法规附件 ⅩⅦ 限制物质清单、《关于持久性有机污染物的斯德哥尔摩公约》《关于消耗臭氧层物质的蒙特利尔议定书》等法规和国际公约。由于三星的环境物质管控标准对包装材料和电池中有害物质限量另有规定，所以表 16-4 中限量不适用于包装材料和电池。

表 16-4　三星公司Ⅰ类和Ⅱ类强制禁止和限制使用的物质

类别	有害物质	每种均质材料中限量/(mg/kg)		
		有机材料	无机材料	特殊要求
类别Ⅰ	镉(Cd)及其化合物	5	80	
	铅(Pb)及其化合物	100	800	对于不超过 12 岁儿童可接触的部件：在油漆和涂料含量不超过 90 mg/kg，其他部件材料里含量不超过 100 mg/kg
	汞(Hg)及其化合物	800		
	六价铬(Cr^{6+})及其化合物	800		对于可接触到皮肤的真皮：含量不超过 3 mg/kg
	多溴联苯(PBBs)	900	/	
	多溴二苯醚(PBDEs)	900	/	
	4 种邻苯二甲酸酯(DEHP，BBP，DBP，DIBP)	1 000/每种		对一般电子电器产品自 2019 年 7 月 22 日起生效。对医疗器械自 2021 年 7 月 22 日起生效

续表

类别	有害物质	每种均质材料中限量/(mg/kg)		
		有机材料	无机材料	特殊要求
类别Ⅱ	多氯联苯(PCBs)、多氯三联苯(PCTs)、多氯化萘(PCNs)	不使用		
	甲醛	在一房间里测试<0.1		限于木制产品和纤维
	短链氯化石蜡(C:10～13)	1 000		
	偶氮化合物	30		
	破坏臭氧层物质(CFCs、HCFs、Halons、HFCs、PFCs、SF6)	不使用CFCs、HCFCs、Halons		HFCs不得在欧洲冰箱中使用。HFCs、PFCs、SF6不得在奥地利，瑞士和丹麦冰箱中使用
	石棉及其化合物	100		
	镍(Ni)及其化合物	0.28μg/cm^2 每周		仅限于表面可以与皮肤产生直接且持续接触的部件和材料
	有机锡化合物	不使用		
	砷及其化合物	不使用		
	富马酸二甲酯(DMF)	0.1		
	全氟辛烷磺酸(PFOS)	1 000(对纺织品及涂层材料：1μg/m^2)		
	五氯酚	5		主要限于纺织品与皮革
	全氟辛酸(PFOA)	10(对纺织品及涂层材料：1μg/m^2)		
	多环芳烃(PAHs)	1(对儿童产品<0.5)		仅限于可接触到皮肤的消费品
	双酚A	不使用		仅限于拟于食品接触的以双酚A为单体的塑料及制品
	六溴环十二烷	不使用		
	壬基酚和壬基酚聚氧乙烯醚	不使用		
	6种邻苯二甲酸酯(BBP,DBP,DEHP,DINP,DIDP,DNOP)	1 000/每种		仅限于为不超过12岁的儿童设计或使用的产品

（二）Ⅲ类物质

Ⅲ类物质属于三星公司自愿在产品中淘汰使用的物质(表 16-5)。尽管这些物质没有法律法规强制要求禁止或限制使用,供应商也是需要遵守相关限量标准的。不过这些物质的自愿淘汰使用仅限于个人消费品。

表 16－5　三星公司Ⅲ类自愿淘汰使用的物质

类别	物质	限量/(mg/kg)
类别Ⅲ	四溴双酚 A	900
	溴化阻燃剂	不使用(以溴计:900)
	聚氯乙烯	不使用(以氯计:900)
	邻苯二甲酸酯	1 000
	锑及其化合物	700
	铍及其化合物	1 000
	氯化阻燃剂	不使用(以氯计:900)
	氯化钴	不使用(以钴计:1 000)

（三）其他类需要监控的物质

对于暂时没有明确法规禁限用但是需要关注的有害物质,三星公司把他们归为需要监控的物质。这些物质在未来可能会被三星正式禁止或限用。

表 16－6　三星公司其他需要监控的物质

类别	物质	备注
其他	高氯酸盐化合物	＊最新欧盟 REACH 高关注物质候选清单见:http://echa. europa. eu/web/guest/candidate-list-table
	有辐射的物质	
	中链氯化石蜡	
	三氯生	
	紫外线吸收剂 UV-320	
	磷酸三苯酯	
	欧盟 REACH 高关注物质候选清单＊	

三、沃尔玛

沃尔玛公司自 2013 年启动了日用消费品化学品可持续发展政策(Policy

on Sustainable Chemistry in Consumables)[3]，主要目标是在个人护理产品、清洁卫生产品、宠物和婴儿产品中逐步降低使用、限制或者淘汰令人担忧的有害化学物质。这些有害化学物质包括具有致癌、致诱变、致生殖毒性的物质，具有持久性、生物累积性和毒性的物质(PBT)以及其他能对人体健康或环境产生严重负面效应的物质。沃尔玛公司将这些拟减少使用或淘汰的有害化学物质称为优先处理化学品，并在化学品可持续发展政策的附件中列出了沃尔玛优先处理化学品清单(Walmart Priority Chemicals)。沃尔玛还从优先处理化学品清单选出了数种高优先级化学品(Walmart High Priority Chemicals)进行优先限制或淘汰。

沃尔玛的政策要求供应商自2015年起通过WERCSmart平台披露投放到市场中的产品中完整的化学组分信息，以便于沃尔玛监测各产品中所含有的优先化学品。沃尔玛的政策还要求自2018年起，产品中如果含有高优先级化学品，供应商必须在产品包装上予以注明。截至2015年底，沃尔玛的化学品可持续发展政策目前只适用于美国境内沃尔玛和山姆会员店商品，但沃尔玛曾表示将考虑将适用范围扩大到美国以外的市场。

(一) 优先处理化学品清单

沃尔玛优先处理化学品清单由下面权威机构发布的有害化学物质监管清单组成，供应商通过WERCSmart平台可以看到完整的优先处理化学品清单并可以了解到自己产品中是否含有这些物质。

(1) 欧盟发布的人类健康分类为1和2的内分泌干扰物；

(2) 欧盟管理具有持久性、生物累积性和毒性的物质(PBT)的过渡策略中所列的PBT物质；

(3) 欧盟REACH法规附件XIV需要授权的物质清单；

(4) 欧盟REACH法规附件XV高关注物质候选清单；

(5) 欧盟REACH法规附件XVII具有致癌、致诱变、致生殖毒性1A和1B分类的物质；

(6) 国际癌症研究机构(IARC)分类为组1(对人类是致癌物)或组2(对人类是很可能或可能致癌物)的致癌物；

(7)《斯德哥尔摩公约》所列的持久性有机污染物；

(8) 美国环保署(EPA)发布的重点PBT物质清单；

(9) 美国环保署(EPA)国家废物消减项目中的重点化学品；

(10) 美国国家毒理项目(NTP)致癌性报告里已知的人类致癌物和预期对人类致癌的化学物质；

(11) 美国加州65号提案中的生殖发育毒物；

(12) 美国缅因州的高关注化学品和优先管理化学品；

(13) 美国明尼苏达州的高关注化学品和优先管理化学品；

(14) 美国华盛顿州的儿童用品高关注物质清单和具有持久性和生物累积性的毒物清单。

沃尔玛通过 WERCSmart 平台搜集来自各个供应商所披露的产品中所含化学组分信息,定期统计含有优先处理化学品的产品数量、涉及优先化学品的供应商名单以及产品中每种优先化学品累计总重量。沃尔玛会依据知情同意原则通知受影响的供应商鼓励其减少使用或替代产品中所含的沃尔玛优先化学品,从而达到逐步减少优先化学品使用的目的。

(二)沃尔玛高优先级化学品

沃尔玛的高优先级化学品通常指那些容易对妇女和儿童构成健康风险的化学品。2016 年 7 月,沃尔玛公司公开发布了第一批优先淘汰的 8 种高优先级化学品[4]。这 8 种化学品包括甲苯、甲醛、壬基酚聚氧乙烯醚、邻苯二甲酸二丁酯、邻苯二甲酸二乙酯、化妆品中常用防腐剂尼泊金丙酯、尼泊金丁酯以及三氯生(美国食品药品管理局 FDA 已批准的应用除外)。若供应商的产品中含有某种沃尔玛高优先级化学品,供应商在通过 WERCSmart 平台输入产品化学组分信息后会自动收到产品中含有高优先级化学品的邮件通知,同时会被要求在 2018 年起在产品外包装上予以说明。

四、宜家

作为全球最大的家具家居用品生产商和零售商,宜家对产品中的有害化学物质有着非常严格的管控要求。宜家对生产每种特定产品所需的材料都有详细的技术要求,包括原材料类型、外观尺寸和各种材料应符合的化学品和物质规范(Chemical Compounds and Substances,文件号 IOS-MAT-0010)[5]。该技术规范列出了宜家基于国家或国际法规,或出于健康以及环境的考虑,而禁用或限制使用的某些化学品和化学物质。该技术规范连同其他材料和产品的规格和要求构成了供应商和宜家之间的约束性合同的一部分,是供应商必需遵守的。供应商需要提供由宜家认可的实验室出具的测试报告和自我声明等可以证明合规的文件。同时宜家还会对供应商的材料或产品进行随机检查。

(一)适用于所有材料的禁限用物质清单

表 16-7 列出了宜家适用于所有材料的有害物质清单及管控要求。宜家执行的化学品管理政策全球统一,并且是集合所有销售国家里最严格的法规要求,甚至对一些有害物质管控要求比法规还要严格。例如,宜家禁止在产品中

使用欧盟 REACH 法规授权清单上的物质及任何具有致癌、致诱变或具有生殖毒性的 1A 或 1B 类物质，并自 2000 年起禁止了所有机溴化物阻燃剂在家具中的使用，官方强制要求使用的除外。

表 16－7　宜家适用于所有材料的有害物质清单及管控要求

物质	要求	测试方法	文件要求
欧盟 REACH 法规附录 XIV 授权物质清单	不允许使用。污染限值：0.1％	筛选测试，根据不同的被测物质选择相应的萃取和测试方法	自我声明
所有类别的生物杀灭剂	如果没有宜家认可，不允许添加影响最终产品性能的生物杀灭剂，包括运输或储存最终宜家产品期间添加的生物杀灭剂(如防霉处理)。特别强调：不允许使用生物杀灭剂富马酸二甲酯(CAS No 624-49-7)。污染限值：0.1 mg/kg	萃取，然后用 GC-MS 分析	自我声明
镉和镉的化合物	不允许使用。污染限值：40 mg/kg (以镉计)，对玻璃、瓷釉和搪瓷的进一步要求：在着色剂中的最大污染限值为 600 mg/kg	总消解法(如：氢氟酸)，然后用以下方法分析：原子吸收光谱仪(AAS)或电感耦合等离子体发射光谱仪(ICP)	自我声明
具有致癌，致诱变或具有生殖毒性的 1A 或 1B 类物质(CMR)	不允许使用。污染限值：0.1％，例外：搪瓷器具和耐热玻璃中允许使用	筛选测试。 根据不同的被测物质选择相应的萃取和测试方法	自我声明
香精	如果没有宜家认可，不允许使用香精、香料和气味遮盖剂。该要求不适用于玻璃、陶瓷、搪瓷和金属材料		自我声明
有害废料	不允许在宜家产品的任何材料中使用有害废料，除非此有害废料按照准许可以回收利用。不允许使用的有害废弃物例子如下：废油；回收塑料，来自含溴化阻燃剂的电子类产品；回收木屑，来自于用木馏油进行防腐处理的木材，例如：枕木		自我声明

续表

物质	要求	测试方法	文件要求
铅和铅的化合物	不允许使用。污染限值:90 mg/kg。对玻璃、瓷釉和搪瓷的进一步要求:在染料或颜料中的最大污染限值为 600 mg/kg	总消解法(如:氢氟酸),然后用以下方法分析:原子吸收光谱仪(AAS)或电感耦合等离子体发射光谱仪(ICP)	自我声明
其他高关注物质(SVHCs)	不允许使用。污染限值:0.1%	筛选测试。按照被测试材料和物质选择不同的萃取和分析方法	自我声明
具有持久性、生物累积性和毒性的物质(PBT),高持久的和高生物累积的物质(vPvB)	不允许使用。污染限值:0.1%	筛选测试。根据不同的被测物质选择相应的萃取和测试方法	自我声明

(二)适用于具体材料的禁限用物质清单

宜家的化学品和物质技术规范还分别列出了适用于木基材料、纸、纺织材料、聚合物(含塑料和橡胶)、金属等各种材料的禁限用物质清单及供应商需提供的合规证明文件要求。表 16-8 以实木、木基材料和天然材料为例,列出了木制材料中的禁限物质清单。

表 16-8 宜家实木、木基材料和天然材料中禁限用物质清单及要求

物质	要求	测试方法	文件要求
铅和铅的化合物在刨花板和湿法与干法生产的纤维板中	不允许使用。污染限值:90 mg/kg。对玻璃、瓷釉和搪瓷的进一步要求:在染料或颜料中的最大污染限值为 600 mg/kg	总消解法(如:氢氟酸),然后用以下方法分析:原子吸收光谱仪(AAS)或电感耦合等离子体发射光谱仪(ICP)	含 30%以上来自消费后废料的回收料:自我声明 + 测试报告 其他材料:自我声明
林丹	不允许使用。 污染限值:1.0mg/kg	萃取,然后用 GC-MS 分析	橡胶木和含 30%以上来自消费后废料的回收木质材料的板材材料:自我声明+测试报告 其他材料:自我声明

续表

物质	要求	测试方法	文件要求
有机锡化合物	不允许使用任何有机锡化合物。 污染限值:附件列出的所有化合物总量 2.5mg/kg		自我声明
五氯苯酚及其盐和酯	不允许使用。 污染限值:3.0mg/kg	CEN/TR 14823:2003	橡胶木和含 30%以上来自消费后废料的回收木质材料的板材材料:自我声明+测试报告 其他材料:自我声明
在刨花板和湿法与干法生产的纤维板中的消费后回收材料	如果板材生产使用任何消费后回收材料,都应使用文件化质量体系进行控制回收材中的重金属和其他可能的有害物质。如果在宜家产品的板材生产中使用>30%的消费后回收材料,应请第三方质量控制机构对质量保证体系进行审核		板材生产商自我声明

五、日本产业协会

日本环保产品优先购入调查共通化协议会(Japan Green Procurement Survey Standardization Initiative,JGPSSI)成立于 2001 年,办公室设于日本电子与信息技术协会(JEITA)。JGPSSI 致力于推荐材料信息发布的标准化,与美国电子工程协会(EIA)、欧洲信息和通信技术工业联合会(EICTA)、微电子产业标准组织(JEDEC)固态技术协会等合作研究,于 2005 年 5 月发布了联合产业指南(JIG)。JGPSSI 将化学物质的管理分为三个过程:所购入原材料的内容信息管理,获取每种单一化学物质/混合物及成型产品的含有信息,并确认含有信息的可靠性;制造过程管理,防止异常零件混入和禁用物质污染等情况,通过日常品质管理提高可靠性;所销售产品的内容信息管理,提高所提供的每种单一化学物质/混合物及成型产品信息的可靠性。JGPSSI 还发布"环保产品优先购入调查通用标准"等文件,促进绿色采购流程便利化。

另外一个重要的日本协会是物品管理推进协议会(Joint Article Management Promotion-consortium,JAMP)于2006年成立,至今有400多家成员公司,由三部分组成:材料供应商、中间部件产品商、消费品和最终制品制造商。JAMP旨在响应国际环境倡议,推进化学品的良好管理,降低化学品的负面影响的同时减少供应链不必要的负担。JAMP与JGPSSI合作,致力于改善化学信息提供方式和流程、协调各公司遵守法规基础上的增列管控物质。JGPSSI在2005年9月发行了产品所含化学物质管理指南(第一版),并努力进行了推广和普及。JAMP也于2007年7月面向会员发布了产品所含化学物质管理指南(第一版),并积极致力于验证等工作。两版指南的基本思路是一样的,为了更好地完善这些指南,更广泛地普及产品含有化学物质管理的观念,通过JAMP的管理指南制作、普及委员会以及与JGPSSI的商讨并达成协议,JGPSSI和JAMP两团体共同批准,于2008年分别发行了内容相同的"产品所含化学物质管理指南",2013年更新、符合日本标准JIS Z7201：2012,指导企业对产品中的化学物质进行管理,强调供应链上化学物质信息报告与传递,更有效率地证明符合ELV、RoHS、REACH等多个化学物质和产品安全法规的信息要求。同时,JAMP提出了MSDSplus,用于供应链中补充化学物质和混合物MSDS、传递更多产品所含化学物质信息;开发了AIS(Article Information Sheet)产品申明表格,根据MSDS、MSDSplus中所填写的所有信息以及其他已知信息,在最终作为物品(Article)的层面公开和传递化学物质信息。上述组织发布的信息提供中文版,下载地址为http://www.jamp-info.com/chn-download。

六、其他跨国公司禁限用物质清单

除了苹果、三星、沃尔玛和宜家以外,其他知名跨国企业也都有自己的禁限用物质清单或有害物质管控标准。表16-9列出了主要知名跨国企业的禁限用物质清单及可公开获取的下载方式,以帮助原材料供应商更好地开发出绿色的原材料或部件,更好地满足客户的需求。由于各大公司的禁限用物质清单或标准不定期更新,供应商应及时获取最新的清单或标准。宜家的化学品和物质技术规范属于内部标准,尚不能从宜家公司网站上公开下载,故不在表中。

表16-9　部分知名跨国企业禁限用物质清单

公司	文档或标准名	链接(2016年12月更新)
苹果	苹果公司受管制物质细则(2016) Apple Regulated Substances Specification	https://www.apple.com/environment/pdf/Apple_Regulated_Substances_Specification_March0.pdf

续表

公司	文档或标准名	链接(2016年12月更新)
三星	三星对环境有影响的物质管控标准(第17版) Samsung Standards for Control of Substances concerning Product Environment	http://www.samsung.com/common/aboutsamsung/download/companyreports/SEC%20Standard(0QA-2049)%20Rev17_EN.pdf
沃尔玛	日用消费品化学品可持续发展政策(2014) Policy on Sustainable Chemistry in Consumables	http://www.walmartsustainabilityhub.com/app/answers/detail/a_id/303
索尼	索尼受控物质环境管理手册(第14版) Sony Controlled Substances-SS-00259 for General Use	http://www.sony.net/SonyInfo/procurementinfo/ss00259/
联想	联想产品、材料和部件的基准环境要求(2016) Lenovo Baseline Environmental Requirements for Lenovo Products, Materials and Parts	https://www.lenovo.com/global_procurement/us/en/Guidelines/41A7731.pdf
惠普	惠普对环境的总体要求(2016) HP's General Specification for the Environment	http://www8.hp.com/us/en/hp-information/global-citizenship/society/general-specification-for-the-environment.html
戴尔	戴尔受限制使用的材料(2016) Materials Restricted for Use, Document Number: ENV0424	http://www.dell.com/downloads/global/corporate/environ/restricted_materials_guid.pdf
阿迪达斯	阿迪达斯 A-01 要求(限制物质清单)(2016) A-01 Requirements (Restricted Substances List)	http://www.adidas-group.com/en/sustainability/reporting-policies-and-data/policies-and-standards/#/products/
耐克	耐克限制物质清单(2016) Nike Restricted Substances List (RSL)	http://www.nikeincchemistry.com/restricted-substance-list

续表

公司	文档或标准名	链接(2016 年 12 月更新)
H&M	H&M 限制化学品清单(2016) H&M Chemicals Restriction List	http://sustainability. hm. com/en/sustainability/commitments/use-natural-resources-responsibly/chemicals/chemical-restrictions. html
ABB	ABB 禁用和限用物质(2013) ABB List of Prohibited and Restricted Substances, V1. 2	http://www02. abb. com/global/seitp/seitp161. nsf/bf177942f19f4a98c1257148003b7a0a/49b3aa25703ad602c125799f00524ad2/$FILE/ABB+List+of+Prohibited+and+Restricted+Substances+v1. 2. pdf
Ericsson 爱立信	爱立信禁止和限用物质(2014) The Ericsson Lists of Banned and Restricted Substances	http://www. ericsson. com/res/thecompany/docs/corporate-responsibility/2009/banned. pdf
Schaffner 舍弗勒	禁用及限用物质清单(2015) Prohibited And Restricted Substance	http://www. schaffner. com/fileadmin/media/content/1_About/20150907_Prohibited_and_restricted_substance. pdf
Burberry 博柏利	生产限用物质清单(2014) Manufacturing Restricted Substances List	http://www. burberryplc. com/documents/action-plan/burberry-manufacturing-restricted-substances-list. pdf
Burberry 博柏利	产品限用物质清单(2014) Product Restricted Substances List	http://www. burberryplc. com/documents/action-plan/burberry-product-restricted-substances-list
Levi"s	限用物质清单(2013) Restricted Substances List	http://levistrauss. com/wp-content/uploads/2014/03/2013-November-RSL-English. pdf
New Balance 新百伦	限用物质清单手册(2013) Restricted Substances List Manual V8. 0	http://assets. newbalance. com/nb-us/about_nb/leadership/documents/nb_rsl_2013_manual. pdf
SCA 爱生雅	爱生雅业务特别关注化学物质(2015) Chemical substances of special concern to SCA Business	http://www. sca. com/Documents/en/CSR/Supplier-Standards/Supplier-Standard-Annex-A2-Nov-2015. pdf?epslanguage=en

续表

公司	文档或标准名	链接(2016 年 12 月更新)
UPM 芬欧汇川	限用化学物质清单(2016) Restricted Chemical Substances List	http://www.upm.com/Responsibility/Product-stewardship/Product-safety/restricted-chemical/Pages/default.aspx

参考文献:

[1] Apple. Regulated Substances Specification[Z],2016-03-21.

[2] Samsang. Standards for Control of Substances concerning Product Environment(Revision 17)[Z],2015-10-19.

[3] Walmart. Implementation Guide for Policy on Sustainable Chemistry in Consumables[Z], 2014-02-21.

[4] Kelly Franklin. Walmart releases high priority chemical list[N]. Chemical Watch. 2016-07-21.

[5] IKEA. Specification IOS-MAT-0010: Chemical compounds and substances(V13)[Z]. 2015.

第十七章
产品安全风险评估

第一节　风险评估概述和流程

一、产品风险评估概述

近 30 年来，随着我国工业化和现代化进程的全面推进，化学品在种类和数量上都开始极大丰富。当前，我国已成为世界化学品的生产和使用大国，化肥和农药产量分别位居世界第一和第二，其使用量也居世界前两位。化学品的丰富给人民生产、生活带来了极大便利，但与此同时，生产和使用化学品也不可避免地带来了污染物排放、废弃物堆放等问题，环境污染事件与事故不断发生。2013 年 2 月披露的“中国癌症村地图”中，癌症村患癌人数多的原因与当地水土长期受到有毒化学品的污染直接相关，有毒化学品污染给人体健康带来了潜在危害与风险。2014 年 9 月，新京报报道了内蒙古腾格里沙漠污染事件，工厂肆意向沙漠腹地排放化学废水，对当地沙漠生态系统造成了严重破坏，对地下水造成了严重污染，而且这种破坏和污染往往无法修复或修复成本巨大。2015 年 8 月 12 日天津港爆炸事故，易燃易爆化学品爆炸造成了重大人员伤亡和财产损失，泄漏的有毒化学品对人类健康以及生态安全也有很大威胁。因此，在污染或事故发生前做好化学品的风险评估与风险管理至关重要。化学产品在提高我们生活水平的同时，如果不能很好地对其风险进行管理，就会对人体和环境产生危害[11]。

化学品的风险管理需要依据风险评估结果，风险评估通常包括人体健康风险评估、环境(生态)风险评估。该风险评估方法普遍适用于化学品及其下游产品。在本书前面几章提到的化学品应用领域中，选取了农药、食品添加剂和食品接触材料以及化妆品作为讨论重点。介绍了发达国家和地区，如欧盟、美国、日本等对该类型产品的风险评估发展历程、现用方法、模型、工具等。着重于人体健康暴露和环境暴露评估，并介绍了目前风险评估中的几个新的理念和方法，以此为契机提出展望。

人体健康风险评估是一个比较新的研究领域，作为一个年轻的学科方向，用于研究接触农药残留物和其他环境污染物对人体健康的潜在风险。在20世纪40年代,毒理学家们就开始研究短期的职业接触和从食品中摄入的农药残留物对人体健康的影响。基于这些研究成果,一些国家的农药管理机构开始建立了一些农药管理标准,设定了一些化合物的最高接触限量标准。20世纪50年代,美国政府工业卫生专家会议(American Conference of Government Industrial Hygienists)开始设定了一些特定危险化学品的工人接触法定限量,即阈限值(Threshold Limit Value,TLV)。同时,美国食品药品管理局也设定了一些农药和食品添加剂的每日允许最大摄入量(Allowable Daily Intakes,ADI)。TLV和ADI都是基于一种假设,即外来化合物要引起生物体产生非癌性毒性学效应(Non-carcinogenic Toxicological Effect)必须超过一定的接触量。当接触量低于TLV和ADI时,人体会通过自身的生理机制或其他补偿机制来维持体内环境的平衡稳定,从而不会产生任何毒理效应。相反,在当时,人们一般认为化学致癌物不可能有安全接触限量。基于这种认知,1958年美国颁布了德莱尼修正案(Delaney Clause),禁止使用一切对人或动物有致癌作用的食品添加剂和其他化学物,不管其用量多少[5]。

在20世纪60年代后期和70年代,公众开始对食品添加剂和环境污染物(如糖精、甲醛、香烟等)对人体健康的影响越来越关注,迫切需要一种科学准确的健康风险分析方法,来帮助公众和政府更好地了解和管理这些化学品。政府和科研单位开始进行非职业接触环境污染物对健康影响的风险评估方法的研究和开发。20世纪70年代后期,美国政府间管理法规联席工作组(Interagency Regulatory Liaison Group,IRLG)成立,该工作组由美国食品药品管理局(FDA)、环境保护署(EPA)和职业健康安全局(Occupation Safety and Health Agency,OSHA)组成。其目的是建立一种能用于多种风险评估,能有效保护公众健康的完整的科学方法。之后,FDA要求美国国家科学研究顾问委员会(National Research Council,NRC)对人体健康风险评估的原理及方法进行检验,并提出建议。1983年NRC出版了其对该项目的研究结果"Risk Assessment in the Federal Government:Managing the Process"。这份报告描述了风险评估的基本原理、基本架构、完整的方法及其操作的基本步骤,以及风险评估领域常用术语的基本定义。使得接触环境污染物对人体健康的风险评估科学化。这份报告中确定的基本步骤和基本术语现在已被广泛采用和接受,被认为是人体健康风险评估的里程碑。1996年,美国颁布实施了《食品质量保护法》(Food Quality Protection Act,FQPA),虽然对化学品风险评估程序中的标准提出了更高的要求,但是风险评估的程序、基本原理、基本构架与NRC1983年的报告是一致的[5]。

1973年,世界卫生组织(WHO)的环境健康基准项目(Environmental

Health Criteria Programme)开始启动,其目标是:(1)分析接触环境污染物与人体健康之间关系的信息,为设定接触限量提供指导方针;(2)确定新的或潜在的污染物;(3)明确有关污染物与人体健康关系知识的空白点;(4)促进毒理学和流行病学研究方法的协调,使研究结果可以进行比较。1976 年,第一部关于汞的环境健康基准(Environmental Health Criteria,EHC)专论出版后,许多关于化学品评价的 EHC 专论出版。另外,许多关于毒理学(如神经毒性、遗传毒性、致畸性等)评价方法的环境健康标准专论相继出版。一些关于流行病学评价的 EHC 专论也相继问世。这些 EHC 专论的出版为外来化学品包括农药对人体健康和环境安全的评价提供了坚实的理论基础和标准试验方法,使得对化学品对人体健康进行全面、科学的评价成为一种可能。该专论的原始推动力来自于 1972 年联合国关于人类环境的大会。之后,联合国环境规划署(UNEP)、世界劳工组织(ILO)和世界卫生组织(WHO)联合启动了国际化学品安全规划署(IPCS)。通过各国际组织间的合作,人体健康、职业健康和环境影响越来越受到重视。1992 年的联合国"环境与发展"大会要求加强对化学品安全的评估,因此,1999 年 WHO 出版了《化学品对人体健康的风险评估方法及原理》的 EHC 专论。这本专论综述了化学品、物品和生物制剂对人体健康和环境的影响,提供了一个详细的风险评估的方法及步骤[5,11]。

二、产品风险评估流程

产品风险评估通常分为四个步骤。

(1) 危害识别(Hazard Identification):包括对现有的资料进行充分分析,以确认所评价化学物的所致危害的特性,包括理化危害识别(爆炸性、燃烧性、氧化性)、人体健康危害识别和环境危害识别;

(2) 剂量-反应评估(Dose-response Assessment)或危害特征描述(Hazard Characterization):是对化学品暴露和危害相关终点关系的分析,也是对危害认定中确定的效应终点在人群或环境中发生的定性定量评定;

(3) 暴露评估(Exposure Assessment):涉及评价人群或环境暴露于化学品的时间、频率及暴露量的大小,它包括确定环境中(空气、水、土等)有害物的浓度、暴露途径、有害物在环境中的转变及确定受影响的人群或生态系统;

(4) 风险表征(Risk Characterization):综合从危害识别、剂量-反应评估和暴露评估所获得的信息来确定人群和生态系统暴露的危险度。

以上步骤对所有化学产品都适用。

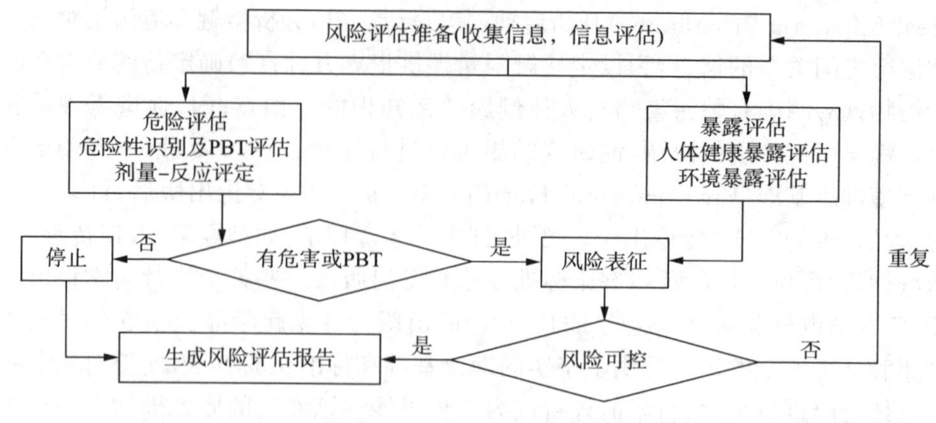

图 17-1 风险评估基本流程

第二节 产品对人体健康的风险评估

一、人体健康危害评估概论[5]

(一)危害识别

该阶段主要是明确化学物可能对健康的危害，描述或列出各种毒作用现象，如神经毒性、发育毒性等。这些信息可以包括流行病学数据、动物生测数据、离体试验数据和分子生物学信息等。

该阶段主要是回答：某特定化学品可能对人体健康产生什么影响？化学品对人类健康潜在的危害性是通过大鼠、兔子、豚鼠、狗等实验动物对一定剂量化学品做出何等反应来评价的。在化学品登记时需要提供一系列大量的毒性研究报告。这些毒性研究包括对不同动物从急性接触实验到慢性接触实验的一系列实验。在急性接触实验中动物接受相对高剂量的化学品，在慢性接触实验中每天接受低剂量化学品。急性毒性是通过对动物作用一定量化学品后测定其死亡率和其他方面影响来测定的。同时，用此方法也可测定眼和皮肤刺激性。亚慢性毒性研究是在几周或几个月内，让动物每天接触一定量化学品，然后测定对该动物器官(肝脏、肾脏、脾脏等)的影响。慢性毒性研究是评价化合物的潜在的毒害影响或长期接触是否有致癌作用。其他毒性研究包括测试对成年动物的繁殖、生长、发育、后代生育能力和细胞内的基因改变等潜在影响。

科学的化学品毒理研究就是研究某个组织或器官对化学品做出怎样的反应和导致什么样的内部变化。毒理学是一个交叉学科，它需要用到各种学科知识，包括病理学、生物化学、血液学、基因学、内分泌和激素学、生理学等来推导因果关系。单独的某一研究不能提供各种所需的信息去鉴定化学品的毒性。

（二）剂量-反应评估

该阶段主要是研究某化学物质在什么条件下导致产生某种毒作用，并试图了解接触量与毒性反应之间的定量关系。由于毒理学机制不同，因此，对致癌物和非致癌物的剂量-反应评估方法是不同的。一般认为，大多数致癌物被认为，除非是零接触，否则在任何剂量下都可能产生风险。相反，接触非致癌物要超过一定的剂量即阈剂量才产生毒作用。

该阶段主要是回答：对某特定化学品不同的接触水平可能对人体健康影响的程度。著名毒理学家 Paracelsus（1493—1541 年）曾指出：化学物质只有在一定的剂量下才具有毒性，毒物和药物的区别仅在于剂量，即“剂量决定毒性”的毒理学。毒性评价最重要方面是在接触量和发生率或观察的毒效应的严重性之间来判定剂量和反应之间的关系。毒理学效应是从采用离体细胞、组织培养研究和用小的哺乳动物（如大鼠、兔子和狗）的研究中观察出来的。现象学研究根据接触时间长短（天、月、年）、接触途径（经皮、经口、吸入）、毒性测试种类（生殖毒性、致癌性、器官毒性、发育毒性、神经毒性、免疫毒性）的不同而设计的。

在对毒理学试验进行评价的过程中，科学家或管理者需要确定什么剂量水平可导致怎么样的健康影响，并且如果有必要，还应该了解可能出现某些健康影响的人群比例。人们还要研究可能出现某些关键影响的最低剂量。大多数情况下，当给药剂量达到某一特定剂量时才可能出现某种毒理学效应，这种效应被称为“阈效应”（Threshold Effect）。与其相反，某些毒理学效应在最低的给药剂量下就可能出现，这种毒理学效应称为“非阈效应”（Non-threshold Effect）。癌症就是一种非阈效应。理解致癌作用的机理也非常重要。近期对癌症的剂量-反应关系研究表明，能产生遗传毒性的致癌物的致癌效应为非阈效应，而非遗传毒性的致癌物可以有阈剂量。

对阈效应的研究主要是通过一系列毒性试验来确定某化学品未产生不良作用的最高剂量，即未观察到不良作用水平（No-Observed-Adverse-Effect-Level，NOAEL），和/或该化学品未产生任何影响的最高剂量，即未观察到效应水平（No-Observed-Effect-Level，NOEL）。

1984 年，Crump 首次提出了基准剂量（Benchmark Dose，BMD）法，试图以此纠正 NOAEL 的一些明显不足。他将 *BMD* 定义为通过剂量-反应曲线获得的、使某种反应增加到某一个特定水平的剂量水平。该特定剂量水平所对应的反应称为基准反应（Benchmark Response，BMR）；*BMD* 的 95％可信区间的下限值就是基准剂量下限值（Benchmark Dose Lower Confidence Limit，BMDL），即通常所建议的用来代替 *NOAEL* 来推导人类安全暴露水平的基准剂量。美国环境保护署（EPA）对 *BMD* 有一个类似的定义：通过剂量-反应曲线获得的，与背景值相比，达到预先确定的损害效应发生率的统计学可信区间的剂量。例如，$BMDL_{01}$，就是指引起对照组动物中出现1%概率的不良反应的95%统计学可信区间下限值，其中1%为不良反应的基准水平(BMR)。

对非阈效应的研究方法与阈效应完全不同。不同的管理机构或国际组织所采用的方法略有不同。在美国，EPA要求将试验中所有剂量及产生的相应影响程度输入一个计算机模型，然后用该模型来计算一个统计学数据$q_1{}^*$。$q_1{}^*$表示一个化合物致癌作用的可能性，$q_1{}^*$越高，该化合物出现致癌效应的可能性越大。

对于阈效应，剂量-反应评估需要设定一个“安全阈值”或“安全剂量”。世界上不同机构对“安全”剂量赋予了许多不同的名称。例如，加拿大卫生部采用的是每日容许摄入量/浓度(Tolerable Daily Intake or Concentration，TDI/TDC)，国际化学品安全规划署(IPCS/WHO)采用的是容许摄入量(Tolerable Intake，TI)；美国毒物与疾病登记署(ATSDR)采用的是最小危险水平(Minimum Risk Level，MRL)；美国常用的术语为参考剂量(Reference Dose，RfD)，ADI和RfD的科学含义是相同的。ADI的计算一般国际上公认的方法是将所测定的未观察到不良作用水平除以两个安全系数，即代表从试验动物推导到人群的种间安全系数10，和代表人群之间敏感程度差异的种内安全系数10，因此一般情况下，ADI或$RfD = NOAEL/100$。特殊情况下，也可根据实际需要降低或提高安全系数。在美国，目前还需要再增加一个食品质量保护法系数(FQPA Factor)，这是根据美国食品质量保护法的规定，为了更好地保护婴儿和儿童，EPA可以根据各化学品的特性及所获得毒理学数据的完整性和可靠性，增加10倍或10倍以下的FQPA系数。EPA把这种更加安全的剂量称为人群调整剂量(Population-adjusted Dose，PAD)。即$PAD = ADI$或$RfD/FQPA$系数。不同机构将这些系数冠以不同的名称，为了便于交流，目前把这些系数通称为评估系数(Assessment Factor，AF)。常用的评估系数见表17-1。

表17-1　推导安全剂量过程中的常用的不确定性来源及系数

不确定性来源	系数
从实验动物外推到一般人群， 包括：毒代动力学差异 毒效动力学差异	10(总计) 4 2.5
从一般人群外推到敏感人群， 包括：毒代动力学差异 毒效动力学差异	10(总计) 3.16 3.16
从LOAEL到NOAEL	不超过10
法规特别规定，例如： 美国EPA FQPA系数	不超过10

续表

不确定性来源	系数
出现严重毒性	不超过 10
试验数据不完整等	不超过 10

除了长期暴露阈值外，某些产品还需要考虑急性暴露风险，这就要求设定急性毒性参考剂量(Acute Reference Dose，ARfD)。急性毒性参考剂量是指就现有的认知水平，在 24 h 或少于 24 h 的期间，暴露某物质对人体不产生可察觉的健康危险的量，单位为毫克/千克体重(mg/kg bw)。制定 *ARfD* 应首先全面评价化学品的毒性。一般根据可获得的化学品相关毒理学资料，对化学品的毒理学特征进行全面分析和评估，尽可能掌握化学品的全部毒性信息。符合以下条件之一的可以不制定 *ARfD*：

(1)剂量达 500mg/kg 时，没有出现急性染毒相关的毒性作用；

(2)单次经口给药试验中，剂量达 1 000 mg/kg 时，没有出现给药相关的死亡；

(3)急性染毒试验中，动物仅发生死亡，但是死亡的原因与人类暴露不相关。

制定 *ARfD*，可按以下步骤进行。

1) 确定 *NOAEL* 或 *BMDL*

(1) 选择与急性暴露相关的终点。在全面评价毒性资料的基础上，选择与一次(或一天)染毒最相关的毒理学终点。常见与制定 *ARfD* 有关的毒理学终点有临床体征变化、体重变化、饮水变化、死亡、高铁血红蛋白症、神经毒性、致畸作用、发育毒性等。应尽量利用现有毒理学数据提供的相关信息，如在短期重复染毒试验中观察到的急性毒性作用，特别是试验开始阶段观察到的有关变化。

(2) 判定敏感终点。根据相关终点选择合适的试验，该试验中相关终点应进行充分的检查和评价，以判定与人最相关的最敏感终点。

(3) 确定 *NOAEL*。根据最敏感终点，确定相应的 *NOAEL*，作为制订 *ARfD* 的基础。

(4) 用 *BMDL* 代替 *NOAEL*。如有合适的剂量-反应模型或无法确定 *NOAEL*，或化学品急性暴露量与 *ARfD* 接近时，可用 *BMD* 方法来推导 *ARfD*。一般用基准剂量可信下限值代替 *NOAEL*。

2) 选择不确定系数

在推导 *ARfD* 时，存在实验动物数据外推和数据质量等因素引起的不确定性，可采用不确定系数来减少上述不确定性。选择不确定系数时，应针对每种化学品的具体情况进行分析和评估。虽然存在多个不确定性因素，甚至在数据严重不足的情况下，不确定系数最大一般也不超过 10 000。推导 *ARfD* 过程中的不确定性来源及系数见表 17-1。

3) 计算 $ARfD$

确定 $NOAEL$ 或 $BMDL$ 后，再除以适当的不确定系数，即可得到 $ARfD$。$ARfD$ 计算公式如下：

$$ARfD=NOAEL/UF \text{ 或 } ARfD=BMDL/UF \tag{17-1}$$

二、人体暴露评估

该阶段主要是确定可能发生的暴露途径；在一定剂量下，估算暴露量的大小、暴露时间的长短、暴露的频率等。另外，也要求评定不同人群（如年龄、性别等）的暴露可能性。

（一）农药的暴露评估

农药的暴露包括三种途径即经口、经皮和吸入，因此对农药的暴露评估需要将各种可能途径进行全面评定。暴露评估包括：膳食暴露评估（Dietary Exposure Assessment）、职业暴露评估（Occupational Exposure Assessment）和居住环境暴露评估（Residential Exposure Assessment）。

1. 农药的慢性膳食暴露[4-6]

农药在食物中的残留是公众对农药暴露的主要来源。膳食暴露量与摄取食物的种类和数量与农药在该食物上或食物内的残留量相关。任何人对某一农药总的膳食摄入量等于各种所摄入食物中所含该农药量的总和。即：

$$\text{摄取的农药}=\sum(\text{残留浓度}\times\text{食物消费量}) \tag{17-2}$$

目前有很多膳食暴露评估模型，这些模型从单一暴露残留到用概率论去估计复杂暴露的模拟分析。但是不管有多复杂，所有模型都是基于最基本的关系，即农药在食物中残留浓度和消耗食物总量决定农药暴露量。通常认为有两类膳食暴露，即慢性暴露和急性暴露。

慢性暴露持续一个很长时间，因此它用平均摄入食物量和平均残留值来计算。相反，急性暴露考虑大量的短期或一次性暴露，急性膳食暴露用个人较大摄入量来计算，所用残留值一般用最大残留限量或用统计学方法计算所获得的可能出现的最大残留量。

食谱调查非常重要，因为人们的食物消耗模式随时间的变化而变化。例如，水果消耗总量可能保持不变，但是儿童现饮用更多果汁；人们现正倾向摄取更多的肉类。我们比十年前吃更多的鸡肉和鱼，更少的牛肉等。

农药的暴露评估是一个层次性的过程（Tiered Approach）。级别越高的评定越复杂，所需数据越多。在该过程中，涉及许多农药概念：最大残留限量（MRL）、预期残留（Anticipated Residues）、理论最大残留分布（Theoretical Maximum Residue Contribution，TMRC）、预期残留分布（Anticipated Residue Contribution,ARC)、百分位(percentile)、蒙特卡罗分析(Monte Carlo Analysis)等。

饮用水暴露评价到目前为止还没有一个广泛、可靠的饮用水农药残留数据库或可以使用的预测残留的模型。因此,只能依赖地表水或地下水的农药残留模型。利用这些模型在对浅的农田池塘和地下水源进行潜在的农药残留估算时会产生过于保守的结果。这些值体现了在最坏情况下未经处理的饮用水的潜在残留估算。由于模型的高度保守性,使用它们的目的并不是进行大量的潜在暴露估算,而只是想探求潜在的可能。更为精确、可靠的饮用水潜在残留预测模型还在开发之中。

农药残留浓度数据的分布多数呈正偏态分布,在这种情况下,反映数据集中趋势的两种统计量算术平均值和中位数往往存在较大的差别,有时甚至会得出不同的评估结论,因此,选用哪种统计量来代表浓度"平均"水平,往往是确定性暴露评估中经常会遇到的问题。

从统计学角度讲,当一个数据集呈非正态性分布时,中位数能更好地反映该数据集的集中趋势。但是对农药残留的慢性暴露评估,在选择参数时不仅要考虑统计学合理性,还要考虑模型的合理性和结果的保守性。如果选择中位数,由于不受高残留样品的影响,实际上默认忽略人群中个体在一生中接触高残留食物的可能性,结果相对偏低,所得结论缺乏保守性。而平均值能够比较敏感地反映高残留数据的影响,结果偏高,结论更保守。而且,从长期的角度讲,人体在一生中应当有机会摄入每一种残留水平的食物,如果假设在现有残留物浓度分布终生不变的情况下,摄入每种浓度食物的频率应当符合现有数据的经验分布,因此浓度数据的平均值更接近人体终生摄入残留物的平均浓度水平。综上所述,对于残留物的慢性暴露评估,选择平均值更为接近实际,也更符合膳食暴露评估对保守性的要求。另外,如果样品数非常少时(如总膳食研究),使用平均浓度也要优于中位数。国际上大多数机构,包括联合国粮农组织/世界卫生组织食品添加剂联合专家委员会(JECFA)、国际化学品安全规划署(IPCS)和欧洲食品安全局(EFSA)在多数残留物的慢性暴露评估中均倾向于采用平均值,但也有机构,如澳大利亚新西兰食品标准局(FSANZ)较多地采用中位数。[19,20]

2. 农药的急性膳食暴露[4]

早期合成的一些农药(如 DDT)的急性毒性较低、蓄积毒性严重,因此长期以来人们主要研究和关注农药残留在膳食中长期摄入对人体健康的影响和农药残留慢性膳食风险评估。随着农药残留慢性膳食风险评估理论和技术的不断完善,近期农药残留慢性膳食风险评估的结果表明,长期摄入的农药残留量低于农药的每日允许最大摄入量(ADI),对保障人们的身体健康发挥了重大作用。1990 年,Goldman 等报道了食用经涕灭威处理的西瓜和黄瓜而导致的中毒现象。1992 年,Ballantyne B 和 Marrs TC 报道了有机磷和氨基甲酸酯类农药在一次摄入时出现的毒副作用现象。科学家们着手研究高毒农药(有机磷和氨基甲酸酯类)在蔬菜和水果上残留的分布情况，以及出现比较高的残留量的随机事件发生的频率，研究表明，某些特定人群大量摄入某种特定食品时，可导致急性的健康影响，这些引起了人们对急性膳食风险评估的关注。

农药残留的急性膳食摄入计算通常只计算不需加工的消费食品(如蔬菜和水果)，但也可以根据具体情况考虑肉类食品、牛奶等乳制品。在计算过程中常用某一天可能摄取的食物消费量。并且一般只计算 24 h 内的摄入量。常用的方法有两种：点评估(Point)或确定值(Deterministic)方法、概率模型法(Probabilistic Modelling)。

1) 点评估或确定值方法计算急性膳食摄入量

世界粮农组织(FAO)和世界卫生组织(WHO)自 20 世纪 90 年代以来，就如何科学计算不同食品的急性(24 h 内)膳食摄入农药量的计算方法做了大量研究工作。JMPR 所采用的国际急性膳食摄入量计算方法见表 17-2。

表 17－2 JMPR 采用的国际急性膳食摄入量计算方法

<table>
<tr><th>JMPR Case Number
JMPR 情形号</th><th>Case Description
情形描述</th><th>Intake Calculating Equation
摄入量计算公式</th><th>Notes and Explanation
注释和说明</th></tr>
<tr><td>Case 1
情形 1</td><td>commodity unit weight is below 25g
单个食品质量小于 25 g</td><td>$IESTI=\frac{LP\times HR}{bw}$</td><td rowspan="4">$IESTI$——国际短期膳食摄入量/(mg/kg bw/d)
LP——高端消耗量(涵盖 97.5% 的食品消费者)/(kg food/d)
HR——在监管残留试验中获得的可食部分的最大残留量(mg/kg)
bw——体重/kg
U——单个食品可食部分的质量/kg
v——差异因子
$STMR$——监管残留试验残留中值(mg/kg)
$STMR\text{-}P$——加工食品监管残留试验残留中值/(mg/kg)</td></tr>
<tr><td>Case 2a
情形 2a</td><td>raw commodity unit weight exceeds 25 g, and Unit edible weight of raw commodity is less than a large-portion weight
未加工食品单个质量大于 25 g，并且可食部分的单个质量小于大部分膳食者消耗量</td><td>$IESTI=\frac{U\times HR\times v+(LP-U)\times HR}{bw}$</td></tr>
<tr><td>Case 2b
情形 2b</td><td>raw commodity unit weight exceeds 25 g, and Unit edible weight of raw commodity equals or exceeds large portion weight
未加工食品单个质量大于 25 g，并且可食部分的单个质量大于或等于大部分膳食者消耗量</td><td>$IESTI=\frac{LP\times HR\times v}{bw}$</td></tr>
<tr><td>Case 3
情形 3</td><td>Processed commodity, where bulking or blending means that the STMR-P represents the likely highest residue.
加工食品，被加工食品监管残留试验残留中值代表了可能的最大残留量</td><td>$IESTI=\frac{LP\times STMR\text{-}P}{bw}$</td></tr>
</table>

差异因子的引入是为了解决混合样品中食品个体之间的残留差异。因为单个水果中的最高残留浓度可能比混合样品高 5～10 倍。在过去的十多年中，英国和其他一些欧洲国家研究了一些食品各个体之间的残留水平的数据。英国农药安全指导委员会分析研究了他们在市场上抽查的数据，结果表明，平均残留浓度的对数与 97.5%百分位的残留浓度的对数有很好的相关性($R^2=0.95$)。

大多数差异因子在 2～4 之间，但是偶尔也可能产生更高的差异因子。截至 2003 年，JMPR 所采用的差异因子见表 17-3。目前，关于差异因子的研究和讨论还在进行，2004 年，JMPR 讨论了能否统一采用 3 为默认的差异因子，用于所有可能的情况。

表 17 - 3　JMPR 急性膳食摄入量计算中采用的差异因子

食品情况	差异因子
单个食品质量<25 g	不适用
单个食品质量>250 g	5
25 g<单个食品质量<250 g	7
单个质量小于 250 g 的叶菜	10
莴苣和甘蓝	3
单个食品质量小于 250 g，用颗粒剂进行土壤处理	10

2) 概率模型法(Probabilistic Modelling)

利用现有的计算机技术，我们可以对可能存在于食品中的农药残留分布进行模拟。然后将农药残留分布与食品膳食摄入分布进行整合，就可得到农药膳食摄入量的分布曲线，这种方法就是概率模型法。最常用的就是蒙特卡洛模型(Monte Carlo models)。虽然蒙特卡洛分析技术被用于物理、化学和其他领域已经 50 多年了，但在 1989 年之前，很少应用于人体健康风险或暴露评估方面。在 1989 年之后，概率模型法才逐渐被应用于进行环境污染物和有害微生物的接触风险评定中。虽然比较少，但关于利用概率模型法进行农药接触风险评定的例子还是有相关报道的，例如关于农药在水果、蔬菜中残留的急性膳食摄入暴露评估。

一个典型的模拟方法就是随机从食品消耗曲线中选取一个数值点，然后随机地与农药残留水平曲线中的任一点相乘，就得到了农药膳食摄入量的一个数值点，重复上述操作(可重复进行 500 000 次)就可得到农药膳食摄入的分布图。与确定值法和点评估法不同的是，概率模型法可以一次考虑多于一种的食品，并可以考虑多种食品和农药的摄入。目前，采用该方法的国家有美国、英国、荷兰。

建立模型需要食品消耗数据、食品中农药残留水平和农药残留的分布情况。食品消耗数据一般可分为食品供应数据(Food Supply Data)、家庭食品消耗调查(Household Consumption Surveys)、个体食品消耗调查(Dietary Surveys Among Individuals)和双份饭法(the Collection of Duplicate Diets)四种类型。每种类型的数据对应于食物链中的不同阶段和获得这些数据的不同方法。农药残留分布数据来源于不同的途径:田间残留试验、美国食品药品管理局(FDA)的强制监控数据、美国农业部农药检测项目(USDA PDP)数据、由农药登记者提供的市场监测数据(Market Basket Surveys)以及关于加工、削皮、清洗、烹饪等行为对农药残留影响的研究等。

3. 农药多残留联合暴露风险评估[15]

研究表明,与暴露于一种农药残留相比,人体同时或者先后暴露于多种农药残留可能引起更高或者更低的联合效应。因此,传统的仅针对单一农药品种进行评估的方式可能会造成对风险程度的低估或者高估。美国在 1996 年的《食品质量保护法》中已要求其环保局(EPA)在制定农药残留限量时必须考虑来源于不同暴露途径的多种农药的联合效应。欧盟 396/2005 号法规也规定了,在制定农药残留限量时必须考虑农药的累积性风险(欧盟和美国评估机构称联合暴露风险评估为“累积性风险评估”)。近年来,农药联合暴露受到了越来越多的关注。美国环境保护署连续出版了多部混合物风险评估报告与指南,完成了多组机理相同的农药的联合暴露的风险评估。2007 年,世界卫生组织国际化学品安全规划署(WHO/IPCS)为混合化合物的风险评估制定了通用框架,并推荐了分阶段推进评估法(Tiered Risk Assessment)。欧洲食品安全局(EFSA)专门成立了累积性风险评估工作组,其植物保护产品和残留科学委员会(PPR)提出了多种农药联合暴露的累积性风险评估方法,并制定了机理相同或相似农药的累积性评估组(Cumulative Assessment Group,CAG)分组标准,为农药的联合暴露风险评估提供了大量的基础数据。2012 年,该组织又进一步推荐了不同作用方式农药的联合暴露风险评估方法。此外,荷兰健康委员会、挪威食品安全委员会也相继开展了农药残留联合暴露风险评估研究,并各自出版了相应的指南报告。

1) 联合暴露(Combined Exposure)的定义

美国环境保护署采用“累积性暴露(Cumulative Exposure)”概念,即“多种物质多个途径的暴露”,其暴露途径包括饮用水、食品以及环境。欧盟在 396/2005 号法规中也采用了“累积性暴露”的说法,但是其范围与美国环境保护署定义的范围不同,欧盟的“累积性暴露”指“食品中多种化合物的联合暴露”,即仅仅只考虑通过膳食摄入的暴露,不涉及其他途径的暴露。世界卫生组织国际化学品安全规划署建议采用“多种化合物的联合暴露”的说法替代“累积性暴露”。

该组织认为，联合暴露风险评估应包含两种暴露情景，即“多种化合物多种途径的联合暴露”和“多种化合物单一途径的暴露”，在讨论食品中化合物暴露风险时，应采用“多种化合物的联合暴露”这一概念。相比较可见，上述关于联合暴露的定义中，世界卫生组织国际化学品安全规划署的定义最为简洁和清晰，可以避免因不同机构定义的范围不同而造成的混淆。

2）联合作用的类型

农药残留联合暴露风险评估毒性效应评价的关键取决于联合作用的类型。自1939年Bliss首次提出化合物联合作用（Combined Effect）的概念后，Finney、Hewlett及Ashford等先后对混合物的联合作用进行了探索。目前普遍认为食品中农药残留的联合作用形式主要有3种：浓度相加、独立作用和相互作用。浓度相加也被称为剂量相加，是指当几种农药在化合物结构上为同系物或其毒性作用靶器官相同、毒性作用机制相似时，机体暴露于多种农药中所产生的总效应等于各种农药单独效应之和，即农药毒性呈相加作用。独立作用也被称为效应相加，是指不同农药由于毒性作用的受体、部位、靶器官等不同，因此所引起的生物学效应互不干扰，同时或者先后暴露于两种或者两种以上的农药时对机体的影响表现为每种农药各自的毒性。相互作用则是指两种或者两种以上化合物的联合毒性效应不同于剂量相加和效应相加，而是产生了协同作用或者拮抗作用的情况，其作用程度与化合物的剂量水平、暴露途径、暴露时间和持续时间以及生物靶标有关。

3）食品中农药残留评估分组

理论上讲，当化合物的作用机理相同时，即使单个化合物的暴露量低于其无作用剂量，在联合暴露的情况下也可能产生明显的不良效应。美国环境保护署在1999年就提出：对具有相同分子靶标的化合物，例如作用于乙酰胆碱酯酶的有机磷类农药，可作为一个评估组进行评估，这种评估组被称为共同机制组（Common Mechanism Group，CMG）。以此作为分组依据，美国环境保护署评估了5组具有共同作用机制的农药：有机磷类、氨基甲酸酯类、三嗪类、氯代乙酰苯胺类和除虫菊酯/拟除虫菊酯类。在此基础上，欧洲食品安全局提出了累积性评估组（CAG）的概念。累积性评估组较共同机制组包含的内容更为广泛，其不仅包含作用机理相似的农药，也包含机理不同但毒性作用相似的农药。欧洲食品安全局认为，除了把具有相同分子靶标的农药归为同一评估组外，作用于相同靶器官的农药也可以归类为同一个评估组。无论是共同机制组还是累积性评估组，都是以浓度相加法为基础对风险进行叠加计算。为进一步推进农药评估组的建立，欧洲食品安全局收集了2009年5月1日之前所有已登记农药的相关毒理学数据，并根据不同农药对不同靶标器官的作用进行了归类。随后，Wolterink等完成了所有已登记农药对神经系统、肝脏和生殖发育系统的不良效应的分组。这些工作给其他国家的相关研究提供了借鉴及基础数据来源。

4）联合暴露评估方法

对于同一评估组中的农药，鉴于实验数据已证明浓度相加法在预估联合毒性效应方面的可行性，因此，在风险评估方法的选择上一般都以浓度相加法为基础。最常用的几种联合暴露评估方法包括危害指数法(Hazard Index，HI)、相对毒效因子法(Relative Potency Factor，RPF)、暴露边界法(Margin of Exposure，MOE)及外推起始点指数法(Point of Departure Index，PODI)。

(1) 危害指数法(*HI*)

危害指数法适用于毒性相似且具备明确剂量-反应关系的一组化合物，其单个化合物的关键效应可通过剂量-反应关系确定，再通过不确定因子外推得到安全参考剂量。一般是将无作用剂量(No Adverse Effect Level，NOAEL)外推 100 倍，获得其安全参考剂量：每日允许摄入量(Acceptable Daily Intake，*ADI*)和急性参考剂量(Acute Reference Dose，ARfD)，其中 *ADI* 用于描述慢性毒性，*ARfD* 用于描述急性毒性。单个化合物的暴露量与其安全参考剂量的比值则为该单个化合物的风险，将不同化合物的风险相加即得到联合暴露风险 *HI*。其计算方法见式(17-3)。

$$HI = \sum_{i=1}^{n} \frac{E_i}{RfD_i} \tag{17-3}$$

式中，E 为单个化合物的暴露量；RfD 是单个化合物的安全参考剂量。

虽然“安全参考剂量”在不同国家的具体表现形式不同，但其实际意义相同。美国环境保护署采用参考剂量(Reference Dose，*RfD*)；世界卫生组织国际化学品安全规划署采用 *ADI* 或者 *ARfD*。但是无论哪种形式，在进行联合暴露风险表征时，都是将不同化合物的暴露量与其安全参考剂量的比值相加，从而得到联合暴露风险指数 *HI*，当 *HI* 小于 1，表明联合暴露风险可以接受；大于 1，则表明存在潜在的健康风险。

(2) 外推起始点指数法(*PODI*)

外推起始点指数法中的外推起始点一般采用无作用剂量或者基准剂量(Benchmark Dose，BMD)来表示，将每个化合物的暴露量与其外推起始点的比值相加即得到联合毒性效应。其计算方法见式(17-4)。

$$PODI = \frac{E_1}{POD_1} + \frac{E_2}{POD_2} + \cdots + \frac{E_n}{POD_n} = \sum_{i=1}^{n} \frac{E_n}{POD_i} \tag{17-4}$$

式中，*POD* 是每个化合物的外推起始点，*PODI* 是联合暴露的风险指数，求出 *PODI* 后再乘以不确定因子(一般采用 100)，若结果小于 1，表明其联合暴露风险为可以接受。

欧洲食品安全局推荐采用外推起始点指数法代替危害指数法。外推起始点指数法比危害指数法更加透明，不需要在计算过程中引入不确定因子，而是直接采用实验数据，最后再引入不确定因子。在实际应用中，*POD* 的选择一般采用 *NOAEL* 数据。但该方法也存在一定的不足。首先，*NOAEL* 数据是根据动物实验或人群流行病学调查结果得到的、未观察到不良健康效应的最大剂量，仅选用了一个点的数据，忽略了整个剂量-反应曲线的斜率。其次，*NOAEL* 值是根据统计学检验与对照组无统计学差异而确定的数值，其与样本大小有关，受实验设计剂量的影响。因此，毒理学界提倡以基准剂量代替 *NOAEL*。*BMD* 是指能使某种效应增加到一个特定反应水平时的剂量，其方法是将按剂量梯度设计的动物实验结果，通过适当的模型计算，求得 5%阳性效应反应剂量的 95%置信区间下限值，即为 *BMD*。采用 *BMD* 代替 *NOAEL* 有较大的优势，因为 *BMD* 参数利用的是毒性测试研究中剂量-反应关系的全部资料，所得结果的可靠性、准确性更好。但基准剂量方法应用的最大局限性是有些化合物不具备相关信息，数据获取非常困难。

整体来看，外推起始点指数法的不足之处是国际上尚无统一的评价方法。目前较为常用的方法是通过乘一定的不确定因子把 *PODI* 转化成"风险杯"(Risk Cup)单位。如可以采用不确定因子 100，则当风险杯数值≤1 时，表示该联合暴露风险为可以接受。

(3) 相对毒效因子法(*RPF*)

该方法适用于评估同一类别的化合物，要求受试农药具备相同的毒理学终点、相同的暴露途径和持续时间。每种农药的毒性效应通过指数化合物来表示，指数化合物一般选择混合物中较为典型且研究数据比较充分的化合物。将混合物中各农药乘以其毒效因子，转化成指数化合物的等量物，相加后即得到联合暴露浓度。将联合暴露浓度与指数化合物的参考值进行比较，若联合暴露浓度低于指数化合物的参考值，则认为风险可以接受；反之，则认为该残留水平可能存在风险，需要加强对所评估农药和产品的监管，降低残留浓度。相对毒效因子法已被用于四十余种乙酸胆碱酯酶抑制剂类农药的联合暴露风险评估。相对毒效因子法优点明显，简洁易懂，能够根据指数化合物的数据以及同类化合物的相对毒效因子求得联合暴露的风险。但其潜在的不足之处是联合暴露风险结果的准确性依赖于指数化合物数据的准确性，如果指数化合物具有较大的不确定性，则将增大整个联合暴露风险结果的不确定性，因此在选择指数化合物时需要确定比较明确的原则。

(4) 暴露边界法(*MOE*)

2005 年，欧洲食品安全局与世界卫生组织联合举办了关于"多种化合物暴露的联合毒性"国际会议，在会议报告中指出，暴露边界法最适合用于评估遗传毒性致癌物。暴露边界的计算方法见式(17-5)。

$$MOE = \frac{POD}{Exposure} \tag{17-5}$$

式中，MOE 为单个化合物的暴露边界，是外推起始点与人体暴露量的比值。POD 是剂量-反应曲线上的一个剂量值，一般采用 BMD，目前尚未建立采用 MOE 衡量联合暴露风险的标准。通常认为：单个化合物的 MOE 高于 100，风险为可以接受，MOE 数据越大，说明风险指数越低。当计算单个化合物的 MOE 时，如果数据是从动物实验中获得，通常认为 $MOE>100$ 时风险是可以接受的，但如果数据是来源于人体实验，则 $MOE>10$ 为可以接受。对于遗传毒性致癌物，欧洲食品安全局植物保护产品和残留科学委员会认为，如果单个物质的 MOE 不低于 10 000，则不会引起健康风险。

联合暴露边界（MOE_T）是指单个化合物暴露边界倒数之和的倒数，见式(17-6)。

$$MOE_{\mathrm{T}} = \sum_{i=1}^{n} \frac{1}{1/MOE_i} = \frac{1}{PODI} \tag{17-6}$$

一般认为，当 MOE_{T} 大于 100 时，其联合暴露风险为可以接受。

4. 农药职业健康暴露评估[9]

职业健康暴露评估主要是针对农药使用者来研究由于工作性质的关系而导致长期或短期暴露农药的量。农药职业健康暴露评估是指对农药使用者和再进入施药区域劳动者的农药接触风险进行评价，是农药风险评估的重要组成部分。

暴露评估是估算在特定场景下人群的农药接触剂量。根据暴露场景不同，农药职业健康的暴露评估又分为使用者和再进入（施药后进入）暴露评估两部分。

1）农药使用者的暴露评估

农药使用者的暴露评估是为了研究使用者的农药接触剂量，通常由日均暴露量（Average Daily Dose，ADD）表示。该评估可由数据库或模型辅助完成。现行的农药使用者暴露评估数据库/模型有北美的 PHED（Pesticide Handlers Exposure Database）、英国的 POEM（the Predictive Operator Exposure Model）、德国模型（German Model）和欧盟的 EURO-POEM。这些数据库/模型建立的理论基础相似，但由于各国家/地区气候及地理条件、作物生长状况、施药习惯和机械使用程度不同，特定的模型或数据库一般仅限于在特定区域内使用。下面以 PHED 数据库为例，介绍如何应用数据库/模型进行农药使用者的暴露评估。

PHED 是由美国环境保护署（USEPA）和加拿大卫生部等单位共同设计的北美农药使用者暴露评估数据库，共由两部分组成，包括衡量工人在田间施用农药时的暴露情况的数据库和一组用来分类和统计数据的计算机计算方法。使用者在进行暴露评估时，首先要根据场景查找出数据库中相应的单位暴露量（Unit Exposure，UE），即施用单位剂量的农药后可能残存在人体的质量，再以

此自行计算日均暴露量。如果数据库中缺少相应场景的 *UE* 值,则评估者可由相似场景进行推导。日均暴露量的计算公式为:

$$ADD = (UE \times AR \times AT \times AF)/bw \tag{17-7}$$

式中,*AR*(Application Rate)为标签标注的单位面积作物的农药使用量;*AT*(Area Treated)是由农事活动种类、施药器械和作物类型共同决定的每日施药面积,其缺省值可通过数据库获取,但许多场景的每日施药面积是没有标准值的,这种情况下可等待相关部门提交更多数据或根据已有的数据库值进行推算;*AF*(Absorption Factor)为吸收因子,是指通过生物屏障如皮肤、肺而被人体吸收的药量的百分数,不同生物接触途径对应不同的吸收因子,在缺乏实验数据的情况下,经皮和呼吸的吸收因子一般采用最保守值 100%;*bw*(Body Weight)为风险评估目标人群的代表性体重,美国成年人的默认值为 70 kg。

与 PHED 数据库不同,POEM,German Model 和 EURO-POEM 分别为英国、德国和欧盟区域内农药使用者的暴露评估模型,它们均是相对便利的计算工具,用户在模型中输入操作方式(配药、施药)、防护装备、剂型、用量和吸收因子后,模型就会自动计算出被测者的农药暴露量。

2) 再进入暴露评估

用“再进入”来描述在以前使用过农药的环境中发生的农事劳动人员的每日农药接触量。再进入农药暴露量的计算公式为:

$$\text{暴露量} = (DFR \times TC \times AF \times ET)/bw \tag{17-8}$$

式中,*DFR*(Dislodgeable Foliar Residue)为叶片上可转移的残留农药,是指施药后残留在作物上,并可能通过田间劳动再次转移到人体的这部分药量,影响 DFR 的因素有施药量、天气和再进入施药区域间隔天数(Re-entry Interval, REI)等。*DFR* 通常为实测值,但也可根据作物性质和施药方式外推到同种农药在其他作物上使用的情况。*TC*(Transfer Coefficients)为转移系数,是指作物上残留的农药转移到再进入该区域中农事劳动人员身体的比例。影响 TC 的因素主要有再进入活动种类、作物长势和作物特性等,但一般不考虑防护装备。USEPA 的 *TC* 默认值可通过再进入暴露评估数据库(Agricultural Re-entry Task Force,ARTF)查询。目前欧洲还没有相关的、成熟的再进入暴露评估数据库。*AF* 为吸收因子,含义与农药使用者暴露评估中的吸收因子相同。*ET*(Exposure Time)为暴露时间。

值得注意的是,暴露评估通常根据参数来源和考虑因素的多少而被划分为几个阶段,采用数据库/模型计算得到的数值通常只是暴露评估的第一阶段,即最大暴露情况。如果此最差情况下的评估结果表明该农药没有风险,则不需进行下一阶段的精确评估。如果第一阶段评估结果表明农药的风险过高,就要进行更加严格、更贴近实际的暴露评估。例如在暴露评估的第一阶段,经皮和呼吸的吸收因子的缺省值均为100%；如果第一阶段评估得出的农药风险过高，第二阶段就要根据农药的相对分子质量、分配系数和经口吸收率等计算出吸收因子；第三阶段的吸收因子则完全由实验数据决定。

5. 农药的居住环境暴露评估

卫生用农药产品如蚊香类产品、气雾剂、驱避剂等，在使用中可能对居民的健康产生危害，因此，需要对其在居住环境中的暴露进行评估。需要综合考虑卫生用农药产品理化参数、居民生活习惯、使用习惯、居室条件等因素，计算居民使用卫生用农药产品过程中及使用后暴露量。鉴于行为习惯之间的差异，需要对成人及幼儿分别进行风险评估，并将暴露途径分为三种，即呼吸暴露、经皮暴露以及经口暴露(仅对幼儿)。暴露量主要影响因素包括：居民使用习惯，例如使用时间、场所、使用时家庭成员是否回避，是否开窗等；居室状况等，如居室的大小、空气交换率等。城市卫生农药理化参数，包括有效成分含量、燃烧或使用时长、释放速率等。暴露评估应建立具有保护性的暴露场景。保护性体现在对主要影响因素进行系统的调查、必要的测试后，选择现实中比较苛刻的情况，确保在初级评估阶段保证居民的安全。

蚊香类产品建立的暴露场景描述包括：居民在相对较小的卧室内，在夜晚睡前开始使用蚊香类产品；开始使用后较短时间内进入睡眠，使用时不开窗；有效成分持续挥发到空气中，空气中的有效成分一部分经室内外空气交换被带走，一部分均匀沉积在居室表面；起床后，成人及幼儿在居室内活动一定的时间。

其他产品根据产品的特性、使用方式，按照蚊香类产品建立的暴露场景的描述方法分别建立不同暴露场景。

暴露量计算基于暴露场景，主要计算参数可参照相关政府发布的暴露手册或评估指南。由于计算过程的复杂性，可以建立计算机软件辅助计算。

（二）化妆品的暴露评估

化妆品暴露评估指通过对化妆品组成成分暴露于人体的部位、强度、频率以及持续时间等的评估，确定其暴露水平。对化妆品进行暴露评价时应考虑含该原料的成品的使用部位、使用量、使用频率以及持续时间等因素，具体包括：用于化妆品中的类别；暴露部位或途径，皮肤、黏膜暴露，以及可能的吸入暴露；暴露频率，包括间隔使用或每天使用、每天使用的次数等；暴露持续时间，包括驻留或用后清洗等；暴露量，包括每次使用量及使用总量等；透皮吸收率；暴露对象的特殊性，如婴幼儿、儿童、孕妇、哺乳期妇女等；其他因素，如误用或意外情况下的暴露等。

在暴露评估的过程中，根据产品的特性和暴露途径的不同，需要计算局部暴露量和全身暴露量(Systemic Exposure Dosage,SED)。对于局部暴露,每单位皮肤表面积的产品或成分的量对于评价皮肤刺激性、眼刺激性和皮肤致敏性而言是非常重要的。局部暴露量是化妆品的局部使用量。而对于系统毒性终点,则需要计算全身暴露量,即通过各种暴露途径进入体循环的化学物质的预计量。通常以 mg/kg·bw/day 表示。

全身暴露量的计算:

(1) 如果原料的暴露是以每次使用经皮吸收 $\mu g/cm^2$ 时,根据使用面积,按以下公式计算:

$$SED = \frac{DA_a \times SSA \times F}{bw} \times 10^{-3} \tag{17-9}$$

式中,SED 为全身暴露量(mg/kg·bw/day);DAa 为经皮吸收量($\mu g/cm^2$),每平方厘米所吸收的原料的量,测试条件应该和产品的实际使用条件一致,在无透皮吸收数据时,吸收比率以 100%计;SSA 为暴露于化妆品的皮肤表面积;F 为产品的日使用次数(day^{-1});bw 为默认的人体体重(60 kg)。

(2) 如果原料的经皮吸收率是以百分数形式给予时,根据使用量,按以下公式计算:

$$SED = A \times C \times DA_p \tag{17-10}$$

式中,SED 为全身暴露量(mg/kg·bw/day);A 为考虑了残留率的以单位体重计的化妆品每天使用量(mg/kg·bw/day);C 为原料在成品中的浓度,%;DA_p 为经皮吸收率,%,在无透皮吸收数据时,吸收比率以 100%计,若当原料相对分子质量大于 500 D,且脂水分配系数 Log Pow 小于−1 或大于 4 时,吸收比率取 10%,暴露计算时还应考虑到化妆品的毒理作用(例如暴露需要计算皮肤的单位面积或单位体重),应考虑其他暴露的可能性(如喷雾吸入,唇部用品非故意摄取等)。

(三)食品添加剂暴露评估[1, 19, 20]

根据 WHO 的推荐,暴露评估方法的选择应该采取分步原则。总的来说,首先应考虑数据量需求低、数据易获得且时间消耗低的确定值评估(点评估)方法。确定性评估采用食物消费量和浓度数据的点值(如平均值、百分位数值、最大值、限量标准值、最大残留水平等)进行计算,获得暴露量的点估计值。点估计法包括筛选法(如用于食品添加剂的预算法)、基于对消费量粗略估计的暴露量计算方法(如理论最大添加摄入量和其他模型膳食)和基于真实消费数据和化学物质浓度数据的更加精确的暴露量计算方法(如总膳食研究和双份饭研究等)。这 3 个方法中,筛选法最为保守,所需的资源和时间也最少,其他两个方法对资源的需要依次增加,所获得的结果也更接近实际。

如果确定性暴露评估的结果不能排除是否存在安全性问题,那么就需要开展更加精确的概率性暴露评估。概率评估与确定性评估最根本的区别是食物消费量或化学物浓度中，至少有一个变量是由分布函数而不是一个单一的值来表示，并且通过数千次迭代产生模拟出更接近现实情况的膳食暴露分布。概率评估模型包括简单经验分布模拟、随机抽样模拟、超拉丁方模拟等多种方法，对数据数量和质量的要求都很高，数据运算量大，目前大多处于探索研究阶段，实际应用还比较少。概率评估可以提供更多有关目标人群的膳食暴露估计变异性的信息，但并不一定会给出比确定性方法更低的膳食暴露评估结果。

$$\text{膳食暴露} = \sum(\text{食品中食品添加剂的浓度} \times \text{摄取食物量}) \quad (17\text{-}11)$$

目前，确定性评估方法基本可以满足绝大多数的食品安全风险评估需求，而且，通过引入加工因子等方法可以进一步提高确定性评估的准确性。因此，在为解决某一食品安全问题而进行风险评估时，应首先考虑确定性评估。

（四）食品接触材料暴露评估[10]

欧盟法律规定，用于包装食品的材料应该是安全的，同时迁移到食品中的成分含量应在人类可接受的范围内。为保护消费者健康，欧盟对食品包装用塑料设立了两种类型的迁移限定值，即总的迁移限量值（Overall Migration Limit，OML）和特定迁移限量（Specific Migration Level，SML）。*OML* 适用于所有可能从食品接触材料迁移到食品中的物质，其限量为 60 mg/kg 食品原料或食品模拟物或 10 mg/dm^2。SML 适用于特定物质，单位是 mg/kg 食品或食品模拟物。*SML* 通常是根据日容许摄入量（*ADI*）或日耐受摄入量（*TDI*）确定的。若一种食品接触材料存在 *TDI* 时，则 SML＝体重×TDI/1 kg 食品；若没有 *TDI* 且毒理学资料有限，SML＝0.05 mg/kg 食品。

欧盟对食品接触材料暴露评估的基本前提是人均体重按 60 kg 计，在其一生中每天摄入用塑料类接触材料包装的食品的量是 1 kg，食品接触材料中被检测物质以最大允许使用浓度计，模拟实验是按照最坏的情况进行的。2002/72/EC 指令经过修订后，新增了一个“亲脂性物质”清单，列出了约 70 种物质。这类物质在脂肪类食品中的特定迁移量应使用脂肪缩减系数（Fat Reduction Factor，FRF），通常为 1～5，FRF＝（g 食品中的脂肪/kg 食品）/200＝（脂肪%×5）/100]校正后再与 *SML* 比较。由于人每日摄入的脂肪不会超过 200 g，因此，对容积小于 500 mL 或大于 10 L 的容器、薄片和薄膜，若其拟接触的食品中脂肪含量大于 20%，则有害物质的迁移量可以用食品或食品模拟物中的浓度 M(mg/kg)除以 *FRF* 的方式（$M_{FRF}=M/FRF$）计算，或不使用 *FRF* 而换算成 mg/dm^2。在对食品接触材料进行风险评估时，如果被检测的物质有 *SML*，则可将迁移实验的结果与 *SML* 比较，如果迁移实验的结果小于 *SML* 则是安全的；反之则认为该食品接触材料的安全性值得关注。若被检测的物质没有

SML，则建议根据迁移实验的结果做特定的毒理学试验，基于毒理学试验的结果决定是否批准使用该食品接触材料。

美国FDA在对食品接触材料进行风险评估时，假定每人每天摄入用食品接触材料包装的固体和液体食品总量为3 kg，根据测定的从食品接触材料迁移到食品中被检测物质的浓度*M*，就可以估算出该物质的估计日摄入量(*EDI*)。与食品接触物品接触的食品中食品接触物质的浓度$\langle M\rangle$为：恰当的食品类分布因数值$\langle f_T\rangle$乘以迁移水平值$\langle M_i\rangle$。对于食品模拟剂来说，$\langle M_i\rangle$代表四种食品类型。根据每种类型食品实际接触食品接触物品的比例，可对每种食品模拟剂有效地确定出迁移浓度值。

$$\langle M\rangle = f_{水和酸}(M_{10\%乙醇}) + f_{酒精}(M_{50\%乙醇}) + f_{脂肪}(M_{脂肪}) \quad (17\text{-}12)$$

式中，$M_{脂肪}$指食物油或其他高脂肪食品模拟剂的迁移浓度值。用$\langle M\rangle$乘消耗因数(*CF*)求得膳食中食品接触物质的浓度。然后用膳食浓度乘每人每天消耗的食品总量求得估计每日摄入量。美国食品和药品管理局假设个人每天消耗3 kg食品(固体和液体食品)。

$$估计每日摄入量(EDI) = 3\ \text{kg}\ 食品/人/天 \times \langle M\rangle \times CF \quad (17\text{-}13)$$

式中，*CF*描述的是可能与一些特定包装材料接触的总膳食比例，即接触某种特定包装材料包装的食品量与所有包装材料所包装食品量的比值。通常假定食品接触物质会占据整个目标市场。这种假设反映出市场占有率的不确定性以及调查数据的局限性。消耗系数值是经过分析食品种类的消耗信息、接触包装表面的食品种类信息、每种食品包装类别下食品包装单位的数量信息、容器尺寸分布信息以及被包装食品的质量与包装质量的比值信息后得出的。而食品分配系数*f*(Food-type Distribution Factor)是指食品接触材料与各种类别的食品(水溶性、酸性、醇类和脂肪类)接触的比例。

三、风险表征

该阶段是综合上述各个阶段的信息，形成对暴露人群健康风险的定性或定量评定。一般应该明确在该风险评定过程中，其结果的不确定水平。风险表征的另外一个目标是对风险评估的整个过程进行评价，对评价过程中的各种不确定因素进行分析，对评价结果的不确定水平进行客观的评价。这些信息可以使风险评估结果的使用者对该程序有一个更为全面的了解，从而做出正确的决定。管理者将应用风险表征的结果来对产品的登记注册及使用进行科学的管理。

风险表征是将危险识别、剂量-反应评估和暴露评估的结果进行综合分析，来描述评估产品对公众健康总的影响。一般需要设定一个可以接受的风险水平。简单说，风险是毒性和暴露的函数。

当进行风险表征时，目标之一就是确定一个代表可接受风险水平的暴露量。对于阈值效应而言，当暴露量低或等于“安全限值”，就认为是可以接受的暴露水平。

对农药长期膳食暴露、农药的居住环境暴露、食品添加剂膳食暴露而言，如果暴露量低于或等于 *ADI*、*TDI* 或 *RfD* 时，就认为是可以接受的暴露水平。一般以暴露量占 *ADI*、*TDI* 或 *RfD* 的百分数来表示风险的大小，即：%*ADI*、%*TDI* 或%*RfD*：

$$\%ADI、\%TDI\text{ 或 }\%RfD=\text{总暴露量(mg/kg/d)}/ADI、TDI\text{ 或 }RfD\times 100 \quad (17\text{-}14)$$

对农药急性膳食暴露评估，如果暴露量低于或等于 *ARfD* 或 *aPAD* 时，就认为是可以接受的接触水平。一般以接触量占 *ARfD* 或 *aPAD* 的百分数来表示风险的大小，即：%*ARfD* 或%*aPAD*：

$$\%ARfD\text{ 或 }\%aPAD=\text{总接触量(mg/kg/d)}/ARfD\text{ 或 }aPAD\times 100 \quad (17\text{-}15)$$

对于定点或确定性方法计算的国际农药急性膳食摄入量（International Estimate Short-Term Intake，*IESTI*）或国家农药急性膳食摄入量（National Estimate Short-Term Intake，*NESTI*），将其与 *ARfD* 或 *aPAD* 进行比较，如果 *IESTI* 或 *NESTI* 小于或等于 *ARfD* 或 *aPAD*，就可以认为这种农药急性膳食摄入是可以接受的。

用概率模型法计算农药的急性膳食摄入量，最后得到的是一条分布曲线。农药的管理机构应确定可以接受的百分位（Percentile）作为农药急性膳食风险的管理标准。不同的百分位对应的农药急性膳食摄入量就有明显的差别。

美国 EPA 目前用于评价农药急性膳食暴露量是否可以接受的标准是百分位为 99.9^{th} 的暴露量，即如果百分位 99.9^{th} 的接触量小于或等于 *aRfD* 或 *aPAD* 时，就认为该农药的急性膳食接触是可接受的。对于该标准，许多科学家认为其过于保守或没有科学性。对于到底应该采用多大的百分位，应该参照各国政府的具体规定。

对于农药的非阈值效应，风险值表示人群中产生该毒效应的可能性。例如，1×10^{-6} 致癌风险，就表示 100 万人中有 1 人可能因暴露该农药、食品污染物而产生癌症。可能性是通过下式来计算：

$$\text{可能性}=q_1^{*}\times\text{总暴露量(mg/kg/d)} \quad (17\text{-}16)$$

化妆品风险表征是指化妆品对人体健康造成损害的可能性和损害程度。对于有阈值的化合物，通常通过计算其安全边际（Magin of Safety，MoS）进行评估。计算公式为：

$$MoS = \frac{NOAEL}{SED} \tag{17-17}$$

式中，MoS 为安全边际；$NOAEL$ 为未观察到有害作用的剂量，mg/kg bw；SED 为全身暴露量，mg/kg·d。

在通常情况下，当原料的 $MoS \geqslant 100$ 时，可以判定是安全的，该值（$MoS \geqslant 100$）同样适用于儿童。如果 $MoS < 100$，则认为其具有一定的风险性，对其使用的安全性应予以关注。

对于无阈值的原料，可通过计算其终身致癌风险度（Lifetime Cancer Risk，LCR）进行风险程度的评估。终身致癌风险度（LCR）计算如下：

（1）首先按照以下公式将动物实验获得的 T_{25} 转换成人 T_{25}（HT_{25}）：

$$HT_{25} = \frac{T_{25}}{[BW(\text{人})/BW(\text{动物})]^{0.25}} \tag{17-18}$$

式中，T_{25} 为诱发 25%实验动物出现癌症的剂量；HT_{25} 为由 T_{25} 转换的人 T_{25}；BW 为体重，kg。

（2）根据计算得出的 HT_{25} 以及暴露量按以下公式计算终身致癌风险：

$$LCR = \frac{SED}{4 \times HT_{25}} \tag{17-19}$$

式中，LCR 为终身致癌风险；SED 为终身每日暴露平均剂量，mg/kg/d；如果该原料的终身致癌风险度少于 10^{-6}，则认为其引起癌症的风险性较低，可以安全使用。如果该原料的终身致癌风险度大于 10^{-6}，则认为其引起癌症的风险性较高，应对其使用的安全性予以关注。

第三节　产品环境（生态）风险评估

一、产品环境（生态）风险评估概述[2, 3, 12]

生态风险评估（Ecological Risk Assessment，ERA）一般是指用各种方法（包括化学、生态学、毒理学、物理学、数学和计算机等）估计人类活动对自然环境的物理和化学破坏，可能产生或正在产生的不良生态学效应。而 1992 年美国环境保护署（USEPA）在生态风险评估框架（Framework for Ecological Risk Assessment）中将其定义为“评价由于暴露于一个或多个应激源而发生不利生态效应的可能性”。

目前，对于产品在环境方面的风险评估，主要是针对农药类产品的。自 20 世纪 80 年代末起，欧盟各国即开始农药风险评估工作。涉及农药对环境风险评估（Environmental Risk Assessment，ERA）的主要文件为欧盟 91/414/EEC 指令（Council Directive 91/414/EEC）及水生生态毒理学指导文件（SANCO/

3268/2001 rev. 4)等,其中,91/414/EEC 指令于 2009 年被欧盟 1107/2009 法规(Regulation No. 1107/2009)及 2009/128/EC 指令(Directive 2009/128/EC)所代替。农药环境风险评估主要针对水生生物、鸟类、哺乳动物及其他陆生生物等不同非靶标生物进行。另外,对于农药在非农领域的应用,即生物杀灭剂,其风险评估基本与农药相同,但在环境暴露评估根据其产品应用特点,建立有特定的暴露评估方式。欧盟化学品局(ECHA)最新开发出了针对各种类型产品应用的排放场景文件(Emission Scenario Document),帮助行业和各成员国预测生物杀灭剂的环境暴露评估。

环境(生态)风险评估源于风险管理这一环境政策。风险管理是指根据风险评估的结果,进行削减风险的费用和效益分析,确定可接受的风险度和可接受的损害水平并进行政策分析,然后决定适当的管理措施并付诸实施,从而降低或消除风险度,保护人体健康与生态系统的安全。生态风险评估为风险管理提供科学依据和技术支持。近十几年来,随着社会对风险管理要求的提高,生态风险评估技术也日趋发展,在环境管理中的地位越来越突出,已经成为发现、解决环境问题的决策基础,并在法律上得到了确认。

二、世界各国对产品生态风险评估研究总结[2, 8, 12, 13]

世界各国对产品的生态风险评估,就是采用生态风险评估技术评价产品给整个生态环境带来的风险,其中,主要是对农药在农业和非农领域的评估。由于农药是生态环境,特别是农业生态环境的主要污染源之一,因此,农药生态风险评估日益重要。各国,特别是欧美发达国家加强了农药生态风险评估的研究,农药生态风险评估和风险管理技术得到很大发展。

(一)美国[3, 8]

美国是世界上农药生产量最大的国家,美国的农药管理无论是法律法规还是各项制度都比较完备,对农药的管理也很有效。美国是最早开展农药生态风险评估的国家,自 1971 年农药管理由农业部转到环保局后,对农药生态风险的研究和管理不断加强,形成了比较系统的农药生态风险评估的方法和技术。

1. 生态风险评估准则

USEPA 生态风险评估准则的逐步完善经历了三个过程,1992 年提出了生态风险评估框架(Framework for Ecological Risk Assessment);1996 年,形成了生态风险评估准则提案(The Proposed Guidelines for Ecological Risk Assessment),1998 年通过了生态风险评估准则(Guidelines for Ecological Risk Assessment)。

1998 年 4 月 30 日发布的生态风险评估准则是目前最新的评价准则，该准则是在 1992 年发布的“生态风险评估框架”的基础上形成的，同时替代该框架。该准则的发布旨在进一步提高生态风险评估的质量，同时进一步增加各地区及项目间生态风险评估的统一性。该准则不仅讲述了生态风险评估的一般原理、方法和程序，而且大大地扩展了生态风险评估的研究方向，即从传统的人类健康风险评估扩展到包括气候变化、生物多样性丧失、多种化学品对生物影响的风险评估。与以前的准则相比，它在整个生态风险评估过程中，始终强调风险协商的重要性，增加了风险评估者、风险管理者和各个感兴趣团体之间的交流，更有利于风险评估和风险管理工作的进行。目前，许多国家都用该准则来指导本国化学品及农药的生态风险评估。

2. 生态风险评估的一般程序

美国 1983 年的《联邦政府风险评估：管理过程》将生态风险评估过程分为四步进行，即危害识别、暴露描述、效应描述、风险表征。1992 年 USEPA 的《生态风险评估框架》将四步过程合并成了三步，用问题表述代替了危害识别，将暴露描述和效应描述整合成了问题分析。这样的变化使得评价过程更简洁，所以 1992 年以后的准则都采用三步法。1998 年发布的最新的生态风险评估准则也是将生态风险评估过程分为三个主要阶段，即问题描述、问题分析、风险表征。

问题描述是风险评估的第一步，应首先明确风险评估的目的，对问题进行详细说明，并制定分析和风险表征的计划。该阶段最初的工作是将污染源、刺激、影响、生态系统及受体特征等多方面的可用信息综合起来考虑，然后达到以下目的：

(1) 确定能充分反映管理目标的评价终点；

(2) 形成描述一个刺激与评价终点或多个刺激与评价终点之间重要关系的概念模型；

(3) 制订一个分析计划。

问题分析主要分析风险的两个主要方面：暴露和效应，以及它们之间的相互关系。在分析过程中，风险评估者要：

(1) 根据其在风险评估时的作用来选择所需要的数据；

(2) 通过调查刺激的源、刺激在环境中的分布等来分析暴露；

(3) 通过调查刺激-反应关系来分析效应；

(4) 总结暴露和效应的结论。

风险表征是生态风险评估的最后一个阶段。该阶段又分三步：第一步，风险评估，应用分析阶段的结果对暴露和效应数据进行整合并评价相关的不确定性；第二步，风险表征，对一系列支持或反驳上述风险评估的证据进行评价，并阐明对评价终点产生不利效应的重要性；第三步，报告风险，对各种不确定性及假设进行总结并将结论报告给风险管理者。

需要注意的是，虽然问题描述、问题分析和风险表征这三个过程是依次进行的，但生态风险评估通常是一个反复的过程。在进行问题分析和风险表征时常常会重新回到第一阶段去收集新的数据并进行分析和风险表征。生态风险评估的整个过程可以直观地表示如图 17-2（矩形代表输入，六边形代表该阶段的行为，圆形代表输出）。

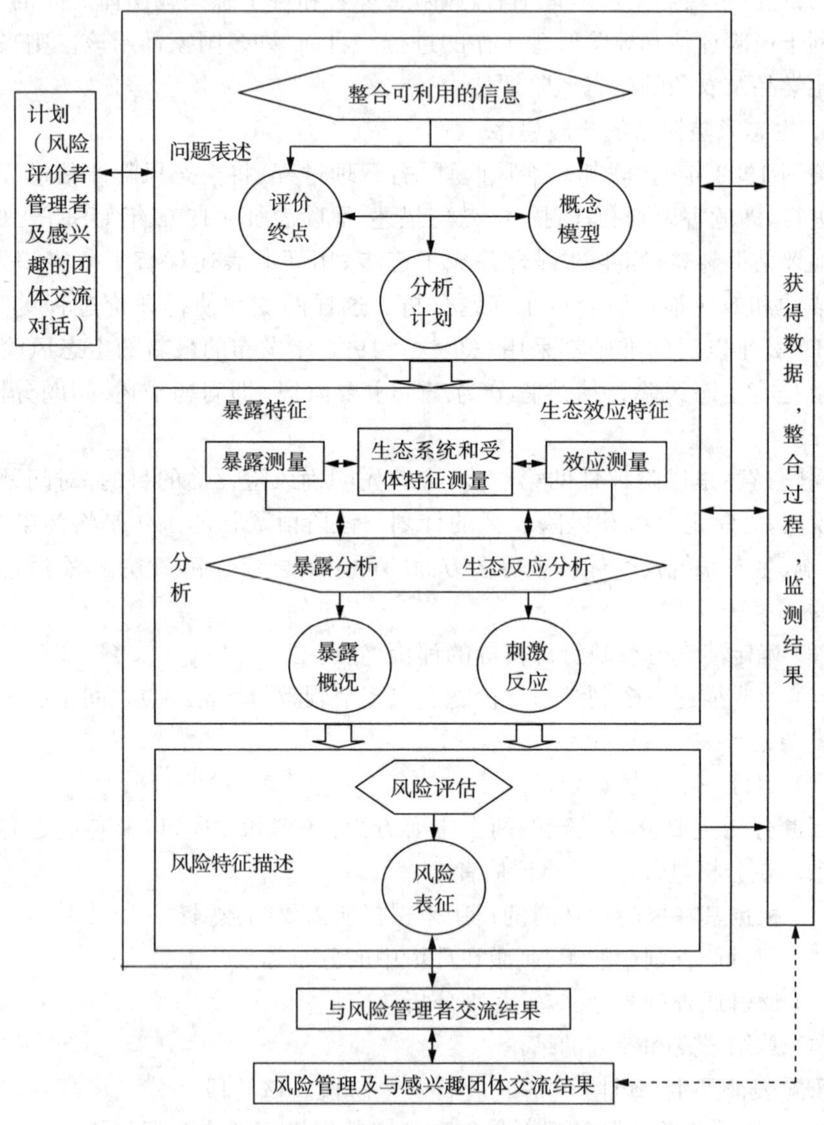

图 17－2　USEPA 生态风险评估过程

3. 生态风险评估方法

1）商值法

USEPA 早期的农药生态风险评估，采用的是商值法。商值法的基本原理是把实际监测或由模型估算出的污染物环境浓度（暴露浓度）与实验室测得的表征该物质危害的毒性数据（毒性终点值如 LC_{50}、EC_{50}、$NOEC$ 等）相比较，即用环境浓度除以毒性终点值得到风险商值（Risk Quotient，RQ），最后将得到的风险商值与 USEPA 建立的关注标准（Levels of concern，LOC）进行比较，从而对农药的生态风险做出初步的判断。尽管商值法有它的局限性，如它不能估计间接影响，也没有考虑增加的剂量的影响，还忽视了更高水平上的效应，但目前商值法仍然是广泛采用的一种方法，尤其适合进行低层次定性筛选评价。

关注标准由 USEPA 农药项目办公室制定，分别对应于不同的风险假定，各风险假定又分别对应于不同的管理措施。如果风险商值超过了相应的关注标准，就表示具有相应的风险，就需要采取相应的管理措施。表 17-4 列出了美国环境保护署制定的关注标准及相应的风险假定。

2）概率风险评估法

USEPA 从 1997 年开始积极地开发概率生态风险评估的工具和方法，并成立了生态风险评估方法委员会（EPA's Ecological Committee on FIFRA Risk Assessment Methods，ECOFRAM），负责对当时使用的风险评估方法进行评价以及发展新的工具和方法。在经过两年的努力之后，农药项目办公室制定了一份执行概率生态风险评估的计划，该计划概述了评价农药对鸟类和水生生物风险的一般方法，包括概率工具、模型等的使用。

表 17-4 USEPA 制定的风险商值、关注标准及对应的风险假定

	风险商 RQ	关注标准 LOC	风险假定
水生动物	EEC^1/LC_{50} 或 EC_{50}	0.5	急性高风险——产生急性风险的可能性高，除限制使用外，还需进一步管理
	EEC/LC_{50} 或 EC_{50}	0.1	急性限制使用——产生急性风险的可能性高，但是可以通过限制使用来减少风险
	EEC/LC_{50} 或 EC_{50}	0.05	急性濒危物种——可能对濒危物种有不利影响
	$EEC/NOEC$	1	慢性风险——产生慢性风险的可能性高，需要采取进一步管理措施

续表

	风险商 RQ	关注标准 LOC	风险假定
水生植物	EEC^1/LC_{50} 或 EC_{50}	1	急性高风险——产生急性风险的可能性高，除限制使用外，还需进一步管理
	$EEC/NOEC$	1	急性濒危物种——可能对濒危物种有不利影响
陆生和半水生植物	EEC^2/LC_{50} 或 EC_{50}	1	急性高风险——产生急性风险的可能性高，除限制使用外，还需进一步管理
	$EEC/NOEC$	1	急性濒危物种——可能对濒危物种有不利影响

[1] EEC=(mg/L or μg/L)in water

[2] EEC=1 mg ai/m^2

生态风险评估方法委员会对概率风险评估的定义是:“在对风险进行定性的基础上，估计预期风险发生的可能性(概率)及其大小(还包括对评价过程中不确定性的估计)的评价”。其他的定义形式包括定量分析(Morgan and Henrion,1992)、定量风险分析(Vose,1996)、随机模拟(Ott,1995)、概率分析(EPA,1997)、蒙特卡罗分析(EPA,1997)等都表示与此类型相同的风险评估。

3）多层次风险评估法

随着概率风险评估的发展，逐渐形成了一种多层次的评价方法，即由低层次过渡到高层次的风险评估方法。首先进行低层次的评价，即通常所说的筛选水平的评价。该层次评价以保守假设和简单模型为基础来评价农药对非靶标生物的风险，评价焦点集中在那些最有问题的农药及使用方式上。筛选水平的评价可以快速地为以后的工作排出优先次序。筛选水平的评价结果通常比较保守，预测的浓度往往比实际环境中的浓度要高。如果筛选水平的评价结果显示有不可接受的高风险，那么就要进入更高层次的评价，更高层次的评价需要更多的数据、使用更复杂的模型或进行实际监控研究，目的是接近实际的环境条件，从而进一步确认筛选评价过程所预测的风险是否仍然存在。

多层次风险评估的特征是以一个保守的假设开始，渐渐地过渡到更接近现实的估计。它将商值法和概率风险评估法整合在一起进行从简单到复杂、从定性到定量的风险评估。图 17-3 是美国农药水生生态风险评估的四个层次。

层次Ⅰ：遴选

目标：

① 识别那些对环境具有最小风险的农药；

② 将更高层次的风险评价的焦点放在使用方式与最可能关注的敏感物种的结合上；

③ 根据可能的环境暴露为农药产品的使用方式排序；

④ 评价是否需要关注急性或慢性浓度。

在一系列标准毒性数据[包括4~7种淡水物种的急性和慢性测试(2种鱼，1种无脊椎动物，1~4种藻类)和3种海洋物种]和一个简单传统的接近现场的假设(Edge-of-Scenarios)的基础上，第Ⅰ个层次可以得到一个简单的确定性的风险商值。根据这个风险商值，确定该产品或使用方式是具有最小生态风险，还是需要进入到第Ⅱ个层次进行进一步的评价。

层次Ⅱ：基本的时间和空间的风险表征

目标：

① 提供潜在风险发生的概率；

② 当有更多的物理、化学和环境行为参数时，确认第Ⅰ个层次中所预测的风险是否仍然存在；

③ 估计由于产品使用的环境条件的变化而造成风险随着时间、地域和季节的变化而变化；

④ 如果对生态风险有足够的认识的话，这时就可以评价基本的减轻风险的管理措施；

⑤ 为进一步的层次Ⅲ的评价提供指导。

层次Ⅲ：精确估计风险和不确定性

目标：用和第Ⅱ个层次相似的方法对潜在风险发生的概率进行评价，但是这个层次需要的数据更多。与第Ⅱ个层次相比，这个层次的评价更为细致和精确。另外的急性毒性数据包括：

① 与时间变化或重复暴露相联系的毒性的研究；

② 慢性毒性研究；

③ 沉积物毒性研究；

④ 另外的实验室或田间模拟环境行为研究；

⑤ 更精密复杂的暴露模拟方法；

⑥ 用地理信息系统(Geographic Information System, GIS)或空间模型方法模拟的一个更现实的能代表相关农业景观的假设；

⑦ 在对生态风险有充分了解的基础上，制定更详细的减少风险、管理风险的措施。

层次Ⅳ：复杂的模拟或减少风险措施的有效性研究

第Ⅳ个层次常常包括多方面的实验和监测计划，以确切地描述毒性或暴露的关键方面的特征。层次Ⅳ包括的内容如下：

① 广泛的监测；

② 风险减少措施有效性的详细研究；

③ 更精确的水域评价和模型；

④ 与现有化学品数据相关的基准模型；

⑤ 种群或生态系统动态模型；

⑥ 微宇宙或中宇宙研究。

在第Ⅳ个层次选择什么样的步骤完全依赖于第Ⅲ个层次遗留下来的问题。第Ⅲ、Ⅳ两个层次都是高度灵活的，登记者和管理者的相互磋商是非常必要的，因为这个阶段耗费比较大。

图 17－3 USEPA 水生生态风险评估的四个层次

4. 生态风险评估模型

在评价农药对生态环境的风险时，不但要考虑农药自身的毒性，还要考虑靶生物在环境中与农药的接触浓度，即暴露浓度。暴露是指在某一时期内靶生物以特定方式接触到的某种物质的浓度或数量。暴露是通过呼吸空气、饮用水、饮食、皮肤接触或与各种包含某种化学品的产品相接触等途径而发生的，化学品的浓度和与化学品接触的程度是暴露评价的两个重要组成部分。通常用实测的数据或模型估计进行暴露评价。典型的、有质量保证的实测数据好于模型并且可以用来验证和改善模型，但因为实测数据有限，所以在评价暴露时，通常用数学模型来预测农药在环境中的浓度。表 17-5 列出了 USEPA 一些常用的模型。

表 17－5　美国农药生态风险评估模型

模型类型	模型名称	模型描述
地表水模型	PRZM	Pesticide Root Zone Model
	EXAMS	Exposure Analysis Modeling System
	FIRST	FQPA Index Reservoir Screening Tool
	GENEEC	Generic Estimated Exposure Concentration
地下水模型	SCI-GROW	Screening Concentration In Ground Water
水生生物模型	GENEEC	Generic Estimated Environmental Concentration
陆生生物模型	TIM	Terrestrial Investigation Model

（二）经济合作与发展组织 OECD

经济合作与发展组织，简称经合组织(OECD)，是由 34 个市场经济国家组成的政府间国际经济组织，旨在共同应对全球化带来的经济、社会和政府治理等方面的挑战，并把握全球化带来的机遇。OECD 农药登记程序中明确规定要对申请登记的农药进行生态风险评估。在 OECD 各成员国的共同努力下，OECD 已形成了相当完整的风险评估模型数据库、风险评估方法数据库。

OECD 开发了一系列风险评估的模型，并建立了数据库。风险评估模型数据库分别按国家名称和模型的性质/作用列出了 OECD 中一些常用的模型。表 17-6 即列出了其中以模型性质/作用划分的一些常用模型。

表 17－6　OECD 农药生态风险评估模型

模型类型	模型名称	国家
水生生物	ACD/LogD Suite	加拿大
	ACD/Solubility	加拿大
	ACD/LogP DB	加拿大
	ACD/pKa DB	加拿大

续表

模型类型	模型名称	国家
水生生物	Bioaccumulation Fish Model	法国
	PBT Profiler	美国
	TOPKAT	美国
	ECOSAR 0.99f	美国
	ASTER	美国
	BCFWIN2.14	美国
	CAChe	美国
	GENEEC	美国
	PRZM-EXAMs	美国
陆生生物	TOPKAT	美国
	CAChe	美国
	TIM	美国
其他	MCASE、MC4PC、TOXPC、META、SCI-GROW、FIRST	

同时，OECD 建立了风险评估方法数据库，收集了国际上一些主要国家和组织有关生态风险评估的方法，并根据不同的标准将它们进行分类，例如根据评价的范围不同而进行的分类，它将风险评估的范围分成环境、人类健康、人类健康和环境三类，其中环境这一类中又有环境污染物、工业化学品（新的和现存的化学品）、农药（农业用）和生物杀灭剂（非农业用）、其他四亚类。在农药和生物杀灭剂这一亚类中收集了美国、澳大利亚、丹麦、新西兰、瑞典等国家的农药生态风险评估的方法。如丹麦的植物保护产品的评价框架（Framework for the assessment of plant protection products），澳大利亚的国家工业化学品公告和评价方案（National industrial chemicals notification & assessment scheme, NICNAS），USEPA 的风险评估论坛——暴露评价指南（Risk Assessment Forum-Guidelines for Exposure Assessment）等。

三、农药的环境风险评估[13, 14]

（一）环境风险评估的概念及技术要素

农药的环境风险评估是将孤立的环境行为、环境生态、非靶标生物的毒性资料等进行整合，科学评判农药的环境风险，从而更科学、客观地反映农药在使用中对环境影响的实际情况。国际上，农药风险评估的研究始于 20 年前，目前已是发达国家农药登记管理的通用工具。

农药对环境的风险主要由三个因素决定，即：毒性[EnP，半致死剂量(LD_{50})、半致死浓度(LC_{50})、半有效浓度(EC_{50})、无可见不良效应浓度($NOEL$)]、暴露浓度(PEC)和评估系数(AF)。风险评估的过程包括暴露评估(PEC)、毒性效应评估(EnP，UF)和风险表征三个方面。其中，暴露评估和毒性效应评估及不确定系数是风险评估的三大技术要素。

1. 毒性生态效应评估(EnP)

低层次的毒性生态效应分析，即受试农药对环境有益生物的室内急、慢性毒性试验，最终得到 LC_{50}、EC_{50} 及无可观察不利效应浓度($NOAEC$)等毒性终点值。高层次的毒性生态效应分析往往在低层次效应评估的基础上进行 SSD(物种敏感性分布)、中(微)宇宙、田间模拟等研究，确定农药在接近实际使用情况的条件下的生态效应。

2. 暴露评估

低层次暴露评价通常通过假设估算、简单模型预测实现。其中，有效成分室内环境行为试验数据、物理化学特性、剂型、使用方法、使用剂量、使用次数、持效期等，是模拟暴露的关键参数。高层次暴露评价则需要更多数据、采用更复杂的模拟乃至实际监测得到。实测的途径有中宇宙试验(水生态系统)、半田间试验和田间试验。

3. 评估系数(AF)的确定

主要考虑实验的不确定因素。包括实验室内/间的差异，实验物种/个体间的差异，急性结果推断慢性毒性时的误差，室内毒性试验结果推断田间毒性时的误差等。评估系数可以通过延长试验时间、重复试验、增加测试物种、测定不同生命阶段的毒性等调整降低，而半田间/田间试验毒性结果则可不用评估系数。

评估系数还受被保护生物的种类(重要性、生命力、可恢复性)以及政治、经济、文化等因素影响。评估系数是可以变化的。被保护生物越重要，评估系数越高；试验越高级，评估系数越小。根据毒性终点数据来源，评估系数一般为 100，10，5 或 1。各国政府可以根据本国的实际情况，设定相应的评估系数，指导开展环境风险评估。

4. 风险表征

低层次评价一般用风险商值进行风险表征，即把模型预测或实际监测得到的农药环境浓度与实验室测得的毒性终点值相比，同时考虑评估系数，得到风险商值，最后将得到的风险商值与关注标准进行比较，从而对农药的环境生态风险做出初步的判断。高层次评价则需要对潜在风险发生的概率或实际风险进行直接表征。

风险商值的表达公式：

$$风险商值(RQ)=暴露浓度(PEC)\times 评估系数(AF)/毒性终点(EnP) \quad (17\text{-}20)$$

一般情况下，$RQ\leqslant1$，表示风险可接受；$RQ>1$，一般会触发高阶次试验，以降低暴露浓度及评估系数，从而降低 RQ。

风险评估是费时、费力的评价手段，但也更科学，更接近实际。很多对环境生物高(剧)毒的农药，由于在环境中暴露较低，实际危害较小。基于毒性(危害)的评估与基于风险评估的结果往往是不一样的。因此，环境风险评估是农药登记审评的重要环节。

（二）农药对水生生物的风险评估[12, 17]

欧盟针对农药对水生生物的风险评估主要采用分级(Tier)评价的方法，依据由简单到复杂，由初级到高级的原则。初级风险评估主要针对不同非靶标保护对象的代表性标准生物物种进行风险评估。农药对田边地表水水生生物的初级风险评估(Tier 1)主要从3个方面进行评价：(1)利用标准水生生物物种进行毒性风险评估；(2)针对鱼类进行的生物蓄积风险评估；(3)针对次级毒性(Secondary Poisoning)进行的风险评估。标准水生生物物种毒性风险评估中包括急性(短期)和慢性(长期)毒性的风险评估。

目前，欧盟对水生生物的初级风险评估主要采用标准生物物种评估系数法(Assessment Factor Methods，AF法)和物种敏感性分布法(Species Sensitivity Distribution Methods，SSD法)来预测法规允许浓度(regulatory acceptable concentration，*RAC*)或预测无效应浓度(*PNEC*)。无论是急性还是慢性毒性的评价都是根据标准测试物种的毒性研究资料对农药进行评价。在初级风险评估中主要是比较法规允许浓度(*RAC*)或预测无效应浓度(*PNEC*)和农药的预测环境浓度(Predicted Environmental Concentration，*PEC*)的大小来判定农药风险程度。如果所测标准物种的 *RAC* 值全部高于评价产品的最大预测环境浓度(PEC_{max})值，则认为对于将要推广使用的农药不存在不可接受的风险，即表明该化合物可以登记使用。如果，其中有任何一种测试物种的 *RAC* 值低于 PEC_{max} 值，则需要进一步开展高级阶段的试验和评估，以提供相关资料来决定该产品是否可以进行登记并推广应用。

1. 预测无效应浓度(*PNEC*)的确定

1) 评估系数法(Assessment Factor Methods)

评估系数法是当仅有急性毒性数据或有限的长期毒性数据时常采用的方法。用敏感生物最低毒效应数值除以相应的评估系数可得到 *PNEC* 值，而评估系数则依据可获得的不同营养级的物种的急性毒性和长期毒性试验数据的多少来确定。

当有长期毒性数据(EC_{10} 或 $NOEC$)时，优先使用长期毒性数据(EC_{10} 或 $NOEC$)。

$$PNEC = \frac{(L(E)\ C_{50})_{\min}}{AF} \text{或} PNEC = \frac{(EC_{10}/NOEC)_{\min}}{AF} \qquad (17\text{-}21)$$

式中$[L(E)C_{50}]_{\min}$为急性毒性试验最低毒效应值，$(EC_{10}/NOEC)_{\min}$为长期毒性试验最低毒效应值，AF 为相应的评估系数。

确定评估系数时，从单一物种的实验室数据外推到多物种的生态系统，需要考虑下列 4 个方面的不确定性：

(1) 实验室内和实验室间的毒性数据差异；

(2) 物种内和物种间的生物学差异；

(3) 急性(短期)毒性外推到慢性(长期)毒性；

(4) 实验室数据外推到对野外环境的影响。

2) 物种敏感性分布法(SSD)

SSD 法是一种剂量-效应评价方法，它最初是由 Kooijman 于 1987 年提出的，后来很多学者对其进行了改进。

SSD 法的理论依据是，不同门类的物种由于种间差异，对于相同的污染物，是有着不同的剂量-效应关系的，即不同的生物对同一污染物的敏感性存在着差异，而这些敏感性差异是遵循着一定的概率分布规律的。SSD 法的基本内容，就是使用一个分布模型(如正态分布、逻辑分布、三角分布等等)，将某种污染物对不同物种的敏感性(即毒性数据)，与其累积概率结合起来，构建起物种敏感度分布曲线。通过对已知毒性数据的分析，进而外推确定一个可以保护生态系统大多数物种免受该污染物毒害的无效应浓度。这个浓度通常用 HCp 表示，即 $p\%$ 物种受到危险的浓度或保护 100-$p\%$物种的浓度。

SSD 法是基于统计运算，通常需要有不同生物类别的物种大量的 NOEC 试验数据。该方法的目的是确定可保护生态系统中的某个比例(比如 95%)的物种免于发生毒性效应的浓度。该方法假定不同物种的 NOEC 值遵循特定的分布函数，而且，每一个数据点(效应浓度)代表了所有可能的数据点中的随机样本。真实的敏感性分布是未知的，但对独立样本而言是可描述的，并可预算出平均值和标准差。

采用 SSD 方法时，至少需含有一定物种的慢性数据，要考虑到不同生物分类和营养级别的各种水生生物，虽然物种的选择是随机的，但要能够代表给定生态系统的群落结构，这样才能通过一定程度的外推，保护生态系统中的大多数物种。但同时，由于慢性毒性试验的复杂性以及高成本使得这类毒性数据很难获得，因此物种数也不能无限扩大，否则，将极大限制本方法的应用。

目前，各国根据各自情况，对物种数的要求是有差异的，比较典型的包括美国、欧盟和澳大利亚。美国要求至少 3 门 8 科的生物，物种必须是北美大陆的本土物种或商业性物种，其中必须有两种鱼类。美国把硬骨鱼类分成两种：一种是北美大陆最常见的鲑科，另一种非鲑科鱼类；而欧盟也至少要求 8 个类群的大于 10 个（大于 15 个更好）的慢性数据，但具体物种类群要求和美国是有些差异的；而澳大利亚则要求必须含有至少 4 个不同类群的 5 个物种的慢性数据，并指定了具体的类群。另外，加拿大、OECD、荷兰等也给出了各自的要求。

目前，已被各国政府部门采用的包括正态分布（欧盟、荷兰/德国/丹麦、OECD）、逻辑分布（OECD）、最佳分布 BurrIII（澳大利亚）、log-triangular（美国），而一些国家，如加拿大等，并没有限制特定的函数类型，只要选择合适的拟合度较佳的分布函数即可。

使用 SSD 曲线 5％概率对应的浓度（HC5 值）除以 AF 来推导 $PNEC$，并取与该浓度相关联的 50％置信区间（confidential interval，c. i.），具体公式如下：

$$PNEC = \frac{5\% SSD(50\% \text{c. i.})}{AF} \tag{17-22}$$

式中，AF 表示评估系数，根据不确定度分析，取值为 1～5，反映了所识别出的不确定性。

2. 预测环境浓度（*PEC*）的确定

农药在环境中存在浓度的确定是农药风险评估中最重要的环节之一。其中，对于已经使用的相关农药化学产品在水环境的 PEC 可以通过化学监测、归趋模型或者综合这 2 种方法获得。但是，对于仍未投放市场的新农药化合物，需要通过建立暴露场景，以模型模拟方法获得预测环境浓度。在欧盟的评价体系中，FOCUS（Forum for the Coordination of Pesticide Fate Models and Their Use）相关指导文件详细地介绍了如何计算非靶标水生生物可能接触的水体或沉积物中的农药的 PEC。但农药在环境中的存在浓度并不固定，往往随自身降解特性、环境条件及应用频率而动态变化。在运用急性数据进行风险评估时通常选用 PEC_{max}，而在进行慢性风险评估中，首选的也是 PEC_{max}，但在一些特定的条件下选用 PEC_{TWA}。TWA 浓度（Time-weighted Average Concentration）即化合物在水中的时间权重平均浓度。应用 TWA 方法来进行风险评估的主要依据是发现农药在低浓度条件下对水生生物的长期作用效应与其在高浓度条件下短期的作用效应是相同的，这种现象也被称作“相关性”（Reciprocity）。这种相关性遵循哈伯定律，即认为毒性与浓度和时间相关。时间权重平均值正是基于这种线性，将暴露浓度与暴露时间综合考虑，表现为曲线下的面积除以毒性测定持续时间。采用这种方法后，曲线下面积相同的不同暴露形式被认为效果一致。对于作用缓慢的化合物，当在水中的 PEC_{max} 高于 RAC 时，可以进一步通过 PEC_{TWA} 来进行进评价。

但是根据 Brock 领导的 ELINK 工作组的研究，在慢性风险评估中有以下 5

种情况不适宜使用 TWA 方法，包括：(1)RAC 来自于藻类室内毒性试验或待评估的农药为快速降解化合物；(2)当慢性测定的效应终点值是基于某个特别敏感的生活史阶段，且不能排除在敏感阶段产生暴露的可能性；(3)当有证据表明化合物具有内分泌干扰效应时(除非效应机制明确且被证明需要长期暴露才会引起效应)；(4)当慢性测定的效应终点值是基于测试初期产生的死亡率(如早期 96 h)，或者如果急性与慢性比率[急性 EC_{50}(LC_{50})/慢性 $NOEC$]<10，其中，EC_{50} 为半数影响浓度(50 % Effective Concentration)，LC_{50} 为半数致死浓度(50% Lethal Concentration)，$NOEC$ 为无可见效应浓度(No Observed Effect Concentration)；(5)化合物被证明具有延迟毒性。

因此，需基于生态毒理学数据，决定 TWA 方法是否适用于慢性风险评估，并需要确定选用多长时间作为 TWA 值范围。PEC_{TWA} 的时间范围应小于或等于相关关键慢性毒性测试时间。对于无脊椎动物和鱼类(有时包括水生植物)默认的 TWA 时间范围是 7 天，但可以根据实际情况而缩短或延长时间范围。

3. 风险表征

水生生物的风险表征，一般采用风险商值法，即：

$$RQ = PEC/PNEC \tag{17-23}$$

一般情况下，$RQ \leqslant 1$，表示风险可接受；$RQ > 1$，基于现有信息，风险不可接受；一般会触发高阶次试验，以降低暴露浓度及评估系数，从而降低 RQ。

(三) 农药对陆生生物的风险评估[18]

1. 风险评估的对象

根据生物多样性公约，生态系统是一个由植物、动物和微生物群落的动态复杂性和它们的非生命环境交互作用构成的功能单位。对于陆生生态系统，其风险评估对象是生物体，而根据生物体在生态系统中执行的功能不同可归纳为 3 个部分：(1)生产者，绿色植物为主；(2)消费者，吸收营养的生物体；(3)分解者，以排泄物和尸体为食并能矿化排泄物和尸体的生物体。

2. 风险评估的基本要求

总体上，风险评估是针对农药在生态系统中的暴露量与农药对于目标物种的毒性进行比较评估。即危害商值 HQ=预测生态系统中暴露农药量/农药对目标生物毒性。当农药在生态系统中暴露量小于农药对目标生物的一定毒性，则存在的风险较低。农药在生态系统中暴露量大于农药对目标生物的一定毒性，则存在风险。根据风险水平和分级，确定风险可接受程度，采取必要的措施，以降低风险。欧美等国家风险评估过程包括问题形成、暴露评估、效应评估、风险表征 4 个环节。在暴露评估和效应评估阶段，按照由简单到复杂、由室内模拟到田间实际的原则，设置了分级评估方法(Tier)。暴露评估各个地区或国家基本一致，即通过室内理化性质检测或田间实际监测获得预测暴露量(Predicted Environmental Concentration，*PEC*)。而由于不同地区在栖息地、农业形式、气象与气候、文化、思想、价值观、工业和人类社会的其他方面存在差异，效应评估的目标物种和所需的实验数据有不同的数据要求。

3. 农药对陆生生物风险管理概述

对注册农药进行风险评估时发现，不同地区生物群存在特殊性。下文将分别介绍欧洲、美国和日本的农药对陆生生物风险评估方法。

欧洲对于农药风险评估研究始于20世纪80年代，1999年欧盟91/414法规明确规定需要评估农药对包括陆生生物(蜂、鸟、蚯蚓、非靶标节肢动物)等非靶标生物的风险。2000年欧盟毒理学、生态毒理学和环境科学委员会(CSTEE)提出，以科学为基础，适当地对陆生生物进行风险评估。CSTEE对风险评估的主要目标是与人类相关的生态系统的结构和功能，因此，保护目标停留在种群或群落水平，对高生态领域的风险评估关注度仍然不够。欧洲和地中海植物保护组织(EPPO)、环境毒理学会和化学学会(SETAC)、欧洲食品安全局(EFSA)等组织和科学工作者经过大量的研究，提出了将鸟类、哺乳动物、蜜蜂、非靶标节肢动物、蚯蚓、土壤微生物、非靶标植物等作为评估目标，尽量代表陆生生态系统的不同层次，使生态系统的风险评估更加科学，可操作性更强。欧盟不仅对生物群的评估使用不同指标，而且提出对农田和其他农用物资中生存的生物体进行评估。欧盟要求对其中一些有益的或有生态价值的受体建立较完善的风险评估体系，如：鸟类、哺乳动物、蜜蜂和非靶标节肢动物等。

美国的农药风险评估工作由美国环境保护局(EPA)负责。目前，EPA已经建立了一整套完善的农药风险评估体系。对新农药、在用农药和撤销后的农药都建立了有效的监管机制。同时，美国以风险评估为基准，确定了农药对鸟类、哺乳动物、蜜蜂和非靶标植物的风险评估指标及可接受标准。该评估中的基本概念和欧盟是相同的，但美国主要考虑的是濒危物种，并专门制定了美国濒危物种保护法(Endangered Species Act)。此外，美国的风险评估中使用了风险商值(*RQ*)这个概念，即环境中预测浓度与终点浓度的比值。其以暴露量与效应值关系评估农药风险的核心理念与欧盟基本一致。

日本需要进行评估的靶标生物有鸟类、蜜蜂、天敌昆虫和桑蚕。同时考虑到与农业相关的行业，并对陆生生物进行定性的风险评估。目前的风险评估以危害评估为基础，并在商品标签上做出警示。

4. 对鸟类和哺乳动物的风险评估

欧盟：鸟和哺乳动物主要通过经口途径暴露，这是最频繁和暴露量最多的途径，且是最重要的途径。由于鸟类具有长途旅行、能够适应并在受干扰的栖息地生存及对许多环境污染物高度敏感等特点，故进行较低层次的评估时，需要从鸟类(美洲鹑或日本鹌鹑)的急性经口实验中获取数据。当暴露的母体动物和巢穴处于繁殖期并受到农药污染且影响不能消除时,获取某种鸟类物种的繁殖实验数据是必要的。哺乳动物在地表上下、树上、水中或其他栖息地觅食和筑巢,增加了暴露的概率,因此需要对哺乳动物进行评估。当对野生哺乳动物进行评估时,可使用老鼠的急性经口实验数据,也可使用人类健康风险评估中的两代繁殖实验那样的长期实验获得的数据。

美国:根据农药的类型,需要两种鸟类进行急性经口实验。一种是雀形目鸟,另一种是美洲鹑或野鸭,并对这两种鸟类进行为期 5 天的饮食和繁殖实验。当温室中使用液体制剂或其他类型的农药时,不需要进行急性经口实验。此外,对于哺乳动物,需要对人类健康风险评估中的啮齿类急性经口实验和两代繁殖实验等长期实验数据进行评估。同时,参照上述实验的结果,判断是否需要进行急性毒性实验和使用野生生物的其他实验。

日本:对鸟类需要开展急性经口实验,当发现毒性强烈(LD_{50}<300 mg/kg)时,则需要开展进食实验;而当毒性较低时,则不需要进行警示。

5. 对蜜蜂的风险评估

欧盟:除了不考虑限制使用农药的蜜蜂暴露区,如食物储存在密闭的空间和使用未授粉的大棚,对蜜蜂进行急性经口和急性触杀实验是必要的。效应评估的终点是 LD_{50}(μg/蜜蜂)。之后结合其暴露量,要计算危害商值(*HQ*),施用量(gha^{-1})/LD_{50}。当 *HQ*<50时,认为风险较低。此外,当化学物质作为昆虫生长调节剂(*IGR*)时,进行蜜蜂育雏饲养实验(评估对蜜蜂幼虫造成的风险)是必要的。当 *HQ*≥50时,需要通过更高层次的实验对安全性进行评估,如残留实验、网笼实验、风洞实验和大田实验。然而,*HQ* 的触发值设为 50 仅仅适用于喷洒型农药。

美国:根据农药的不同类型,可能需要通过西方蜜蜂(Apis mellifera)获取急性触杀实验数据。风险评估使用的毒性终点是 LD_{50}(μg/蜜蜂)。但当 LD_{50}<11μg/蜜蜂时,则需要开展更高层次的残留实验或田间授粉实验。

日本:从养蜂和传粉昆虫风险评估角度来看,需要对西方蜜蜂进行急性毒性实验(急性经口或急性触杀实验)。然而,由于农药制剂的类型和使用方法的不同(如:设备中的颗粒物或存储的熏蒸剂),暴露在农药中的蜜蜂没有风险,则可不用递交风险测试结果。当急性毒性实验结果为毒性强烈时,则需要进行田间实验。当 LD_{50}>11μg/蜜蜂或在农药注册的最大应用剂量未发现影响时,则认为没有风险。

6. 非靶标节肢动物

非靶标节肢动物是指未被作为目标害虫,需要灭杀或控制的所有节肢动物的总称,是构成农业生态景观生物多样性的重要组成部分,并且为生态系统提供多种功能，如生物防治、授粉以及参与食物链传递作用等。我国非靶标节肢动物物种丰富，分布广泛，在农业生产和生态环境的保护方面占有极其重要的地位。如，在农业上发挥生物防治作用的天敌昆虫，除自然界存在的物种，还有人工释放如赤眼蜂、瓢虫、周氏啮小蜂、捕食螨等有益节肢动物。然而，由于近年来人类过于追求农业高产，创造更大的经济效益，长期大量不合理使用农药，在防治靶标生物的同时也给非靶标节肢动物带来了不同程度的副作用。

随着人们对农产品质量安全和生态环境安全意识的提高，对包括非靶标节肢动物在内的农药风险评估已成为保障农业、生态和人畜安全的重要手段。世界各国和组织都在积极探索各种有效的技术措施，提高风险评估水平，以预防和控制农药对非靶标生物和环境的影响。目前，对于非靶标节肢动物的生态风险评估工作以欧盟为首开展较早且成体系，美国、日本、加拿大和澳大利亚等国家研究也相对较成熟。自 20 世纪 80 年代末起，欧盟各成员即开始开展农药风险评估工作。其中，涉及农药对非靶标节肢动物风险评估的主要法规有欧盟 91/414 EC 指令附件Ⅱ 8.3.2、附件Ⅲ 10.5 及附件Ⅳ 2.5.3.4；主要的技术指导文件有 SETAC/Escort 1(1994)，Escort 2(2000)，E scort 3(2012)等非靶标节肢动物农药监管测试程序指导文件和 EPPO/CoE-节肢动物天敌风险评估程序。

目前，EPPO 风险评估流程主要是依据 ESCORT 2 制定的。由于农药的直接喷洒和间接飘移作用，使得非靶标节肢动物种群或群落暴露于不同的场景之中，而对它们产生的影响进行风险评估。其暴露场景包括农田内和农田外 2 个场景。其中，农田内场景指在农田内喷施农药条件下，施药后的直接暴露，在此场景中，非靶标节肢动物对农药的暴露途径主要是通过作物表面(叶片、茎干、花)的累计残留和直接接触。农田外场景指在直接田间施药条件下，由于农药的挥发特性、施药时气候条件(温度、风力、光照等)、飘移距离而导致农田外生态环境非靶标节肢动物对农药的接触。

1) 效应评估

根据实验的等级将效应评估划分为初级效应评估和高级效应评估。

初级效应评估阶段的代表物种从寄生性昆虫和捕食性天敌中各选择一种，测定的毒性终点主要是半数致死率(LR_{50})。但当某一化合物在农田内最大使用剂量的毒性非常低时，或者无法获得一个可靠的 LR_{50} 值，此时可以进行限量试验。即在最大推荐用量乘多次施药因子(*MAF*)的农药浓度下，对测试生物的毒性效应≤50%，则认为该农药对于非靶标节肢动物低风险；若>50%，则需要进行剂量效应测试。如果初级效应评估中供试农药对代表性物种存在风险，则需要进行高级阶段效应评估。

高级效应评估阶段所涉及的试验包括增加物种试验、老化残留试验、半田间试验及田间试验。高级阶段评估时试验均在自然基质上进行。在农田内场景下，选择在初级试验中不满足触发值的物种，同时需要再增加额外 1 个物种进行高级阶段试验；在农田外场景下，需要增加额外 2 个物种进行高级阶段试验。增加物种试验、老化残留试验、半田间试验和田间试验毒性终点值包括致死效应以 LR_{50} 表示和亚致死效应（包括发育历期、繁殖率、化蛹率、羽化率、产卵量、孵化率等种群生命表指标及种群丰富度、种群恢复期等群落指标），亚致死效应需与对照比对获得。对于田间试验，重点关注在农田内和农田外 2 个暴露场景下，测试农药对种群和群落的影响。终点值也主要侧重种群水平。

2）暴露评估

根据应用场景，数据的充分程度，初步的风险评估结果等，暴露分析也分为初级暴露分析和高级暴露分析。

初级暴露主要分农田内和农田外两种暴露场景，主要指标为预测环境中农药浓度（Predicted Environmental Concentration，*PEC*）。农田内由预测农药直接喷施在环境中的浓度（$PEC_{农田内}$）而确定。农田内 *PEC* 是通过最高推荐使用浓度与多次施药因子（Multiple Application Factor，*MAF*）乘积来计算的。*MAF* 为多次施药后最后一次施药农药的初始浓度与单次施药农药的初始浓度的比值，主要取决于该化合物的半衰期、施药的间隔以及施用的次数，对于一个多次施用的农药，默认 *MAF* 值为 3。

对于农田外暴露，喷雾飘移是其最重要的途径。农田外场景 *PEC* 的暴露主要关注农药的飘移沉降，如在单位面积上的预测沉积量。农田外 *PEC* 定义为预测农田外环境中农药的暴露浓度。计算公式为：

$$PEC = 施用量 \times MAF \times 飘移因子 / 植被分布因子 \qquad (17\text{-}24)$$

其中，飘移因子是指农药飘移百分比，通常采用整体的 90th 百分位飘移量来计算农田外环境中农药的飘移沉积值飘移百分比。默认的飘移因子是距离耕地作物边界 1m 或果园边界 3m 距离的飘移百分数来估算农田外的 *PEC*。植被分布因子是指植物高度、密度、叶片面积等因素对于农药飘移的分布影响作用，默认设置为 5，指第 90 百分位农药飘移被植被拦截的数值。

在模型模拟过程中根据农药的理化性质、使用方式、植被情况、环境条件等选择接近实际情况的输入参数以获得高级 *PEC*。当有相关试验资料说明作物拦截系数、冲刷系数等参数时，可以使用试验数据。在高级评估中也可以使用农田内实际监测数据等。需要说明的是，应逐项判断确定农田内研究是否能够提供有用信息。

3）风险表征

风险表征同样可划分为初级风险表征和高级风险表征，以危害商值（*HQ*）的大小来表示农药对非靶标节肢动物的影响水平。对于农田内场景有 *HQ*=

$PEC_{农田内}/LR_{50}$。

农田外场景 $HQ=PEC_{农田外}\times UF/LR_{50}$，其中，$UF$ 为不确定因子。增加不确定因子的原因主要是选用的标准测试物种为农田内的天敌种类，而农田外天敌的物种丰富程度要高于农田内。为了减少这种不确定性，引入不确定因子，通常设置默认值为 5。除昆虫生长调节剂等特殊作用机制农药以外，如果 $HQ\leqslant 2$，风险应当被视为可接受风险；如果 $HQ>2$，则表明风险为不可接受。对于不可接受风险需要开展高级风险评估，通过更为真实的研究证明风险可接受与否。

对于增加物种试验、老化残留试验、半田间试验，暴露场景也分为农田内和农田外两种情况。对于测试物种的影响效应若小于 50%，则风险被视为可接受风险；若影响效应大于 50%，则表明为不可接受的风险。

因不同的物种会产生不同的效应，对于田间试验通常没有固定的触发值。与对照比较，如在 1 年周期内栖息在田间的生物一年或一个季节之内得到恢复，则风险被视为可接受风险。反之，则表明为不可接受风险。在具体过程中要充分考虑作物的种类以及测试种类的生态学和生物学特点进行分析，根据物种特点考虑风险是否可以接受。

四、生物杀灭剂的环境（生态）风险评估

对于农药在非农领域的应用，比如用于个人护理、公共场所、食品或饲料区域、饮用水及工业水处理的消毒剂，用于木材、乳液、油漆、涂料、皮革、纺织等的防腐剂，以及灭鼠、杀菌、除藻、防污等的害虫防治剂等，即生物杀灭剂，其风险评估基本与农药相同，但在环境暴露评估阶段，由于其产品的应用环境不同于农药的农田或池塘等环境，而是有其特定的应用场景，因此，对生物杀灭剂的生态风险评估，必须建立有特定的暴露评估方式。

在此，首先是 OECD 欧盟化学品局(ECHA)最新开发出了针对各种类型产品应用的排放场景文件(Emission Scenario Document)，帮助行业和各成员国预测生物杀灭剂的环境暴露评估。

这些暴露场景文件包括有以下几种。

(1) 暴露场景系列文件 2：木材防腐剂；

(2) 暴露场景系列文件 14：马厩和粪便储存系统的杀虫剂；

(3) 暴露场景系列文件 18：杀虫剂，杀螨剂，家用和专业使用的控制其他节肢动物的产品。

在此基础上，随着欧盟生物杀灭剂法规的执行，ECHA 在 OECD 基础上，进一步细化了应用场景，已建立有针对各种生物杀灭剂产品类型的暴露场景文件。目前，所有 22 种生物杀灭剂产品类型中，除了 PT16(杀软体动物剂)，PT17

(杀鱼剂),PT20(其他脊椎动物防治剂)外,其他都建有对应的暴露场景文件。

同时,ECHA 还发布了便于计算和使用的暴露浓度计算工具,主要根据使用方式和步骤、使用频率、每次使用量、活性成分含量等参数,方便行业预测不同类型的生物杀灭剂产品释放到环境中的浓度。

第四节 产品风险评估展望

半个世纪以来,人体健康风险评估多基于动物测试来确定有害作用的剂量反应关系。总体而言,该方法还是有效的,广泛用于药品、农药、消费产品、食品添加剂等产品的评估,为保护人体安全起到了重要作用。但是,随着科学的进步和各个行业的发展,这项传统的风险评估方法也面临着一些重大的挑战。比如,基于传统的动物测试不能满足成千上万上市化学物质的评估需求,动物福利和伦理要求减少动物测试,公众对风险决策过程的透明度、结果沟通的可理解性的要求越来越高。同时,将动物实验的结果外推到人的不确定性越来越受到科学界和公众的质疑。另外,目前的风险评估程序中危害识别和暴露评估相对独立,导致危害识别的剂量与公众实际暴露的剂量相差很大,从高剂量动物实验中得到的危害与人体的低剂量暴露是否相关也受到质疑。认识到以上问题,同时考虑的新技术和科学的进展,美国国家科学院(NAS)、加拿大科学委员会、欧盟发布了推动暴露评估、毒性测试和人体健康风险评估重大改革的重要报告(National Research Council 1996,2007,2008,2009,2012,Council of Canadian Academies 2012,European Commission 2012)。其中,美国国家科学院于 2007 年发布了《21 世纪毒性测试:远景与策略》(National Research Council,2007),2009 年发布了《科学与决策:改进风险评估》(National Research Council,2009),2012 年发布了《21 世纪暴露科学:远景与策略》(National Research Council,2012),描述了如何整合新技术,更为省时、经济、与人类健康和暴露更相关的测试策略、如何对现有风险评估技术进行改进,推动新技术在风险评估中的应用、如何应用新的技术和理念推动暴露评估的发展。

一、RISK21

从 2009 年开始,由国际生命科学学会(ILSI)组织来自政府、行业、科学界和非政府组织的国际专家共同开发出一种科学、透明和有效的框架方法——21 世纪的风险评估(RISK21)项目。这个国际项目是在来自 12 个国家、15 个政府研究所、20 所大学、2 个非政府组织和 12 个企业的 120 多位科学家积极参与下完成的。

RISK21 是一种基于问题的形成、暴露驱动的风险评估路线图。该整合评估策略充分利用现有数据,用视图的方法展示毒理学信息和暴露信息之间的对比。这种方法的目的是优化各种已知信息(包括测试和非测试信息),以有效、透明地达成风险或安全的决策。

(一)RISK21的基本原则

RISK21是一种可以将各种信息和知识综合在一起,以便有效做出决策的灵活风险评估框架。它的理念是聚焦问题形成、暴露驱动、渐进式数据获得的策略进行人体健康安全评估。如果获得的数据足以回答特定的问题,可做出明确结论时就不要求进行额外的试验。它将暴露和毒理学评估整合在一起,同时描述了他们的不确定性,提供了一种透明的决策框架。

1. 聚焦问题形成

多位科学家和研究机构都表达了将问题的形成整合到人体健康风险评估之中的必要性,并提出了一些可行的方法。RISK21想通过在风险评估开始时聚焦问题形成,以改变低效率资源应用的现状。该步骤主要是明确风险评估的目的、范围、收集和评估数据详细的计划,这有利于指导在评估各个阶段中有效利用资源。通常,搜集数据的时候,我们不太清楚到底将如何使用。风险评估应该在目标明确的前提下,考虑使用理化特性、使用场景、现有暴露和毒理学数据、常用风险管理措施。如果开始的时候聚焦问题形成,极大可能会获得合适的、必要的相关数据,而避免不必要的资源浪费。

问题形成是基于基本问题:你需要知道什么?你需要做怎样的决定?例如,如果目的是进行风险筛选排序,那么问题形成的范围应该仅仅局限于评估那些对人体健康有风险的化学物质。对于某个特定的完整人体健康风险评估,问题形成应该聚焦在确定使用、暴露和毒理学信息是否足以确定暴露边界(MOE),同时能否做出该MOE足以保证风险可接受的决定。

问题形成应该明确需要的暴露和毒理学数据要多精确才能做出对人体安全的决定。数据的收集可以在精确度足以做出决策时就停止。这里的精确度是指数据的正确程度,通常是通过置信区间或范围来描述的数据变化区间,范围的大小与用于估数的知识数量和质量成比例。通常,投入的资源越多,所得数据的变化范围越小,精确度也就越高。问题形成必须清晰地描述这些考虑。这将决定所需数据的数量和质量。关于精确度定义的详细描述,可以参考Michelle R. Embry等的文章(Michelle R. Embry et al.,2014)。问题形成也可能需要不断修正,特别是进行层进式风险评估的时候。当某些问题被回答了之后,可能需要对问题形成部分进一步修正,以便进行下一步的评估。

2. 充分利用现有数据和信息

只有少数化学物质的结构、特性、效应或暴露特征比较独特,从而导致他们的潜在毒性、作用方式或人体暴露特征不能从相似化合物或同类化合物推测出来。通过挖掘和整合在化学、归趋、使用特征和毒理学的大量知识和信息，可以将具有相同特性的化合物分组归类。可以使用同组其他类似物质的信息，推测被评估物质的信息，通过这种方法——交叉参照（Read-Across），可以减少不必要的动物测试，提高评估的效率。同时，很多（定量）构效关系模型已经整合了已知的信息和知识，也可以用于相关毒理学终点的预测。关于暴露，相关的模型和数据库比较多，也可以用于人体暴露的预测。这些现有的模型和数据库，可以估算暴露量，其精确度可能足以进行风险决策。

3. 先进行暴露评估，然后再进行危害评估

人体健康风险是暴露量和毒性的函数。2012 年，欧盟关于应对风险评估新挑战的报告中指出：可能需要做理念上的转变，从危害驱使的程序向暴露驱使转变。从暴露评估开始意味着问题形成中需要聚焦最让人关切的暴露场景。这就需要先对相关人群的潜在暴露进行估算，包括对敏感人群。根据估算的暴露量，进一步决定需要什么样的毒理学数据。例如，相对高暴露量而言，暴露量非常低的物质可能需要的毒理学数据很少。即使对一些毒性非常高的物质，如果他们的暴露量很低，也不会导致毒理学关注。毒理学关注阈值的方法可以根据化合物的结构，通过暴露量的大小，来判断是否需要进一步对其进行评估。总之，RISK21 要求先进行暴露评估，然后再进行危害评估。

4. 用层进式的方法进行数据收集和决策

RISK21 使用层进式方法进行暴露和危害评估。这可以优化资源利用，并建立一套用于决策的有价值的信息系统。在进行人体健康风险评估决策前，获得尽可能多的信息是最理想的。但是这可能导致大量资源的浪费和决策时机的延误。一个比较合理的策略是：只在必要的情况下，且额外的数据确实能增加价值的前提下，才要求进行额外的实验或数据收集。依照问题形成和有效利用现有数据，获得的基本危害评估和暴露评估结果足以做出安全的决策时，不需要进行额外实验。如果不足以做出安全的决策时，则可能需要额外的资源和时间以获得合理的额外数据和信息。暴露评估可根据评估需要，按照理化性质推测与最坏情况假设、确定性评估（点评估）、概率分布评估、生物监测逐步推进。危害评估可根据评估需要，按照计算毒理模型、毒理学关注阈值、体外测试数据与体外到体内外推、体内试验、作用模式和人体相关性分析逐步推进。另外，这种层进式方法可以根据实际情况，在不同评估中采用不同的层级。比如，可以在暴露评估中用高层级的数据，而同时在危害评估中使用低层级的数据；可以将高通量技术整合到层进式的方法进行化学品评估中。

（二）RISK21 路线图

基于以上原则，RISK21 将这些原则整合起来，开发了一种透明且层进式的框架,并命名为 RISK21 路线图。该路线图是基于问题形成,暴露驱动,将暴露和毒性之间的关系同时显示在一个矩阵中,可以清楚地看出人体风险和安全程度(图 17-4)。RISK21 的路线图和矩阵图提倡使用实用性强、准确度高、资源使用合理的方法来应对目前复杂的风险评估问题。该方法的目的是优化现有信息和测试资源(动物、时间、设施及人员),以便有效、透明地完成风险评估或安全确认。基于特定的暴露场景,暴露和毒理学数据应该有足够的准确性以便做出风险是否可接受或是否安全的决定。将估算的暴露量和毒理学数据(包括它们的变异性和/或不确定性)分别排列在 RISK21 矩阵图的 X 轴和 Y 轴。得到的交集图可以高度可视地呈现估算的风险。基于该图,可以明确做出需要增加暴露和毒性学数据的精确度或获得的数据已经足够的决定。实际上,由于它的透明性和可视的程序,RISK21 将可能有助于向非技术专家进行风险交流。

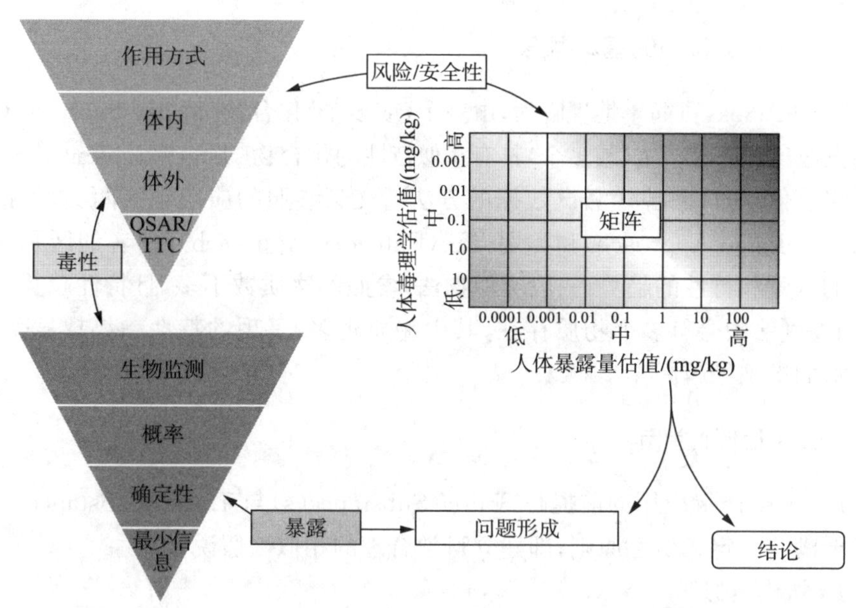

图 17－4 RISK21:21 世纪人体健康风险评估路线图

二、交叉参照

毒理学家在很早之前就在日常工作中有意或无意地根据一个或多个化合物的毒性来对其他化学物质的相关毒性进行专家判断,交叉参照只是一种更正式和有文件记录的专家判断方式。不过近年来该方法显得越来越重要了,原因主要是:一方面尽可能减少动物测试,在保护动物权益的同时也缓解符合良好实验室规范(Good Laboratory Practice,GLP)的实验室压力;另一方面节约时间和费用。一般而言,非测试方法获得的数据比 GLP 实验室测试数据所需时间更短,费用更低。随着 3R 原则的提出并逐渐得到科学界接受,运用计算方法预测物质活性的SAR方法开始在农药、药物化学、毒理学等领域兴起。随后近20年时间里，基于计算机技术的迅猛发展，QSAR方法也得到快速的发展，如DEREK、U. S. EPA ECOSAR、oncologic system等，交叉参照方法逐渐被法规认可，理论和技术体系逐步完善，得到科学界、工业界和管理部门的广泛关注。2005年，欧盟委员会联合研究中心（Joint Research Centre，JRC）第一次正式发布了Read-Across的相关指南文件。2007年，经济合作与发展组织（OECD）发布了第一版《Guidance on Grouping of Chemicals》。目前，Read-Across在数据缺口中的应用已经被工业化学品、化妆品、食品添加剂、农药和生物杀灭剂等行业法规所认可，尤其是在工业化学品领域，Read-Across作为非测试方法中的重要一员已经被欧盟、美国、加拿大、日本等多个国家的管理机构所接受，也被中国新化学物质申报登记指南所认可。

（一）交叉参照的基本概念

Read-Across可简单地理解为，由一个（或多个）化合物[Source Substance(s)]的终点信息预测另一个（或多个）具有相似特性的化合物[Target Substance(s)]的同一终点信息，从而替代测试数据的方法。交叉参照的应用包括两类，类似物方法（Analogue Approach）和类别方法（Category Approach），两者的区别在于物质的数量和特性的趋势：一般类似物法，参照的物质数不多，且特性趋势不显著；而类别法中会有多个物质存在，其中物质越多，呈现的特性趋势越显著，类别方法的准确性越高。

（二）相似性判定

Read-Across应用的前提是Source Substance(s)与Target Substance(s)之间需要满足一定相似性原则，即建立科学合理的相似性假说。

1. 结构相似

无论是类似物法还是类别法，采用交叉参照的基础都是源于化学结构的相似性或机制（生物活性）的相似性。其中，结构相似性的判断主要包括以下几个方面。

含有共同的功能基团：醛基、环氧化物、酯键、特殊的金属离子等，如已被OECD接受的铁盐类化合物，含有相同的金属离子Fe^{2+}或Fe^{3+}；常见的铁盐类化合物有$FeCl_3$，$Fe_2(SO_4)_3$，$FeSO_4$，$FeCl_3 \cdot 6H_2O$，$Fe_2(SO_4)_3 \cdot 9H_2O$，$FeSO_4 \cdot H_2O$，$FeSO_4 \cdot 7H_2O$，$FeCl_3 \cdot xH_2O$，$Fe2(SO_4)_3 \cdot xH_2O$，$FeSO_4 \cdot xH_2O$。

碳链长度的固定增加或减少，一般这类化合物的物理化学特性也会产生相应的较为恒定的变化。如C2-C4脂肪硫醇类化合物组包括：1-乙硫醇、1-丙硫醇、1-丁硫醇、2-甲基-2-丙硫醇（图17-5）。

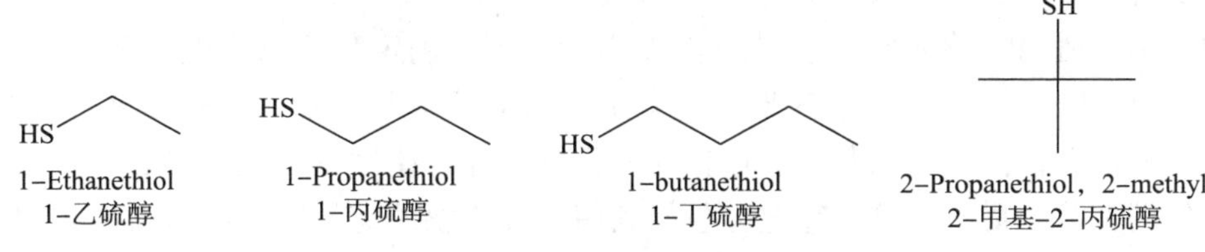

图 17-5 C_2-C_4 脂肪硫醇类化合物

相同的组分或化学类别，或相似的碳数量范围，一般常见于未知或变量的物质成分、复杂反应产品或生物材料(Substance of Unknown or Variable composition，Complex Reaction Products or Biological Materials，UVCB)物质，如碳氢化合物溶剂、石油产品、煤炭衍生产品、天然的复杂物质。但这类物质的范围广泛，目前在物质的鉴定上还有一定的难度。同分异构体，其物理化学性质相似度很高，除了旋光度，但顺反异构或 *R*—和 *S*—异构的物质可能会与不同的受体相结合，从而影响受体介导通路，最终表现出完全不同的毒理学性质，这在药物、农药和香精香料化合物领域中已经有很多发现。但有些同分异构体可表现出相同的毒性，如 L-薄荷醇，D-薄荷醇，D/L-薄荷醇。

2. 物质属性相似

一般理化性质相似是基础，包括相对分子质量、水溶解性、辛醇/水分配系数 LogKow、蒸气压，固体的粒径等。这些物质自身的理化性质关系到化合物染毒后，体内的吸收、代谢、分布、排泄的特征表现，进而会影响毒理性质。代谢途径、作用机制等相似，如含氨类化合物[NH_3，NH_4OH，$(NH_4)_2S_2O_3$，$(NH_4)_2H_2PO_4HSO_4$]，都含有氨或铵根离子、不同的功能基团分别是硫酸根离子、硫代硫酸根离子，磷酸根离子，由于这些离子通常存在于血液中，过量时可以通过尿液排出，所以上述含氨类化合物可认为是类似物质；共同的前体和/或降解产物，通过物理或生物作用，产生结构类似的物质，如代谢产物酸/酯/盐类物质。

3. 机制(生物活性)的相似性

特定的毒理学终点与化学物质的作用机制有密切的关系。有的时候即使结构相似，但是由于其在测试物种体内的作用模式不同，会表现出不同的毒性，如上文提及的顺反异构或 *R*—和 *S*—异构的物质可能会与不同的受体相结合，从而影响受体介导通路，最终表现出完全不同的毒理学性质的案例。在过去几年中有害结局通路(Adverse Outcome Pathways，AOPs)的发展使得通过化合物能否引起分子起始事件(MIE)来判断化合物是否和其他类似物或同类别物质具有相同的作用机制，从而判断是否可以引起相似的毒理学效应。如皮肤致敏性或致突变性的毒理学终点，化学反应性可能提供有用的支持信息。对皮肤致敏性的 AOPs 而言，一个必需的步骤是化合物必须与某种皮肤蛋白形成稳定的复合物。这是一种共价复合,化合物是亲电子剂而该蛋白质为亲核剂。相同的类别也适用于致突变性,只是 DNA 为亲核剂。确定化合物亲电子反应性的实验对皮肤致敏性的交叉参照或致突变性的交叉参照非常有帮助。进行机制和生物活性相似性的判断需要比较同一类别内体外生物活性测试数据,这就需要借助相关生物学工具来完成。包括利用体外生物测定数据进行局部验证,用"大数据(Big Data)"比较化合物的整体特性来判断他们是否在生物学特性上是否相似,用"组学(Omics)"技术来判断分组或归类是否合理。

(三)交叉参照的程序

REACH 技术指南中推荐了在类别方式中进行数据交叉参照的方法。首先要检查是否该化合物已经是现有、已确认类别中的一员。已经评估过的现有类别信息可通过以下网址获得:

US-EPA:http://www. epa. gov/opptintr/newchems/pubs/chemcat. htm

OECD:http://cs3-hq. oecd. org/scripts/hpv

United Nations:http://www. chem. unep. ch/irptc/sids/OECDSIDS/sidspub. html

有些行业也已经采用分组的原理进行了化合物健康和环境危害的评定。在这些实例中有详细的分组理由,如石油化合物、颜料和染料、氯化石蜡、表面活性剂、烃类溶剂、丙烯酸树脂、石油添加物、沥青。分类的方法也被 JECFA、USHPV、加拿大环境和健康部的 DSL 项目、SPORT 用于香精和香料的评估。

如果要评价的化合物是已经评价的一类化合物中的一员,那么就可以用类别方式进行数据交叉参照。这种情况下,一般只需参考已评价的类别以及在以前评价时得出的结论,再考虑要评价化合物在该组中的位置,就可进行数据交叉参照。当然,如果有新的数据在以前进行评价时未考虑,则应将这些数据补充,然后看是否与原来的分类和评价结论一致。不一致时,应按步骤重复进行分组和交叉参照。有时候,相关的类别已经存在,但是当时评价时未包括现在要评估的化合物。这种情况下,可以试着扩展现有类别,以包括要评价的化合物,然后证明是否新的类别仍然支持原有的评价结论。如果支持,则可以交叉参照。如果不支持,则应该按照新的类别,进行重新评价。

如果没有现有类别,或虽然有现有类别但不适用或有新数据,那么应该按照以下步骤进行交叉参照。

第一步:建立类别假设、定义并确定类别成员,类别的定义应该列出所有相关物质及所有终点。化学品类别的定义可以是有相同官能团的一类化合物(如环氧化合物)或具有增长和恒定变化的一类化合物(如链长类别)。虽然化学结构是化学品分组的重要起点,但是化学品类别的定义也可以是具有相同作用方式的一类化合物(如非极性麻醉剂)或一个特定的性质。一般来说,这种特定的性质与化学结构有着密切的关系。例如烃类溶剂,可以根据结构分为脂肪烃和芳香烃,然后可以继续根据沸点的范围、碳原子数目和其他性质进一步细分。脂肪烃也可进一步根据其结构分为直链或支链脂肪烃。类别的定义也可以按照代谢途径进行。同时,类别定义应该描述归入该类化合物的分子结构,包括碳链长度、官能团、化学或代谢等效体的考虑。

类别的假设应考虑:化学结构的相似性、性质和活性在成员间的变化趋势、应该使用的交叉参照方法和趋势分析技术和计算机软件名称、较明确地包括或排除成员化合物的原则。

基于类别假设和定义来进一步确定成员名单。确定的方法可以是手工一个一个地列出,也可用一些自动的计算机类似物搜索方法。例如,Hart 等用 SMILES 号排序的方法来列出碳原子数在 2～6 的低相对分子质量的所有醚类。常用的计算机工具包括专家系统如 Derek(LHASA Ltd,UK),或其他工具如 Leadscope(Leadscope Inc,USA)或 AIM(US-EPA),以及可以用于特定结构的取代基有规律变化的 TSAR 或 Cerius2 系统。

第二步:每个类别成员的数据收集,每个类别成员的所有发表和未发表的,测试的和非测试的数据,包括理化特性、环境行为、毒理学和生态毒理学的数据。数据信息可以通过以下已经评估的报告和数据库中获得,如 OECD(http://cs3-hq. oecd. org/scripts/hpv)、联合国:(http://www. chem. unep. ch/irptc/sids/OECDSIDS/sidspub. html)、欧盟:(http://ecb. jrc. it),(http://ecb. jrc. it/QSAR/information_sources/information_databases. php)。

第三步:评价现有数据的可靠性、充分性,是否足以进行相关交叉参照;要评估所要交叉参照的所有终点各成员化合物的数据资料。终点要按实验类别进行细分。如,致突变性应该按照体内、体外数据或如果可能可以按照每个实验来进行分析。也就是说,如果要交叉参照致突变性结果,在评价充分性时要按照每个成员的体外实验结果、体内实验结果分别进行评价。

第四步:建立现有数据的矩阵表;分别以类别成员的名称和各数据终点为行和列,建立矩阵表。将已经收集到的有效数据填入表格中。应该按一定的顺序进行排列(例如:相对分子质量的大小等)。这种顺序应该要反映出一种变化趋势。如果可能还应该在表格中体现出每个数据的可靠性信息。

第五步:类别的初步评价以及缺失数据的交叉参照;按照前文中关于类别方式判断的基本原则和进行交叉参照时需要的基本信息进行判断分析类别方式的可靠性、充分性。判断能否支持步骤一中的类别假设及类别定义,相关数据是否足够并可靠。这个过程要借助于大量的专家判断,同时也应该充分利用其他 QSARs 工具。通常要求具有不同专业背景的专家组成的团队或经验丰富的交叉参照专家来进行。如果认为可以进行交叉参照,那么就可以使用组内其他成员化合物的数据来弥补交叉参照化学物缺失的数据。那么该交叉参照就完成,直接记录详细的交叉参照过程就可以了。

如果初步评价的结果表明类别的假设不成立或类别不够明确,那么,可以有三种选择:如果数据表明其中的一部分化合物的某些终点可能有特定的变化模式,则可以考虑回到第一步重新进行类别假设、定义。如果类别方式基本可以认可,但数据不是很充分,那么就应该进入下一步,进行新的测试以获得足够的数据。如果对于特定的终点而言数据是充分的,但是数据没有表现出规律性的变化,那么说明对于该特定的终点而言,这样分类并不合适。

第六步:建议和进行测试。如果初步评价结果说明该类别是有道理的(例如:在各成员之间观察到某种模式或趋势),但是该类别内明显没有足够的、相关的、可靠的数据和信息来评价所有的类别成员,这种情况下,有必要进行或建议一些实验。

在建议进行额外实验时,需要考虑下面这些因素:所评价化合物及类别中每个成员的数据情况,所进行的实验应该和管理机构的具体要求一致,尽量使新实验的利用效率最大化。根据初步评价结果选择合适的测试终点和方法。如果对于某一特定的终点,所有类别成员都没有数据,有必要认真选择有限的一些成员进行系列测定。当根据已有数据已经可以预测某种作用或效应存在或不可能存在时,可以选择其中的某个化合物进行测试来验证这种预测是否正确。在选择实验时,不但要考虑科学性,还要考虑动物福利和一些经验证的动物替代实验、QSARs 模型。测试应该按照国际公认的实验准则进行。

第七步:进一步进行类别评价并交叉参照。根据第六步获得的新信息,按照第五步重新进行评价和数据交叉参照。如果结果支持类别的假设,则可以根据类别的性质进行相关数据的交叉参照。如果不支持,则可以根据评估的结果考虑是否需要修改类别的定义或进行额外的实验来进一步分析,或觉得停止进行进一步行动,认为不能用类别方式进行交叉参照。

第八步:记录详细的交叉参照过程并存档;包括以上各步骤的结果和支持信息,特别是评价类别的方法及结论和可以交叉参照的理由。欧盟 REACH 指南中提供了一个报告的格式可供参考。

三、毒理学关注阈值[22]

(一)毒理学关注阈值的概念

毒理学关注阈值(Threshold of Toxicological Concern,TTC)方法是毒理学界最近发展起来的一种新的风险评估工具。当人体暴露剂量低于化学品的毒理学关注阈值时,该化学品对人体健康造成不良影响的可能性很低。根据该原则建立的毒理学关注阈值方法，可通过化学品结构以及类似结构化学品的已知毒性来确定毒性未知的化学品暴露的安全水平。

毒理学关注阈值是一种毒理学风险评估工具，它的基础是化学物质都可确定一个人体暴露阈值，只要人体暴露水平低于该阈值，其对人体健康危害的可能性是极低的。

利用 TTC 方法，根据化学物质的化学结构和结构类似化学物的已知毒性，就可以确定该化学物质的安全暴露水平。TTC 法对人体健康可以提供足够保护，因为它假定某个化学物质和它所属的分类中毒性最强的化学物质有一样的潜在毒性。

与毒理学构效关系（Structure Activity Relationship，SAR）的方法不同，TTC 方法根据化学物致突变性警告或其基本结构特征将化学物分成几大类，然后再确定相关的安全阈值。当某化合物缺乏相关毒性资料，且人体暴露水平很低时，可运用 TTC 方法对该化合物进行风险评估。

（二）毒理学关注阈值概述

1. 毒理学关注阈值的发展历史

首先将 TTC 类似方法运用于风险评估是在食品包装材料方面。1958 年，美国联邦食品、药品和化妆品法案认为食品包装材料的化学物质可能会迁移到食品中，应该将其作为食品添加剂来考虑。Frawley 分析了 220 种不同化合物的慢性毒性数据，并首次提出，如果食品包装材料中的物质迁移到食品中的浓度低于 0.1 mg/kg，应该不会引起人体健康风险。1969 年，美国国家科学院(NRC)食品保护委员会建议在剔除一些特定化合物：天然毒素、特定的必须营养元素和激素、特定的重金属及其化合物、农药、医药等有生物活性的物质的基础上，建议可以将 Frawley 得出的阈值 0.1 mg/kg 提高到 1 mg/kg。1989 年，Rulis 等分析了 Gold 的致癌数据库中 343 种致癌物，建立了慢性剂量-风险概率分布图，按照致癌风险为 10^{-6}（百万分之一）进行外推，根据每人每天摄入 3 kg 食品，可接受的摄入量为 1.5 μg/d，将食品中化合物浓度安全阈值确定为 0.5 μg/kg。1995 年该阈值被美国 FDA 规定为食品包装材料“管理阈值”（Threshold of Regulation，TOR）。1999 年 Cheseman 对 Gold 致癌性数据库中 709 种啮齿类动物致癌强度进行了进一步的分析，通过线性外推的方法来估算 10^{-6} 终生致癌风险的上限值的相应剂量，证实了对根据结构没有致癌潜能的化学物质来说，在食品中浓度为 0.5 μg/kg 的管理阈值是有效的。他们同时也分析了其他毒性资料，包括急性、短期毒性实验数据、遗传毒性实验结果、警示性结构来尝试建立更进一步、多层次的管理阈值原则。

国际生命科学会(ILSI)组织专家讨论 TTC 用于膳食中化学物质的评价。

2000年，Kroes等发表了这些工作的结果。分析结果表明，用Cramer分类研究建立的阈值能够覆盖神经系统、免疫系统、内分泌系统和发育系统的毒性终点，但是有机磷酸酯化合物毒作用特殊，应单独制定TTC值为18μg/d。2004年，Kroes等发表了基于一系列方法构建的TTC决策树，并用此方法来评价食物中低暴露水平化合物的毒理学安全性。任何化合物通过TTC决策树评价会得到两种可能结果：其一，化合物的暴露水平低于TTC值，所以不会对人体健康产生危害；其二，化合物的暴露水平高于TTC值，风险评估则需要根据此化学物质的毒性数据所决定。决策树仅适用于数据库中已包括的化学结构类、低相对分子质量的化合物，不适用于聚合物或蛋白质等。因为TTC数据库的毒理学数据只来源于系统毒性终点研究，所以TTC不适用于评估局部效应(例如：皮肤刺激、眼睛刺激等)。ILSI专家组建议运用TTC来评价食品中缺乏毒性资料的化合物。准确的暴露量评估是应用TTC风险评估的关键，因为TTC法主要是基于暴露量进行评估的。

2. TTC值与致癌毒性终点关系

根据FDA阈值管理规定，食物中化学物质浓度限量为0.5 μg/kg，这是在研究致癌化合物啮齿类动物慢性毒性实验取得的剂量反应数据基础上制定的。如果膳食中化学物质的浓度低于0.5 μg/kg，那么FDA就不要求对该化合物进行毒性实验，只需要评估化学物质的每日人体摄入量。致癌化合物毒性大小是用TD_{50}(50%试验的动物发生肿瘤的剂量)来表示，在TTC原则中，致癌性化合物的TTC值是按照化合物诱导人体发生终身致癌危险度的概率不超过1×10^{-6}计算的每日摄入量水平，它是在TD_{50}基础上通过线性外推的方法来计算，简单等同于TD_{50}除以500 000。当食物中化合物浓度为0.5 μg/kg时(相当于人体每人每天摄入量为1.5 μg)，研究估计化合物诱导终生致癌风险低于1×10^{-6}。由于没有考虑化合物在诱发肿瘤过程中细胞自身修复等诸多因素，因此在TD_{50}基础上用概率方法取得的TTC值是高度保守的。

当人体暴露水平为每人每天1.5μg，如果假定所有化学物质都是致癌物，那发生终生致癌危险度不超过1×10^{-6}的概率是63%。但美国NTP(国家毒理计划)预测致癌物在所有化合物中占有的最大比例仅为10%，那上面提到的概率将增加到96%。实际上，化学物质中致癌物的比例还要低于NTP的预测，研究发现Ames试验阳性的物质在长期试验中证实为致癌物仅占50%；NTP检测的化合物中发现有40%在一个种属的试验中为致癌物，但在两种不同种属中同时证实为致癌物仅占11%；NTP选择检测的化合物是根据化学物质产量、潜在人体暴露水平和遗传毒性潜力，这就存在选择偏差，决定了被选择的化合物不能反映真实世界中化学物质的构成。因此，如果世界上现有的化学物质中致癌物为5%～10%，那化合物对人体产生不超过1×10^{-6}终身致癌危险度的TTC

值是每人 1～5μg/d。

后来，Kores 等提出在应用 TTC 方法时，要识别和评估化合物结构上标识遗传毒性和强效致癌性“警示性结构”，在排除黄曲霉毒素类、偶氮类和 *N*-亚硝基化合物等强遗传毒性化合物后，剩余其他带有“警示性结构”化合物表现弱遗传毒性，当人体摄入水平低于 0.15μg/d 时，诱发人体终身致癌度低于 1×10^{-6}，而且 0.15μg/d 的 TTC 值也是非常保守的。

3. TTC 值与非致癌毒性终点关系

JECFA 应用 TTC 原则评价调味料毒理学安全性是建立在 Cramer(1978)决策树化合物结构分类的基础上。化学物质的毒性效应主要受其化学结构的影响，Cramer 决策树分类是根据化合物分子结构反映的毒性大小，将化合物分成 3 类，其中，结构分类Ⅲ毒性最大，结构分类Ⅱ毒性居中，结构分类Ⅰ毒性最小。不同 Cramer 结构分类的化合物对应不同的 TTC 值。Munro 等建立了一个包含有 612 个化学结构明确的有机化学物质数据库，依据 Cramer 决策树将这些化合物分类，其中结构分类Ⅰ137 个，结构分类Ⅱ28 个，结构分类Ⅲ448 个。然后通过研究啮齿类动物或兔的慢性毒性取得了 2 944 个未观察到有害作用的剂量(NOELs)，选择 NOELs 依据是最敏感的动物、性别和毒性终点。研究表明，Cramer 结构分类化合物 NOELs 累计分布图是对数正态分布。结构分类Ⅰ、Ⅱ、Ⅲ化合物对应 NOELs 第 5 个百分位点值分别是 3.0 mg/(kg · d)、0.91 mg/(kg · d)和 0.15 mg/(kg · d)。因此，对于一个尚未研究过其毒性的化合物，如果通过慢性动物试验取得 NOEL 值，应至少有 95%概率低于其结构分类化合物相关 NOELs 第五百分位点值。Cramer 结构分类Ⅰ、Ⅱ和Ⅲ化合物对应 NOELs 第五个百分位点值除以不确定系数(安全系数 100)，然后乘以 60 kg(相当于成年人平均体重)，就得到了 Cramer 结构分类Ⅰ、Ⅱ和Ⅲ化合物对应 TTC 值为每人 1 800 μg/d、540 μg/d 和 90 μg/d。不确定系数主要是用来反映动物种属之间和个体之间的毒物代谢学和动力学差异，选择 100 主要是因为长期以来在计算每日允许摄入量(ADI)时使用该值。虽然后来 Munro 又将数据库中化合物数量从 612 个增加到 900 个，但也没有改变化合物的 NOELs 累计分布图。

Kores 等研究证实，从化合物慢性毒性研究取得的 TTC 值能够充分覆盖神经毒性、发育神经毒性、发育毒性和免疫毒性等其他形式的毒理学毒性终点。从 Munro 建立的数据库中选择发育毒性和发育神经毒性化合物，发现其 NOELs 累计分布图与 Cramer 结构分类Ⅲ化合物 NOELs 累计分布图没有显著差异。其他对 37 种具有免疫毒性化合物分析表明综合的免疫毒性终点并不比其他毒性终点更加敏感。但神经毒性化合物 NOELs 累计分布图与 Cramer 结构分类Ⅲ化合物 NOELs 累计分布图有显著差异，在低于 Cramer 结构分类Ⅲ化合物的 NOELs 10 倍剂量处分布。Kores 进一步分析神经毒性化合物，把它分成有机磷酸酯(OPs)和非有机磷酸酯(non-OPs)两大类，发现非有机磷酸酯的神经毒性 NOELs 累计分布图类似于 Cramer 结构分类Ⅲ化合物的，因此可以认定 OPs 是造成神经毒性化合物 NOELs 低分布的主要原因。因为 OPs 类物质非常容易识别，因此可以单独制定 OPs 化合物 TTC 值，同样在 OPs 化合物神经毒性 NOELs 累积分布第五个百分位点值基础上得到了 OPs 化合物 TTC 值(18 μg/d)。应当指出的是，TTC 原则不是用来替代目前已经认可的 OPs 杀虫剂管理和安全评价方法，而是如果在食物中发现一个非杀虫剂同时未得到管制的新物质时，可以使用 TTC 原则进行初步风险评估。

4. TTC 限值优化和总结

国际生命科学会欧洲分会成立了一个专家组对 TTC 相关文献进行分析，2004 年专家组完成了关于使用 TTC 对膳食中低浓度化合物进行食品安全性的评估(Kroes et al. ,2004)。该专家组开发了应用 TTC 的决策树。除了将以上的研究中得出的 TTC 值整合到决策树中，同时也讨论了哪些物质不适用 TTC 进行评估。黄曲霉毒素类化合物、*N*-亚硝基化合物、偶氮化合物、甾醇类化合物、多氯二苯并-*p*-二噁英类和多氯二苯并呋喃类化合物由于在线性外推中发现有些化合物在低于 0.15 μg/d 时有 10^{-6}风险，因此不适用于 TTC 值。不过，目前普遍认为甾醇类化合物为非遗传毒性致癌物，不适用于线性外推，应该也可以使用 TTC 的方法。专家组还研究了是否将致畸剂另外分作一类，结果表明没有必要将其单独考虑。鉴于目前对低剂量作用的认知还有效，将 TTC 方法用于内分泌干扰物的风险评估还不是很成熟。对致敏剂的风险评估，由于目前用于推算 TTC 值的数据库所限，暂不推荐用 TTC 的方法进行评估。

Munro 等通过在原 Cramer Ⅲ类分布中剔除有机磷类，进一步优化 Cramer Ⅲ类的 TTC 值。新的 TTC 值，即新分布的第五百分位的值为 180 μg/d。如果在此基础上再从 Cramer Ⅲ类中剔除有机氯化合物，TTC 甚至可以达到 600 μg/d。

国际生命科学会北美分会食品和化学品技术委员会支持的研究也提出了两个新的对 TTC 值优化的建议。第一个建议是综合考虑遗传毒性实验和有潜在遗传毒性的结构警示对 TTC 值进行优化；第二个建议是如果化合物在食品中引起的是短期暴露，那么可以提高 TTC 限值。到目前为止，主要的 TTC 限值见表 17-6。

表 17-6 不同结构类别对应的 TTC 值总结

	TTC 值 /(μg/person/d)
Cramer 结构Ⅰ类物质：化学结构简单，具有有效的代谢模式	1 800
Cramer 结构Ⅲ类物质：该类别没有充足的代谢、药理学和毒理学信息，但也不含有类似 Cramer 结构 Ⅲ类物质的有毒性的结构特征	540

续表

	TTC 值 /(μg/person/d)
Cramer 结构Ⅲ类物质:化学结构显示不是十分安全甚至可能有明显毒性或具有反应性的功能团	90
——排除有机磷类	180
——排除有机磷类和有机氯类	600
有机磷类	18
有潜在遗传毒性的结构警示	0.15
没有潜在遗传毒性的结构警示或有潜在遗传毒性的结构警示但 Ames 实验结果为阴性	1.5
高致癌强度的物质:	不适用
(1) 黄曲霉毒素类化合物	
(2) 偶氮类化合物	
(3) 亚硝基化合物	
(4) 2,3,7,8-二苯并-*p*-二噁英及其同系物(TCDD)	

5. TTC 相关的暴露摄入量估计

应用 TTC 方法对化合物进行风险评估,主要是通过比较化合物预期的每日人体摄入量和相关 TTC 值来决定是否需要进行广泛的毒性研究。因此在应用 TTC 原则时用合适的方法进行合理的化合物每日摄入量估计是非常关键的。在 TTC 方法中使用的阈值是每人每天摄入量,用每人 μg/d 来表示。应用 TTC 原则时需要分析化合物的 TTC 值和在食物中分布的关系。正常情况下一个成年人每天需要消耗 1.5 kg 食物和 1.5 kg 水。例如,TTC 值为每人 90 μg/d 的化合物,当化合物在食物中(1.5 kg 食物和 1.5 kg 水)均匀分布并且浓度超过 30 μg/kg 时,则化合物每天摄入量会超过相关的 TTC 值。但如果化合物仅在某个特定产品存在,而该产品每天消耗量为 100 g,如果要达到每人 90 μg/d 则需要食物中化合物浓度为 900 μg/kg。另外因为 TTC 值是按照成年人计算的,因此在考虑体重不到 60 kg 特殊人群,尤其是儿童时,化合物的每日摄入量和 TTC 值都应当与体重相关。

在现实情况下,人体往往同时暴露于多种化合物环境中,如果这些化合物具有共同的作用机理,可以考虑将这些化合物的暴露水平合并。但是在进行摄入量相加时需要考虑化学物质之间的活性差异或相互作用,只有当一种化合物的毒性不会因为另外一种化合物的存在而发生改变时才予以合并。此外,如果化合物还存在食物之外的其他人体暴露途径,也应当一并进行评估。当遇到人体暴露于多种化合物的复杂混合物时，用 TTC 方法进行风险评估时应当集中于“标志”化合物或主要化合物，也就是混合物中比例高的和 Cramer 结构分类最高的化合物。

6. TTC 决策树

使用 TTC 方法对化合物进行毒理学安全性评价有两个前提：①收集和评估化合物现有毒性资料；②化合物现有的毒性数据无法进行常规的风险评估。TTC 决策树是由 Kroes 等提出的一个非常实用和系统的工具，它通过连续应用 TTC 原则来评价食物中低暴露水平化合物的毒理学安全性。从 TTC 决策树得到的结果有两种情况：①预期化合物的暴露水平预计不会对人体健康产生危害；②如果没有化合物明确的毒性资料，那么用 TTC 方法进行风险评估是不适合的，不过决策树的结果能够为风险管理者提供建议，即在何种暴露程度下，可以忽略化合物对人体健康产生的危害。完整的决策树见图 17-6。

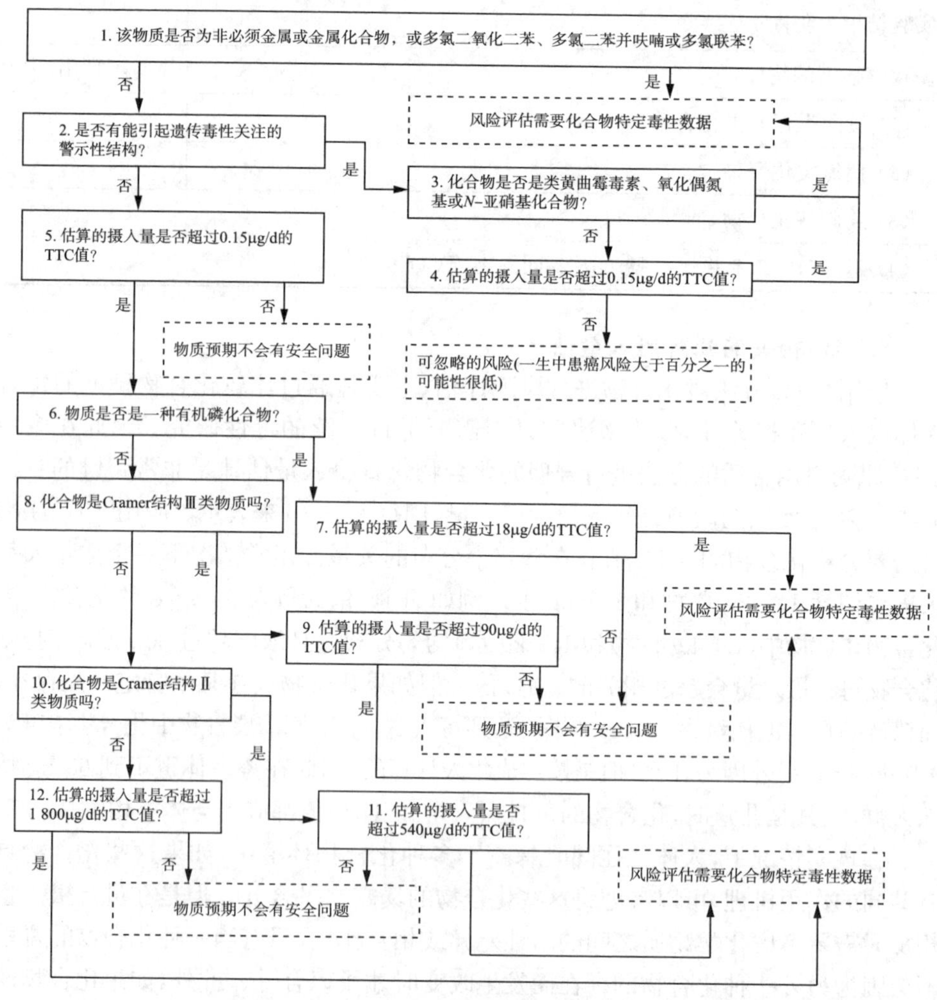

图 17－6　决策树示意图

根据取得TTC值化合物数据库的性质，TTC原则上不适用于评价重金属（比如砷、镉、铅和汞）、具有极端长半衰期和在生物累积过程中表现出很大的种属差异的化合物（比如TCDD和结构类似物）、蛋白质。

（三）毒理学关注阈值方法的应用

TTC原则相继被世界粮农和卫生组织（FAO/WHO）、食品添加剂委员会（JECFA）、欧洲食品安全局（EFSA）、欧洲药品评估机构（EMEA）、WHO化学品安全评估国际计划（IPCS）和欧盟毒理、生态毒理与环境科学委员会（Bridges）认可和采纳，食品添加剂委员会和欧盟已经用TTC方法确定新药制剂中具有遗传毒性杂质的可接受水平。日本使用TTC来帮助建立农产品中残留物质限值，澳大利亚利用TTC来设定复循环饮用水化学物质安全水平。欧洲委员会消费品科学委员会（SCCP）、保健和环境科学委员会（SCHER）、新兴及新鉴定健康风险科学委员会（SCENIHR）目前正在评估毒理学关注阈值（TTC）方法在他们各自领域的适用性。

1. TTC在食品接触材料中的应用

TTC原则目前已用于确定经口暴露的食品接触物质（通过食品包装材料迁移）。1995年，美国FDA有关食品接触化学物质（通过食品包装材料迁移）管理阈值是TTC的首次应用，TTC类似方法首次进入管理体系。根据美国当前法律体系，如果食品包装材料的化学物质在食品中的浓度等于或低于5×10^{-10} g（即膳食暴露量为1.5 μg/d[①]），就可以申请管理豁免。豁免要求提供食品中化学物质的浓度是如何估算出来的、该物质已知的毒性资料、有关杂质的资料，以决定有无理由认为该化合物或杂质有致癌性，或者是否需要进行致癌性实验。

1996年，欧洲食品科学委员会（SCF）研究了美国FDA法规管理阈值（ToR）的应用，认为此方法具有科学性。但是SCF认为，在发育毒性、神经毒性、免疫毒性和内分泌干扰物的毒性终点方面的应用还有待进一步探讨。如前所述，ILSI专家们已研究了这个议题，并得出结论认为，2004年Kroes等的TTC决策树可以覆盖以上所有毒性终点。TTC原则还没有用于食品添加剂的安全评估上。SCF关于食品包装物质风险评估的指南上特别指出，只有完全评估过毒性的食品添加剂才可授权使用。欧洲食品安全局专门处理食品包装材料小组就已经应用一系列方法来评价食品包装材料的安全性，并不断更新，这一系列方法原理与TTC方法相似。2012年EFSA发布了关于应用TTC的方法进行人体健康的风险评估，其中对在食品包装材料的风险评估中使用TTC的方法给予肯定。

---

① 美国FDA默认美国人每天平均摄入食品1.5 kg，饮用水1.5 kg，共计3 kg。即$3\ \text{kg/d}\times5\times10^{-10}=1.5\ \mu\text{g/d}$。

2. TTC 在食用香料中的应用

TTC 原则目前已用于确定经口暴露的食品调味剂。FAO/WHO 食品添加剂联合专家委员会(JECFA)已经采用 TTC 原则评价食用香料安全性,将评估的暴露量与相关的 Cramer 分类的阈值比较来进行评价。1995 年,TTC 方法在 JECFA 会议上讨论并修改后,于 1996 年被通过认可。食用香料安全性评价中暴露评估是关键,JECFA 用最大化调查所得每日允许摄入量(MSDI)作为暴露剂量,美国、欧洲和日本都采用此方法。在欧洲,TTC 已用于食用香料的评价。EFSA 和 JECFA 共同参与食用香料评价及决定某一香料能否适合于食用。EFSA 采用的是欧盟法规 1565/2000 所规定的,基于欧洲食品科学委员会(SCF)意见,但比其更进一步的管理阈值原则。与 JECFA 方法一样,EFSA 也逐步采用将评估的暴露量与相关的 Cramer 分类的阈值比较来进行安全性评估。评估过程还综合考虑受评化学物的代谢、构效关系及毒性资料来帮助确定 TTC 阈值是否合适。

大量实践经验证明,大多数化学性物质能用 TTC 原则评价,只是 EFSA 和 JECFA 在如何使用 TTC 方法上有一些差异。应当指出,许多食用香料还用于其他用途,食用香料暴露评估时不考虑这些暴露。

3. TTC 在药物中的应用

欧洲共同体药物评审委员会(EMEA)人用医疗产品委员会(CHMP)发布了“遗传毒性杂质限值使用指南”,并于 2007 年 1 月 1 日生效,该指南推荐应用 TTC 值来定义药物中遗传毒性杂质的可接受限值。

由于没有充足证据证明遗传毒性化合物作用机理是“阈值相关性机理”,CHMP 指南提出用 TTC 原则确定杂质的可接受水平。CHMP 指南接受 2004 年 KROES 等为具有遗传毒性警告结构的化学物质建立的 TTC 值(0.15 μg/d)。低于此值的情况下,终身的致癌风险低于 10^{-6}。考虑到药物带来的益处,CHMP 专家一致认为可以调整终生致癌风险度至 10^{-5},1.5 μg/d 的 TTC 值可作为药物中遗传毒性杂质的可接受每日摄入量。根据药物临床使用上的差异,TTC 值还可调整。如果药物治疗是短期的针对具有生命危险状况的疾病,或病人的预期寿命有限,如 5 年等,或当杂质是已知化合物且人类暴露量更多来自于其他来源如食品等,则高于 1.5 μg/d 也是可接受的。TTC 原则不适用于黄曲霉素、氧化偶氮和 *N*-亚硝基化合物等评价,因为这些化合物具有强效遗传致癌毒性。自 2007 年 CHMP 指南实施以来的经验表明,TTC 方法在新药的遗传毒性杂质安全评价上是非常有效和实用的工具。美国 FDA 药物评价和研究中心也认为,TTC 限值管理药物中遗传毒性和致癌性杂质是可行的。欧共体药物评审委员会(EMEA)草药委员会(HMPC)出版了草药制剂中杂质的遗传毒性评价指南,并于 2008 年实施。该指南允许用 TTC 方法对含遗传毒性杂质的草药制剂进行风险评估。因缺乏相关毒性资料，传统的风险评估方法不能应用时，HMPC 建议用 TTC 方法来评价草药制剂中遗传毒性成分，虽然 HMPC 特别指出草药制剂中的遗传毒性成分不能被当作杂质对待。近期 CHMP 指南中有关草药制剂中遗传毒性杂质的评价也建议用同样的 TTC 方法。草药制剂中遗传毒性物质的允许水平可以用 1.5 μg/d TTC 值来计算。此剂量综合了大多数药物的可接受危险度和每日摄入量，它与以上 CHMP 对药物遗传毒性杂质的评价原则一致。

应当指出的是，草药制剂成分复杂，因此对其进行可靠的遗传毒性评价比较困难。由于 TTC 方法评价草药制剂风险评估的经验资料有限，HMPC 使用 TTC 方法存在一定的争议。

4. TTC 在工业化学品的应用

2007 年 6 月实施的欧盟规章《化学品注册、评估、许可和限制》(REACH)的化学品监管体系指出，在应用 TTC 方法之前，应得到有关管理机构的同意，且应明确指明用 TTC 方法评价的毒理学终点、用途及暴露人群。在 REACH 框架内，如化学物的用量不大，不要求对化学物进行重复毒性试验或生殖毒性试验(对于低暴露的化学品 REACH 明确允许没必要进行动物测试)。在这种情况下，可以用 TTC 方法来对化学品进行安全评价。以下两种情况可以使用 TTC 方法：(1)无动物试验或只有体外测试，无法得出定量毒性阈值，TTC 可有助于评估暴露的显著性；(2)当数据证明没有显著的人体暴露，可以豁免进行重复剂量毒性试验或生殖毒性试验的情况下，TTC 值有助于评估化学物暴露的显著性。该指南指出，不论用哪种方法对工业化学品进行风险评估，均要确保有足够的保护程度。在不断寻求动物实验替代方法的过程中，有人提出用通用阈值方法。然而，使用 TTC 方法就意味着产生的数据有限，从而有可能影响保护程度。总之，在 REACH 下，TTC 被确认是一种有用的工具，尤其是帮助决定是否有必要进行某些特定动物实验。

5. TTC 方法在化妆品中的应用

各个国家对于化妆品有不同的定义。美国食品与药物管理局对化妆品的定义是：用于人体，为了清洁、美化、增加魅力或改变体表形态而不影响身体结构和功能的物质。欧盟的定义是：这些物质和制品是用于人体的外部(表皮、毛发、指甲、口齿、外生殖器)或牙齿、口腔内黏膜，其唯一目的或主要目的是为了达到清洁、变香、保护及维持其最佳的状态或美化外形。2007 年 COLIPA 组织的专家组建议可以用 TTC 原则对化妆品成分进行安全评价。专家组同时指出 TTC 方法目前还不能用于评价局部毒性，虽然将来此方法的进一步发展有可能可以包括局部反应评价。目前，有关局部反应如过敏性、刺激性的数据资料还有限，因此还是不能用 TTC 方法来评价化妆品的局部反应。用 TTC 原则对化妆品成分进行安全评价时，化妆品的化学结构和使用途径是非常重要的。人体化妆品的主要接触途径是经皮，专家组考虑了经口和经皮途径化学物的生物吸收性及代谢差异，最后得出结论认为，这些差异不会影响自经口途径确定的TTC值用于经皮接触的化妆品成分的安全评价。欧盟消费品安全科学委员会(SCCS)也就TTC在化妆品安全性评价中的应用方面进行讨论和考虑。2012年，SCCS发布了对应用TTC方法对化妆品和消费产品的人体安全性评估的意见，其中，在肯定TTC方法的科学性的同时，也对使用TTC方法提出了一些原则上的指导，同时对进一步完善TTC方法在化妆品上的应用提出了一些意见。

6. TTC方法在其他领域的潜在应用

进口食品残留兽药的安全评价及管理引起国际高度关注，由于缺乏风险指导值，残留兽药引起的贸易争端不断。有些国家禁止残留兽药，而有些国家却允许一定可检测水平上的残留兽药。目前欧盟委员会正在考虑用TTC值作为参考来制定残留兽药允许值。

由于地表水存在农药代谢物，前EC植物科学委员会在其相关代谢物(内在生物活性或毒性特性与母化学物相似的代谢物)指导草案中提出用TTC方法。相关代谢物在地表水中的浓度不能超过0.1 μg/L。对于不相关代谢物，应遵从TTC来确定浓度阈值。如果代谢物结构未知，委员会建议对于一个体重75 kg的成人来讲，TTC值则为1.5 μg/d。假设每天消耗2 L水，代谢物浓度的可接受限值上限为0.75 μg/L。

（四）TTC方法的优越性和前景

当前，我们所处的环境中有上百万种化合物，一方面，人们更加关注自身健康，这就需要开展大量的毒性试验和风险评估；另一方面，人类社会面临巨大的挑战，怎样合理地将有限的资源(人力及物力)使用在最有必要的地方，包括不断地减少对动物实验的依赖和增加替代方法来避免使用动物。因此，TTC原则的建立将有利于消费者、生产者和管理者，不但避免不必要的广泛的毒性研究，而且能将有限的时间、动物、费用和专业人才等资源放到对人体健康有较大潜在危害的化合物毒性研究和安全学评价上。

传统的风险评估的内容包括危害识别、剂量反应关系评定、暴露评定和风险特征。其中，危害识别和剂量反应关系评定需要根据化合物的毒性试验获得的毒性资料进行分析。暴露评定是依据消费者的使用习惯，例如暴露时间和暴露频度等来评价。风险特征分析则是危害识别和暴露评定结合在一起，在相关人体暴露条件下对化合物的毒性作出定量评价。传统的风险评估过程需要有一套详细的毒性数据。相反，对于缺乏详尽毒性数据的化合物，不能使用传统的风险评估方法。TTC作为替代方法，可以依靠各种化学物质分类的现存数据来推测毒性未知的化学物质的潜在毒性。当暴露量很低时，可以使用 TTC 方法来评价化学品毒性，同时也避免了不必要的广泛的毒性实验。目前 TTC 方法已被广泛应用于食品包装材料、食用香料、药物中遗传毒性杂质的安全性评价，许多专家还建议将 TTC 方法用于化妆品等其他领域。除了成功用于评价调味料和食品中低暴露水平化合物的毒理学安全性外，TTC 原则在其他领域也有着潜在的应用价值。Blackburn 等研究证实，日用消费品中化学成分 NOELs 分布范围与取得 TTC 值化合物数据库 NOELs 范围一致，表明 TTC 原则适合于日用消费品中化学成分安全性评价。Smith 等相继用 TTC 原则来评价天然香料复杂物(NFCs)和油类等物质。

由于人类更加关注自身健康，同时所处的环境中有上百万种化合物，这就需要开展大量的毒性试验和风险评估；另一方面，社会上存在着巨大的压力要求减少对体内动物实验依赖和增加对体外试验和基因信息需求。因此，TTC 原则的出现将有利于消费者、生产者和管理者，不但避免不必要的广泛毒性研究，而且能将有限时间、动物、费用和专业人才等资源放到对人体健康有较大潜在危害的化合物毒性研究和安全学评价。

2012 年，EFSA 发布了关于应用 TTC 的方法进行人体健康的风险评估的意见，该意见主要评述了支撑毒理学关注阈值(TTC)的科研相关性和可靠性。TTC 方法适用数据缺乏的物质，对已知化学结构、但毒性数据有限而暴露水平较低的物质是一种实用的风险评估筛选工具。意见草案显示 TTC 方法在哪些情况下适用和哪些情况下不适用。可靠的人体暴露评估对如何应用 TTC 方法至关重要，但是预测非食品源头的暴露非常复杂，对 TTC 的使用提出了更高的要求。进行量化风险评估，尤其为确定是否需要一种综合的风险评估方式时，TTC 方法是一种明智之选。与暴露场景相结合，如果暴露信息显示人体、食物或环境中不会达到 TTC 的水平，毒理学关注阈值就可以用来作为优先设置的筛选工具，也就是说，将化学物质分类为“低关注物质”。如果测量或预测的暴露浓度与 TTC 相近，那么就需要获得化学物质毒理学的进一步信息。如果化学品的用途和其暴露的信息足够充分，利用 TTC 概念可用来限制动物实验。该意见还确立了 EFSA 科学评估认可的可靠的 TTC 限值以及 TTC 方法的适用区域，如食品接触材料。欧盟科委会定义了 TTC 方法不适用的物质类别，如高浓度致癌物、无机物和已知或预期具有生物累积性的物质。可适用包括儿童和婴儿在内的人类全体的 TTC 方法，其数值应转换为计入体重的相应数值。科委会提出，TTC 方法甚至可用于 6 个月以下代谢功能尚未发育成熟的婴童。如果预估暴露在 TTC 数值范围以内，要缜密分析是否可以适用 TTC 预测结果。

2012 年，SCCS 发布了对应用 TTC 方法对化妆品和消费产品的人体安全性评估的意见，该意见对进一步完善TTC方法，以便将其用于化妆品和其他消费产品的安全性评估当中提出指导性建议。包括完善数据库，应包括经皮暴露的化学物质的数据库；除系统毒性外，应该考虑局部毒性数据等。国际生命科学会(ILSI)欧洲分会建立了专家小组，对如何更好地完善TTC方法进行专门的研究。相信TTC的方法在政府、工业界、科学界的大力推动下，将更广泛、更科学地为化合物的风险评估服务。

参考文献：

[1] 陈君石．食品安全风险评估概述[J]. 中国食品卫生杂志，2011，23(1)：4-7.

[2] 程燕，周军英，单正军，等．国内外农药生态风险评价研究综述[J]. 农村生态环境，2005，21(3)：62-66.

[3] 程燕，周军英，单正军．美国农药水生生态风险评价研究进展[J]. 农药学学报，2005，7(4)：293-298.

[4] 高仁君，陈隆智，张文吉．农药残留急性膳食风险评估研究进展[J]. 食品科学，2007，28(2)：363-368.

[5] 高仁君，陈隆智，郑明奇，等．农药对人体健康影响的风险评估[J]. 农药学学报，2004，6(3)：8-14.

[6] 高仁君，陈隆智，郑明奇，等．科学理解农药最大残留限量的概念[J]. 中国农学通报，2005，21(7)：353-358.

[7] 高仁君，王蔚，陈隆智，等．JMPR农药残留急性膳食摄入量计算方法[J]. 中国农学通报，2006，22(4)：101-105.

[8] 顾宝根，程燕，周军英，等．美国农药生态风险评价技术[J]. 农药学学报，2009，11(3)：283-290.

[9] 李敏，张丽英，陶传江．农药职业健康风险评估方法[J]. 农药学学报，2010，12(3)：249-254.

[10] 隋海霞，刘兆平，李凤琴，等．不同国家和国际组织食品接触材料的风险评估[J]. 中国食品卫生杂志，2011，23(1)：36-40.

[11] 王铁宇，周云桥，李奇锋，等．我国化学品的风险评价及风险管理[J]. 环境科学，2016，37(2)：404-412.

[12] 王颜红，李国琛，王世成，等．欧盟农药风险评价发展现状[J]. 农药，2008，47(8)：547-554，557.

[13] 魏启文，陶传江，宋稳成，等．农药风险评估及其现状与对策研究[J]. 农产品质量与安全，2010(2)：38-42.

[14] 吴志凤，周艳明，周欣欣．农药登记环境风险评估的现状及展望[J]. 农药科学与管理，2015，36(1)：12-15.

[15] 杨桂玲，陈晨，王强，等．农药多残留联合暴露风险评估研究进展[J]. 农药学学报，2015，17(02)：119-127.

[16] 阳文锐，王如松，黄锦楼，等．生态风险评价及研究进展[J]. 应用生态学报，2007，18

(8):1869-1876.

[17] 于彩虹,胡琳娜,胡东青,等. 欧盟针对农药对水生生物的初级风险评价——标准物种不确定因子法[J]. 生态毒理学报,2011,6(05):471-475.

[18] 于彩虹,李春燕,林荣华,等. 农药对陆生生物的生态毒性及风险评估[J]. 生态毒理学报,2015,10(6):21-28.

[19] 张磊,刘兆平. 食品化学物风险评估中一些重要参数的选择和使用[J]. 中国食品卫生杂志,2015,27(3):308-311.

[20] 张磊,刘爱东,刘兆平,等. 食品化学物高端暴露膳食模型的建立[J]. 中华预防医学杂志,2013,47(6):565-568.

[21] 郑明岚,周少英,刘学军,等. 毒理学关注阈值(TTC)在化学物质风险评估中的应用[J]. 卫生研究,2010,39(5):639-642.

[22] Barlow SM, Kozianowski G, Wurtzen G, et al. Threshold of toxicological concern for chemical substances present in the diet[J]. Food Chem Toxicol, 2001, 39(9):893-905.

[23] Blackburn K, Stickney J A, Carlson-Lynch H L, et al. Application of the threshold of toxicological concern approach to ingredients in personal and household care products[J]. Regula Toxicol and Pharmaco, 2005, 43(3):249-259.

[24] Cheeseman M A, Machuga E J, Bailey A B. A tiered approach to threshold of regulation [J]. Food and Chemical Toxicology, 1999, 37(4):387-418.

[25] DA/CFSA11/OFAS. Toxicological principles for the safety assessment of direct food additives and color additives used in food 2000[EB]. [2010-02-19].

[26] Embry M R, Bachman A N, Bell D R, et al. Risk Assessment in the 21st Century: Roadmap and Matrix[J]. Crit Rev Toxicol, 2014, 44:6-16.

[27] Gold L S, Manley N B, Slone T H, et al. Supplement to the carcinogenic potency databases(CPDB): results of animal bioassays published in the general literature in 1993 to 1994 and by the National Toxicology program in 1995 to 1996[J]. Environ Health Perspect, 1999, 107(S4):527-600.

[28] Grace P, David W R, Aynur A, et al. Workshop: Use of "read-across" for chemical safety assessment under REACH[J]. Regulatory Toxicology and Pharmacology, 2013, 65: 226-228.

[29] Grace P, Nicholas B, Ewan D B, et al. Use of category approaches, read-across and (Q) SAR: General Considerations[J]. Regulatory Toxicology and Pharmacology, 2013, 67: 1-12.

[30] Health Canada. Information Requirements for Food Packaging Submissions[EB]. [2003-07-11].

[31] JECFA. Evaluation of certain food additives and contaminant. Fifty-seventh Report of the Joint FAO/WHO Expert committee on food additives[S]. WHO Technical Report Series No. 909, 2002.

[32] JECFA. Evaluation of certain food additives. Sixtyfirst report of the joint FAO/WHO expert committee on food additives[S]. WHO Technical Report Series No. 9222, 2004,

[33] Kores R, Galli C L, Munro I, et al. Threshold of toxicological concern for chemical substances present in the diet: a practical tool for assessing the need for toxicity testing[J]. Food Chem Toxicol, 2000, 38(2/3): 255-312.

[34] Kores R, Kleiner J, Renwick A. The threshold of toxicological concern concept in risk assessment[J]. Toxicological Sciences, 2005, 86(2): 226-230.

[35] Kores R, Muller D, Lambe J, et al. Assessment of intake from the diet[J]. Food Chem Toxicol, 2002, 40(2/3): 327-385.

[36] Kores R, Renwick A G, Cheeseman M, et al. Sturucture-based thresholds of toxicological concern(TTC): guidance for application to substances present at low levels in the diet[J]. Food Chem Toxicol, 2004, 42(1): 65-83.

[37] Munro I C, Ford R A, Kennepohl E, et al. Correlation of structural class with no observed effect levels: a proposal for establishing a threshold of concern[J]. Food Chem Toxicol, 1996, 34(9): 829-867.

[38] Munro IC, Kennepohl E, Kores R. A procedure for the safety evaluation of flavouring substances[J]. Food Chem Toxicol, 1999, 37(2/3): 207-232.

[39] National Research Council. Risk Assessment in the Federal Government: Managing the Process[M]. Washington DC: National Academy Press, 1983.

[40] Pastoor T P, Bachman A N, Bell D R, et al. A 21st century roadmap for human health risk assessment. Critical Reviews in Toxicology, 2014, 44: 1-5.

[41] Renwick A G. Structure-based thresholds of toxicological concern-guidance for application to substances present at low levels in the diet[J]. Toxicology and Applied pharmacology, 2005, 207(2): 585-591.

[42] Renwick A G. Toxicological databases and the concept of thresholds of toxicological concern as used by the JECFA for the safety evaluation of flavoring agents[J]. Toxicol Lett, 2004, 149(2): 223-234.

[43] Simon T W, Simons S S, Preston R J, et al. The use of mode of action information in risk assessment: quantitative key events/dose-response framework for modeling the dose-response for key events[J]. Crit Rev Toxicol, 2014, 44: 17-43.

[44] Smith R L, Cohen S M, Doull J, et al. A procedure for the safety evaluation of natural flavor complexes used as in ingredients in food: essential oils[J]. Food Chem Toxicol, 2005, 43(3): 345-363.

[45] U. S. Environmental Protection Agency. Guidelines for Ecological Risk Assessment. Risk Assessment Forum[R], Washington DC, EPA 63(93): 26846-26924.

[46] U. S. Environmental Protection Agency Probabilistic Aquatic Exposure Assessment for Pesticides[R]. Environmental Protection Agency, Washington DC, 2001.

[47] U. S. Environmental Protection Agency. A Probabilistic Model and Process to Assess Risks to Aquatic Organisms[R]. FIFRA Scientific Advisory Panel Meeting, 2001.

词条对照表

WHO 世界卫生组织
EPA 美国环保署
ECHA 欧洲化学品管理局
EFSA 欧洲食品安全局
UBA 德国联邦环境部
CEN 欧洲标准化委员会
NSF 美国国家卫生基金会
ANSI 美国国家标准协会
PIM 欧盟塑料类食品接触物质法规
TDI 每日耐受剂量
NOAEL 无可观察有害效应水平
LOAEL 最低可观察有害效应水平
DMEL 预计最小效应浓度
MCL 最大污染物浓度
MCLG 最大污染物浓度目标
CMR 致癌,致突变和致生殖毒性
PBT 持久性,蓄积性和高毒性
SVHC 高关注度物质清单
Blue Angel 蓝色天使
Ecolabel 生态标签
Environmental Label 环境标志
EU Ecolabel 欧盟生态标签
EU Flower 等同于 EU Ecolabel,简称 EUF
Green Mark 环保标章,台湾环境标志计划
Green Seal 绿标签,绿印章
Nordic Environmental Label 北欧环境标志
Nordic(White)Swan 等同于 Nordic Environmental Label,简称 NWS
RoHS 欧盟 RoHS 指令 2011/65/EU
REACH 欧盟 REACH 法规 EC No. 1907/2006
vPvB 具有高持久性和高生物蓄积性的物质
SVHC 高关注化学物质
IARC 国际癌症研究机构
PBBs 多溴联苯
PBDEs 多溴二苯醚
PFOS 全氟辛烷磺酸及其盐
PFOA 全氟辛酸及其盐

作者简介

雷子蕙,华东理工大学应用化学专业硕士,注册安全工程师,中国毒理学会认证毒理学家。先后供职于巴斯夫(中国)有限公司和陶氏化学(中国)有限公司,从事化学品产品安全与法规工作。对化学品安全法规以及在食品接触材料、汽车、化妆品等应用领域安全监管有多年工作经验。

石云波,中国科学技术大学学士,美国马里兰大学化学硕士,中国毒理学会认证毒理学家。曾先后供职于杭州瑞旭产品技术有限公司和先正达公司,有多年的化学品法规、农药法规和风险评估从业经验。

李丽华,武汉大学环境法学硕士,华东政法大学经济法学博士,现就职于同济大学法学院。主要研究方向为环境法、经济法。

丁晓阳,毕业于华东理工大学环境系、武汉大学法学院环境法研究所,高级工程师。从事产品安全监管与化学法规事务等工作。

李志雄,西北农林科技大学生物工程专业学士,韩国岭南大学化学工程与技术硕士。2009 年起先后供职于第三方产品质量检测与咨询公司上海天祥与美国化学品制造商亨斯迈,从事化学品法规、产品安全评估与化学品安全监管方面的工作。现任美国特殊化学品制造商科聚亚(Chemtura)产品法规与安全经理。专注于亚太地区化学品安全和环境管理,对工业化学品和个人消费品的危害识别和安全风险监管有深入研究。

张蓓,复旦大学药剂学博士。致力于产品法规评估和合规工作,涉及的领域包括药品、药品辅料、医疗器械、香精香料、食品接触材料、食品添加剂以及工业化学品等,有近 8 年的从业经验。现任职基仕伯化学材料(中国)有限公司(前格雷斯中国有限公司)的产品安全和合规经理,专注于食品接触材料的法规符合性、医疗器械及药用辅料的注册、普通工业品的危害识别与沟通等领域。

柏忠林,曾先后在通用电气、罗门哈斯、SAP 等跨国企业从事产品法规事务管理工作。熟悉欧美、日本及中国化工产品的相关法规要求。现任陶氏化学电子材料业务部产品法规经理。

高仁君,理学博士,陶氏化学公司亚太区资深毒理学家、亚太区风险评估科学家。主要研究方向为计算毒理学、管理毒理学及风险评估。在相关领域发表相关论文 30 余篇。中国毒理学会认证毒理学家,中国毒理学会工业毒理专业委员会委员,中国环境诱变剂学会毒性测试与替代方法专业委员会委员,国际化学品制造商协会毒理、生态毒理和风险评估分委会主席。

袁家齐,陶氏化学(中国)投资有限公司产品法规经理,从事产品法规领域 10 多年,现负责食品包材和食品添加剂法规符合性工作,曾从事涉及水处理产品、化妆品、消毒剂、普通工业品等多领域产品法规工作。参与多个协会工作，曾担任国际药用辅料协会(中国)副主席，现担任中国食品工业协会食品包材专家委员会副主任委员。

梅庆慧，华东理工大学环境工程专业硕士。先后从事有机合成、循环水处理工作。2006 年起在跨国公司从事化学品法规与产品安全监管工作，具有丰富的化学品产品安全监管与产品注册经验，涉及生态毒理、健康毒理、化学品的分类与安全沟通、食品接触材料、涉水产品等领域。现任苏威(上海)有限公司法规事务与产品监管经理。

戴冕，中国药科大学生物化学专业硕士。主要从事通过分子生物学手段对生化药物进行临床前研发的工作。后转向有关化学品的安全和法规事务，负责新化学物质的亚太区注册和产品法规、毒理、生态方面的工作，涉及内容包括新化学物质、危险化学品、食品添加剂、食品包材、生物杀灭剂、农药、涉水产品、化妆品原料的法规和毒理安全工作等，曾在欧洲接受过相应的生态毒理培训。